はじめての
メカトロニクス
実践設計

Beginners' Practical Design of Mechatronics

米田 完　中嶋秀朗　並木明夫 ⟨著⟩
Yoneda Kan　*Nakajima Shuro*　*Namiki akio*

講談社

●本書に記載されている会社名，製品名，サービス名などは，一般に各社の商標または登録商標です．なお，本書では，TM，R，Cマークを省略させていただいております．

はじめに

「メカトロニクス機器を設計する実力をつけるには経験を積むしかない」といわれる．学校で習ったはずなのに実社会では通用しない，習ったものと現実とはどうも違うようだ，と感じるのである．その結果，本を読んで勉強したのに，具体的な機器の設計や制御はできない，ということになる．

メカトロニクス設計には多くの技術要素が含まれ，一朝一夕には習得できるものではない．しかし，やみくもに目の前の仕事をこなして経験値を上げるだけでなく，きちんと勉強するべきルールや原理，手法がある．しかも，それは理論先行の学術的なものではなく，実践を目の前にした即戦力になり得る具体的なものである．

設計には，先人が大変な苦労をして築き上げた"定石"が数多くある．しかし，これらを単語の辞書のように引いても，組み合わせる文法を知らなければ使えない．一方，純粋な文法を学んで，正しく美しい理想的な例文を読んでも，自分の伝えたいことを作文する能力はなかなか上達しない．必要なのは，実践的な作文力，すなわち設計力である．

本書では，これまで純粋すぎて実践に応用しにくかった理論と，具体的すぎて個別知識にとどまっていた技術を整理して，実践に応用できる設計術を解説する．第1部では比較的まとまった，じっくり勉強するとよい技術をその基礎から解説し，第2部には必要に応じて参照するとよい個別の技術を載せた．いずれも基本からかなり高度な事項まで詳細に解説している．

本書の内容は以下のようになっている．まず，メカトロニクス技術のイメージをつかむため，第0章で小型の家庭用ロボットと，大きな鉄道システムの実例を紹介する．続いて，第1章では，組み込みマイコンを中心としたメカトロニクスシステムの具体的な設計法を学ぶ．第2章ではシーケンス制御について，これまでになかった新しい論理的な設計方法を解説する．第3

章ではサーボ制御について，初歩の直観的な理解のしかたに続いて，実際に性能がよくなる高度な方法も学ぶ．第4章以降では，モータ，空気圧機器，機械要素，電気部品，センサの原理と使い方を解説する．これらは辞書のように知りたいものだけを読んでもよい．また，一通り読んでおけば，設計の際に，こういうときはこの部品を使うのがよいと頭に浮かんでくるだろう．

　本書は，すでにメカトロニクス技術者である社会人にも，それを目指して勉強中の学生にもふさわしい．特に，メカトロニクスの世界にデビューする新人たちに読んでほしい．けっして，薄い内容の本ではない．それは，初歩から解説しているのに実際に役立つ深いところまで載っているからである．どこからでも，少しずつ読み進んでいけば結構である．
　本書は，「こうすればよい」という手段だけでなく，「このように考えていく」ということを書くようにしている．それによって，目の前の問題解決だけでなく，設計のセンスを磨くことができる．本書が，みなさんが一人前の技術者になる手助けとなることを著者一同願っている．

2011年8月

著者を代表して　**米田　完**

はじめてのメカトロニクス実践設計

CONTENTS

はじめに ⅲ

第1部 メカトロニクス制御の実践

第0章 実例からイメージをつかもう

0.1 掃除ロボット「ルンバ」に学ぶメカトロニクス 2
0.2 鉄道システムに学ぶメカトロニクス 4

第1章 制御システムの実践設計

1.1 メカトロニクス機器の制御システムを設計するとは何だろう 8
1.2 制御システム設計の流れ 9
1.3 仕様を決定し，制御システムを選択する 10
    1.3.1 千葉市科学館実演展示用ロボット「リリオン」 10
    1.3.2 研究用不整地移動ロボット「RT-Mover」 13
1.4 マイコン 16
    1.4.1 マイコンの基本構成 16
    1.4.2 マイコンの選択基準 19
1.5 インターフェース回路を設計する 22
    1.5.1 ディジタル入出力のためのインターフェース回路 22
    1.5.2 A/D入力のためのインターフェース回路 35
    1.5.3 D/A出力のためのインターフェース回路 38
    1.5.4 センサのためのインターフェース回路 41
    1.5.5 モータのためのインターフェース回路 44
    1.5.6 通信のためのインターフェース回路 50
1.6 ソフトウェアを開発する 54
    1.6.1 開発環境を整える 54
    1.6.2 プログラミング言語を選択する 55
    1.6.3 マイコンを制御するプログラム 57
    1.6.4 C言語プログラムをマイコンで動かす手順 64
1.7 動かす前の一呼吸とバグとり時の方針 66
    1.7.1 回路関係 66
    1.7.2 プログラム関係 66
    1.7.3 その他 67

第2章 シーケンス制御の実践設計

2.1 シーケンス制御の考え方 68
2.2 シーケンス制御の基礎 70
    2.2.1 押しボタンスイッチとトグルスイッチ 70

2.2.2　リレーで組める基本の回路　71
　2.2.3　ラダー図　74
　2.2.4　プログラマブル・ロジック・コントローラ　78
　2.2.5　ラダー図による設計の実例　79
2.3　**状態遷移表を使ったシーケンス回路設計**　83
　2.3.1　状態の書き出しと状態変化を起こす条件の整理　83
　2.3.2　状態遷移マップと状態遷移表　84
　2.3.3　グレイコード表記　85
　2.3.4　論理式にまとめる　85
　2.3.5　ラダー図の完成　87
　2.3.6　状態遷移表による回路設計の練習　87
　2.3.7　状態遷移表による回路設計の実例　88
　2.3.8　状態遷移表の作成ノウハウ　95
2.4　**タイミングチャートを使ったシーケンス回路設計**　98
　2.4.1　エッジ検出　99
　2.4.2　タイマの基本機能　99
　2.4.3　タイマ回路の実例　101
　2.4.4　カウンタの基本機能　103
　2.4.5　カウンタ回路の実例　104
　2.4.6　精密なタイミングチャートのつくり方　105
　2.4.7　タイミングチャートによる設計　108
2.5　**シーケンス回路設計の応用テクニック**　112
　2.5.1　タイマ・カウンタ回路の状態遷移表　112
　2.5.2　タイマ・カウンタ入力用の真理値表　117
　2.5.3　分割設計　120
2.6　**シーケンス回路設計の上級編**　122
　2.6.1　PLC の内部処理順序を意識する　122
　2.6.2　スイッチ同時押しに対応する　124
　2.6.3　オルタネート回路を実際のリレーでつくる　125
　2.6.4　電源投入時にリレーを複数動作させない　126
　2.6.5　立ち上がり入力接点や立ち上がり駆動リレーを使う　127
　2.6.6　PLC の 1 サイクル分のパルスを発生させる　127
　2.6.7　実は PLC よりリレーの方が難しい　128
　2.6.8　ステップラダー図　128
2.7　**PLC プログラミングの実際**　129
2.8　**PLC のハードウェア**　131

第 3 章　サーボ制御の実践設計

3.1　**サーボ制御とは何だろう**　136
3.2　**ロボットハンドをサーボ制御してみよう**　137
　3.2.1　ロボットハンドの制御システムの構造を知ろう　137
　3.2.2　PID 制御を使ってみよう　141

 3.2.3 PID 制御を計算機に実装してみよう 144
 3.2.4 ロボットハンドに PID 制御を適用してみよう 146

3.3 サーボ制御の基礎を学ぼう 149
 3.3.1 ロボットハンドをモデルで表してみよう 149
 3.3.2 ロボットハンドのモデルをブロック線図で表そう 152
 3.3.3 システムの応答を理解しよう 157
 3.3.4 ボード線図を理解しよう 162

3.4 サーボ制御系を設計してみよう 165
 3.4.1 PD 制御のゲインを設定してみよう 165
 3.4.2 ボード線図を用いて設計してみよう 166
 3.4.3 外乱オブザーバを導入してみよう 169

3.5 制御システムの実際 171
 3.5.1 サーボドライバで位置制御を行う場合 171
 3.5.2 上位システムで位置制御を行う場合 172
 3.5.3 制御系の実装方法 172

付録 A フーリエ変換とラプラス変換 175
付録 B ブロック線図 177

第 2 部 メカトロニクス機器のしくみと使い方

第 4 章 モータのしくみと使い方

4.1 DC モータと制御回路 180
4.2 AC モータと制御回路 182
4.3 AC サーボモータ・ブラシレス DC モータと制御回路 184
4.4 その他のモータ 185

第 5 章 空気圧機器のしくみと使い方

5.1 空気圧駆動の基本接続 187
5.2 エアシリンダ 187
5.3 電磁弁 188
5.4 ワンタッチ継手 190
5.5 チューブ 190
5.6 スピードコントローラ 191
5.7 レギュレータ 192
5.8 ハンドバルブ 192

第 6 章 機械要素のしくみと使い方

6.1 ベアリング 193
6.2 直動ガイド 195
6.3 スプラインとリニアブッシュ 195
6.4 ボールねじ 196

6.5　歯車　196
6.6　タイミングベルト　197
6.7　カップリング　198
6.8　メカロック　199
6.9　軸と穴のはめあい　199
6.10　軸と軸受の収まり　200

第7章　電気部品のしくみと使い方

7.1　ケーブル　204
7.2　スイッチ　205
7.3　リレー　207
7.4　LED　209
7.5　圧着端子とコネクタ　210
7.6　ヒューズとブレーカとポリスイッチ　212
7.7　電源　214

第8章　センサのしくみと使い方

8.1　フォトインタラプタ　218
8.2　エンコーダ　218
8.3　ポテンショメータ　220
8.4　磁気センサ　220
8.5　PSDセンサ　221
8.6　超音波センサ　222
8.7　カラーセンサ　223
8.8　光電センサ　224
8.9　レーザ距離センサ　225
8.10　圧力センサ　226
8.11　加速度センサ　227
8.12　画像センサ　228

索引　230

ブックデザイン────　安田あたる
カバー・本文イラスト─　園山隆輔

第1部

メカトロニクス制御の実践

　第0章ではメカトロニクスの実例を紹介する．このようなものがメカトロニクス技術だというイメージをつかめると思う．第1章では組み込みマイコンを中心とした電子回路の設計法とソフトウェアの開発法を解説する．回路はメカに比べて目に見えにくく，ルールも多い．ここでは，マイコン周辺の回路を中心にメカトロニクスシステムの具体的な構成を学べる．第2章ではシーケンス制御について，これまでになかった新しい論理的な設計方法を解説する．この設計法は筆者が独自に考えた手法で，他書にはけっして載っていない．この設計法を身につければ，「シーケンス制御マイスター」になれるだろう．第3章ではサーボ制御について，理論だけではなく実践的にどうすれば性能がよくなるかを解説する．「直観的な解説」を試みた後に，「数学的な解説」を行うので，頑張って読んでほしい．

第0章 実例からイメージをつかもう

0.1 掃除ロボット「ルンバ」に学ぶメカトロニクス

家庭用掃除ロボット「ルンバ」には，いろいろなメカトロニクス技術が使われている．また，このロボット特有の優れた工夫もある．これらを見ながらメカトロニクス部品の知識を広め，設計のテクニックを学ぼう．

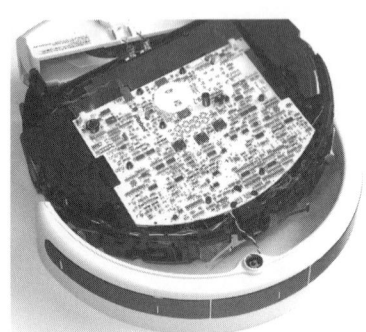

図 0.1　上面のカバーをはずしたルンバ
マイコン，センサとのインターフェース回路，モータ駆動回路などが入った基板．前方のバンパーの内部も見える．

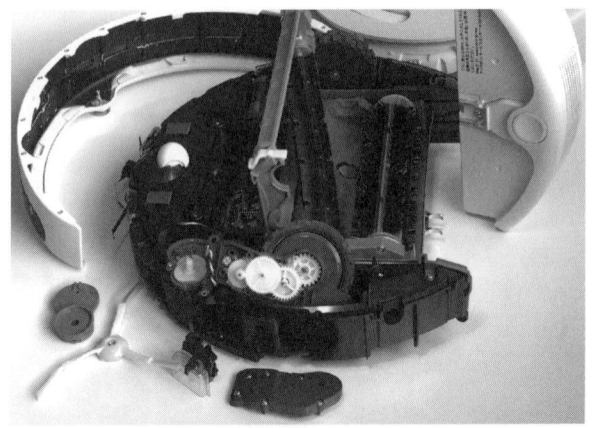

図 0.2　裏から見た分解中のルンバ
前方のキャスター，左右のモータ付き車輪，中央の掃除ブラシ，後方のダストボックスが見える．

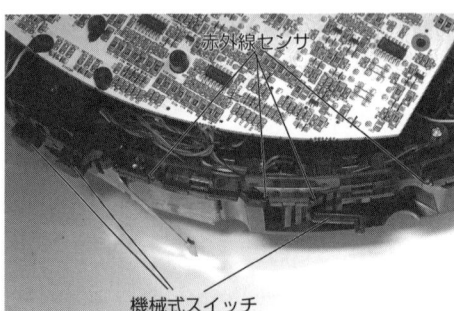

図 0.3　前方バンパー内にある赤外線センサ
LED（発光部）から出た赤外線が物体で反射して帰ってくるとフォトセンサ（受光部）で感知する．バンパーには赤外線だけを通す黒っぽい窓が付いている．ほとんどの壁や家具はこれで検知するが，細い棒状のものはバンパーを押すと機械式のスイッチが入って検知する．

図 0.4　フリー回転のキャスター
フリー回転のキャスターは白黒に塗り分けてあり，この反射率の変化を赤外線センサでカウントして回転数を知る．モータ駆動のタイヤと異なりスリップしにくいので本体が前進しているかどうかが正しくわかる．また，左右には床を検知する反射型赤外線センサが見える．

図 0.5　モータ駆動部分

モータからギア 4 段減速でタイヤを駆動する．後段ほどトルクが大きいのでギアのモジュールが大きい．エッジクリーニングブラシの駆動部はギアの段数が少なく，ブラシは毎分 300 回転の高速回転をする．

図 0.6　磁気式エンコーダ

タイヤ駆動モータの後面に付いた磁気式エンコーダ．円盤内のマグネットによる磁界を左に見える小さな磁気センサで計測し，パルス数からタイヤが回転した回数を知る．

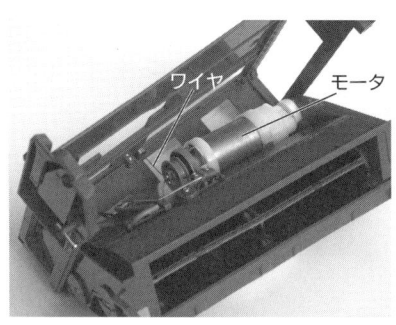

図 0.7　掃除ブラシの駆動モータ

掃除ブラシ駆動モータはケースごと少し回転するように取り付けられている．ブラシに過負荷がかかると，その反力でモーターケースに付いたプーリーでワイヤを巻き取ってブラシユニットを持ち上げ，床から離して毛の長いじゅうたんの巻き込みを防ぐ．

図 0.8　異常を認識するしくみ

ゴミをかき込むブラシの裏には圧電素子のセンサがある．異物をかみ込んでセンサをバタバタたたくようになると異常と認識できる．

図 0.9　ダストボックス

ダストボックスについた吸引タービンはモータ直結で高速回転する．回転バランスをとって振動をなくすためにピンを折り取って質量分布を調整する設計になっている．

0.2 鉄道システムに学ぶメカトロニクス

山手線や京浜東北線の電車（**図 0.10**）を利用したことのある読者は多いだろう．ここでは鉄道システムと本書の接点を探ってみる．

運転士が安全第一で運転することで，安全正確な運行が保たれていることはいうまでもない．ただし，100年以上の長い鉄道の歴史の中では多くの苦い事故が起きてきたことも事実である．今までの事故の積み重ねにより，現在では乗務員の注意力による運転の裏側でシステムが安全運行をバックアップしている．例えば，2,

図 0.10 山手線と京浜東北線の電車（左：京浜東北線電車，右：山手線電車）

図 0.11 D-ATC システム全体像（簡易概念図）

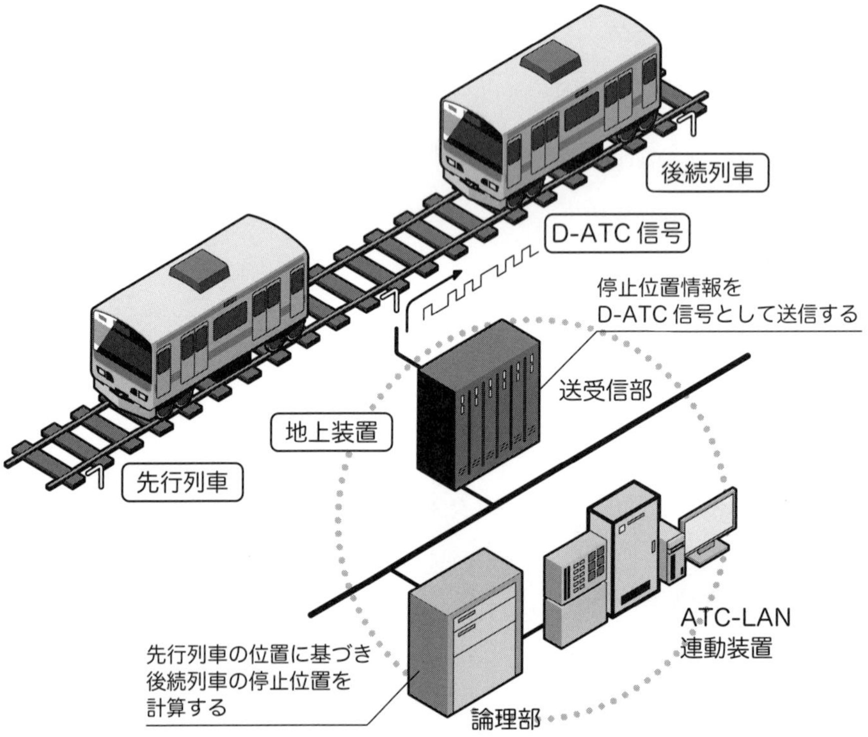

3分間隔で列車が運行されている山手線や京浜東北線では，D-ATC（Digital Auto Train Control System）という列車制御システムにより安全が確保されている．

列車を安全に運行するためには，先を走る列車（先行列車）に衝突しない必要がある．D-ATCとは，図0.11に示すように地上装置からレールにATC信号が送信され，車両は受電器でその信号を受信して内容を解釈し，必要であれば自動でブレーキがかかるシステムである．車上側システムは，地上装置からの先行列車の位置に基づく停止点を受信し，その車両のブレーキ性能と線路形状に応じたブレーキパターンを発生する（図0.12）．もし運転士による手動運転速度がブレーキパターンに対して超過していたら，システムが自動でブレーキ制御を行うものである．

D-ATCの車両側システムの本体は，列車の床下に制御基盤として設置されている．その制御基盤は，まさに次章で述べるマイクロコンピュータ（マイコン）を中心とした制御システムである．マイコンのソフトウェア開発という意味では，使用するマイコンの種類は異なるにしても，考え方は同じであるので参考になるだろう．また，D-ATCにおいて列車の位置を認識することは重要である．列車の移動距離は車輪の回転数と車輪径のかけ算により求められる（図0.13）．このうち車輪の回転数は，車輪軸に付けられた速度発電機のパルスをカウントすることで得られる．速度発電機から発生するパルスは，インターフェース回路でマイコンが読める信号の形に変換しマイコンのパルスカウンタ機能でカウントするが，このようなインターフェース回路の基本は次章が参考になるだろう．

車輪径については，制御基盤上のサムロータリスイッチで数字を設定する．電車の車輪は鉄車輪であるため車輪径は変化しにくく，定められたメンテナンス周期で車輪径を測定し一定範囲内で精度を保っている．このサムロータリスイッチによる車輪径の読み込みは，次章で記述するマイコンのI/O機能で行われ，値がデコードされる．

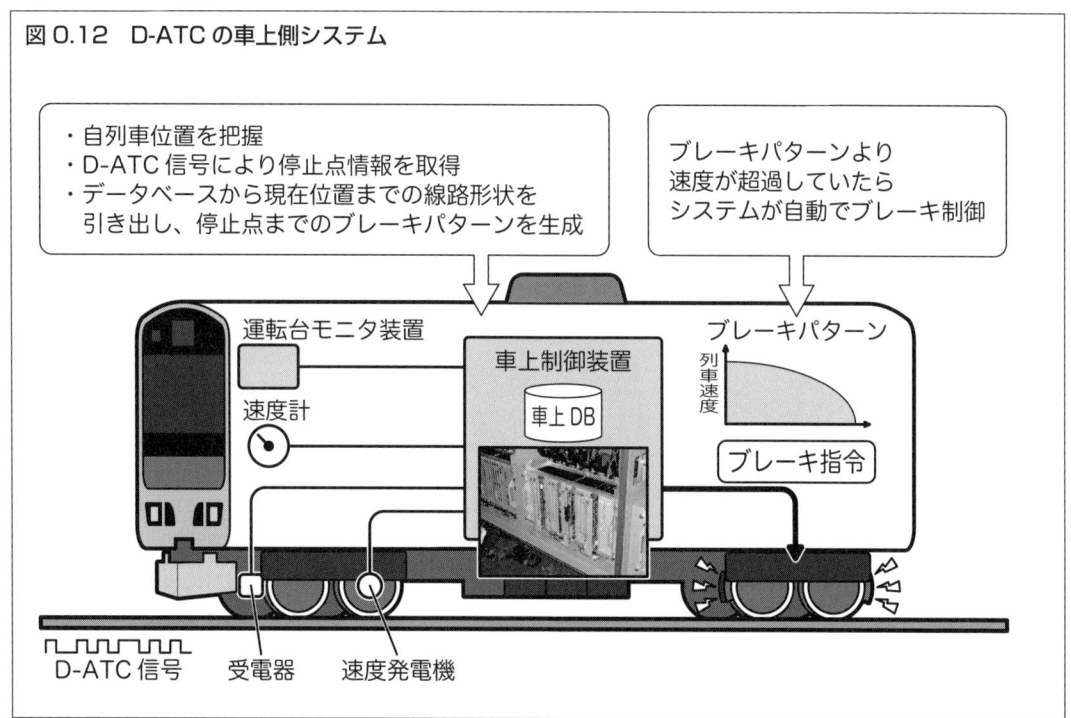

図0.12　D-ATCの車上側システム

図 0.13 位置認識の原理図

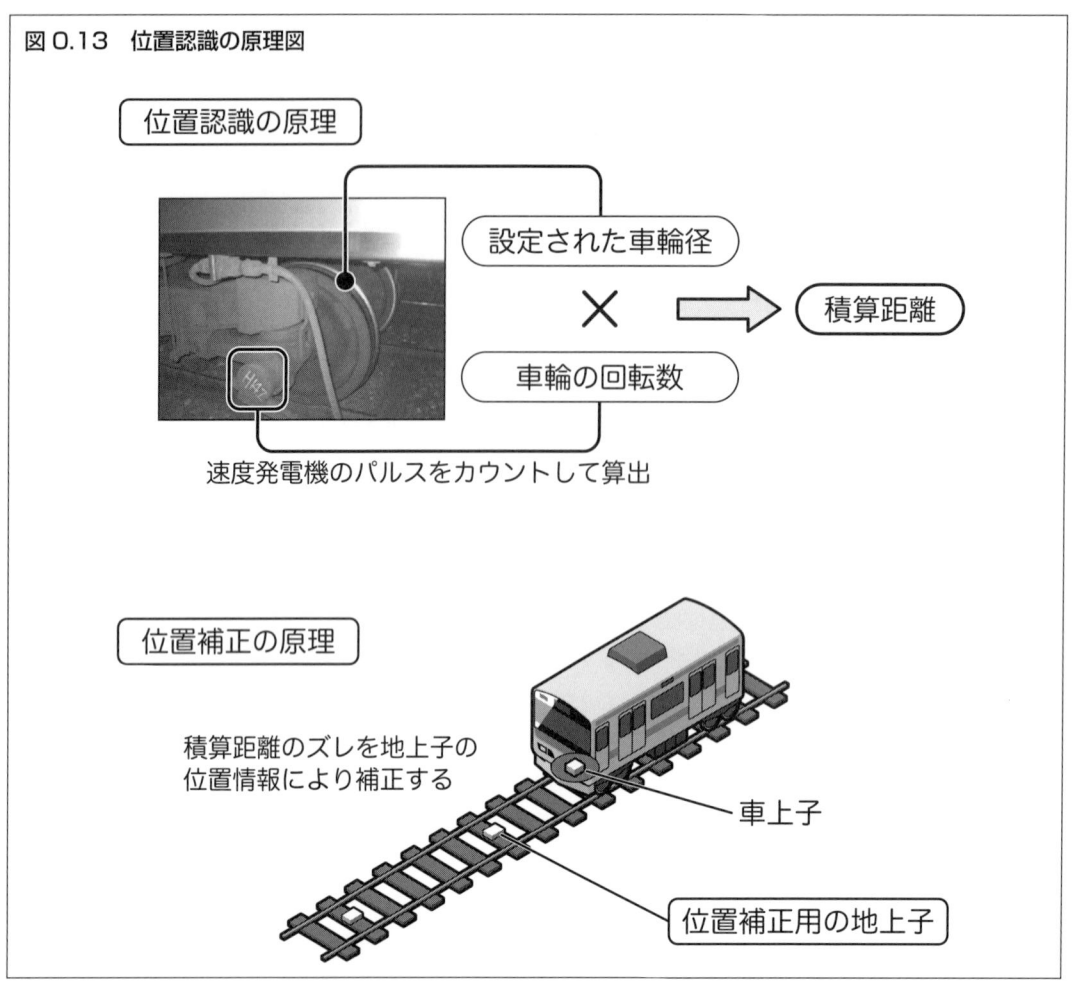

それでは，電車のような大型機械も含んだメカトロニクス機器の制御システムを設計する際に必要な知識について第 1 章で学んでいこう．

> **column**
>
> ## 以前の ATC と D-ATC の違い
>
> D-ATC 以前に山手線や京浜東北線で使用していた ATC は，東海道新幹線開業時（今はすでに改良されている）の ATC と同様な方式であり，極めて安全・安定なシステムであった．ただし，昭和 30 年代の技術であり重厚・硬直的な設備でもあった．以前の ATC では，各閉そくごとのその時点での許容速度を地上装置側が計算し，許容速度に応じた周波数の信号をレールに流していた．車両側はその信号を受信し，許容速度を超えていればブレーキがかかるというしくみで動いていた．D-ATC では，地上装置側からはその車両が止まるべき位置情報をディジタル信号として送信し，車両側がその車両のブレーキ性能に応じて主体的にブレーキ制御を行うようになった．D-ATC で改善された機能を以前の ATC と比較したのが**表 0.1** である．

表 0.1　以前の ATC と D-ATC との比較

	以前の ATC	D-ATC
速度制御	制限速度が閉そく内で一定のため，速度制御が階段状になる．数年前までは，急にブレーキがかかり，急に緩むような乗り心地感覚を覚えた読者は多いだろう．	車両上で自己位置を認識しており，停止点に対してなだらかなブレーキパターンの下で速度制御される．
地上装置	速度制御まで含めて地上側が行うため，地上設備が大きい．	速度制御は車両側で行われるなど，車両側と地上側で機能が分散されている．
性能更新	閉そく区間の長さが車両性能に合わせてあり，車両のブレーキ性能が上がっても地上設備を更新しないと列車間隔を縮められない．	車両のブレーキ性能に応じてブレーキパターンを更新すれば，列車間隔を縮めることが可能である．
操縦性	次の閉そくが制限速度が低いかどうかを運転士はわからないため，制限速度が低い閉そくに入ると突然ブレーキがかかることになる．	運転士がブレーキ操縦タイミングを決める情報となる停止点位置が運転台に表示される．

第1章 制御システムの実践設計

1.1 メカトロニクス機器の制御システムを設計するとは何だろう

まずはイメージをつかもう

　機械（メカニクス）を電子回路やコンピュータを利用して動かすメカトロニクス機器（以下，メカトロ機器）の制御システムを設計開発するということは，鉄腕アトムのようなロボットの開発でいえば神経系や頭も含んだ内臓を設計開発することに相当する（**図1.1**）．

　メカトロ機器の制御用コントローラとしてよく使われるものにはマイコンとプログラマブル・ロジック・コントローラ（PLC）がある．マイコンは，電気炊飯器や冷蔵庫，テレビなど身近な家電製品などでは必ずといってよいほど使われている．一方でPLCは，FA（Factory Automation）機器のコントローラとして工場などの産業機器で使用されている．本章ではマイコンを例にとり，メカトロ機器の制御システム設計全般について，マイコンとそのインターフェース回路を中心に以下のようなことについて説明していく．

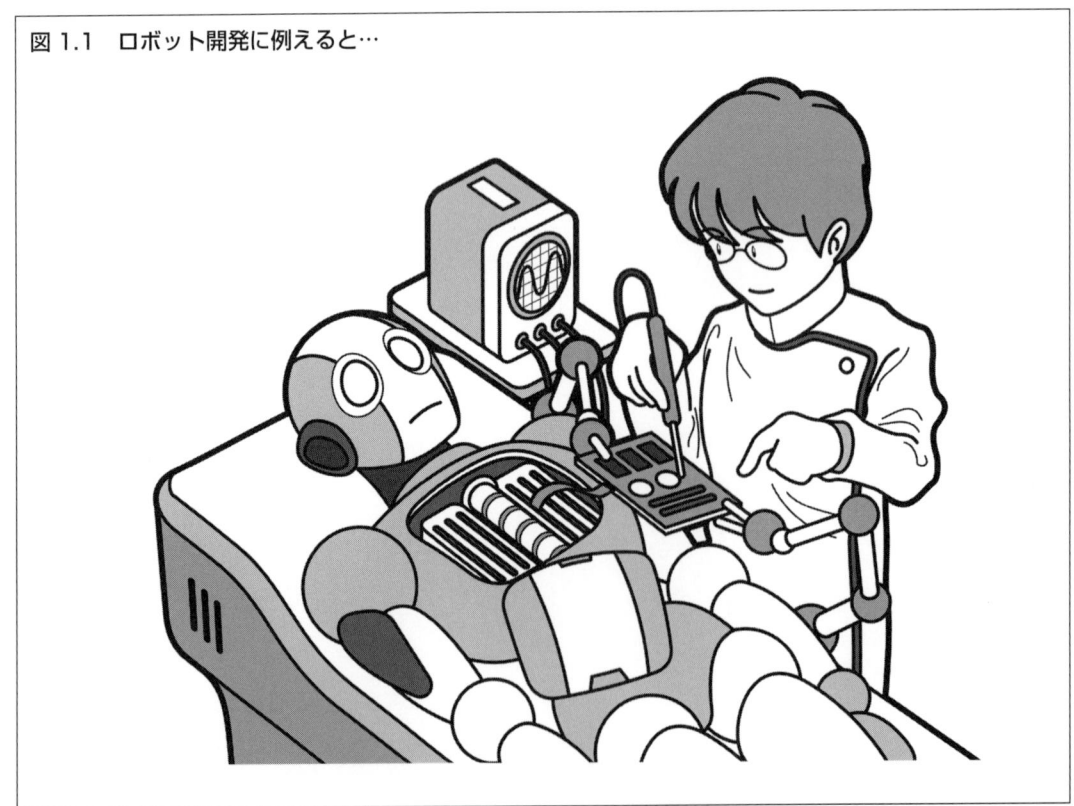
図1.1　ロボット開発に例えると…

- 制御システムの要となる制御用コントローラは何を使うべきか？
- スイッチの情報を受け取るための回路はどうするか？
- モータなどの駆動部品を動かすための回路はどうするか？
- 制御用コントローラのソフトウェア開発はどうするのか？

初心者にもわかるように，かつ，経験者にも「なるほど」とうなずいてもらえるように書いてみたい．なお，PLCについては第2章で詳しく説明する．

1.2 制御システム設計の流れ

システム設計の全体像をつかもう

制御システム設計の流れを大まかに示すと以下のようになる．「何が，どの程度できるものを開発するのか」という仕様を明らかにしたうえで，その実現方法を検討していく．③と④については同時並行で開発する場合も多い．

① 仕様を決定する

メカトロ機器の仕様を検討する．開発するものを具体的に示したものが仕様であり，開発における検討の前提となる．後戻りのない開発を行うためには，仕様の検討を十分に行うことが重要である．

② 制御システムを選択する

仕様が決定したら制御システムを決める．PLCを用いて制御システムを構築するか，または，マイコンを用いて制御システムを構築するか，などの選択肢がある．

③ 制御用コントローラと周辺機器とのインターフェース回路を設計する

制御用コントローラが決まったらスイッチやセンサなどの入力機器，そして，LEDや表示灯などの出力機器をつなぐための回路（**インターフェース回路**）を設計する．また，ベルトコンベアの制御などでモータを用いる場合，制御用コントローラの指令信号で直接モータを駆動させることはできない．そのため指令信号に基づきモータなどの駆動機器を動作させるための回路（**ドライバ回路**）を設計する．

④ ソフトウェアを開発する

制御用コントローラやインターフェース回路が決まったら動きをつくるための制御ソフトウェアを開発する．このときに使用するプログラミング言語は開発に適したものを選択する．

⑤ 動作テストする

一通り開発が終わったらいよいよ動作テストである．一度でうまくいくことはよほどの経験があっても難しい．動作テストを行いそこで出たバグをとる，というプロセスを繰り返しつつ仕上げる．

⑥ 完成

動作テストをバグがなくなるまで繰り返し行い，仕様を満たすメカトロ機器ができあがったら完成である．

次節からは，上記の流れに大まかに沿いながら各ステップで必要な知識について学んでいこう．

制御システム選択の実例を見よう

1.3 仕様を決定し，制御システムを選択する

十分に仕様を検討することは，その後の開発作業をスムーズに進めるために重要である．具体的な仕様検討は以下のような観点から行う必要がある．

- 入出力機器やセンサなどの周辺機器は何を使うのか？
- 周辺機器を動作または駆動させるために必要な回路は何か？
- 周辺機器を制御するために必要な制御用コントローラの機能は何か？

この段階で将来の拡張性についても考慮しておくとよいだろう．制御する機器やセンサの増設予定があったり，計算の複雑化や制御アルゴリズムの改良などで処理負荷が増大しそうだったりする場合には，それらに応じた拡張性を持たせておく．一度決めた制御システムを変更するのは非常に手数がかかるからである．ただし，必要以上にシステムに余裕を持たせてもコストが高くなるだけなので，バランスよくやってもらいたい．ここで，筆者の研究室で開発したロボットの中から2つを例にとり，制御システムを決めていく過程を紹介する．

- 千葉市科学館で実演展示している移動ロボットの制御システム．
- 研究用途で開発した不整地移動ロボットの制御システム．

1.3.1 千葉市科学館実演展示用ロボット「リリオン」

2007年10月に千葉市科学館が新規開館するのに伴い，実演用ロボットの開発依頼を受けた．主な対象者は小学校高学年，コンセプトは「わかりやすく，体験しながらロボットの要素技術を学ぶ」である．科学館の担当者と議論した結果，開発するロボットの仕様は次となった．なお，2011年10月よりハードウェアとソフトウェアを改良し，内容を全面更新してデモを行っている．

(1) リリオンの仕様

大病院などでは，床に色テープが貼ってありレントゲン室や診察室などへの誘導をしている場合がある．その状況をイメージしつつ，科学館のフロアに3種類の色のラインを引き，選択したコースに沿って科学館内を乗って回れる移動ロボット（**図1.2**）を製作することにした．乗りやすさやコスト，開発期間を考慮して市販の車いすを改良する．

図1.2 ロボットタクシー リリオン

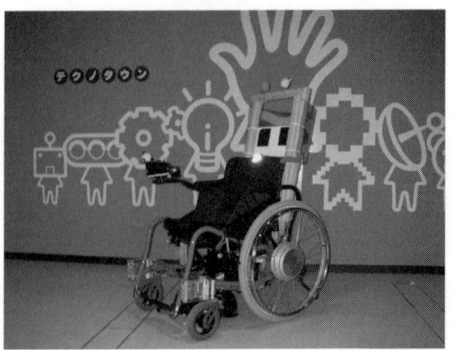

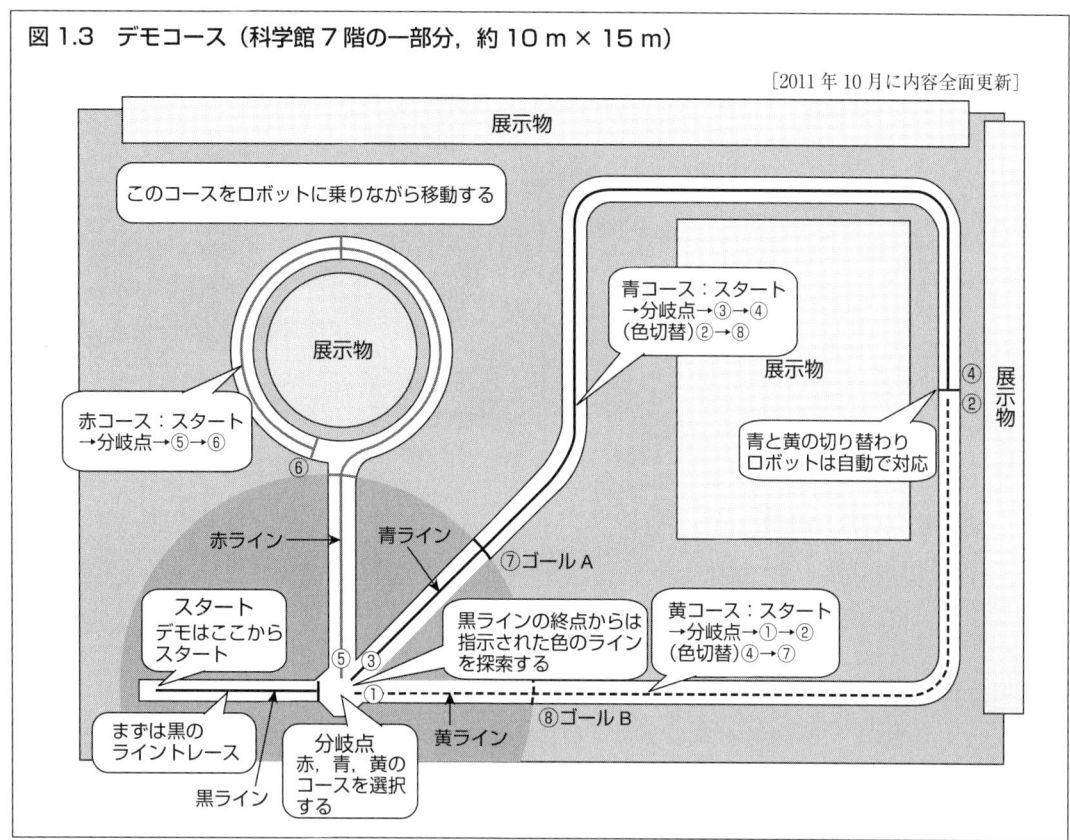

図1.3 デモコース（科学館7階の一部分，約10 m × 15 m）

デモの流れは**図1.3**である．黒のラインをトレースしてスタート地点から分岐点まで行く．分岐点では搭乗者が行きたい色のコースをロボットに指示する．指示は，スイッチ・ジョイスティック入力部からボタンを押すことで行う．ロボットは指示された色のラインを探索しながら移動する．探索後，各コースのゴール地点まで搭乗者を運ぶ（例えば赤コース：スタート→分岐点→赤ライン探索→⑤→⑥）．途中，ラインの色の切り替わりにも対応する（図1.3 ②と④部分）．また，ロボットへの指示入力はロボットからの音声案内により促される．ゴール地点到着後は搭乗者が手動で運転できるモードに切り替わり，スタート地点まで運転操作を楽しむことができる．

(2) リリオンの制御システム

開発期間短縮のため各部はモジュール化[※1]して独立させ，並行開発できるようにした（**図1.4**）．

メカトロ機器の制御システムの候補としては，**リレー制御**，**PLC制御**，**パソコン制御**，そして**マイコン制御**がある．いずれの制御システムを用いても実現可能な場合も多いが，適材適所それぞれの持ち味がある．**表1.1**は各制御システムの特徴をまとめたものである．リリオンの制御システムとしては，移動ロボットに組み込むため小型である必要があり，また，センサ情報の処理や制御アルゴリズムの計算

※1　**モジュール化**　いくつかの機能を集めた，あるまとまりのある機能を持った部品のことをモジュールという．モジュール単位で開発し，それらのモジュールにより製品を構成することをモジュール化するという．あるモジュールだけ機能向上させるなど部分的な変更ができ，また，部分単位で平行して開発作業ができる．

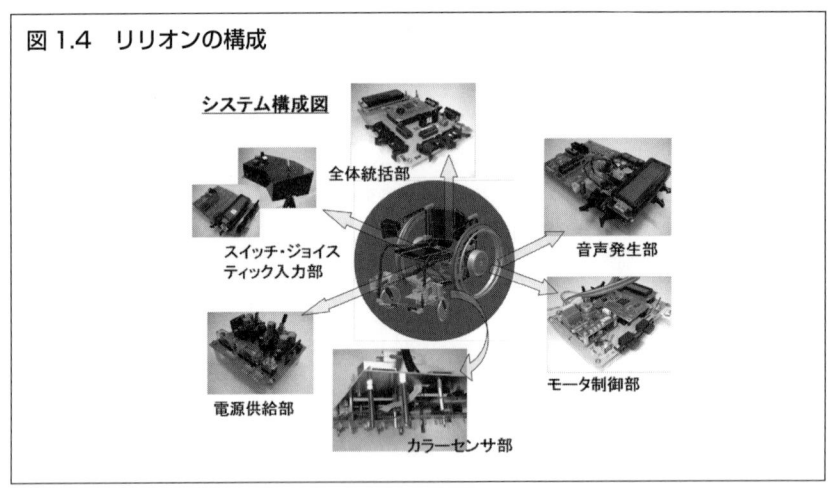

図 1.4 リリオンの構成

表 1.1 各制御システムの特徴

	リレー制御	PLC 制御	パソコン制御	マイコン制御
制御処理部	電磁リレー	PLC	パソコン	マイコン
入出力信号	強電	弱電または強電	弱電	弱電
入出力ピン数	制限なし	〜3桁の点数も可能	〜2桁程度	〜2桁程度
開発言語	リレーを用いた電気回路	ラダー図など	C 言語など	アセンブリ言語やC 言語など
制御アルゴリズム変更	回路変更	プログラム変更	プログラム変更	プログラム変更
データ処理	なし	弱い	強い	パソコン制御より弱い
データ保存	なし	弱い	強い	弱い
再起動	すぐに可	すぐに可	時間がかかる	すぐに可
大きさ	リレー個数に比例	ノートパソコンの半分程度	パソコンの大きさ	小さい

などデータ処理能力が必要であるため，マイコン制御とした．

次に，マイコンにはいくつもの種類があるのでどのマイコンを使うかを決定する．よく使われるマイコンの例として，マイクロチップテクノロジー社の **PIC マイコン**やルネサスエレクトロニクス（株）の **H8 マイコン**や **SH マイコン**がある．図 1.4 で示したリリオンの場合，制御システムには次の機能が必要である．

・スイッチ入力に対する処理．
・センサからの入力信号に対する処理と処理結果の送信．
・受信した指令内容に基づくモータ駆動．

これらの機能の実現にはそれほど大きなデータ処理や高度な処理演算の必要がなく，かつ，できるだけ安価が望ましいことから，各モジュールの CPU として PIC シリーズを多く使用することとした（**図 1.5**）．PIC は使用できる機能や入出力の数で型番が選べるため，各モジュールの仕様に基づき PIC の種類を決定する．リリオンでは PIC16F819 と PIC16F873 を使用した．16F819 は，最大で 16 個のディ

※1 **ディジタル入出力機能** マイコンの入力ピンに高い電圧（High，以下 H レベルとする）または低い電圧（Low，以下 L レベルとする）の信号を入力したり，マイコンの出力ピンから H レベルまたは L レベルの信号を出力したりする機能のこと．通常，H レベルの電圧はマイコンの電源電圧，L レベルの電圧はグランド（GND = 0 V）である．
※2 **SPI 規格** フリースケール・セミコンダクタ社が提唱しているマスター / スレーブ間の通信規格である．クロック，データ入力，データ出力の 3 線＋チップセレクト（スレーブが複数の場合）の線で通信を行う．数 Mbps の高速通信を行える素子も多い．

図 1.5 PIC(上：16F819，下：16F873)

表 1.2 PIC16F819 と 16F873 の仕様

デバイス	メモリ			I/O ピン	10 ビット A/D	PWM	シリアル通信	タイマ
	プログラムメモリ	SRAM	EEPROM					8/16 ビット
16F819	2K words	256 バイト	256 バイト	16 ピン	5 チャンネル	1	SPI, I2C	2/1
16F873	4K words	192 バイト	128 バイト	21 ピン	5 チャンネル	2	USART, SPI, I2C	2/1

ジタル入出力（I/O）(Input Output) ピン[※1]，3 つのタイマ（☞ **1.6.3 項**）と 5 チャンネルの A/D 入力（☞ **1.5.2 項，1.6.3 項**），1 チャンネルの PWM 出力（☞ **39 ページ，コラム「PWM とは」**），SPI 規格[※2]のシリアル通信の機能を持つ．16F873 は，最大で 21 個の I/O ピン，3 つのタイマと 5 チャンネルの A/D 入力，2 チャンネルの PWM 出力，USART 規格（☞ **1.5.6 項**）のシリアル通信の機能を持つ（**表 1.2**）．どちらも市価 500 円以内で購入することができる．

1.3.2 研究用不整地移動ロボット「RT-Mover」

筆者は，屋外都市環境などで活躍できる不整地移動ロボットの機構や制御手法，マルチ移動ロボットシステムなどの研究を行っている．それらの研究用のプラットフォームが「RT-Mover」である．

(1) RT-Mover の仕様

荷物搭載部を水平に保ったままで段差や溝などの不連続な路面を移動できる機能を，駆動軸数をできる限り削減したシンプルな機構で実現したロボット（**図 1.6**）である．移動している際に段差や凹凸路面があった場合には，荷物搭載部の姿勢を水平に保ったうえで不整地路面を踏破するように各関節を制御する．

主要部分の駆動軸数は 4 つの駆動車輪を除くと 5 つだけであり，計 9 軸はそれぞれ DC モータで駆動する．各軸には回転角度を測るエンコーダと駆動電流を測る電流センサが付いている．荷物搭載部の姿勢角度を測るための姿勢角度センサや，自律移動の他に遠隔操作もできるように遠隔操作指令の受信部も設ける．制御用コントローラは，9 軸分のドライバ回路への指令信号出力，エンコーダのパルスカウント入力，電流センサ値の読み込みを行い，また，姿勢角度センサや遠隔操作指令信号などの読み込みも行える必要がある．

図 1.6　不整地移動ロボット RT-Mover

(2) RT-Mover の制御システム

　RT-Mover 用の制御システムとしては，ゼネラルロボティクス社の HRP-3P-CN-A という名刺サイズの CPU ボードに HRP-3P-MCN という I/O 拡張ボードをつないで使用することにした（**図 1.7**）．CPU ボードには，SH-4 シリーズマイコンの SH7751，DRAM メモリ（32 メガバイト）（☞**コラム「メモリの種類」**），フラッシュメモリ（32 メガバイト）（☞**コラム「メモリの種類」**）が搭載されており，また，通信機能として，10/100Base-T イーサネット 2 ポート，RS232C シリアルポート（☞**1.5.6 項**）2 ポートが搭載されている．さらにボード上に基板スタック型の I/O 拡張コネクタを備えており，I/O 拡張ボードをつなぐことができる．I/O 拡張ボードをつなぐと 12 ビット 16 チャンネルの A/D 入力，パルス入力の回数を数える 16 チャンネルのパルスカウンタ，16 チャンネルの PWM 出力，32 チャンネルのディジタル入出力（I/O）が使える．このボードにはリアルタイム OS（☞**コラム「リアルタイム OS」**）である ART-Linux がプリインストールされており，組み込みコンピュータとして使用できる．

　RT-Mover に組み込むために小型の必要があること，複雑な計算などで高いデー

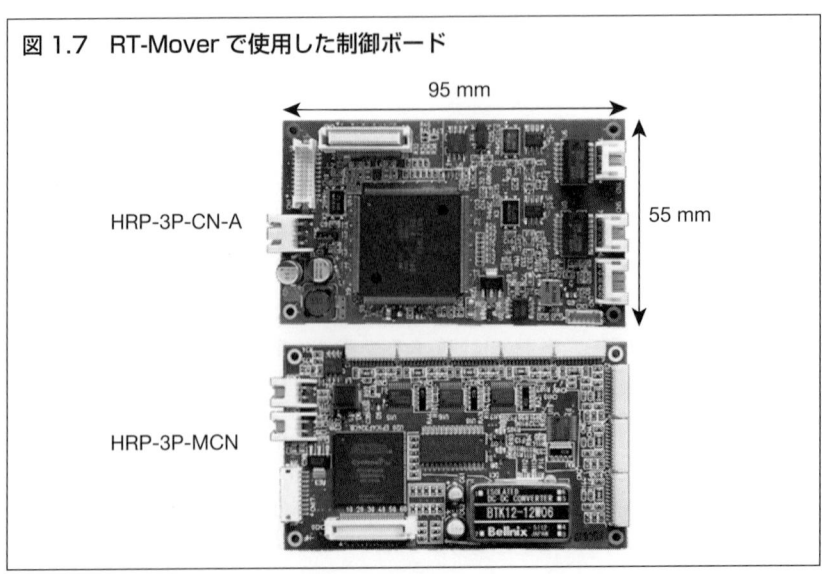

図 1.7　RT-Mover で使用した制御ボード

タ処理能力が必要であること，イーサネットを用いた他のコンピュータとの通信ができること，モータ制御含めた入出力インターフェースが豊富であることが，制御用コントローラとして採用した理由である．

> **column**
>
> ### メモリの種類
>
> メモリを大きく分類すると，**RAM**（Random Access Memory）と**ROM**（Read Only Memory）に分けることができる．RAMは自由に読み書きができるメモリで，ROMは電源を切っても記憶内容が消えないメモリである．
>
> RAMはマイコンでは変数データの記憶などに使用され，**SRAM**（Static RAM）と**DRAM**（Dynamic RAM）がある．マイコンではSRAMが主に用いられる．SRAMは一度書き込むと電源を切るまで内容は保持されるメモリで，高速であるが高価である．DRAMは，コンデンサのチャージを利用したRAMであるため定期的（数msごと）に再書き込み（リフレッシュ操作）が必要なメモリである．
>
> ROMには多くの種類があるが，電気的に消去・書き込みが可能な**フラッシュメモリ**が主流となりつつある．フラッシュメモリを使用することで，完成したシステム上でのプログラム変更が容易となり使い勝手がよい．ROMなので書き換えを行うまではプログラムは消えない．ただし，RAMのように高速で書き込みができるわけではなく，あくまでも通常は読み出し専用として使用する．

> **column**
>
> ### リアルタイムOS
>
> リアルタイム（実時間）性とは，「実際に計算処理してほしい時間内で処理が終わる」ことである．複数の処理が並行しているときに，リアルタイム性がなくある処理が決められた時間内に終わらないと，待っている処理の開始時間が遅れることになる．例えば微小時間 Δt の前後の位置をセンシングし，変位を Δt で割ることで速度を取得している場合を考える．前の処理が時間内に終了せずに位置情報の取得タイミングがずれたときに Δt で割ると，速度情報が間違ったものになる．これを防ぐためには各処理が決められた時間内に終わり，正確な間隔で各処理を実行する必要がある．このように時間内に処理が終わることをリアルタイム性といい，リアルタイム処理が可能なOSを**リアルタイムOS**と呼ぶ．よって，リアルタイム処理を指示したプログラムをリアルタイムOSで実行すると，各処理を一定間隔で実行することができる．
>
> メカトロ機器の応用の1つであるロボットシステムにおける具体的な処理例を見ながら，リアルタイム性について説明しよう．移動ロボットが凹凸路面を移動する場合を例にとる．ロボットは，①進む路面の凹凸度合いを把握してどうやってその凹凸面を移動するかを考えた後，②計画した動作方法に沿って身体を運動制御する，としよう．ここで，①の処理時間については①の処理が終了してからロボット自身が動き出すので，処理時間はそれほど問題にはならずリアルタイム性は必要がない．一方で，②では高精度なバランスの制御などが求められる．処理周期ごとの目標値を設定したときに処理間隔がずれてしまうと，結果的に間違った目標値を設定したことになり高精度な制御は不可能である．つまり時間的な正確さが必要であり，リアルタイム性が求められる．同じ機器内でもリアルタイム性が求められる処理と求められない処理は混在するのである．

マイコンの
ツボを
押さえよう

1.4 マイコン

本節ではメカトロ機器の制御用コントローラとしてよく用いられるマイコンについて簡単に説明しよう．その後，数多くの種類が存在するマイコンの中から実際のメカトロ機器の制御用コントローラとしてどれを選択するかの方針について筆者なりにまとめる．

1.4.1 マイコンの基本構成

マイコンは，大きく捉えるとMPU，メモリ，I/Oから構成される（**図1.8**）．MPU（Micro Processing Unit）は字の通り小型演算装置であり，メモリから順番に命令を読み出して計算を行い，実行結果をメモリやI/Oに書き込む．パソコンのCPUとほぼ同じである．メモリは，作成した制御プログラムを保存する場所であり，また，演算処理の途中結果などを一時的に保存する場所でもある．例えば1＋1を計算するときでも，足す数の1，そして，足される数の1を記憶しておく必要がある．「足す数がいくら」で「足される数がいくら」であるということがわからないと計算できないからである．I/Oは，マイコン外部とのやり取り（入力と出力）をする部分である．電卓で1＋1を計算する場合では，1，＋，1，＝とボタンを押して計算内容をコンピュータに伝えるのが入力機能，2と答えを液晶に表示するのが出力機能となる．またスイッチを押したことによってLEDを点灯させる場合には，スイッチのON/OFFの状態をコンピュータに伝えるのが入力であり，実際にLED点灯回路をON/OFFするのが出力である．

上記3つの機能がバスという信号経路を経由し情報をやり取りしながら演算処理を行っている．以下では，各機能をもう少し詳しく説明する．

(1) MPU

MPUの内部は**図1.9**に示すように，算術論理演算ユニット（ALU），汎用レジスタ，プログラムカウンタ（PC），スタックポインタ（SP），コンディションコードレジスタ（CCR）からなる．お互いが内部バスで接続されており，レジスタ相互間，レジスタとALU間，各部と外部へのバス間でのデータのやり取りができる．MPUの動作タイミングはクロックにより与えられる．各部の大まかな役割は以下である．

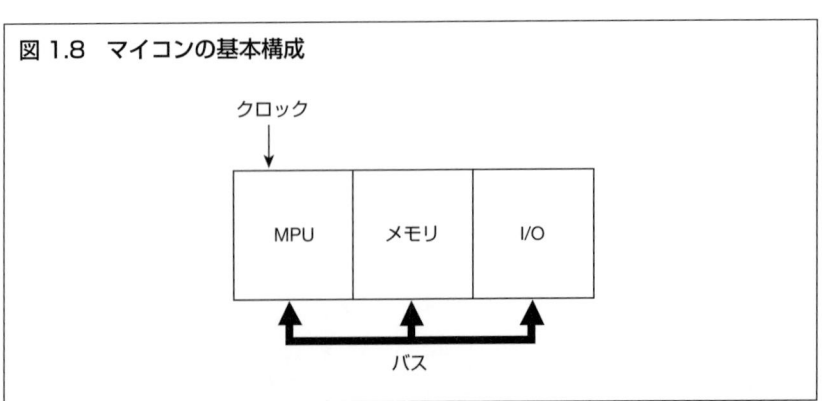

図1.8 マイコンの基本構成

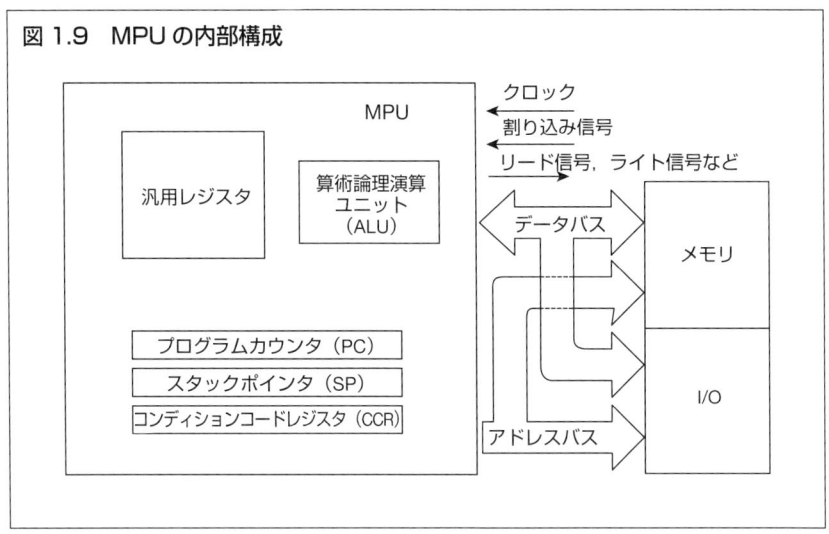

図 1.9 MPU の内部構成

算術論理演算ユニット（ALU）：四則演算や論理演算などの算術的な処理を行う部分である．

汎用レジスタ：数値データを一時的に置いておく部分である．ALU へ送る数値データや ALU からの計算結果，メモリから読み出した数値データが一時的に記憶される．例えば足し算を行う際には足す数と足される数，そして，計算結果がレジスタに記憶されながら処理が行われる．

プログラムカウンタ（PC）：MPU が次に実行する命令がメモリのどこに書いてあるのかという情報（メモリのアドレス（番地））が格納されている．

スタックポインタ（SP）：メモリ上に確保されたデータの一時退避場所である「スタック」の現在の境界アドレスが記憶されている．例えば，割り込み処理（☞ **1.6.3 項**）後に，スタックに保存しておいた割り込み前の状態を読み出して通常処理に復帰する場合などに使用する．

コンディションコードレジスタ（CCR）：計算結果の正負や桁あふれの有無，割り込み許可などの状況が，その演算ごとに書き込まれたものである．各ビットに役割が決められている．

次に，大まかな MPU 内部の動きを説明する．MPU はメモリから命令を順番に読み出してその命令を実行する．次の命令がメモリのどこにあるのかを示しているのが PC であり，PC に書かれているアドレスのメモリから命令を読み出す．例えば命令が「足し算」の場合には，「足す数」と「足される数」をそれぞれメモリから汎用レジスタに読み出した後に，ALU で汎用レジスタ上の 2 つの数を足し合わせて，その結果を汎用レジスタに記憶する．その後，計算結果を汎用レジスタからメモリに書き出す，という流れになる．計算の際に桁あふれが生じた場合などには，CCR にその情報が書かれる．

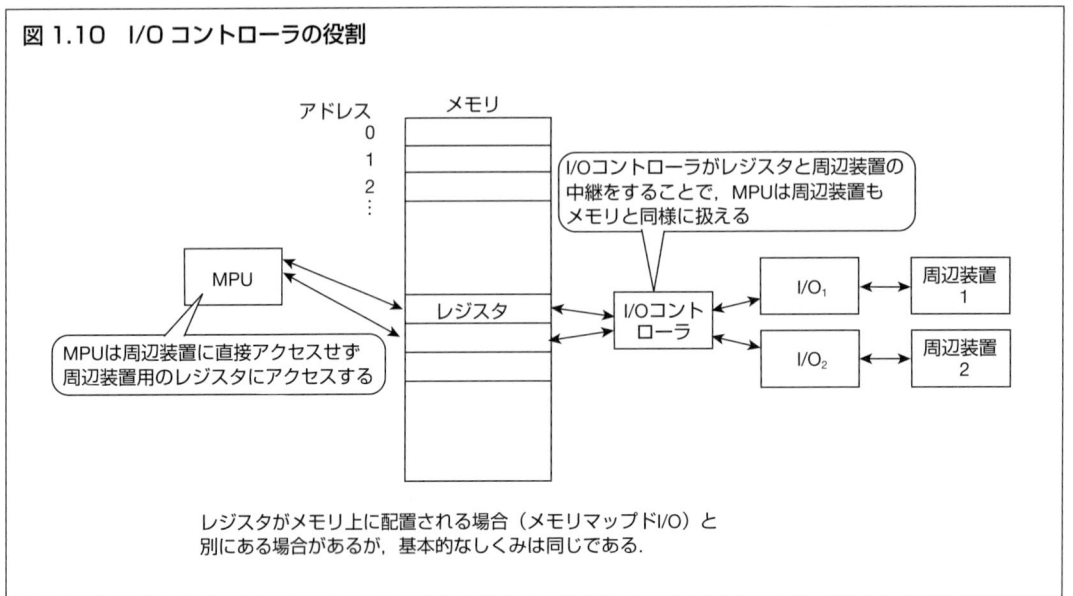

図 1.10　I/O コントローラの役割

(2) メモリ

メモリには 0 または 1 という情報が格納されている．多くのマイコンでは，8 ビット単位（1 ビットは，0 または 1 という 2 種類の情報，8 ビット = 1 バイト）でアドレス（番地）が割り当てられている．アドレスとは住所のようなもので，メモリのどの場所かを特定する情報である．MPU はメモリのアドレスを指定して，情報の書き込み / 読み出しを行う．プログラムはメモリ上に順番に格納されている．

(3) I/O

I/O は周辺装置と実際につながる部分である．I/O **コントローラ**は，スイッチなどの周辺装置の情報をあたかもメモリ上にある情報に見えるようにする変換装置である（**図 1.10**）．これにより MPU は，メモリとデータをやり取りするのと同じように周辺機器と情報をやり取りできる．

(4) バス

MPU とメモリ間や，MPU と I/O 間を情報が流れるためのラインを**バス**といい，アドレスバス，データバス，コントロールバスがある．

アドレスバス：MPU が出力するアドレス情報を送るバスであり単方向である．アドレスにはメモリの記憶場所や周辺インターフェース素子が割り当てられており，情報をやり取りする箇所を指定する．

データバス：アドレスバスで指定した箇所とデータをやり取りするバスである．MPU とメモリ間や MPU と I/O 間をデータは双方向に流れる．

コントロールバス：MPU がデータを読み出すのかまたは書き込むのかを決めるリード信号 / ライト信号や，周辺機器を選択指定するチップセレクト信号などがある．

表1.3 代表的なPICシリーズの仕様

特徴	PIC16シリーズ	PIC18シリーズ	PIC24Fシリーズ	dsPIC30Fシリーズ
特徴	低コストの基本シリーズ	PIC16の拡張版	dsPIC30FシリーズのDSPコア省略版	DSP演算コア搭載版
データ処理	8ビット	8ビット	16ビット	16ビット
命令幅	12または14ビット	16ビット	24ビット	24ビット
クロック（最大）	20 MHz	40 MHz	32 MHz	120 MHz
命令実行周波数（最大）	5 MHz	10 MHz	16 MHz	30 MHz
処理能力（最大）	5 MIPS	10 MIPS	16 MIPS	30 MIPS
プログラムメモリ（最大）	8キロバイト	2メガバイト	128キロバイト	144キロバイト
RAM（最大）	512バイト	4キロバイト	8キロバイト	8キロバイト
ピン数	6〜40ピン	18〜80ピン	28〜100ピン	18〜80ピン

(5) その他

クロック：MPUの動作タイミングを決める，一定間隔で高い電圧（High，以下Hレベルとする）と低い電圧（Low，以下Lレベルとする）を繰り返す信号である．MPUは，クロック信号に同期して処理を実行する．そのため速いクロックで動作するマイコンは処理時間も速くなる．ただし，例えば足し算とかけ算では必要な処理ステップの数が違うように，処理内容によって1処理に何クロック分の動作ステップが必要かは変わる．同じクロック数が必要な処理であれば，クロックが速ければ処理速度は速くなる．同じPICシリーズでも**表1.3**のように型番によって使用できる最大クロックの周波数が異なるので注意する．

メモリから命令やデータを読み込むタイミングや命令を実行するタイミング，メモリにデータを書き込むタイミングなどをクロック信号に対応して表した図を動作**タイミングチャート（タイミング図）**と呼ぶ．各マイコンのデータシートに記載されているので一度見ることをおすすめする（40ページの図1.36のタイミング図はDAコンバータ素子LTC2622の例である）．

割り込み信号：マイコンは1つの処理だけを延々とすればよいということは少なく，例えばスイッチが押されたら別の処理に移りたい場合などがある．このような場合に使われるのが割り込み機能であり，割り込み信号は特定の部分に変化が起こったことを知らせるものである．

1.4.2 マイコンの選択基準

1.4.1節ではマイコンの基本構成について説明したが，商品として存在するマイコンの種類はとても多い．その一方で，どのマイコンも使える基本機能は似ている．各マイコンの差は，扱える情報量（4，8，16，32ビット），動作速度，消費電力，入出力ピン数と機能，通信仕様などの違いである．表1.3はPICにおける各シリーズの特徴である．開発するメカトロ機器の仕様によって必要な入出力ピンの数や動作速度，情報量が決まり，マイコン選択の基準となる．制御システムを設計する際にはコストを下げるためにも，仕様を満たす機能を持った最小限のシステム構成を心がける必要がある．ただし，試作研究開発段階では開発しながらの仕様見直しも

表 1.4 マイコンの種類と特長

種類	メーカー	特長
PIC	マイクロチップテクノロジー社	小規模な制御システムを構築するのに適したアーキテクチャを持つ
H8	ルネサスエレクトロニクス（株）	多くの周辺機能を持ちさまざまなシステム用件に応える
SH	ルネサスエレクトロニクス（株）	H8 よりも上位のマイコンで，消費電力あたりの性能（MIPS/W），小型化，ハイコストパフォーマンスを追求した組み込み RISC[※1] 型コンピュータである

ありえるため，「入手性がよいこと」，「開発環境がそろっていること」，「開発者が使い慣れていること」，なども十分考慮し選択することが多い．

使用用途別の大ざっぱな使い分けとして，筆者は大体以下に示す方針をとっている．もちろん他のマイコンでも仕様を達成できる場合が多いため，筆者の開発環境や使い慣れなどにもよっていることに注意してほしい．

(1) PIC

PIC は必要な機能を，余裕を省いた性能で実現している（☞コラム「PIC と H8 の内部構造」）．8 ビットの PIC12F，PIC16F，PIC18F の各シリーズは性能が低く，例えばスイッチ入力状態の監視など単純処理向けである．ただし，非常に安価で数百円で購入できる．実際の処理は単純な処理も多く，また，速い処理能力が求められない場合も多いのでさまざまな場所で活躍できる．そこで筆者は，数個の入出力と単純な処理でできる機能の場合には PIC を第一選択肢としている．

一方で 16 ビットの dsPIC30/33 シリーズや PIC24 シリーズ，32 ビットの PIC32 シリーズなどもあり，高い処理能力を持つ PIC もある．大きなロボットシステムをつくる際には，モータ制御基板や電源管理基板，各種信号のインターフェース基板などをサブ基板として分散配置することが多く，サブ基板のコントローラとして筆者は高い処理能力を持つ PIC を用いることも多い．

(2) H8

メカトロ機器の試作では 16 ビットの H8/300H シリーズがよく用いられる．市販の H8 マイコンボードとして数千円で売られているものの多くがこのシリーズである．他の機器と通信を行い，センサから得られるデータに基づきながらモータを動かすなどの機能を複数同時並行で行いたいときなど，他の機器と相互に絡みながら処理をこなすようなことが求められる場合には，筆者は経験的に H8 を第一選択肢としている．**表 1.4** に筆者がよく使うマイコンの種類と特長をまとめた．

(3) SH

タイマ，シリアル通信，A/D 変換など多彩な周辺機能に大容量のフラッシュメモリを内蔵した SH-2 を核とするシリーズや，これに加えてキャッシュメモリ[※2] や MMU（メモリ管理ユニット）を搭載し，高速データ処理が可能な SH-3，SH-4 を

※2 キャッシュメモリ　CPU の内部に置かれた高速な記憶装置のことである．使用頻度の高いデータをキャッシュメモリに保存しておき，キャッシュメモリと比較して低速なメインメモリへのアクセスを減らすことで処理の高速化を図る．

※3 マウント　ハードディスクなどのコンピュータに接続された周辺機器を OS に認識させて使用できる状態にすること．

※1　RISC　Reduced Instruction Set Computer の略語であり，マイクロプロセッサを設計するときの 1 つの方式である．それぞれの命令は簡略化して，複数の命令を並行して処理する際の効率を高め，結果として処理性能の向上を目指すものである．これに対して，CISC とは Complex Instruction Set Computer の略語であり，それぞれの命令を複雑な処理をできるようにすることで処理性能の向上を目指す設計方式である．

核とした高性能なシリーズなどがある．例えば，組み込み用コンピュータとしてLinux OS などを搭載することも可能である．筆者は研究用ロボットなど高速データ処理が必要な場合に使用している．大量のデータ保存を行いたい場合でも SH マイコンボードに Linux OS をのせて動かし，外部のコンピュータからログインし，外部のコンピュータのハードディスクをマウント[※3]することで可能となる．先で述べた複数のサブ基板をようした大きなロボットシステムを構築する場合のメイン基板のコントローラとして用いることも多い．

column PIC と H8 の内部構造

PIC は H8 などと同様，CPU，メモリ，I/O など動作に必要なすべての素子を 1 つの IC の中に持っており，I/O ポートが IC の端子として出ているワンチップマイコンである．コンピュータの基本構成には，パソコンや H8 などのノイマン型と PIC のハーバード型がある．ノイマン型は CPU，メモリ，I/O などが，データバス，アドレスバス，コントロールバスで接続され，データも命令もデータバスでやり取りされる．ハーバード型はデータバスと命令バス（プログラムバス）が独立した構成であり，バス上に命令とデータが混在しないため動作速度を上げやすいという特徴がある．

column 制御用コントローラとしてパソコンを使用するかどうか

パソコンを制御用コントローラにするという選択肢もある．そうすればクロス開発環境（☞ 1.6.1 項）をパソコンに準備する必要もない．計算結果をディスプレイに簡単に表示でき便利でもある．大量の取得データをハードディスクに保存することもできる．ただし，パソコンの OS ではリアルタイム性が必ずしも保証されていない．

パソコンの特徴を，制御用コントローラを選択するという観点で考えてみると，以下のようなものがある．

・周辺機器を OS が管理している：周辺機器をコントロールするデバイスドライバがそろっており，キーボードやマウス，ディスプレイ，USB ポートやシリアルポートなど周辺機器を豊富に使える．
・記憶容量が大きい：補助記憶装置としてハードディスクが付いている．

実際のセンサでは，計測データを USB やシリアル通信を用いて送ってくる場合も多い．よって複数のセンサを使い，取得したデータを処理・記録し，また，キーボードなどを用いて人間の入力操作を受け付けるような機器の開発では，パソコンを制御用コントローラとして使うのがよい．一方で，最小構成を重視したマイコンの特徴は以下である．

・繰り返し処理に向く：比較的単純な処理を短い周期で繰り返し行う計算をこなすのに向いている．
・割り込み機能が充実：多数の割り込み入力端子を持っている．割り込み処理ルーチンに飛ぶまでの処理時間も短く，リアルタイム処理に向く．

よって，マイコンは機器の状態やセンサデータの表示などの必要がなく，リアルタイム性が重視される組み込み機器の開発に向いている．

いよいよ具体的な設計スキルだ！

1.5 インターフェース回路を設計する

スイッチ，LED，センサ，モータなどの周辺機器をマイコンで制御するには，周辺機器とマイコンをどうやってつないだらよいだろうか？ 本節では，ディジタル入出力（I/O），A/D入力，D/A出力，センサ，モータに関して，周辺機器とマイコンをつなぐ回路（インターフェース回路）について説明する．

1.5.1 ディジタル入出力のためのインターフェース回路

1.5.1.1 出力ポート

(1) 出力ポート[※1]の等価回路

多くのマイコンの出力ポートの等価回路は**図 1.11**のようになっている．図 1.11 のようにNチャンネルFET側がONになると，Lレベルつまり0Vとなり，シンク（吸い込み）出力となる．逆に，PチャンネルFET側がONになるとHレベルで5Vとなり，ソース（吐き出し）出力となる．FET（電界効果トランジスタ）については**図 1.12**を参照してほしい．両方のFETがOFFの場合には，出力ピンがどこにもつながっていない**ハイインピーダンス**[※2]状態なる．

図 1.13 は PIC の RA4 ピンの等価回路である．これはドレイン側がどこにもつながっていない**オープンドレイン出力**である．オープンドレイン出力であるピンは少ないが，図 1.11 のときと扱いが変わるので注意が必要である．オープンドレイン出力では，図 1.13 に示したようにLレベルのシンク出力，またはハイインピーダンス状態となり，このままではHレベルは出力できない．Hレベルを出力するには，図 1.13 中の点線内のように外付け抵抗でプルアップ（☞ **29 ページ，コラム「プルアップ回路とプルダウン回路」**）する．オープンドレイン出力かどうかはデータシートを見て確認する．

(2) 出力ポートの特性

出力ピンのソース出力及びシンク出力には電流制限がある．最大電流値はマイコンによって異なり，さらに同じマイコンでもソース電流とシンク電流で異なる場合

[※1] ポート ポートとは周辺機器とデータを送受信するための窓口のことである．通常，1つのマイコンには複数のポートがあり，また，1つのポートには複数の端子（ピン）がある．

[※2] ハイインピーダンス 簡単にいうと高い（ハイ）抵抗（インピーダンス）のこと．

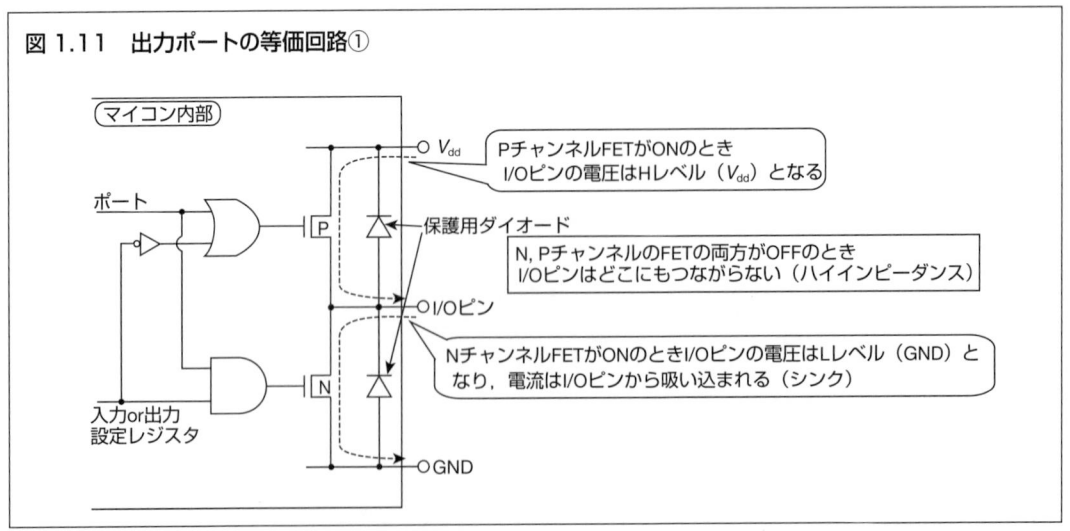

図 1.11 出力ポートの等価回路①

がある．そのためデータシートでの確認が必要である．例えば，**図 1.14(a)** の LED を点灯する回路では，20 mA のソース電流が LED に流れるように抵抗を選定している．ただし H8 の多くはソース電流，シンク電流とも最大 2 mA（一部のシンク電流は 10 mA）であり，PIC の多くはソース電流，シンク電流ともに最大 25 mA

図 1.12　FET（電界効果トランジスタ）

FET とはゲート (G) 電極に電圧をかけソース (S)，ドレイン (D) 間の電流を制御するトランジスタであり，N チャンネル型と P チャンネル型がある．

- N チャンネル型はソースに対してゲート電圧を高くするほどドレインからソースに電流が流れる．
- P チャンネル型はソースに対してゲート電圧を低くするほどソースからドレインに電流が流れる．

ゲート部の構造により接合型と MOS 型に分かれる．回路記号も下のように異なる．

接合型FET
Nチャンネル
ドレイン（D）
ゲート（G）
ソース（S）
Pチャンネル
D
G
S
MOS型FET
Nチャンネル
D
G
S
Pチャンネル
D
G
S

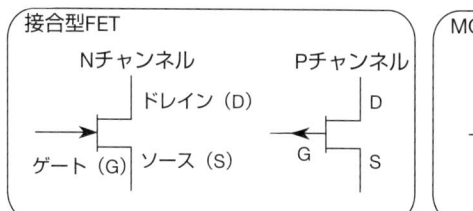

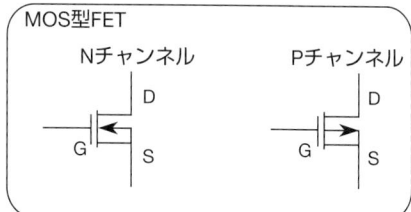

ただし，これらの違いを気にしない場合には次のように簡単な記号を本章では用いる．

Nチャンネル
N
Pチャンネル
P

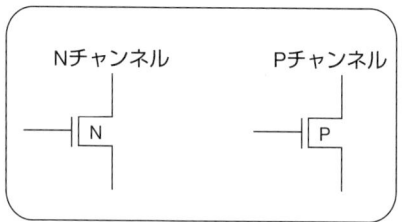

図 1.13　出力ポートの等価回路②（オープンドレイン出力）

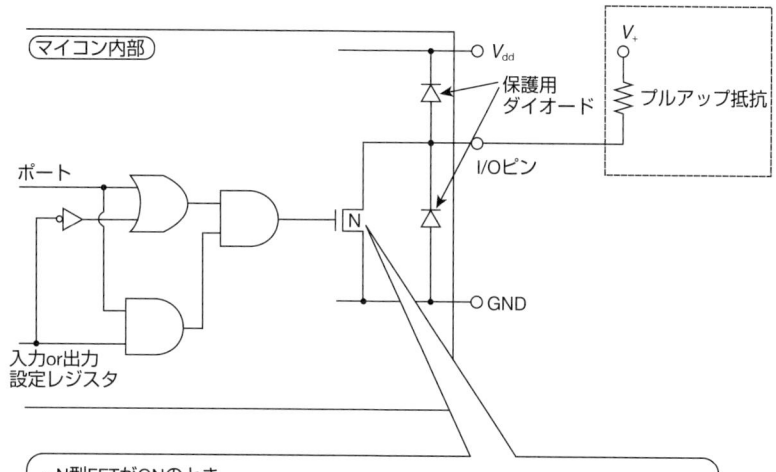

マイコン内部
V_{dd}
保護用
ダイオード
V_+
プルアップ抵抗
I/Oピン
ポート
N
GND
入力or出力
設定レジスタ
・N型FETがONのとき
→I/OピンがLレベル（GNDと同レベル）となりシンク（吸い込み）出力となる．
・N型FETがOFFのとき
→I/Oピンがどこにもつながらずハイインピーダンス状態（電圧不定）となる．
ただし図のようにプルアップ抵抗をつなぐとI/Oピンは V_+ と同レベルになる．

である．よって図 1.14(a) の回路は，H8 の仕様以上の電流がピンに流れてしまうため H8 では使えない．

各ピン単位で流せる最大電流値が決まっていることに加えて，流せる合計電流にも制限がある．そのためすべてのピンに最大電流を流せるわけではないので合計電流に対しても注意が必要である．

また，出力電圧と出力電流には**図 1.15** に示すような特性もある．図 1.15 は出力ピンを H レベルにしたときの電流値に対する電圧値であり，リリオンで使用している PIC16F819 のデータシートである．電流値が 5 mA のときは 4.7 V（定格）程度の出力電圧値であるのに対し，20 mA のときは 3.2 V（定格）となり出力電圧値

図 1.14　LED を光らせる回路

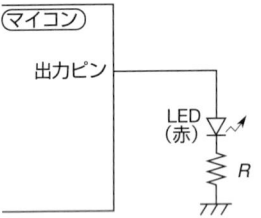

・LED（赤）の電圧降下 ≒ 2.0 V である．
　出力ピンを H レベルにしたとき
　LED（赤）に 20 mA 流したいとすると抵抗 R は，
　オームの法則より

$$\frac{5-2}{R} = 0.02$$

$$\therefore R = 150\ \Omega$$

(a) ソース電流で LED を光らせる

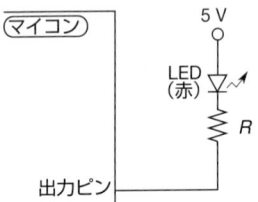

・出力ピンを L レベルにしたとき
　LED（赤）に 10 mA 流したいとすると，
　抵抗 R の大きさは

$$\frac{5-2}{R} = 0.01$$

$$\therefore R = 300\ \Omega$$

(b) シンク電流で LED を光らせる

図 1.15　出力ピンの特性（電流対電圧）

[PIC16F818/819 Data Sheet, p.153, FIGURE16-17, Microchip Technology Inc., 2004 より]

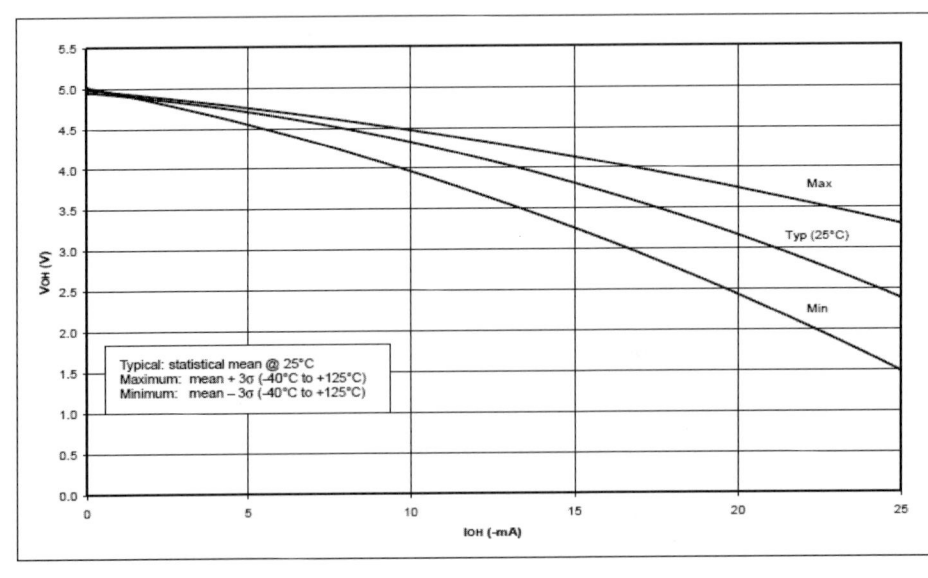

が小さくなっている．大きな電流を流したときに思った電圧が出ない場合があるのはこのためである．

(3) LED を点灯する

PIC16F819 ではシンク電流，ソース電流ともに最大 25 mA であるため，図 1.14 の (a) でも (b) でも LED を点灯することが可能である．回路の抵抗は，図 1.14 のように使用する LED の電圧降下分を引いた電圧を流したい電流で割れば求められる．

H8/300H シリーズの 1 つである H8/3052 は，ポート 1，ポート 2，ポート 5，ポート B については，1 ピン最大でシンク電流は 10 mA，ソース電流は 2 mA まで流すことができる．それ以外のポートではソース電流，シンク電流とも 2 mA である．LED を点灯するには 2 mA では少ないので，10 mA まで流せるポートに**図 1.14(b)** の回路をつなぎ，シンク電流を流すようにする．

図 1.16(a) は 7 セグメント LED 表示器である．LED のアノード側が一緒になったアノード・コモンとカソード側が一緒になったカソード・コモンの 2 つのタイプがある．図中の a 〜 g がそれぞれの部分を点灯させる LED であり，DP が小数点部分を点灯させる LED である．8 個の LED が付いていると思えばよい．それぞれの LED を**図 1.16(b)** のように出力ピンにつなぎ，点灯させたいときにはつながっているマイコンのピンの出力を H レベルにする．

ところで，7 セグメント LED を光らせるために便利な IC がある．例えばカソード・コモンタイプのデコーダ・ドライバ IC である HD74HC4511（ルネサスエレクトロニクス（株））であり，4 ビット BCD コード[※1] を A 〜 D ピンに入力することにより 7 セグメント出力できる．これを使うと使用する I/O ピンは 4 本に節約できる（**図 1.16(c)**）．

※1 BCD（Binary Coded Decimal） 2 進数を 4 桁使用すると 0 〜 15 までの整数が表現できるが，このうち 0 〜 9 までを使用して 10 進数の 1 桁を表す方法である．

(4) 出力電流を増やす

マイコンの出力ピンに直接流せる電流以上の負荷をつなぎたいときがある．出力ピンに直接流せる電流は，PIC では 25 mA 程度，H8 では 10 mA 程度であり，電球

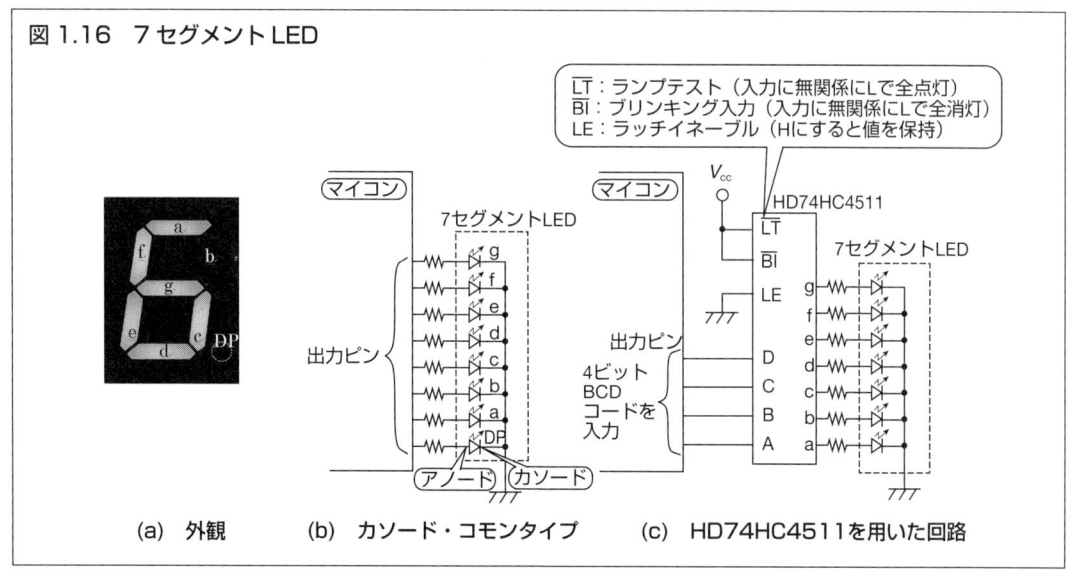

図 1.16　7 セグメント LED

(a) 外観　　(b) カソード・コモンタイプ　　(c) HD74HC4511 を用いた回路

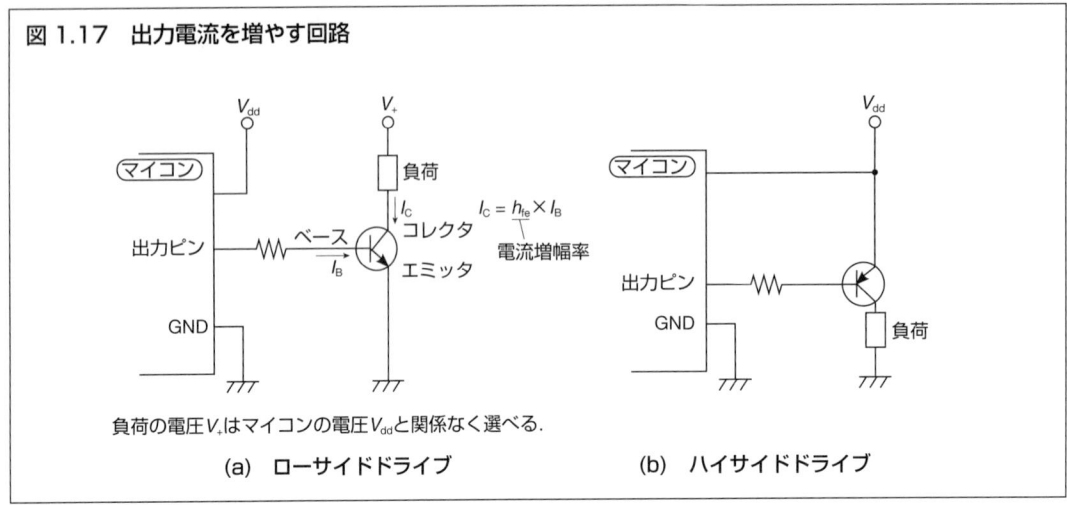

図 1.17 出力電流を増やす回路

(a) ローサイドドライブ　　(b) ハイサイドドライブ

負荷の電圧 V_+ はマイコンの電圧 V_{dd} と関係なく選べる.

やブザーなどでは動作電流が不足する．そのような場合，**図 1.17** に示すような電流増幅回路を使用する．図 1.17 の (a) と (b) の違いは，トランジスタと負荷の位置関係である．負荷の駆動電圧（V_+）をマイコンの電圧（V_{dd}）と関係なしに選ぶことができる**ローサイドドライブ**が多く使われている．

ローサイドドライブの動作を説明する．マイコンの出力ピンが L レベルの場合には，トランジスタのベースには 0 V がかかり，トランジスタは動作せず負荷に電流は流れない．出力ピンが H レベルになるとトランジスタのベースには 5 V がかかり，トランジスタが動作し負荷に電流が流れる．このときベース電流 I_B，コレクタ電流 I_C が流れる．I_C と I_B の間には $I_C = h_{fe} \times I_B$ の関係があり，h_{fe} を電流増幅率という．代表的な NPN トランジスタである 2SC1815 の h_{fe} は，データシートによると最小 25，標準 100 である（測定条件：コレクタ・エミッタ間電圧 $V_{CE} = 6$ V，$I_C = 150$ mA）．マイコンの出力ピンに 6 mA 流せば，少なくとも負荷には 150 mA の電流を流せることになる．

> **column　電流増幅回路のトランジスタにおけるスイッチング速度**
>
> トランジスタを用い負荷に流れる電流を ON，OFF するスイッチング回路の場合，動作速度が問題となる．**図 1.18** のデータはトランジスタのオン時及びオフ時の波形である（計測回路は図 1.18(c)）．オン時は数 10 ns 程度の遅れであるが，オフ時は 1700 ns 程度も遅れており，低速スイッチング動作用であることがわかる．

(5) 出力電流をさらに増やす（ダーリントン接続）

トランジスタの h_{fe} は高くても数百程度で限界があるため，負荷に流せる電流にも限界がある．負荷に数 A という大きな電流を流したい場合には，トランジスタを**図 1.19** のように二段にして使用する**ダーリントン接続**という方法を用いる．ダーリントン接続の見かけの h_{fe} は，各トランジスタの h_{fe} をかけ合わせたものになるため非常に大きな増幅率を得ることができる．図 1.19 は NPN トランジスタの 2SC1815 と 2SC3518 を組み合わせたものであり，出力段に 2SC3518 を用いること

図1.18 トランジスタ（2SC1815）の特性

計測点は(a)(b)の図とも
上の線：(c)の①
下の線：(c)の②である
横1目盛り：500 ns
縦1目盛り：5 V

(a) オン時　　　(b) オフ時

(c) 計測回路

図1.19 ダーリントン接続

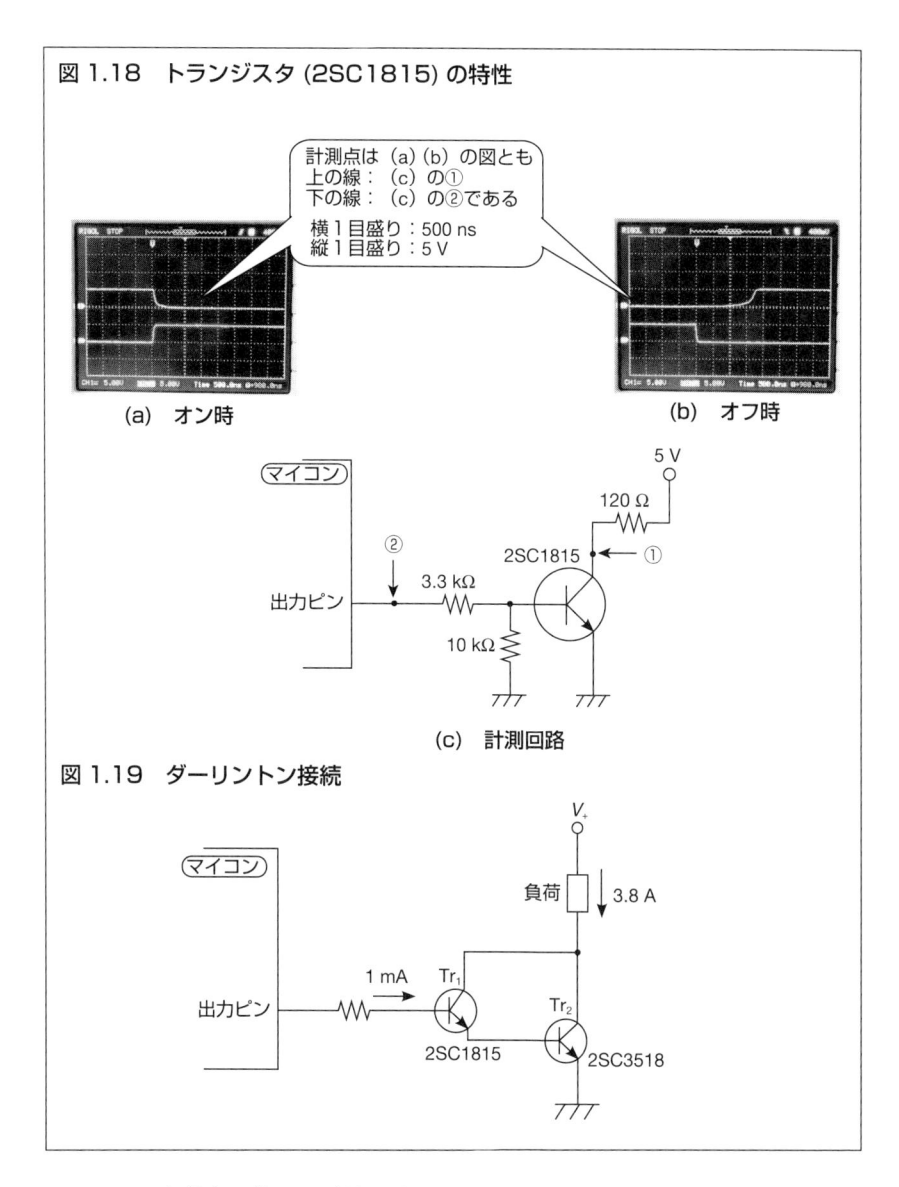

で2SC3518が扱える数Aの電流が流せる．それぞれのh_{fe}が25と150の場合には25 × 150 = 3750もの増幅率が得られ，マイコンの出力ピンに1 mA流せば，負荷に対して約3.8 Aの電流をON，OFFすることができる．

1.5.1.2 入力ポート

(1) 入力ポートの等価回路と特性

マイコンの入力ポートの等価回路は**図1.20**のように3タイプある．図1.20はPICのデータシートから抜き出したものである．各ピンがどのタイプになるのかデータシートで確認する．TTL入力[※1]の場合は2 V以上がHレベル，0.8 V以下がLレベルとなる（電源電圧5 Vの場合）．シュミットトリガ入力（☞ **33ページ，コラム「シュミットトリガ入力」**）のピンは，Lレベル→Hレベルが2.8V付近で切り替わり，Hレベル→Lレベルは2 V付近で切り替わる（電源電圧5 Vの場合）．プルアップ（☞**コラム「プルアップ回路とプルダウン回路」**）設定可能な入力ピンの場合には，該当するレジスタを設定してプルアップ回路として使うことができる．

※1 **TTL入力** TTLレベルの入力信号のこと．

図 1.20　入力ポートの等価回路
[PIC16F87X Data Sheet, p.29, p .31, FIGURE3-1, 3-2, 3-3, Microchip Technology Inc., 2001 をもとに作成]

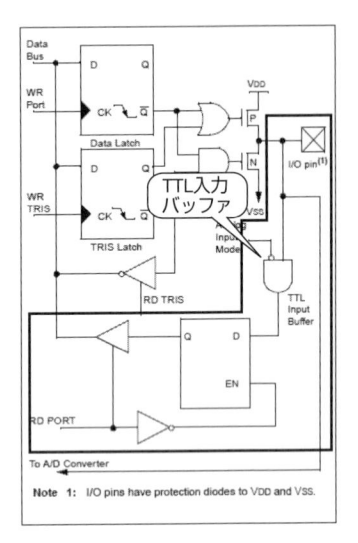

(a) TTL入力

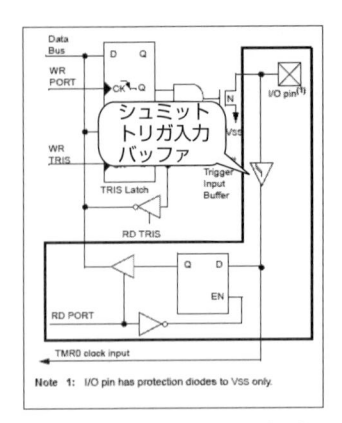

(b) シュミットトリガ入力

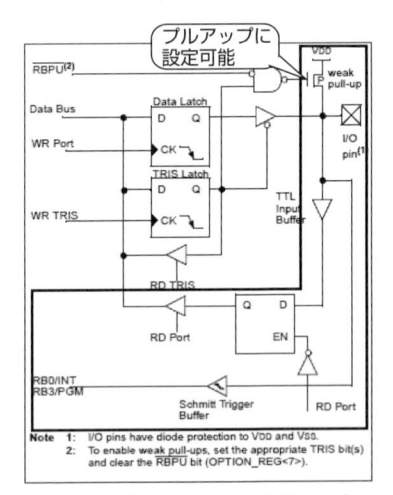

(c) プルアップ設定可能な入力

図 1.21　入力信号のクランプ回路

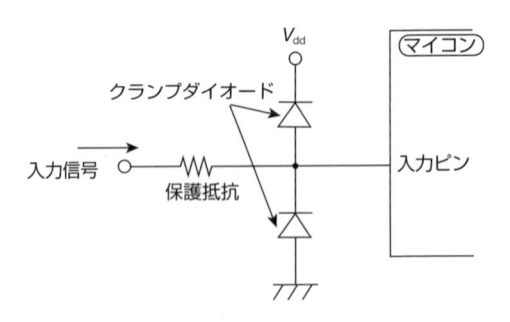

通常，入力ピンは出力ピンと兼用になっているため，入力ピンとして使用する場合には入力か出力かを指定するレジスタを入力ピンとして設定する．

(2) クランプダイオード

入力ポートへ入力できる信号の電圧範囲は 0 V ～ V_{dd}（電源電圧）である．ノイズや静電気などの異常電圧を含めてこの範囲を超える信号が入力されると，マイコン内部の素子が破壊されることがある．これを防ぐのが**図1.21**の**クランプ回路**[※1]である．V_{dd} より高い電圧や 0 V より低い電圧は，電源側（V_{dd} や GND）にバイパスされる．マイコンへの入力はダイオードの電圧降下 0.7 V だけが付加されて -0.7 V ～ $V_{dd} + 0.7$ V となる．クランプダイオードに流れる電流は図 1.21 の保護抵抗により決まる．抵抗値が大きいほど流れる電流が少なくなるため，高い電圧まで効果がある．ただし，入力ポートのインピーダンス（信号に対する抵抗）よりは低くする必要があり，通常 1 kΩ ～ 1 MΩ 程度が用いられる．入力ポートのインピーダンスよりも十分小さければ，付加したインピーダンスの影響が相対的に小さくな

※1　クランプ回路　一定電圧以下または以上に制限する回路のこと．

> **column**
> ### LCD を使って出力する
>
> マイコンにはディスプレイが付いていないため，プログラム内部の数値や状況を出力したいときには **LCD**（液晶ディスプレイ）を取り付けて表示させることが多い．LCD は LED のように自ら発光する素子ではなく，2 枚の偏光フィルタにはさまれた液晶分子に電圧を加えて液晶分子の配列を変化させ，偏光フィルタも含めた全体の光の透過率や反射率を変えることで文字や数字の表示を行うものである．LCD モジュール SC1602BS（（株）秋月電子通商）はマイコンでよく使われ，16 文字 × 2 行の表示ができる．8 本のデータ線と 3 本の制御線（RS，R/W，E），コントラスト調整端子からなっている．RS は Register Select 端子であり LCD モジュール内のレジスタを選択する．R/W は Read/Write 端子でありデータの読み出しまたは書き込みを制御する．E は Enable 端子でありデータの書き込みや読み出しのタイミングを制御する．3 本の制御線と 8 本のデータ線を出力ピンにつなぎ，決められたタイミングで出力をすることで任意の文字や数字を表示する．なお出力ピンを節約するために，4 本のデータ線を使用して 2 回に分けてデータを送る方式を選ぶこともできる．

> **column**
> ### プルアップ回路とプルダウン回路
>
> **プルアップ回路**とは引っ張り（プル）上げる（アップ）回路であり，**図1.22(a)** のようにスイッチが OFF の通常時，図中の A 点は H レベルであり，スイッチを ON にすると A 点は L レベルになる．**プルダウン回路**（**図1.22(b)**）はこれとは逆に，通常時 A 点は L レベルであり，スイッチを ON にすると A 点は H レベルになる．**図1.22(c)** のような場合，スイッチを ON にしたときは A 点の電圧レベルは H レベルと判断できるが，スイッチを OFF にしたときには A 点の電圧レベルが定まらずマイコンの入力判断が不安定となる．これを防ぐために (a) または (b) のようにして，スイッチが OFF のときの電圧を一定にするのがプルアップ，プルダウン回路である．

(3) コンパレータ IC を用いたインターフェース回路

アナログ電圧信号を，ある基準電圧（V_{ref}）より高いか低いかだけ見分けたい場合がある．**コンパレータ IC**[※1] の差動入力の一方に基準電圧を入力し，もう一方にアナログ電圧信号を入力すると，V_{ref} とアナログ電圧信号が比較されて H レベルか L レベルの信号として出力されるので，それをマイコンに取り込む．そうすると，アナログ電圧信号が基準電圧より高いか低いかを I/O ピンへの入力で判断することができる．

単電源でよく使われるコンパレータ IC には LM393（テキサスインスツルメンツ社）があり，**図 1.23** は基本回路例である．オープンコレクタ出力のためプルアップすることで任意電圧のディジタル回路へ H レベルか L レベルを入力できる．

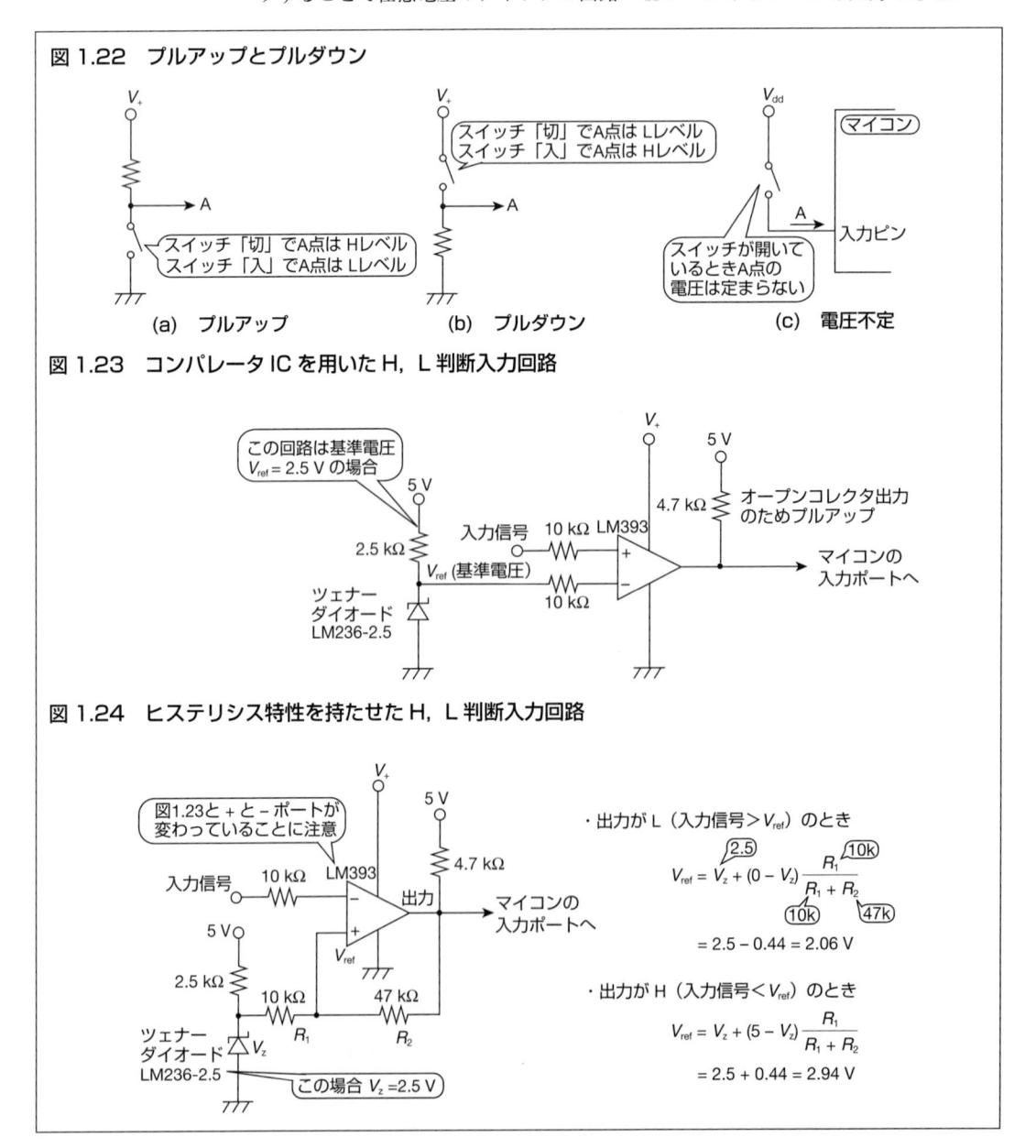

※1 コンパレータ IC
入力電圧の大きさを比較する電圧比較用 IC のこと．

図 1.22 プルアップとプルダウン

(a) プルアップ — スイッチ「切」でA点は Hレベル／スイッチ「入」でA点は Lレベル
(b) プルダウン — スイッチ「切」でA点は Lレベル／スイッチ「入」でA点は Hレベル
(c) 電圧不定 — スイッチが開いているときA点の電圧は定まらない

図 1.23 コンパレータ IC を用いた H，L 判断入力回路

この回路は基準電圧 $V_{ref} = 2.5\,\text{V}$ の場合
ツェナーダイオード LM236-2.5
オープンコレクタ出力のためプルアップ
マイコンの入力ポートへ

図 1.24 ヒステリシス特性を持たせた H，L 判断入力回路

図1.23と＋と－ポートが変わっていることに注意
この場合 $V_z = 2.5\,\text{V}$

・出力が L（入力信号 > V_{ref}）のとき
$$V_{ref} = V_z + (0 - V_z)\frac{R_1}{R_1 + R_2}$$
$$= 2.5 - 0.44 = 2.06\,\text{V}$$

・出力が H（入力信号 < V_{ref}）のとき
$$V_{ref} = V_z + (5 - V_z)\frac{R_1}{R_1 + R_2}$$
$$= 2.5 + 0.44 = 2.94\,\text{V}$$

コンパレータ IC を用いるときに気をつけなければならないことがある．基準電圧付近で入力電圧が上下に変動し，結果としてコンパレータ IC の出力も H レベルと L レベルで振動してしまうことである．これを防ぐにはコンパレータ IC にヒステリシス特性[※2]を持たせる．ヒステリシス特性を持たせる回路の一例としては**図1.24**がある．図 1.23 と図 1.24 ではオペアンプの＋信号と－信号のつなぎが逆になっていることに注意する．そのため，図 1.24 では（入力信号）＞ V_{ref} のときにオペアンプ出力は L レベルとなり，（入力信号）＜ V_{ref} のときオペアンプ出力は H レベルとなる．この回路は，図 1.24 に示すようにオペアンプの出力ピンの電圧の H レベル，L レベルにより V_{ref} の電圧が変化することを利用している．

(4) スイッチのインターフェース回路

スイッチ（☞7.2節）の ON，OFF の状態をマイコンに取り込むための基本的な回路は**図1.25**である．図 1.25(a) はスイッチを ON にすると H レベル信号がマイコンに入り，図 1.25(b) はスイッチを ON にすると L レベル信号がマイコンに入る．使用する抵抗は小さすぎると流れる電流が多くなり無駄な電力を消費する．かといって抵抗が高すぎるとノイズを拾いやすくなる．そこで筆者は 1 ～ 10 kΩ 程度を使用している．ところで図 1.25(c) のようなスイッチ（c 接点スイッチ）（☞2.2.3項 (1)）を用いた回路はよいのだろうか？　実はよくない．スイッチを切り替えるときにマイコンの入力ピンがどこにもつながらない不定状態となるからである．

スイッチを扱うプログラムで問題になるのが**チャタリング**である．チャタリングというのは，**図1.26(a)**のようにスイッチを切り替えたときに数 μs ～数 ms 間，信号が ON（H レベル），OFF（L レベル）を繰り返す現象である．チャタリングによりスイッチの状態を誤って読み込んでしまうときがある．つまり，スイッチは ON なのに OFF と誤認識したり，OFF なのに ON と誤認識するのである．

チャタリング防止対策としては回路による対策とソフトウェアによる対策の 2 つがある．回路による対策としては，**図1.26(b)**の上図のように CR による**ローパスフィルタ**[※3]と**シュミットトリガバッファ**（☞**コラム「シュミットトリガ入力」**）

※3　ローパスフィルタ　低い周波数成分のみを通過させるフィルタのこと．

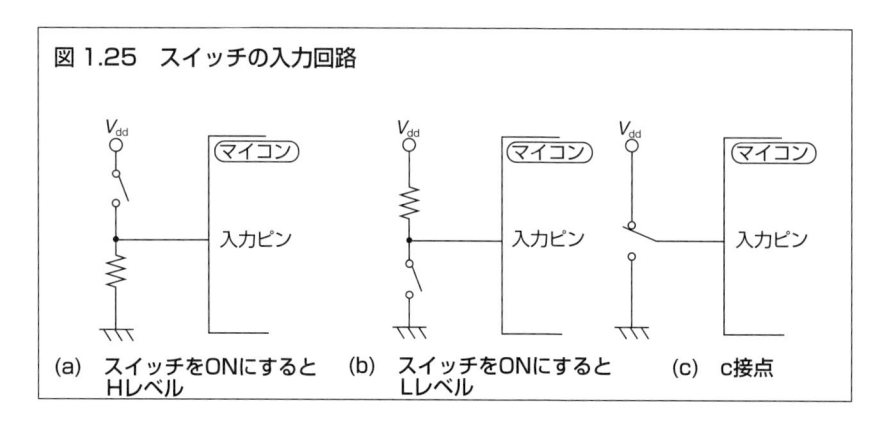

図 1.25　スイッチの入力回路

(a) スイッチを ON にすると H レベル
(b) スイッチを ON にすると L レベル
(c) c 接点

※2　ヒステリシス　履歴現象のことをいう．ある量 A に伴って他の量 B が変化するときに，A の変化の経路によって，同じ A に対する B の値が異なる現象のこと．具体的には，あるスイッチがあり，電圧が低い電圧から高い電圧に変化する場合には 2.5 V を超えると ON になるが，高い電圧から低い電圧に変化する場合には 2.5 V ではなく 2.0 V になって初めて OFF になるような特性のことである．この特性により，入力値がしきい値付近の際に出力値がいったん変化したら，微小な入力変動では出力値が振動しないようになる．

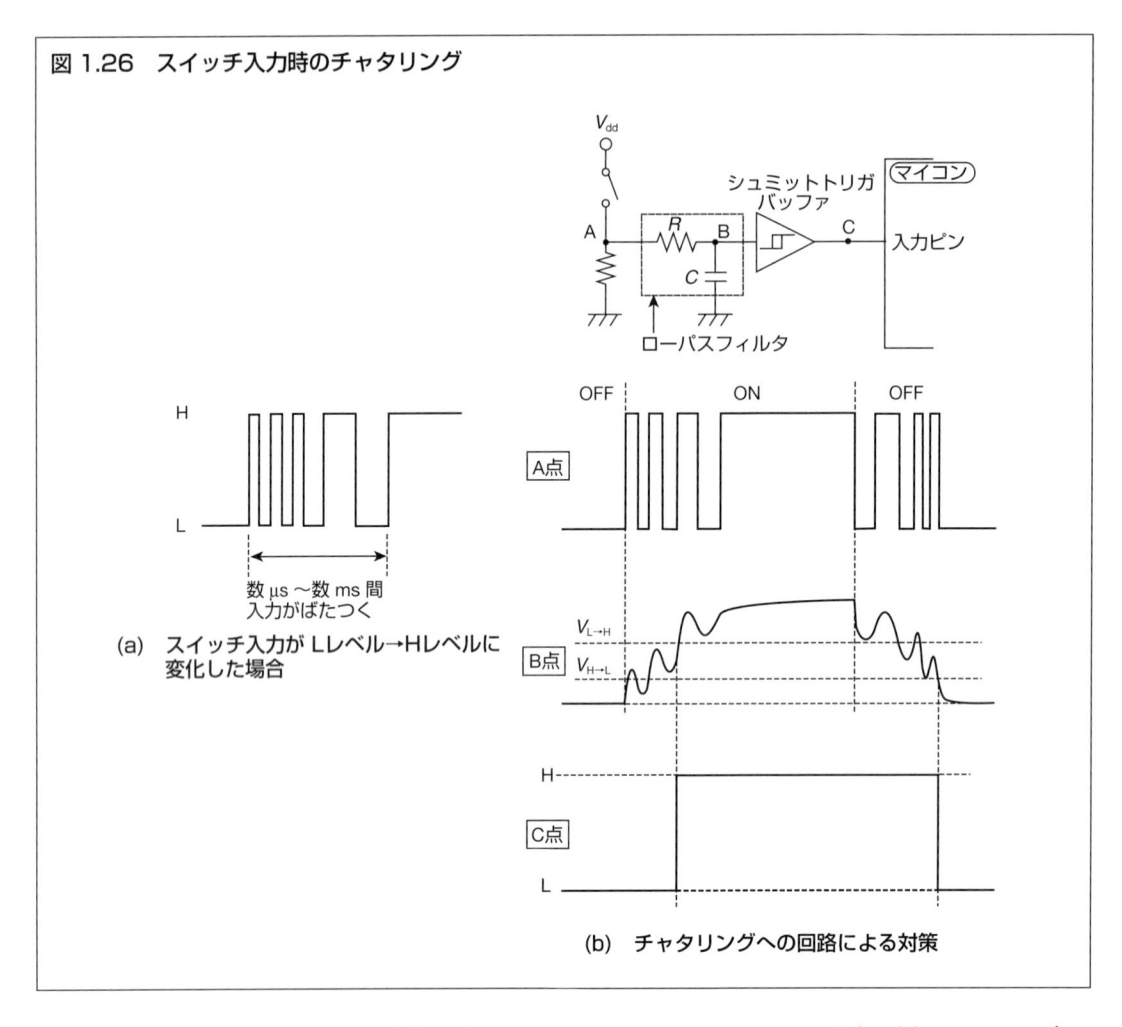

図 1.26 スイッチ入力時のチャタリング

(a) スイッチ入力が L レベル→H レベルに変化した場合

(b) チャタリングへの回路による対策

を使用する方法がある．CR によるローパスフィルタにより，図 1.26(b) の A 点の矩形波が B 点の波形のようになり，それをシュミットトリガで受けることにより C 点のような波形となる．シュミットトリガによりヒステリシス特性を持つため，チャタリングしても C 点の出力波形は振動しにくくなる．なお CR によるローパスフィルタにおいて，入力電圧が 0 V から 5 V に変化するときに，5 V に対して $X\%$ に達する時間 T は

$T = -\ln((100-X)/100) \times CR$

で求められる．例えば $C = 1\,\mu\mathrm{F}$，$R = 1\,\mathrm{k}\Omega$ だとすると 2.5 V に達する時間は約 0.7 ms となる．ただし，CR によるローパスフィルタを使用するため信号変化の遅れが発生する．回路による他の対策としてはフリップフロップ（RS ラッチ）を使う方法もある．

一方で，ソフトウェアによるチャタリング防止対策も頻繁に使われる．筆者がよく用いる簡単なチャタリング防止対策アルゴリズムは以下のようなものである．

- 最大でも数 ms でチャタリングは落ち着くため，スイッチ入力の変化を検知後，数 ms 後に再度スイッチの状態を読み込む．前回と同じ状態だったらスイッチの状態が変化したとする．
- スイッチ入力の変化を検知後，スイッチの状態が落ち着く数 ms 間は入力を無視する．

- スイッチ入力の変化を検知後，スイッチ入力を定期的にチェックしスイッチ入力が変化したままの状態ならばカウンタを増やす．スイッチ入力の状態がチャタリングで戻ったらカウンタをクリアする．カウンタが一定値以上になったらスイッチの状態が変化したとする．

> **column　シュミットトリガ入力**
>
> 入力信号がHレベルからLレベルに切り替わるときのしきい値とLレベルからHレベルに切り替わるときのしきい値が異なる入力回路方式のことをいう．例えば，**図1.27(a)** のように入力電圧が0Vから5Vに上がる場合には2.8V付近でLレベルからHレベルに入力値が切り替わり，5Vから0Vに下がる場合には2.0V付近でHレベルからLレベルに入力値が切り替わる．このような動作を「ヒステリシスがある」とも呼ぶ．そのメリットは入力信号の小さな変化分を取り除けることである．**図1.27(b)** のように入力信号にノイズがのっていた場合にヒステリシスがないと入力がばたついて不安定になるが，ヒステリシスがあると入力がばたつかず安定する．

1.5.1.3　絶縁に用いるインターフェース回路

モータなどの駆動系回路とマイコンなどの制御系回路とは，共通の電源ラインで使用しない方がよい．モータなどの負荷の動作に伴う電圧変動やノイズなどが共通の電源ラインを通して制御系回路に入り込み，場合によっては制御系の異常動作を引き起こすからである．そのため，制御系回路の電源ラインは駆動系回路の電源ラインと絶縁する必要がある．ここで，電源ラインを共通にしないということは

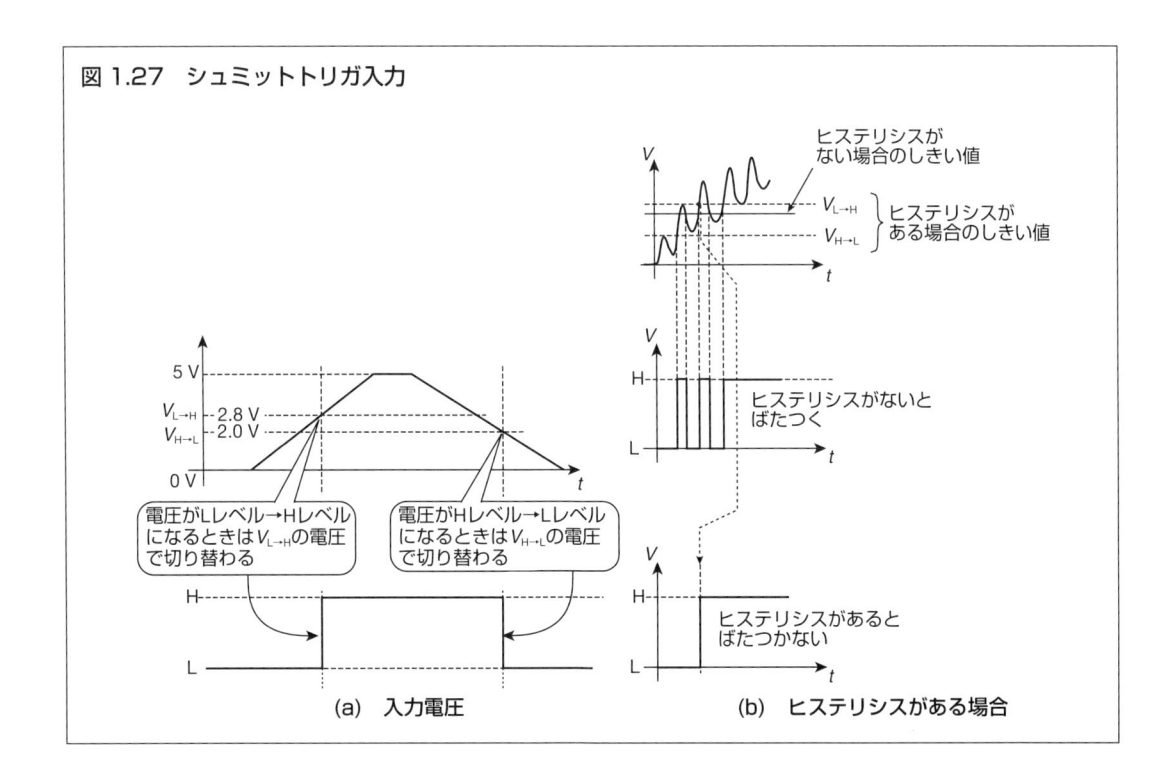

図1.27　シュミットトリガ入力

(a)　入力電圧　　　(b)　ヒステリシスがある場合

GNDを別にするということである．その場合，信号も流れなくなるのでカップリングする必要がある．絶縁の方法としては，大きな電流が流れる箇所でも使えるリレー方式，ディジタル信号の絶縁に用いるフォトカプラ方式，高速ディジタル信号の絶縁に用いるパルストランス方式などがある．

(1) リレーによる絶縁

リレー（☞ 7.3 節）は，図 1.28(a) に示すように電磁石に電流を流し接点が動くことでスイッチを ON，OFF するものである．電磁石に電流を流す側（図のコイル電源側）の GND と接点側（図の負荷電源側）の GND を分離することができるため，回路を電気的に分離することができる（絶縁）．リレーの基本的な駆動回路を図 1.28(b) に示す．リレーの電磁石はマイコンからの出力電流では駆動できないためトランジスタを用いて増幅する．図中のサージ吸収用ダイオードは，インダクタンス成分を持つ電磁石への電流を切るときに逆起電力が発生しトランジスタを破壊することを防ぐためのものである．

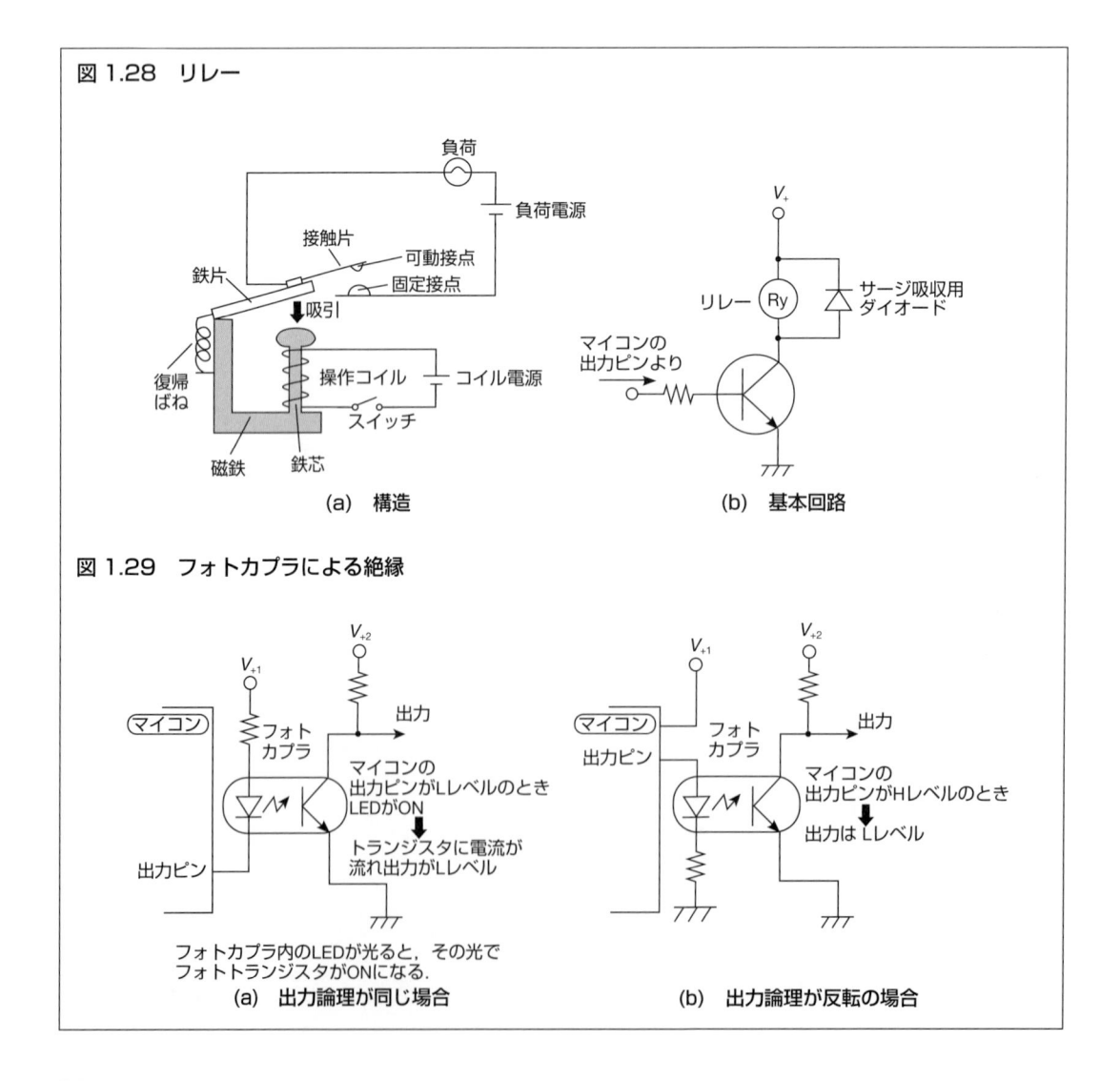

図 1.28 リレー

(a) 構造

(b) 基本回路

図 1.29 フォトカプラによる絶縁

(a) 出力論理が同じ場合

(b) 出力論理が反転の場合

(2) フォトカプラによる絶縁

ディジタル信号を絶縁する際によく使われるのが**フォトカプラ**である．フォトカプラは**図 1.29(a)** のように LED とフォトトランジスタを組み合わせたものであり，LED に電流を流すと LED が発光し，その光を受けてフォトトランジスタが ON となる．LED 側の GND とフォトトランジスタ側の GND を分離できるため，回路を電気的に分離することができる．図 1.29(a) と (b) のように，マイコンとのつなぎ方により，マイコン側が H レベルのときに出力側が H レベルとなるのか L レベルとなるのかの出力論理も選べる．注意点としてはフォトカプラで伝播の遅れが生じるため応答可能な周波数には制限がある．また，電流伝達率（CTR，入力電流（I_F）に対する出力電流（I_C）の比率）はデバイスごとに仕様で決まっており，出力側で流せる電流もデータシートで確認する必要がある．高速応答用としてフォトトランジスタ部分がフォトダイオードでできたフォトカプラもある．

フォトカプラ TLP250（(株)東芝 セミコンダクター＆ストレージ社）

ADUM1200（アナログ・デバイセズ社）

(3) パルストランスによる絶縁

高速な伝送路で絶縁をしたい場合に使われるデバイスとして，パルス信号用のトランスである**パルストランス**がある．原理は通常のトランス（変圧器）と同様である．外付け部品は必要なく，LED とフォトダイオードを使用しないため，フォトカプラで生じる制限がない．具体的な製品例としてはアナログ・デバイセズ社の iCoupler シリーズがある．その中の 1 つである ADUM1200 の伝送速度は最大 25 Mbps であり，フォトカプラと比べて高速である．電源電圧は 2.7 〜 5.5 V であり 3 V と 5 V のレベル変換もできる．ADUM1200（単方向 2 チャンネル）の回路図を**図 1.30** に示した．双方向 2 チャンネル用の ADUM1201 もある．

1.5.2 A/D 入力のためのインターフェース回路

実際の物理量をマイコンで把握するためには，物理量をセンサによって電気的な信号に変換し，それをマイコンで読む．例えば，温度センサや圧力センサの多くは，測定物理量の強弱に応じた電圧値を出力する．マイコンでは，センサ出力の電圧値（アナログ量）をマイコンが扱えるディジタル量として読み込み処理する．これがマイコンの A/D（アナログ / ディジタル）変換機能である．PIC や H8 含めて A/D 変換機能を持つマイコンは多い．

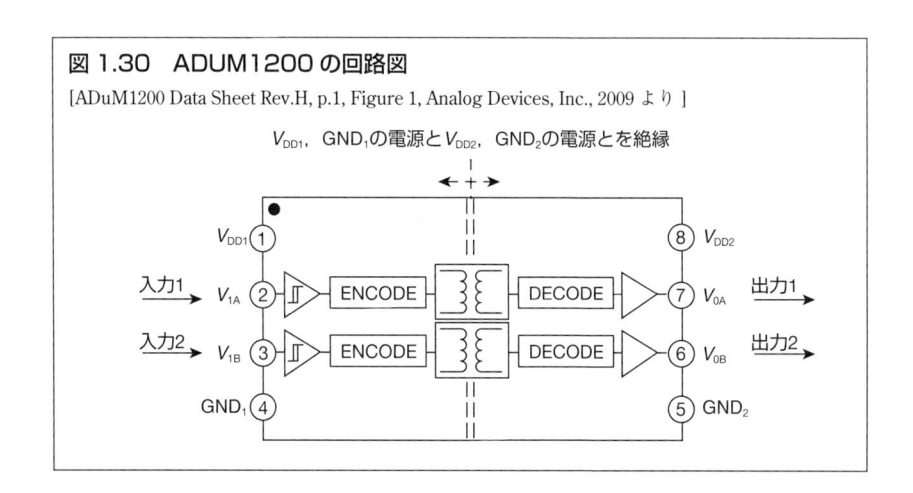

図 1.30 ADUM1200 の回路図
[ADuM1200 Data Sheet Rev.H, p.1, Figure 1, Analog Devices, Inc., 2009 より]

V_{DD1}，GND_1 の電源と V_{DD2}，GND_2 の電源とを絶縁

入力1 → V_{1A} ② → ENCODE → DECODE → ⑦ V_{0A} → 出力1
入力2 → V_{1B} ③ → ENCODE → DECODE → ⑥ V_{0B} → 出力2
V_{DD1} ① 　　⑧ V_{DD2}
GND_1 ④ 　　⑤ GND_2

(1) A/D 変換の分解能

A/D 変換機能を持ったマイコンの仕様書を見ると，8 ビット A/D や 10 ビット A/D，12 ビット A/D などと書いてある．8 ビットとは分解能のことであり，8 ビット A/D とは入力電圧を $2^8 = 256$ 段階のディジタル値に変換できることである．例えば，入力電圧範囲が 0〜5 V で 8 ビットの A/D 変換だとすると，5/256 = 19.53 mV 区切りで認識できる．つまり，入力電圧値 0〜19.52 mV はマイコンの中ではディジタル値 0 と認識され，入力電圧値 19.53〜39.05 mV はディジタル値 1，39.06〜58.58 mV はディジタル値 2，…となる．10 ビット A/D では $2^{10} = 1024$ 段階，そして 12 ビット A/D では $2^{12} = 4096$ 段階に入力電圧範囲を区切って認識することができる．一般的に使うマイコンでは 8〜12 ビットの A/D 変換機能を持つものが多い．

(2) A/D 変換の入力保護回路

基本的な入力回路としては信号電圧をマイコンの A/D 変換ピンにつなぐ．ただし，他のマイコンの出力を直接入れるなど入力電圧が A/D 変換の入力電圧範囲内に必ずおさまる場合以外は保護回路を入れる．**入力保護回路**の例を**図 1.31** に示す．

図 1.31(a) は抵抗とクランプダイオードを用いたものである．異常電圧がかかっても抵抗で消費される．また，電源電圧より高い，もしくは低い異常電圧はクランプダイオードを通り電源ライン（V_{dd}）と GND に逃げるため，マイコンの破壊を防げる．A/D 変換ピンの入力インピーダンスより十分に低い抵抗を付ける必要があるため，筆者は 100 Ω 程度の抵抗値を用いることが多い．

図 1.31(b) はオペアンプ MCP6022（マイクロチップテクノロジー社）による入力バッファを用いた保護回路である．バッファは入力側が高インピーダンス，出力側が低インピーダンスであるため，センサからの入力に対して大きな抵抗を使い保護することができる．

(3) 入力電圧範囲より高い電圧を測定するには

マイコンの A/D 変換機能は，マイコンの電源電圧範囲内の電圧しか測定できない．では，5 V 駆動のマイコンで 0〜10 V の信号を A/D 変換するにはどうすればよいのだろうか？ そのような場合に用いるインターフェース回路が**図 1.32** のような**分圧回路**である．分圧回路を構成する場合の注意点としては，分圧回路のインピーダンスを入力信号源のインピーダンスよりも十分に高くすることである．なぜなら，入力信号源のインピーダンスよりも小さな抵抗を使った場合には，入力信号

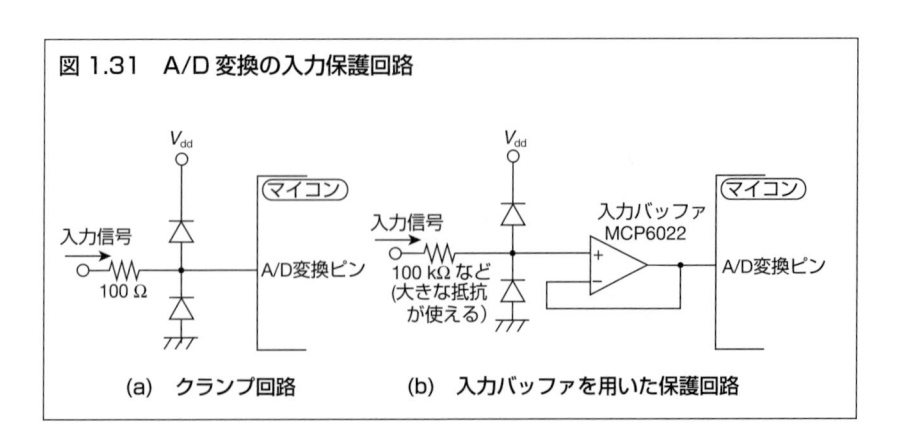

図 1.31　A/D 変換の入力保護回路

(a) クランプ回路　　(b) 入力バッファを用いた保護回路

図 1.32　分圧回路

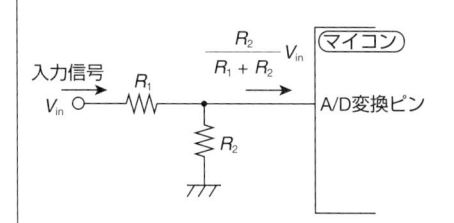

入力信号 V_{in} ― R_1 ― $\frac{R_2}{R_1+R_2}V_{in}$ → A/D変換ピン（マイコン）
R_2 → GND

- 例えば入力信号源のインピーダンスが R_{in} とするとA/D変換ピンへの入力電圧は

$$\frac{R_2}{R_{in}+R_1+R_2}V_{in} \text{ となる．}$$

- $R_{in} \ll R_1, R_2$ であれば R_{in} の影響を無視でき

$$\frac{R_2}{R_1+R_2}V_{in} \text{ が入力電圧となる．}$$

源のインピーダンスの影響が大きく思った通りの分圧値が得られないからである．ただし同じ理由で，マイコンの A/D 変換ピンにつなぐ前段のインピーダンスは，A/D 変換ピンのインピーダンスよりも十分に低くする必要がある．これらを両立させるために，図 1.31(b) のような**バッファ回路**（☞**コラム「バッファ回路」**）を用いることも多い．

---

column　バッファ回路

バッファ回路は，伝える信号レベルは変えることなく必要な特性を変更するものである．例えば，図 1.31(b) のバッファ回路は，バッファ回路の前後で信号レベルは変えることなくインピーダンスを変化させる．このバッファ回路は入力側のインピーダンスが大きく，出力側のインピーダンスは小さい．よって，図 1.32 の A/D 変換ピンの前にこのバッファ回路を入れることで，期待した分圧値を得たうえで A/D 変換ピンに対して十分小さなインピーダンスを実現できる．

---

(4) A/D 変換の基準電圧

A/D 変換機能を持つマイコンのデータシートには，A/D 変換の基準電圧を入力するピンが記載されている（**図 1.33(a)**）．実は，A/D 変換は $V_{REF-} \sim V_{REF+}$ を分解

図 1.33　A/D 変換の基準電圧

[(a)　PIC16F87X Data Sheet, p.3, Pin Diagram, Microchip Technology Inc., 2001　(b)　REF50XX Data Sheet, p.10, Figure 29, Texas Instruments Inc., 2011 より]

REF5050 を用いると，V_{OUT} から 5 V の基準電圧が発生する．それをマイコンの V_{REF+} に入力する．

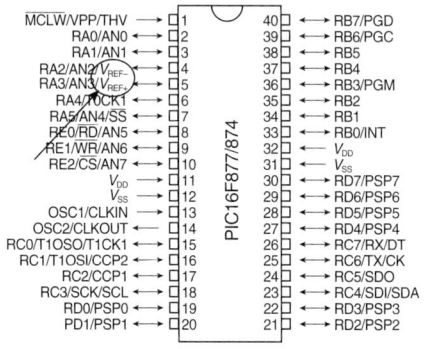

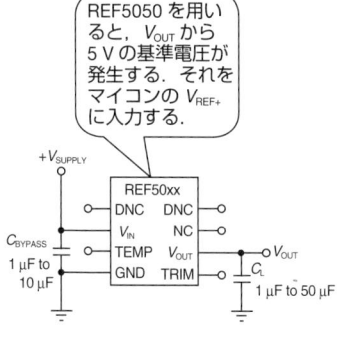

(a)　PIC16F877 の例　　　(b)　基準電圧発生素子例

能のビットで分割する．つまり，10 ビット A/D の V_{REF-} に GND，V_{REF+} に 5V を入力すると，0 〜 5 V の範囲を $2^{10} = 1024$ 分割したディジタル値となる．あるいは，V_{REF-} に 1 V，V_{REF+} に 4 V を入力すると，1 〜 4V の範囲を 1024 分割する．V_{REF+}，V_{REF-} に基準電圧を入力しない場合は，自動的に 0 V 〜 V_{DD}（電源電圧）の範囲となることが多い．

回路が簡単になるため基準電圧を入力せずに 0 V 〜 V_{DD} の範囲で使用することも多い．ただし，電源電圧は温度変化やノイズにより変動するため正確な電圧測定には向かない．正確に 0 〜 5 V 範囲で電圧測定をする場合には，例えば，**図 1.33(b)** のように**基準電圧発生素子**を用いることをすすめる．REF5050（テキサスインスツルメンツ社）などの基準電圧発生素子の出力値 V_{OUT} を基準電圧として V_{REF+} に入力し，GND を V_{REF-} に入力すればよい．

1.5.3　D/A 出力のためのインターフェース回路

マイコン内部で処理したディジタル値を物理的な電気信号（電圧）に変換するのが D/A（ディジタル / アナログ）変換である．例えば，H8/3069 など D/A 変換機能を持ったマイコンも存在するが，D/A 変換機能の付いたマイコンは実はあまり多くない．そこで，ここでは D/A 変換機能を持たないマイコンで D/A 変換機能を実現する方法を説明しよう．

(1) PWM 機能を使った D/A 変換

PWM とは，パルス信号を出力する時間を調整して電圧や電流を調整する方式のことである（☞**コラム「PWM とは」**）．PWM 信号を**図 1.34(a)** のようにローパス

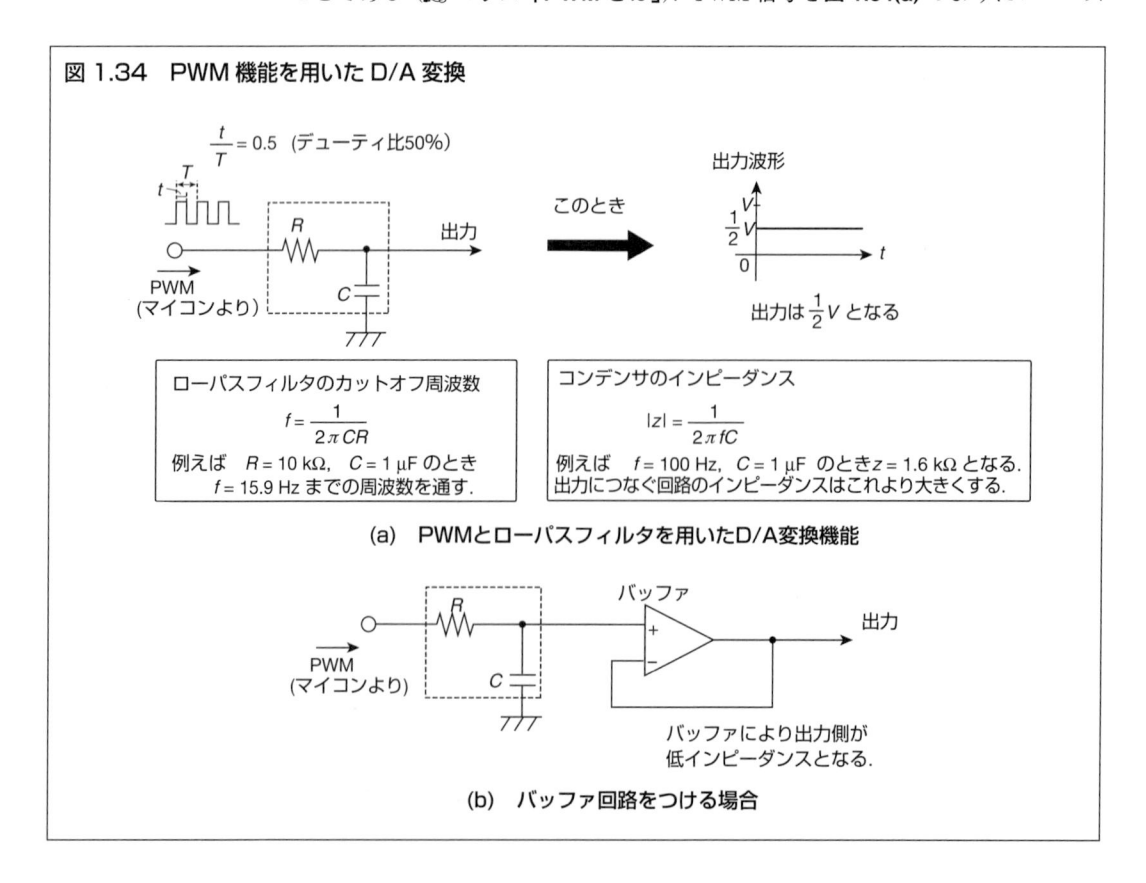

図 1.34　PWM 機能を用いた D/A 変換

(a)　PWMとローパスフィルタを用いたD/A変換機能

ローパスフィルタのカットオフ周波数
$$f = \frac{1}{2\pi CR}$$
例えば　$R = 10 \text{ k}\Omega$，$C = 1 \text{ μF}$ のとき $f = 15.9 \text{ Hz}$ までの周波数を通す．

コンデンサのインピーダンス
$$|z| = \frac{1}{2\pi fC}$$
例えば　$f = 100 \text{ Hz}$，$C = 1 \text{ μF}$ のとき $z = 1.6 \text{ k}\Omega$ となる．出力につなぐ回路のインピーダンスはこれより大きくする．

$\frac{t}{T} = 0.5$（デューティ比50%）

出力は $\frac{1}{2}V$ となる

(b)　バッファ回路をつける場合

バッファにより出力側が低インピーダンスとなる．

フィルタを通して出力すると，PWM信号のデューティ比に応じた出力電圧を発生できる．PWMの分解能が10ビットであれば，出力できるアナログ電圧の分解能も10ビットとなる．実際には，ローパスフィルタのインピーダンスが高いとつなぐ回路の入力インピーダンスをそれ以上に高くしなければならないという制限が生じるので，図1.34(b)のようにバッファ回路をつける場合が多い．

> **column**
>
> ## PWMとは
>
> PWMとはPulse Width Modulationの頭文字をとったものであり，名前の通りパルス幅を調整して電圧や電流を制御する方式である．図1.35のように一定周期の矩形波（これを**PWM周波数**という）の中で，Hの信号の割合（t）を調整する．1周期（T）の中でのHの割合（t/T）を**デューティ比**という．例えば，デューティ比が50%の場合にローパスフィルタを通して高周波成分をカットすると，出力電圧は図1.34(a)のように矩形波の電圧の半分となる．デューティ比が10%の場合には，出力電圧は矩形波の電圧の10%となる．

(2) D/Aコンバータ素子を使ったD/A変換

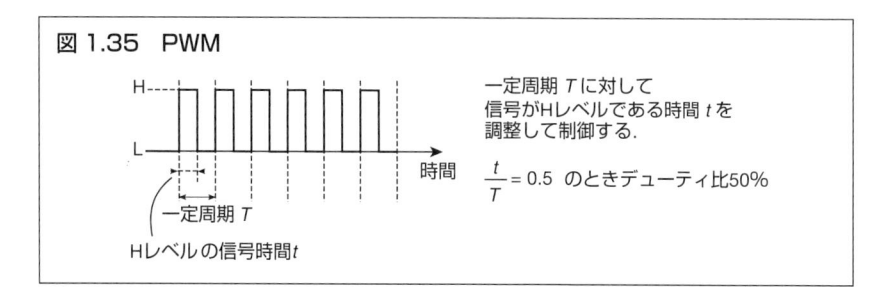

D/A変換機能を持たないマイコンを用いてアナログ電圧を出力したい場合には専用の**D/Aコンバータ素子**を用いることもある．その場合，マイコンのI/Oピンを用いてD/Aコンバータ素子に出力電圧を指示しアナログ電圧を出力する．LTC2622（リニアテクノロジー（株））は2.5～5.5V動作の**レール・トゥ・レール**[※1]電圧出力のD/Aコンバータ素子である．この素子の$\overline{CS}$, SCK, SDIの3ピンをマイコンの出力ピンとつなぎ，データシートで指定されたタイミングでマイコンから信号を送ることでV_{OUTA}とV_{OUTB}から2つの電圧をそれぞれ出力できる．図1.36は，データシートから抜き出した内部構成とタイミングチャートである．$\overline{CS}$ピンをLレベルにしたうえで，SCKのクロックに応じてSDIにデータを出力する．例えば，V_{OUTA}の出力を更新したい場合には，$\overline{CS}$をLレベルにした後にクロックとともに4ビットのコマンド（0011）+ 4ビットのアドレス（0000）+ 12ビットの出力データ+ 4ビットの空データ（何でもよい，つまりドントケア）を送り，$\overline{CS}$ピンをHレベルに戻す．データシートから1つの波形に必要な時間は数nsである．20MHzのクロックで動いているPICの1処理サイクル0.2μsより十分に短いので，待ち時間な

図1.35 PWM

一定周期Tに対して
信号がHレベルである時間tを
調整して制御する．

$\dfrac{t}{T}=0.5$ のときデューティ比50%

一定周期T
Hレベルの信号時間t

※1 **レール・トゥ・レール** 例えばオペアンプなどでは電源電圧範囲いっぱいの信号は扱えず，電源電圧範囲より1～2V少ない範囲の信号が入出力できることが多い．レール・トゥ・レールというのは，電源電圧と同一範囲の信号を扱えるタイプのものである．本文の例では，電源電圧が5VのD/Aコンバータ素子で5Vまでの電圧を出力できるという意味になる．

図 1.36 D/A コンバータ素子 LTC2622
[LTC2622 日本語データシート，p.9-11，リニアテクノロジー（株），2003 より]

ブロック図

タイミング図

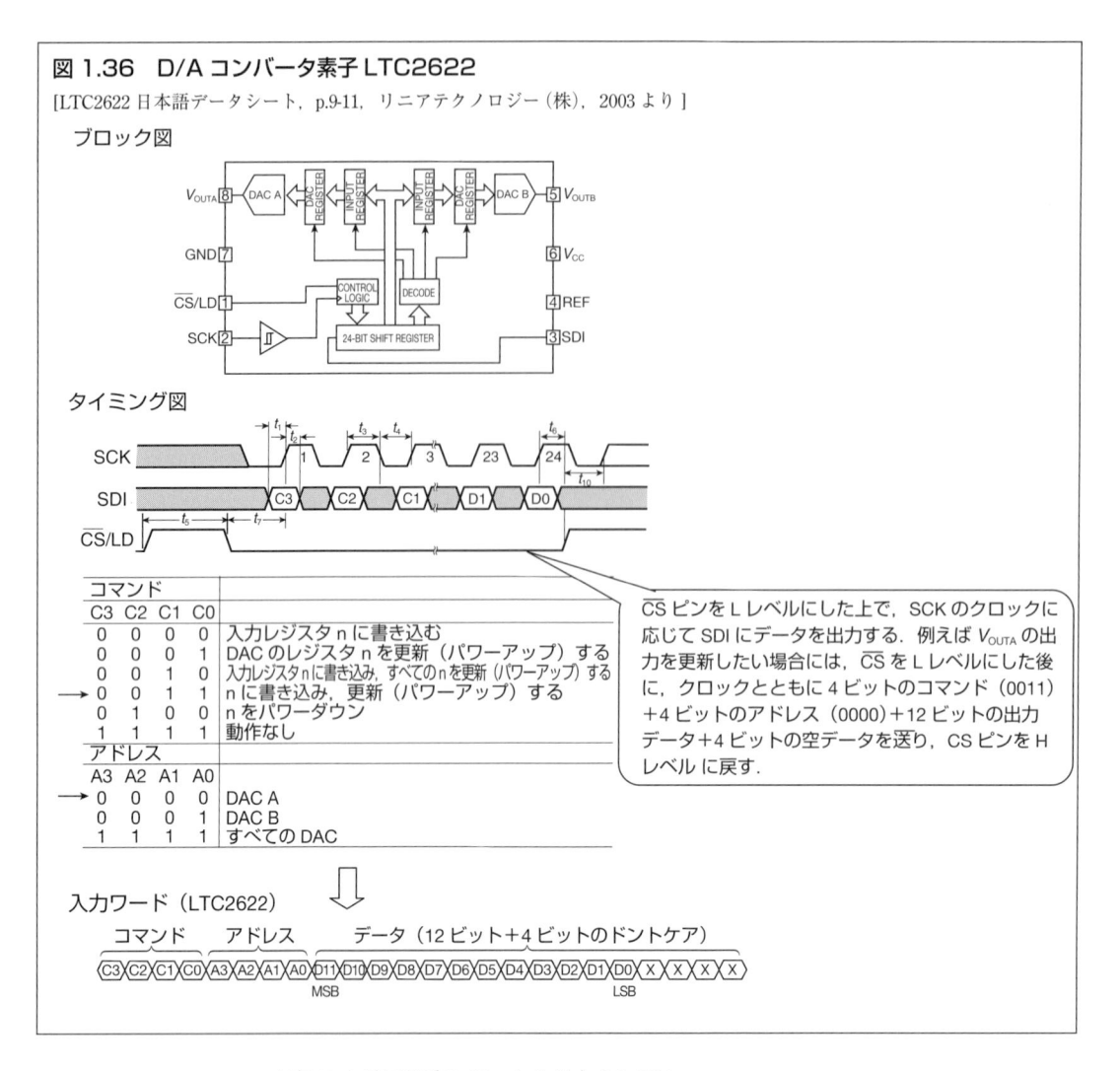

$\overline{CS}$ ピンを L レベルにした上で，SCK のクロックに応じて SDI にデータを出力する．例えば V_{OUTA} の出力を更新したい場合には，$\overline{CS}$ を L レベルにした後に，クロックとともに 4 ビットのコマンド（0011）＋4 ビットのアドレス（0000）＋12 ビットの出力データ＋4 ビットの空データを送り，CS ピンを H レベルに戻す．

コマンド

C3	C2	C1	C0	
0	0	0	0	入力レジスタ n に書き込む
0	0	0	1	DAC のレジスタ n を更新（パワーアップ）する
0	0	1	0	入力レジスタ n に書き込み，すべての n を更新（パワーアップ）する
→ 0	0	1	1	n に書き込み，更新（パワーアップ）する
0	1	0	0	n をパワーダウン
1	1	1	1	動作なし

アドレス

A3	A2	A1	A0	
→ 0	0	0	0	DAC A
0	0	0	1	DAC B
1	1	1	1	すべての DAC

入力ワード（LTC2622）

コマンド：C3 C2 C1 C0
アドレス：A3 A2 A1 A0
データ（12 ビット＋4 ビットのドントケア）：D11(MSB) D10 D9 D8 D7 D6 D5 D4 D3 D2 D1 D0(LSB) X X X X

ど気にせずに順番にデータを出力すればよい．

---

column　インピーダンスマッチング

インピーダンスマッチングとは，信号の送信側と受信側のインピーダンスの値を同じにすることである．インピーダンスとは抵抗のことであり，「信号の伝送路において送信側と受信側の信号の伝わりやすさを同じにすること」と言い換えられる．インピーダンスマッチングをする理由は以下である．

- **電力伝達の効率を最大にするため**：図 1.37 のような信号源の抵抗 R_1 と負荷の抵抗 R_2 があるとき，負荷に伝わる電力 P は $P = \left(\dfrac{V}{R_1 + R_2} \right)^2 \times R_2$ であり，計算をすると抵抗のインピーダンスが同じ（$R_1 = R_2$）ときに最大となる．
- **信号の反射を抑えるため**：信号源のインピーダンスと負荷のインピーダンスが合わないと信号の一部がインピーダンスの変化する場所で反射してしまう．反射波が発生すると元の信号の波形が乱れてしまいノイズとなる．インピーダンスマッチングの例として，RS422/485（☞1.5.6 項）などの通信方式では，120 Ω 程度の抵抗を終端につないでいる（終端抵抗）．

図 1.37 インピーダンスマッチング

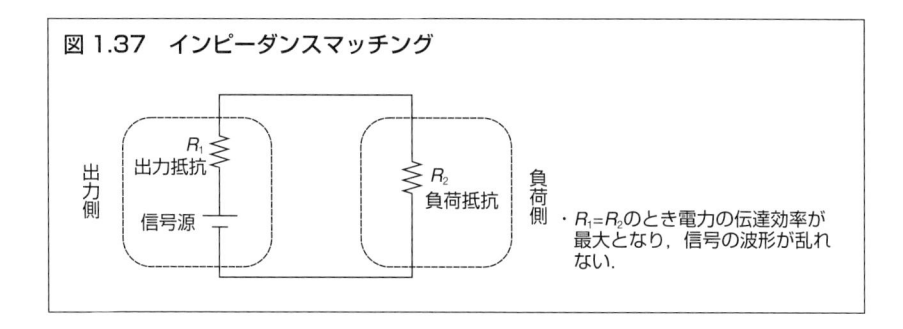

・$R_1=R_2$のとき電力の伝達効率が最大となり，信号の波形が乱れない．

1.5.4 センサのためのインターフェース回路

メカトロ機器は周りの状況に応じた動作が期待される．そのためには周りの状況を計測するセンサが必要である．センサとマイコンのインターフェース回路を考えるために，まずは出力信号の種類によりセンサを分類する．

- **出力信号がHレベルまたはLレベルであるセンサ**：具体例として，マイクロスイッチ（☞ 7.2 節），リミットスイッチ，タッチセンサなどがある．
- **出力信号がアナログ電圧値であるセンサ**：例えば，電流センサ，加速度センサ（☞ 8.11 節），力センサ，PSD（Position Sensitive Detector）センサ（☞ 8.5 節）など計測対象の大小や強弱に応じたアナログ電圧が出力されるセンサがある．
- **信号の変化タイミングまたは継続時間に応じて出力するセンサ**：例えば，対象物までの距離に応じて伝播時間が変わる超音波センサ（☞ 8.6 節）などがある．
- **計測量をシリアル通信で出力するセンサ**：例えば，いくつかのセンサ出力を複合し計算したうえで求める姿勢角度センサや回転位置に応じた距離情報を出力するレーザレンジセンサなど，単一の情報では伝え切れない内容を出力するセンサがある．
- **出力信号がパルスであるセンサ**：具体例として，回転角度を計測するエンコーダ（☞ 8.2 節）がある．

上記のように出力する信号のタイプにより大きく5つに分けられる．各タイプにおけるインターフェース回路について話を進めよう．ただし次のことは共通である．

- センサにもセンサを駆動するための電源が必要であること．
- センサの出力信号線をマイコンに入力すること．
- 信号電圧はGNDと比較した相対的なものであるため，センサのGNDとマイコンのGNDのレベルを合わせておくこと（つまり，センサのGNDとマイコンのGNDをつなげる）．

(1) 出力信号がHまたはLであるセンサ

このタイプのセンサは計測対象の状態によってHレベルまたはLレベルの電圧信号が出力される．そのため，センサ出力をマイコンの入力ピンにつなぎその状態を見ればよい．インターフェース回路としては，図 1.21 で示したクランプ回路を用いて保護したり，信号源がスイッチ類の場合にはチャタリング対策回路を使用したりすればよい．

(2) 出力信号がアナログ電圧値であるセンサ

計測対象の大小や強弱に応じた信号がアナログ電圧として出力されるセンサの具体例として，電流センサや加速度センサ，PSD センサなどがある．このタイプのセンサを用いるときは，センサ出力を A/D 変換ポートにつないでアナログ電圧をディジタル値としてマイコンに取り込めばよい．ただし，取り込んだ値は A/D 変換範囲の中での相対的な大小であり物理量の単位とは一致していないため，実際の状態量の単位に変換することを忘れないように注意する．

(3) 信号の変化タイミングまたは継続時間に応じて出力するセンサ

超音波センサモジュールは，センサから超音波を送信し，反射波の有無により障害物を認識し，かつ，反射波を受信するまでの時間により障害物までの距離を計測するものである．市販品の 1 つである（有）浅草ギ研の超音波距離センサー PING（図 1.38）は，仕様書によると出力信号をマイコンに直接つなぎ約 3 cm ～ 3 m までの距離を計測できる．インターフェース回路としては図 1.38(a) の SIG ピンをマイコンの I/O ピンにつなぐだけである．図 1.38(b) にはタイミングチャートを示した．SIG ピンにつないだマイコンのピンを出力に設定し 5 μs の H 信号を SIG ピンに出力する（トリガ入力）とセンサから超音波が送信される．その後，SIG ピンにつないだマイコンのピンを入力として設定し直す．そうすると，ホールドオフ時間後に SIG ピンが H レベルとなる．H レベルとなっている時間は超音波センサが反

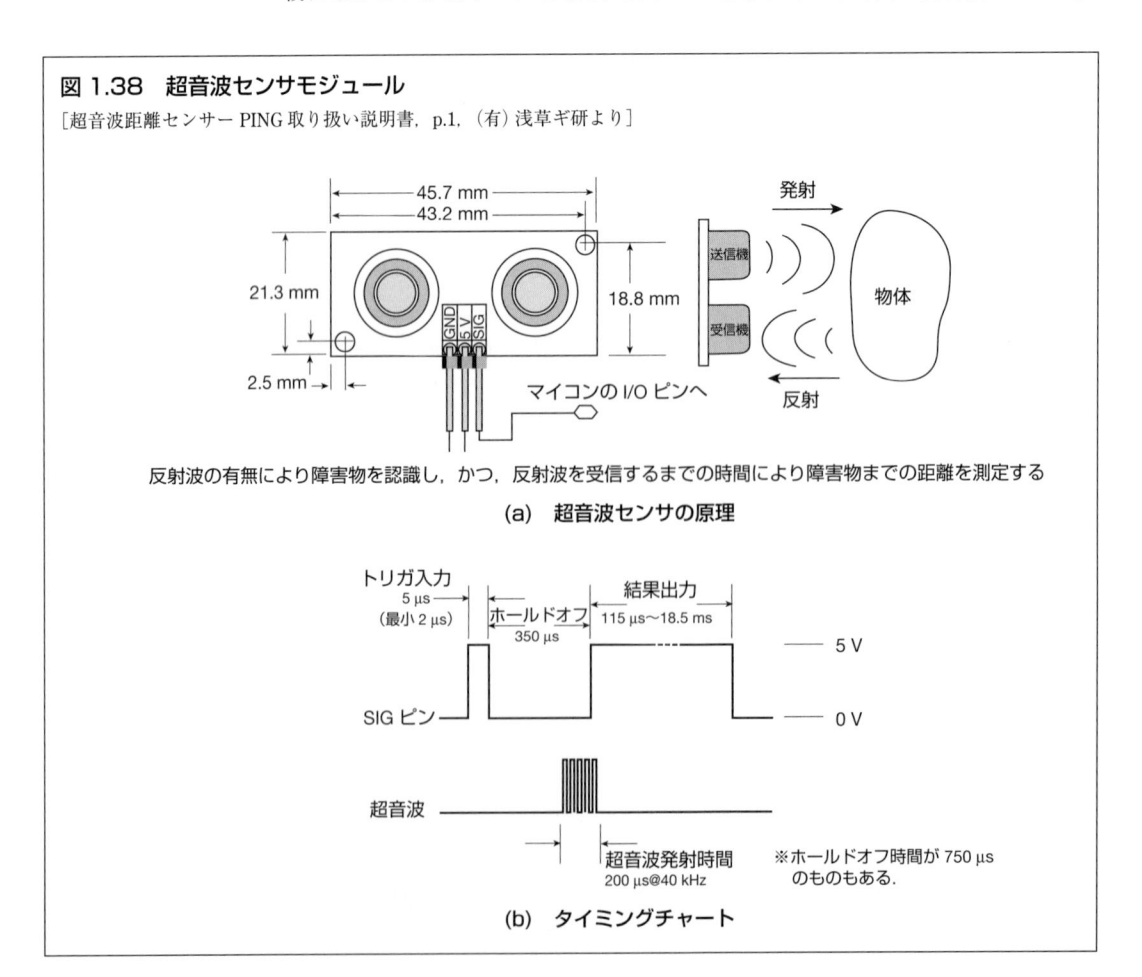

図 1.38 超音波センサモジュール
［超音波距離センサー PING 取り扱い説明書，p.1，（有）浅草ギ研より］

(a) 超音波センサの原理

反射波の有無により障害物を認識し，かつ，反射波を受信するまでの時間により障害物までの距離を測定する

(b) タイミングチャート

※ホールドオフ時間が 750 μs のものもある．

射波を受信するまでの時間に対応するため，マイコンの入力ピンで信号がHレベルからLレベルになるまでの時間を計測して距離に変換すれば距離計測ができる．時間の計測はタイマ機能（☞**1.6.3項**）を使うことが多い．

(4) 計測量をシリアル通信で出力するセンサ

ある点に対する計測値ではなく，ある範囲に渡っての計測値のようにセンサ出力が複数の内容に対する場合には単一の信号線では出力が足りない．そのため，複数の出力内容をRS232C（☞**1.5.6項**）などの通信を介して出力するのがこのタイプのセンサである．例えば，2次元平面における障害物までの距離を計測するレーザレンジセンサは，シリアル通信ポートやUSBポートにつなぎ通信によりデータを受信する．インターフェース回路については1.5.6項で説明する．

(5) 出力信号がパルスであるセンサ

エンコーダは回転角度に応じた数のパルスを出力する．マイコンのカウンタポートはパルス数を数えることができるポートであるので，出力信号をつなぎサンプリング時間あたりのパルス数をカウントする．

ところで，エンコーダの出力形式には**オープンコレクタ出力**と**ラインドライバ出力**がある．オープンコレクタ出力とは**図1.39(a)**に示すようにトランジスタを使用した出力回路であり，コレクタが出力端子となっている．通常は**図1.39(b)**のように，外部電源によりプルアップした電圧信号をマイコンのパルスカウンタ入力ピンに入れる．外部電源が必要だが信号の電圧レベルを自由に設定できる利点がある．

一方でラインドライバ出力とは，出力信号とそれと反転した信号の両方を出力し，その差を差動信号として使用する（**図1.40(a)**）．送り側と受け側で専用ICを使用する．この場合のインターフェース回路例は**図1.40(b)**がある．

ここで，ノイズに対する特徴を見てみよう．オープンコレクタ出力は信号線が1つであり，GNDとの電位差でパルスを計測するため，信号線にノイズがのると信号－GND間の電位差が乱れ誤計測につながりやすい．それに対して，ラインドラ

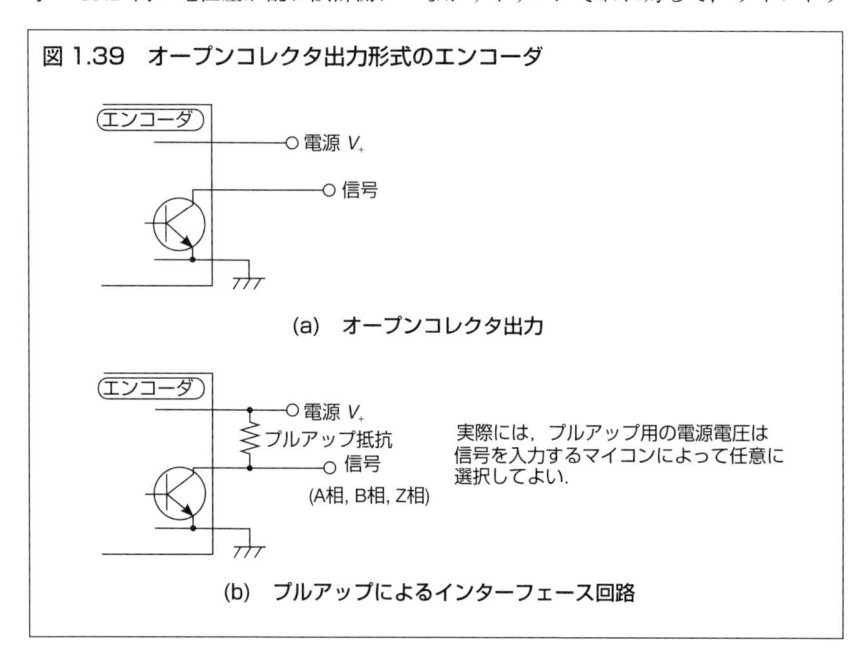

図1.39 オープンコレクタ出力形式のエンコーダ

(a) オープンコレクタ出力

実際には，プルアップ用の電源電圧は信号を入力するマイコンによって任意に選択してよい．

(b) プルアップによるインターフェース回路

図 1.40 ラインドライバ出力形式のエンコーダ

(a) ラインドライバ出力

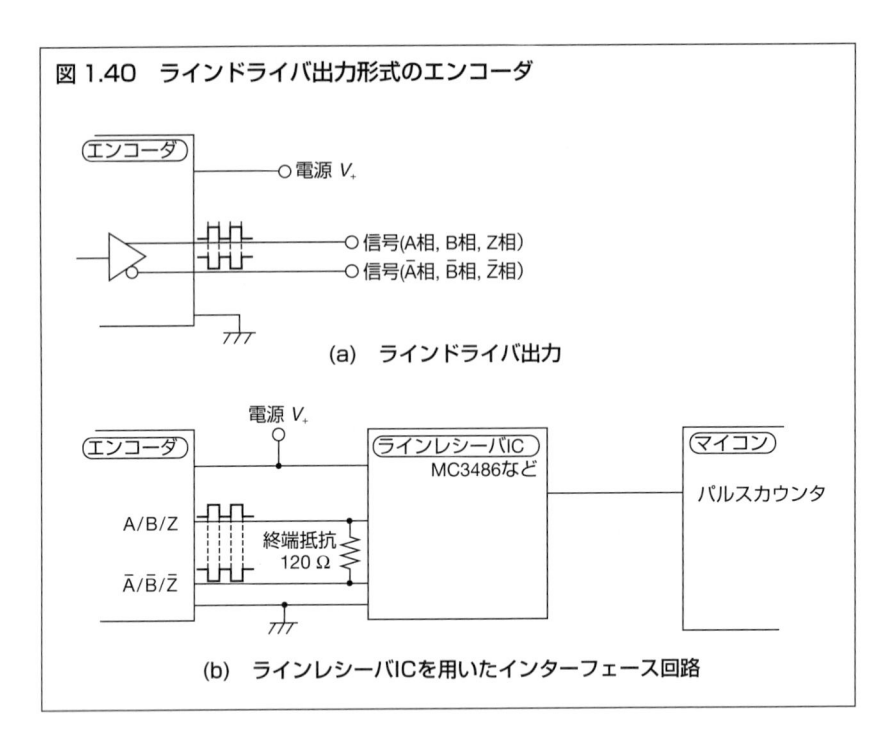

(b) ラインレシーバICを用いたインターフェース回路

イバ出力は両方の信号線にノイズがのるため，差をとるとノイズの影響が小さくなりノイズに強い．

1.5.5 モータのためのインターフェース回路

1.5.5.1 小型DCモータのインターフェース回路
(1) DCモータ

DCモータの多くは永久磁石が固定子で電磁石が回転子の構造である．ブラシと整流子により，回転子に巻かれた電磁石の電流方向が回転に応じて変化する．これと固定子の永久磁石の磁界とが反発・吸引を繰り返すことで回転する（☞ 4.1節）．模型店で入手できるマブチモータもこのタイプのモータである．

モータを一定方向に回転させるためには図1.41(a)のようにつなぐだけでよいが，回転方向を切り替えるためには電流を流す方向も切り替える必要がある．そこでよく使われるのが図1.41(b)に示すHブリッジ回路である．FET_1とFET_4をON，

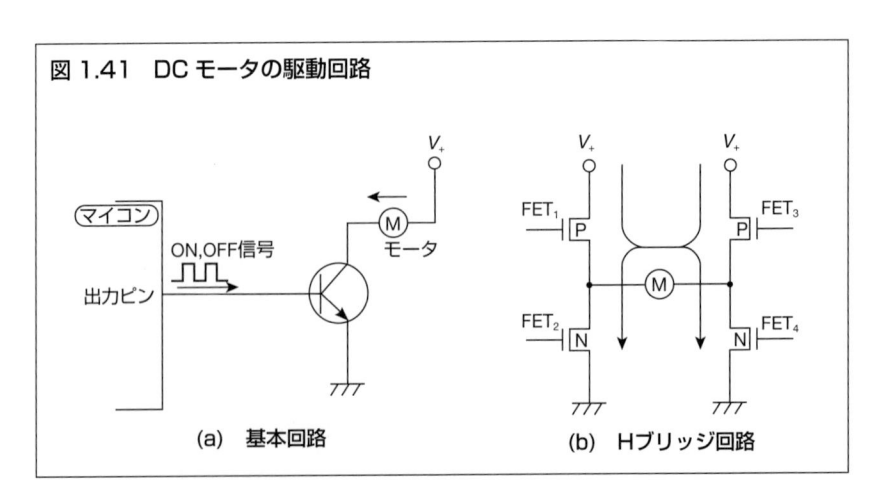

図 1.41 DCモータの駆動回路

(a) 基本回路

(b) Hブリッジ回路

FET$_2$ と FET$_3$ を OFF にするとモータには左から右に電流が流れ，FET$_1$ と FET$_4$ を OFF，FET$_2$ と FET$_3$ を ON に切り替えるとモータには右から左に電流が流れる．このように FET の ON，OFF を切り替えることでモータを正転，逆転させることができる．

FET$_1$〜FET$_4$ をすべて OFF にしたときは，モータの端子をつながない状態になりモータは停止する．また，FET$_2$ と FET$_4$ を ON，FET$_1$ と FET$_3$ を OFF の場合には，ローサイド（駆動電源の GND 側）で回路が閉じ，FET$_1$ と FET$_3$ を ON，FET$_2$ と FET$_4$ を OFF の場合には，ハイサイド（駆動電源のプラス側）で回路が閉じる．この場合モータの両端子をつないだ状態になり，モータにはブレーキがかかる．上記 2 つの違いは，モータの端子を開放した状態でモータを手で回したときと，モータの両端子をつなげた状態でモータを手で回したときの違いである．両端子をつなげてモータを手で回すと回りにくさを実感でき，これがブレーキの状態である．

(2) モータドライバ IC

TA7267BP（(株)東芝　セミコンダクター＆ストレージ社）は H ブリッジ回路をワンチップ化した**モータドライバ IC** である．**図 1.42(a)** にブロック図を，**(b)** にピン配置を，**(c)** に動作状態を示した．連続電流が 1.0 A で最大 18 V のモータを動かすことができる．図 1.42(a) に示すように，ドライバ IC の中に H ブリッジ回路（図 1.42(a) 点線内）とその制御回路が入っている．使用方法としては図 1.42(b) に示したピンの IN1，IN2 に対して H レベルまたは L レベルの指令信号を与えればよい．図 1.42 (c) より，IN1 が H レベルで IN2 が L レベルのときはある方向に回転し，IN1 が L レベルで IN2 が H レベルのときはそれと逆方向に回転する．

例えば，IN1 にマイコンの PWM 出力ピンをつなぎ，IN2 にマイコンの I/O ピン

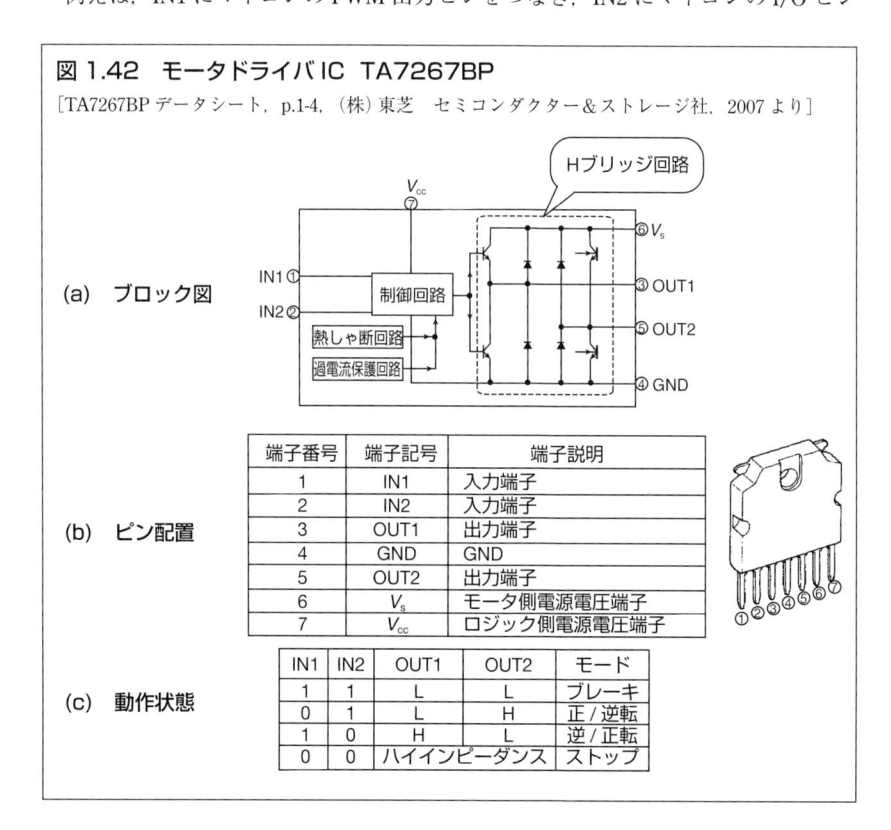

図 1.42　モータドライバ IC　TA7267BP
[TA7267BP データシート，p.1-4，(株)東芝　セミコンダクター＆ストレージ社，2007 より]

(a) ブロック図

(b) ピン配置

端子番号	端子記号	端子説明
1	IN1	入力端子
2	IN2	入力端子
3	OUT1	出力端子
4	GND	GND
5	OUT2	出力端子
6	V_s	モータ側電源電圧端子
7	V_{cc}	ロジック側電源電圧端子

(c) 動作状態

IN1	IN2	OUT1	OUT2	モード
1	1	L	L	ブレーキ
0	1	L	H	正／逆転
1	0	H	L	逆／正転
0	0	ハイインピーダンス		ストップ

をつなぎLレベルとする．PWM出力はデューティ比に応じてHレベルまたはLレベルを繰り返すので，PWM出力がHレベルのときはIN1：Hレベル，IN2：Lレベルとなりモータは回転し，LレベルのときはIN1：Lレベル，IN2：Lレベルとなりモータはストップとなる．デューティ比が大きいときはPWM出力ピンのHレベルの割合が大きくなるためモータにかかる平均電圧が高くなり，モータは高速に回転する．デューティ比が小さいときはモータにかかる平均電圧が低くなり低速回転となる．

(3) インターフェース回路の例

図1.43はTA7267BPによるDCモータ駆動回路の例である．マイコンからの出力指令をわかりやすくするため，ANDとNOTのロジック回路を用いた配線とした．マイコン側のDirection用（モータの回転方向）のI/OピンがHレベルの出力のときは，AND②の入力がNOTによりLレベルとなるためIN2への入力は常時Lレベルとなる．一方で，IN1への入力はPWMピンがHレベルのときはHレベル，LレベルのときはLレベルとなる．よって，PWMのデューティ比に応じてモータは回転する．次に，Direction用のI/OピンがLレベルのときは，AND①の入力がLレベルとなるためIN1への入力が常時Lレベルとなる．一方で，IN2への入力はPWMピンがHレベルのときはHレベル，LレベルのときはLレベルとなる．よって，PWMのデューティ比に応じてモータは逆回転する．

図1.42(b)より，V_{cc}にはマイコンなどに与える電源と同じ電源を与え，V_sにはモータを回すための電源を与える．つまり，制御電圧と駆動電圧を別にすることができる（同じにしてもよい）．モータに取り付けたコンデンサはノイズ吸収用である．

1.5.5.2　ラジコン用サーボモータのインターフェース回路

ラジコン用サーボモータは，モータと減速機，位置検出用のポテンショメータ（☞8.3節），そしてドライバ回路がコンパクトなケースに入ったものである．受信機からパルス幅変化する指令値が送られ，そのパルス幅に応じた角度制御が行われる．ラジコン用サーボモータから出ている線は駆動用電源とGND，信号線の3本があり，信号線は1周期（20 ms弱）のうちの0.8～2.2 msの間が5 Vになる（図

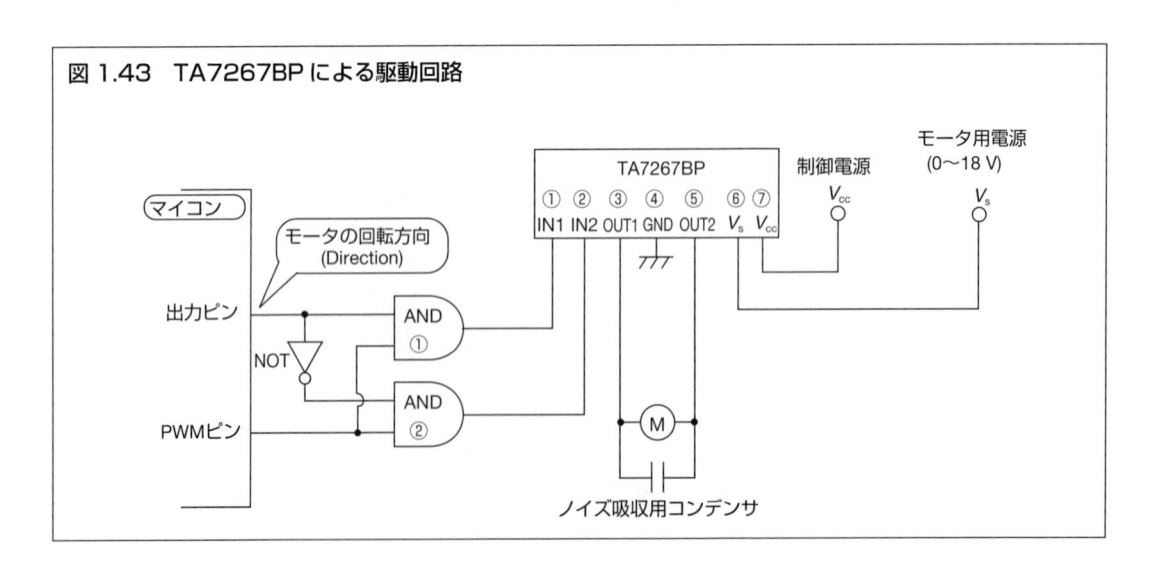

図1.43　TA7267BPによる駆動回路

図 1.44 ラジコン用サーボモータ

(a) ラジコン用サーボモータのインターフェース

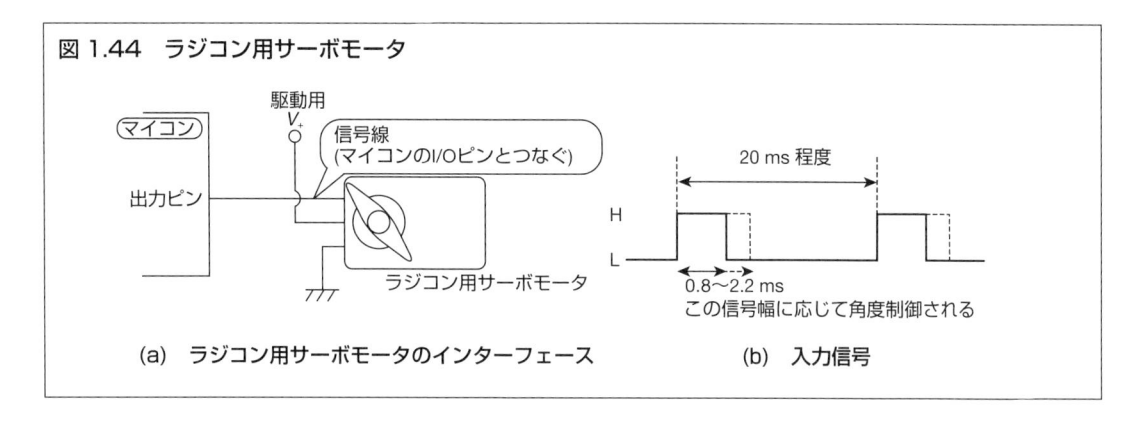

(b) 入力信号

1.44).0.8～2.2 ms のパルス幅がサーボモータの角度指令値となる.

　ラジコン用サーボのパルスはTTLレベルであるので,マイコンのI/Oピンと直結して指令することが可能である.つまり,I/Oピンと信号線をつなぎ,タイマ機能を用いてI/Oピンが5Vになる時間を制御することで角度制御を行うことができる.

1.5.5.3　ステッピングモータのインターフェース回路

　ステッピングモータは入力パルス数に応じた回転角度とすることができるモータである（☞4.4節）.そのため**オープンループ制御**[※1]で用いることができ,マイコンから与えるパルス数で回転角度を把握することができる.

　ステッピングモータのコイルの励磁方法には,1相励磁,2相励磁,1-2相励磁がある.ユニポーラ型2相ステッピングモータの1相励磁を例にとると,**図1.45(a)** のように結線し,**(b)** のようにマイコンの出力ピンを順にHレベルにし,ステータ（固定子）のコイルに順番に電流を流していく.1相励磁はあるタイミングで1つの巻線だけ励磁する方法である.具体的に説明すると,マイコンの出力ピン

※1　オープンループ制御
　現在の状態と制御しようとするシステムのモデルを使って入力信号の値を決める制御方法のことであり,フィードバックループ制御のように出力の一部を入力側に帰還させない.

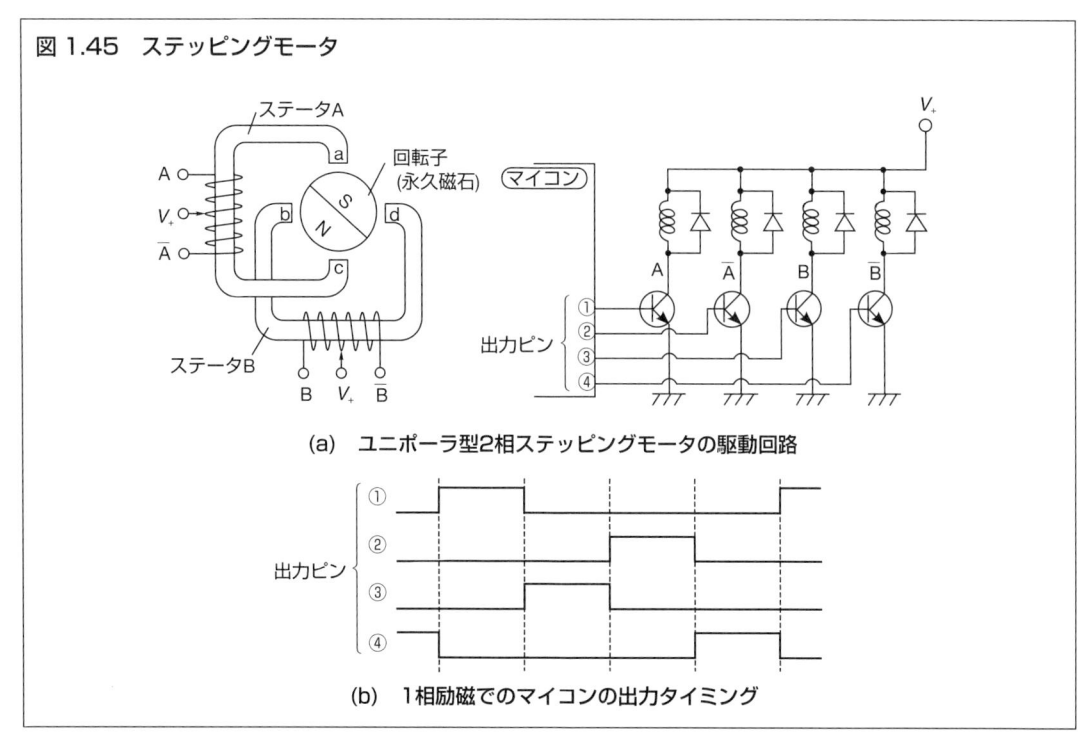

図 1.45 ステッピングモータ

(a) ユニポーラ型2相ステッピングモータの駆動回路

(b) 1相励磁でのマイコンの出力タイミング

①をHレベルにすることでV_+→A方向に電流が流れ，aがN極，cがS極となる．回転子の磁極がこれに引き付けられて回転する．次に，出力ピン③をHレベルにすることでV_+→B方向に電流が流れ，bがN極，dがS極となる．回転子の磁極が引き付けられてさらに回転する．同様に出力ピン②がHレベルでcがN極，出力ピン④がHレベルでdがN極となり，磁界が回転しそれに伴い回転子も回転するのである．

1.5.5.4 ブラシレスDCモータのインターフェース回路

DCモータの多くは「固定子が永久磁石で回転子が電磁石」という構造に対して，ブラシレスDCモータ（☞4.3節）の多くは「回転子が永久磁石で固定子が電磁石」である．固定子側の電磁石の磁界を周辺回路により回転させることで，回転子の永久磁石が吸引・反発してモータが回る．

ブラシレスDCモータの駆動方法には，**矩形波駆動**や**正弦波駆動**，**ベクトル制御**などさまざまな方法がある．各駆動方法の違いは効率のよい回転磁界のつくり方の違いということになる．ここでは実現しやすい矩形波駆動について説明する．

(1) 矩形波駆動

図1.46(a) にブラシレスDCモータの駆動回路の概念図を示す．モータ巻線にはスイッチング用のトランジスタが接続されている．ハイサイド，ローサイドのトランジスタを交互にON，OFFすることで巻線に流す電流の向きを変化させる．そのタイミングを表したものが**図1.46(b)** であり，回転子の回転をホールセンサ（☞8.4節）により検知することで切り替える．①の状態ではTr_1とTr_6がONであり，巻線電流はU相からW相に流れる．その結果，U相はN極，W相はS極に励磁され，回転子の磁石と引き合う．これを繰り返すことで回転子は回転する．

(2) マイコンとのインターフェース回路

図1.46(a)の回路を実現するには，マイコンのI/Oピンとして，トランジスタの

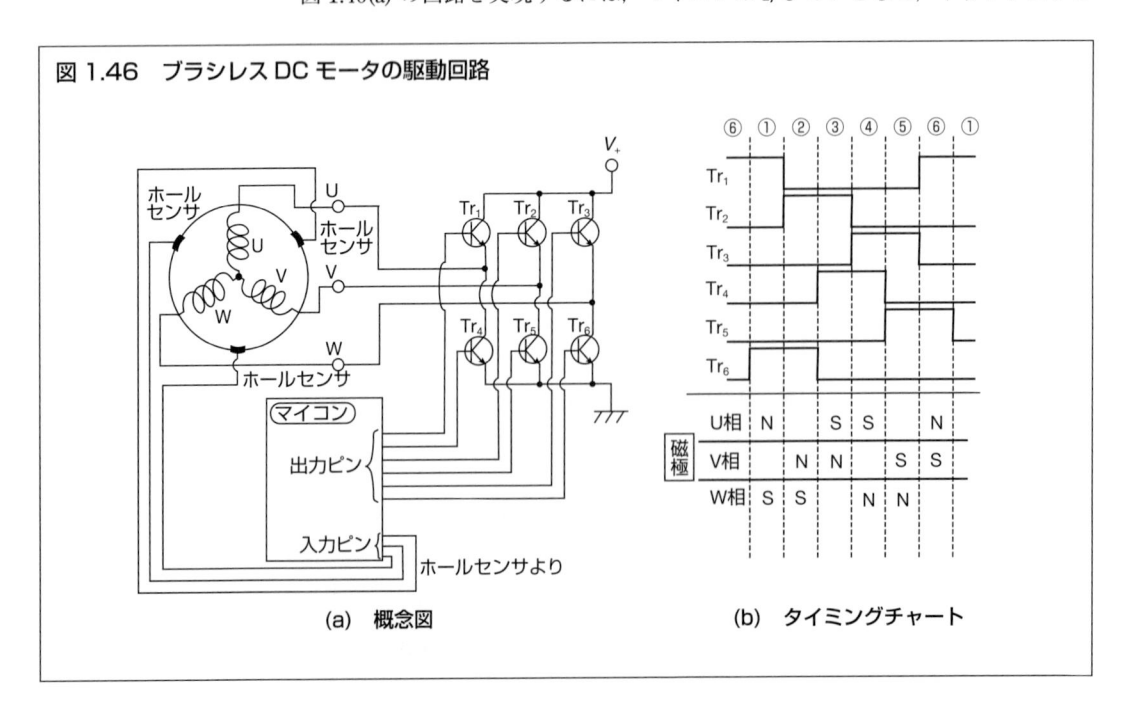

図1.46 ブラシレスDCモータの駆動回路

(a) 概念図　　(b) タイミングチャート

図 1.47　マイコンとのインターフェース回路（ブラシレス DC モータ）

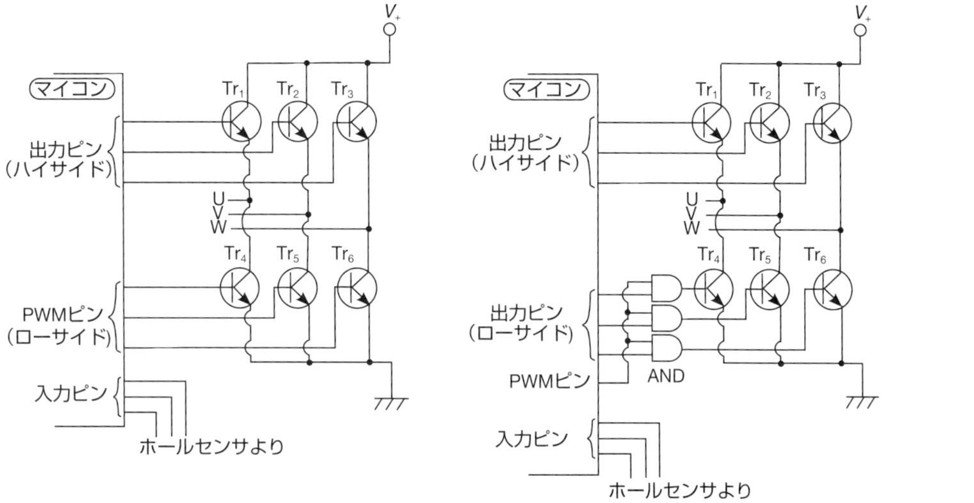

(a) 出力ピン×3，PWMピン×3，入力ピン×3
(b) 出力ピン×6，PWMピン×1，入力ピン×3

ON，OFF を指令する出力ピン 6 個とホールセンサ用の入力ピン 3 個が必要となる．ホールセンサからの H レベルまたは L レベルの入力を読み込むことで現在の回転子の回転位置を把握し，それに応じて各トランジスタを ON，OFF する．回転速度を制御するためには，トランジスタを **PWM 制御**して平均印加電圧を調整すればよい．その場合ハイサイド側のトランジスタ（Tr_1, Tr_2, Tr_3）は出力ピンで制御し，ローサイド側のトランジスタ（Tr_4, Tr_5, Tr_6）を PWM 制御する．それを示したのが **図 1.47(a)** であり，出力ピン 3 個，PWM ピン 3 個，入力ピン 3 個が必要となる．ただし，PWM ピンのデューティ比は 1 周期中は基本的に 3 つとも同じであり，また，3 つの PWM ピンは同時に出力することはない．そこで，もし PWM ピン数が不足する場合には，**図 1.47(b)** のように AND のロジック回路を用いて PWM ピンを減らすことも可能である．

---

column　制御電源と駆動電源

　　制御電源とは制御用コントローラやセンサなどの制御系の電源であり，駆動電源とはモータなどの駆動機器の電源である．駆動機器は必要電力が大きく，また停止・回転を繰り返すモータなどは電圧状態も上下する．一方で，コンピュータなどの制御機器では A/D 変換や D/A 変換などで安定した電源が必要であり，また，センサの信号電圧は GND と比較することが多く，GND の安定性が重要である．よって，制御電源と駆動電源とを同一系統にすると駆動電源系のノイズが制御系電源に悪影響を及ぼすため，これらは分離する必要がある．

　電源の分離の方法は絶縁による方法（☞ **33 ページ**）が一般的である．電源が分離されている回路間で信号を受け渡しする場合には，フォトカプラやパルストランスなどを用いて信号をやり取りする．

1.5.6 通信のためのインターフェース回路

周辺機器とマイコンが行う通信規格には，RS232CやRS422，RS485，USB，CAN，SPI，I2C，イーサネットなど多くの種類がある．パソコンでおなじみのUSB（Universal Serial Bus）やインターネット接続で使用するイーサネット，車載系のLANとして開発され今では幅広い分野で使用されているCAN（Controller Area Network）など，どれも身近に使われている．ただ，マイコン同士や，メカトロ機器で使う姿勢角度センサなどのセンサとマイコン間，計測機器とパソコン間，そして小型ヒューマノイドロボットなどで用いられているロボット用サーボモータ（ラジコン用サーボモータの発展したもの）のマイコンからの制御指令などではRS232Cによるシリアル通信がまだまだ多く用いられている．そこで，ここではRS232C，RS422，RS485によるシリアル通信について説明する．

(1) 非同期シリアル伝送

文字データを遠隔地に送りたい場合を考える．電圧のHレベルまたはLレベルの組み合わせでデータを送ることにすると，まずはHレベルとLレベルのどの組み合わせが何の文字を表すかを決める必要がある．そこで採用されたのがASCIIコードであり，それは7ビットデータ（日本ではカタカナを扱う関係上ASCIIコードを拡張したJISコードで8ビット）である．2本の電信線でASCIIコードを送ろうとすると，ビットの数に対して電信線の数が不足するため，パラレル（並列）には送ることができない．そこで一定時間間隔で順番に伝送する**シリアル（直列）伝送**が使われるようになった（**図1.48**）．つまりシリアル伝送は，1本の信号線にデータを一定時間間隔で順番に送る方式である．

シリアル伝送方式には同期型と非同期型がある．同期型はクロック信号を一緒に送ってそのクロックのタイミングに応じて送受信するものである．一方で非同期型は次のようなものである．1ビットの伝送時間をあらかじめ送信側と受信側で決めておく．そのうえでシリアル伝送だとデータの始まりと終わりがわからないため，スタートビットとストップビットを用いて送受信のタイミングを計る．送信側は任意のタイミングでデータを送信してよい．

多くの機器で用いられている非同期型のシリアル通信についてもう少し詳しく説明しよう．**図1.49**はスタートビットとストップビットを表したものである[※1]．送

※1 パソコンとマイコンでは，スタートビットとストップビットの論理（HレベルとLレベル）が逆であり，かつ，電圧レベルも違うことに注意が必要である．

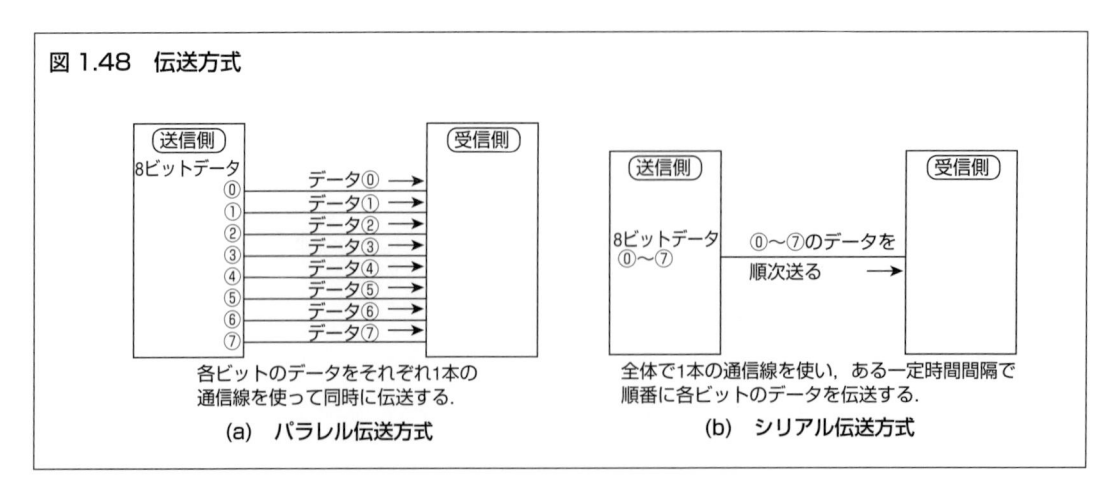

図1.48 伝送方式

(a) パラレル伝送方式
各ビットのデータをそれぞれ1本の通信線を使って同時に伝送する．

(b) シリアル伝送方式
全体で1本の通信線を使い，ある一定時間間隔で順番に各ビットのデータを伝送する．

図 1.49 スタートビットとストップビット

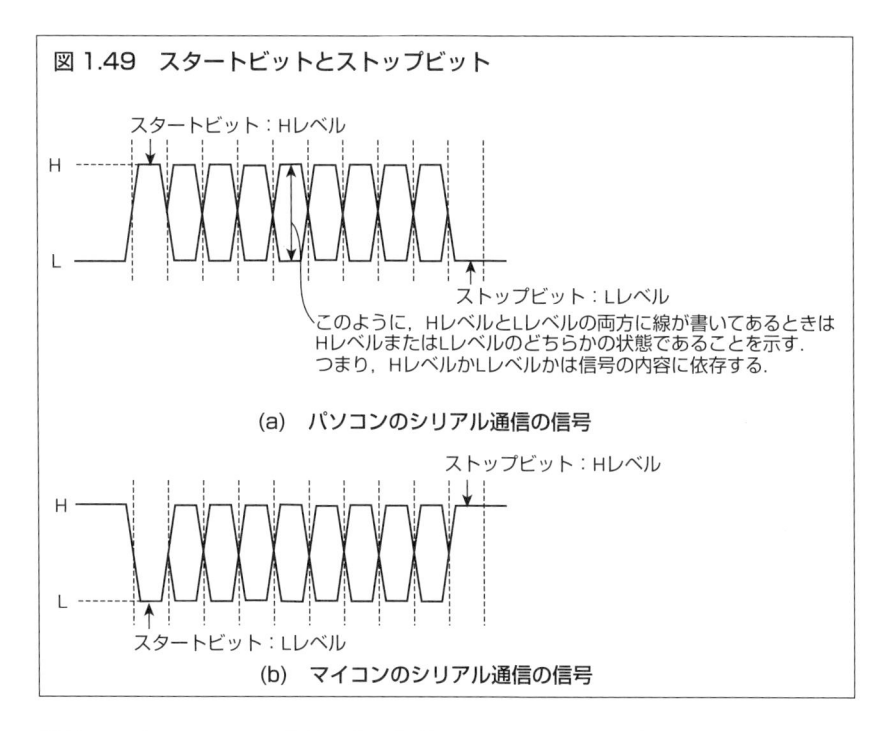

(a) パソコンのシリアル通信の信号

(b) マイコンのシリアル通信の信号

信側は 8 ビットのデータを送る際に先頭にスタートビットを付け，最後にストップビットを付けて送る．受信側は常時信号線を監視しており，スタートビットを受信したらあらかじめ決めておいた通信速度でデータを取り込む．1 秒間に何ビットのデータを送れるかを表す単位は bps（bit per second）であり，9600 bps であれば 1 秒間に 9600 ビットのデータを送信できる．1 ビット分のデータは 1/9600 = 0.104 ms 間隔で変化する．9600 bps の場合，受信側はスタートビット後の 8 個分の H レベルと L レベルの信号の組み合わせを 0.104 ms 間隔で読み込み，それを 8 ビットデータとして取り込むのである．送信側と受信側で通信速度を異なって設定してしまうと，正常にデータを読むことはできない．

(2) RS232C, RS422, RS485

上記の非同期シリアル伝送を行うための送受信機器の通信規格が RS232C，RS422，RS485 である．伝送方式自体はどれも同じであり，違うのは信号線の H レベル，L レベルの電圧レベルや信号名そしてピン配置など物理的な部分である．

RS232C 通信の規格は EIA-232-F 規格として定められている．EIA-232-F では 25 ピンの D サブコネクタ（**図 1.50(a)**）で信号名とピンが割り当てられているが，

図 1.50 D サブコネクタ

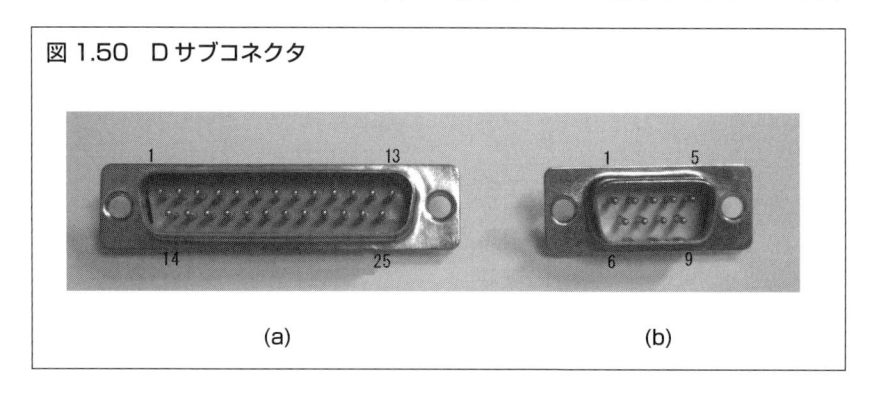

(a)　　　　　　　　　　　(b)

表 1.5 EIA-574 の信号名

ピン番号	信号名	意味
1	DCD	キャリア検出
2	RxD	受信データ
3	TxD	送信データ
4	DTR	データ端末装置 (DTE) レディ
5	GND	信号コモン
6	DSR	データ通信装置 (DCE) レディ
7	RTS	送信リクエスト
8	CTS	送信可
9	RI	被呼表示

通常の RS232C 通信では 9 ピンの D サブコネクタ（**図 1.50(b)**）を用いることが多い．これは EIA-574 として別に規格化されている．**表 1.5** は EIA-574 の信号名を示したものである．信号レベルについては，EIA-232-F では「送信側はデータ"1"を $-5 \sim -15$ V，データ"0"を $5 \sim 15$ V として送信し，受信側は $-3 \sim -15$ V の信号を"1"，$3 \sim 15$ V をデータ"0"として受信する」と規定している．

RS232C では特性上伝送距離が最大でも 10 m 程度までであり，伝送速度もあまり速くできない．そこで正負電源を不要にしたうえで，伝送距離を最大で 1 km 程度まで伸ばした EIA-422（**RS422**）が規格化された．これはツイストペア線による平衡伝送路を使用して信号を伝送するものであり，片方向通信用である（**図 1.51**）．一対一の機器間接続に使用することが多いが，1 台のドライバ（送信側）に対して最大 10 台のレシーバ（受信側）をつなぐことも可能である．信頼度の高い通信を行うためには伝送路内の反射をできるだけ小さくすることが重要であり，最後のレシーバの近くのケーブル端に終端抵抗を入れる．

さらに，1 本の信号線に最大 32 台の接続機器を接続可能な EIA-485（**RS485**）が規格化された（**図 1.52**）．RS485 はバス型のネットワークであり，双方向の通信が可能である．なおマイコンの UART（後述）から RS422，RS485 信号に変換する IC は，マキシム社などからさまざまなタイプのものが市販されている．

(3) UART

マイコンで非同期シリアル伝送を行うための機能ユニットを **UART**（Universal Asynchronous Receiver Transmitter）と呼ぶ．UART 機能を持ったマイコンには

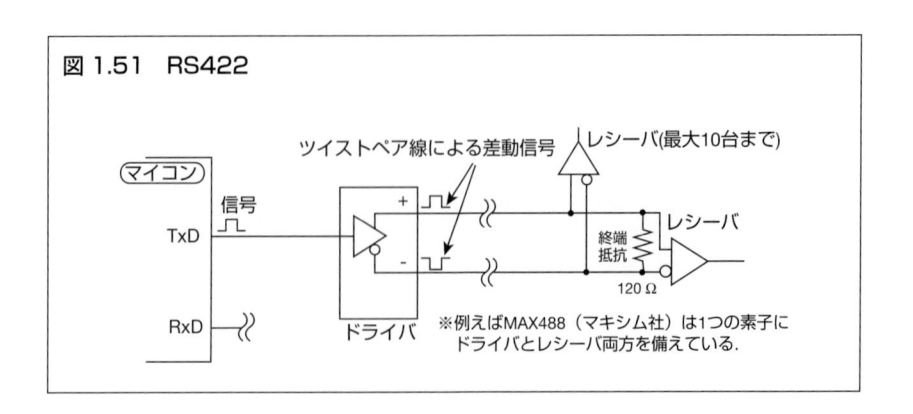

図 1.51 RS422

図 1.52　RS485

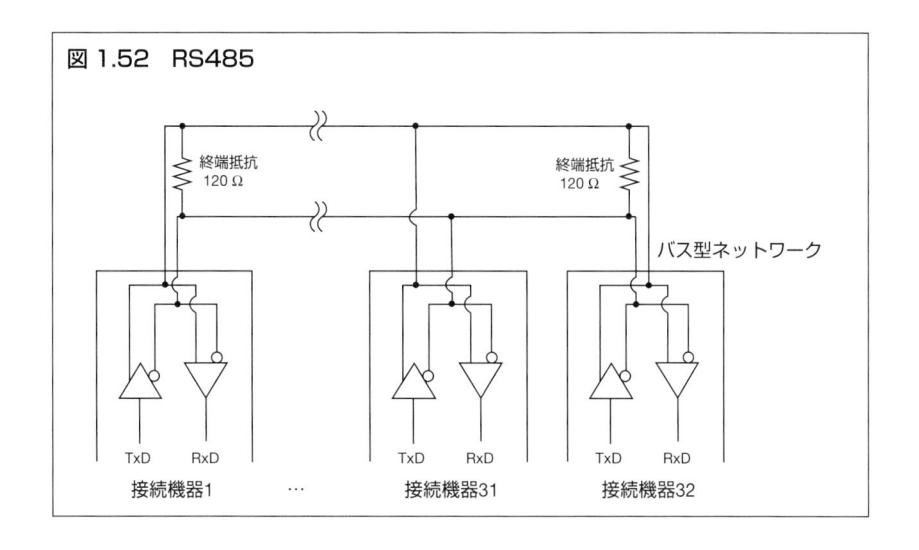

送信ピン（Tx）と受信ピン（Rx）があり，マイコンの駆動電圧が同じでマイコン同士が近くにある場合には直接通信することができる．その際には一方のマイコンの送信ピン（Tx）ともう一方のマイコンの受信ピン（Rx）を相互につなぐ（**図1.53**）．もちろんGNDレベルは合わせておく必要がある．一方で，UARTの信号レベルは0 V（Lレベル），5 V（Hレベル）であるため，RS232CやRS422とは直接つなぐことはできない．なぜなら信号レベルが異なるからである．このため，パソコンとマイコン間においてRS232C経由でデータを送受信したい場合には電圧レベルを合わせる必要がある．つまり，パソコン側では $-15 \sim 15$ Vの信号を送ってくるので，マイコンが読める電圧（5 V駆動のマイコンであればLレベルの信号は0 V，Hレベルの信号は5 V，3.3 V駆動のマイコンであればそれぞれ0 Vと3.3 V）に信号を変換する必要がある．さらに図1.49に示したように，パソコンとマイコンでは信号の"0"と"1"の論理が反転しているのでこれも直す必要がある．この用途で使用される代表的なICがMAX232A（マキシム社）である．**図1.54**のように配線することで論理を反転させ，かつ，信号レベルを変換してくれる．パソコン側においては，DTRとDSR，及び，RTSとCTSをそれぞれショートして信号をループバックさせ，パソコンに対して常時マイコン側が通信可能状態であるように見せかけておく．なお市販されているマイコンボードに関しては，MAX232A同等品がボードに搭載され直接パソコンとつなげるようになっているものが多い．

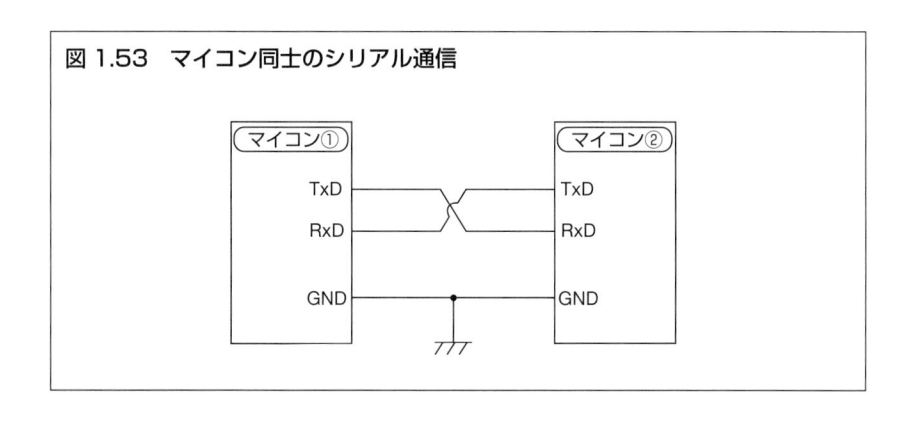

図 1.53　マイコン同士のシリアル通信

図 1.54 MAX232Aによるシリアルインターフェース

1.6 ソフトウェアを開発する

さあ残るはソフトウェアの開発だ

　制御用コントローラやインターフェース回路が決まったら，次は制御ソフトウェアを開発する段階である．

1.6.1 開発環境を整える

　制御ソフトウェアをプログラミングしたら，それをコンパイルし実行形式のファイル（実行ファイルと呼ぶ）をマイコンに書き込む．開発環境を構築するとは，以下のことがパソコンでできる準備をすることである．
- パソコン上で制御ソフトウェアをプログラミングする．
- 作成したプログラムを使用するマイコン（ターゲットマイコンともいう）で実行できる実行ファイルにコンパイルする．
- 実行ファイルをターゲットマイコンに書き込む．

　プログラムの作成については通常のプログラミングと同様にエディタソフトを使用して書く．エディタというのはプログラムを編集するためのソフトであり，プログラムするときに使う機能が使いやすくなっている．日本語の文章を書くときに，例えばWordなどのエディタソフトを用いるのと同じである．

　プログラムを作成したらコンパイルする．コンパイルするとは，作成したプログラムをコンピュータが理解できる形式に変換することである．コンピュータは0と1の羅列，さらにいうと電圧がHレベルかLレベルかの羅列の指令で動いており，作成したプログラムを0と1の羅列での指令（マシン語）に変換する．ただし，その指令コマンドはマイコンの種類によって異なり，また，コンパイル時にリンクするファイル構成はOSによっても異なるため，各マイコンの種類や各OS用でコンパイラが異なる．なお，マイコン用のソフトウェアをパソコン上で開発する場合など，実際に動作させるコンピュータと開発環境の入っているコンピュータが異なる

場合の開発環境を特に**クロス開発環境**という．

クロス開発環境では，ホストコンピュータ（開発環境が置かれているコンピュータ）上に開発ツール（コンパイラ，ライブラリ（☞コラム「**C言語プログラムがどうやってマシン語に変換されるのか**」），ローダ[※1]，エディタ）が入っており，実行ファイルを作成する．その後，実行ファイルをターゲットコンピュータにダウンロードする．ダウンロードはプログラム転送プログラム（開発環境に入っていることが多い）を用いてマイコンのフラッシュメモリに転送する．

開発ツールに関しては，ルネサスエレクトロニクス(株)のマイコン（H8やSH）用にはルネサスエレクトロニクス(株)からHewという統合開発環境が提供されている．これは性能面やサポート面でとてもよいが高価である．また，PIC用にはマイクロチップテクノロジー社が提供する統合開発環境であるMPLABがある．一方でフリーで提供されている開発ツールもある．代表的なものには(株)ベストテクノロジーがGNU GPLのもとで公開している，GCCをWindows対応にした統合環境であるGDL（GCC Developer Lite）がある．

GDLにはよく使うマイコンの設定ファイルが多く存在するため，筆者はH8で開発するときにはGDLを用いることが多い．また，PICで開発をするときにはMPLAB（CコンパイラはマイクロチップテクノロジーC30の他，CCS社製も使用）を用いている．あるいは，研究用ロボットの制御用コントローラボードとして使用しているゼネラルロボティクス社製SH-4ボードでの開発の際には，Linux上でGCCを用いてコンパイルしている．読者も，開発するマイコンに応じて自分が使いやすい開発環境を見つけてほしい．

※1 ローダ　実行ファイルをターゲットコンピュータにダウンロードするときに使うソフトウェア．

1.6.2　プログラミング言語を選択する

マイコンが直接理解できる言語を「マシン語」または「機械語」と呼ぶ．マシン語は数値の羅列でありCPUの種類ごとに異なる．その結果マシン語を直接見ても理解ができない．そこでアセンブリ言語が登場する．アセンブリ言語はマシン語の数値が表す意味を英単語の省略形で一対一に置き換えたものである．マイコンのハードウェアの動作に直結するため低級言語と呼ばれる．そして，アセンブラはアセンブリ言語をマシン語に翻訳してくれるソフトウェアのことである．

アセンブリ言語はマシン語を一対一で置き換えたものであるため，マイコンを直接制御することが可能である．その一方でCPUの種類に依存するため，CPUの内部構成を把握していないとプログラミングができない．**図1.55**には一例としてPICのアセンブリ言語を示した．この例ではポートBが出力ポートとして設定さ

図1.55　アセンブリ言語の一例 (PIC)

```
                 「;」以下はコメントとして無視される．

MOVLW  B'01010101'  ;  2進数01010101をワーキングレジスタにコピーする．

MOVWF  PORTB        ;  ワーキングレジスタの内容をPORTBというレジスタにコピーする．
```

・上記はPICのアセンブリ言語の例であり，この2行によりポートBが出力ポート
　として設定されている場合，ポートBに01010101という値が出力される．

れている場合に，ポートBに2進数で01010101（16進数では0x55）を出力する．ポートBの各ピンにLEDがつながれていると1つおきに点灯することになる．ただし，直接ポートBに値を代入するのではなく，PICの内部構成上ワーキングレジスタ[※1]を経由しなければならない．

そこでCPUの種類に依存せず，人間に理解しやすい言語「高級言語」の出番となる．高級言語の1つとしてマイコンのソフトウェア開発でよく使われるものにC言語があり，この例の場合の記述は「PORTB=0x55;」となる．ワーキングレジスタへの経由などCPUの内部構成までは考慮する必要がなく，コンパイルするときにCコンパイラがマイコンの種類に合わせた処理に変換してくれる．つまり，マイコンの内部構成を意識する必要がないため効率よくプログラミングできる．なお，C言語はポインタ機能などを用いることで，高級言語でありながらハードウェア側の動作をある程度まで指定することもできる．つまり，人にわかりやすい表現で使用できつつハードウェアに近い部分の処理内容も書けるため，マイコンのプログラム開発にはC言語が多く用いられる．

※1　ワーキングレジスタ
「算術論理演算ユニット（ALU）が演算のために一時的に利用する記憶の場所」のことである．

> **column**
>
> ### 高級言語と低級言語
>
> 日本語の感覚として高級言語の方が何かすごいもので，低級言語は使い物にならないという誤解を招く場合がある．しかしそうではなく，ハードウェア側のすべての動作を細かくプログラムするのか（**低級言語**），それともある程度のまとまりとしてプログラムするのか（**高級言語**）という違いである．よって適材適所で使うべきものである．例えばマイコンはマイクロなだけにどうしても性能の面で限られる部分がある．計算ステップがかかる複雑な計算をマイコンで行おうとした場合には，処理時間を高速化するためになるべく効率的な演算動作をマイコンにしてもらいたい．このようなときは低級言語であるアセンブリ言語が活躍する．アセンブリ言語により最適な計算動作を指定することができるからである．一方で高級言語を用いると，プログラムが簡単にできるというメリットがある．ただし，それをコンパイルするときには，最適な効率でというよりは広い範囲のプログラムに対応できるようにという方針で翻訳されてしまう．そのため，最適な計算動作は保証されず処理時間がかかる場合がある．なお，コンピュータの進歩と同様，現在のマイコンは以前に比べて高速動作できるため，一般的な仕様の場合には，アセンブリ言語を用いて最適動作を考えたプログラムをせずに，高級言語でプログラムしても十分な性能が得られる場合が多いのが現実である．

> **column C言語プログラムがどうやってマシン語に変換されるのか**
>
> C言語のプログラムはCコンパイラによってアセンブリ言語に変換される．アセンブリ言語に変換されたプログラムはアセンブラによってオブジェクトファイル（目的ファイル）になる．オブジェクトファイルはマシン語に近いものであるが，まだ実行可能なファイルにはなっていない．オブジェクトファイルはマシン語の命令の中のアドレス情報が空欄なのである．ただし，アドレスが固定されていないためオブジェクトファイルは再利用性に優れている．よく使うオブジェクトファイルが集まったものが**ライブラリ**である．**リンカ**はオブジェクトファイルの未完成部分を完成させて複数のオブジェクトファイルを結合するプログラムである．リンカによって実際にマイコンで実行可能なマシン語のファイルが生成され，それをマイコンに書き込むことでマイコンが動作する．この一連の流れ（**図1.56**）を**ビルド**と呼ぶ．

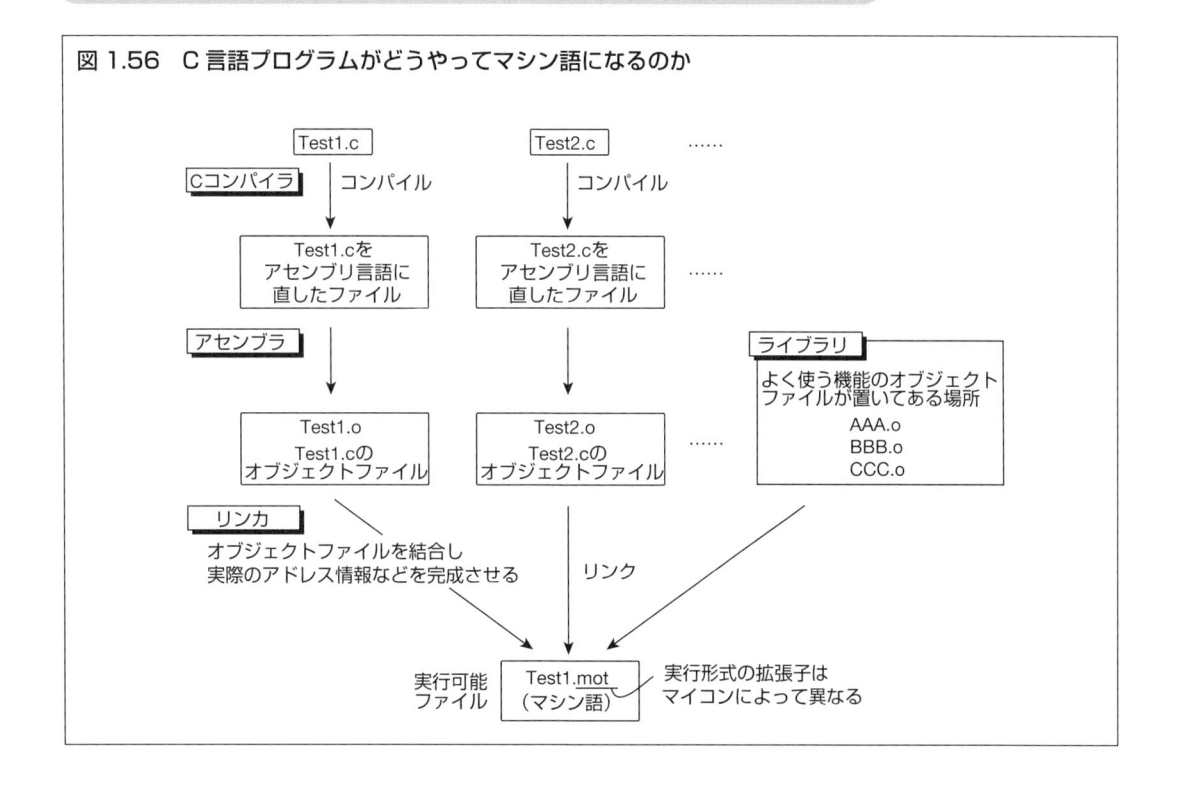

図1.56 C言語プログラムがどうやってマシン語になるのか

1.6.3 マイコンを制御するプログラム

ここでは，メカトロ機器を制御する際に必要となる代表的なマイコンの機能を使うためのプログラム作成方法について説明する．各機能（ディジタル入出力，A/D変換とD/A変換，割り込み，タイマ）についてそれぞれ説明をした後に，マイコンの機能を使うための基本的な考え方を1.6.3項(5)でまとめて説明しよう．そのうえで「ポテンショメータの回転に応じて光り方が変化するLEDインジケータ」のプログラムを具体例として紹介する．

(1) ディジタル入出力機能

マイコンのポートの入力の状態（電圧の High（H レベル）または Low（L レベル））を 1 または 0 として読み取り（入力），または，1 か 0 の状態を電圧（H レベルまたは L レベル）で出力する（**図 1.57**）．各マイコンには I/O ポートとして使えるピンが準備されている．複数のピンがまとまったポート単位，または，各ピン単位で入出力ができる．入出力ピンに流せる電流に限界があることには注意する必要がある．マイコンから流す場合も，マイコンに流れる場合も電流量の制限（数～数十 mA 程度）があり，それほど多くは流せない．

(2) A/D 変換と D/A 変換機能

A/D 変換はアナログ信号をディジタル信号へ変換する機能のことである．電圧値で出力されるセンサ出力などをマイコンの中で扱えるディジタル値として入力する．1.5.2 項の繰り返しになるが，A/D 変換機能を使う際には分解能に注意する必要がある．10 ビット A/D であれば $2^{10} = 1024$ 段階に計測電圧範囲を分割した値が分解能となる．

D/A 変換は A/D 変換の逆で，マイコン内のディジタル情報をアナログ情報としてマイコンから電圧値で出力する機能である．例えば 10 ビット D/A の場合で，ディジタル値 512 を 5 V 駆動のマイコンの D/A 変換で出力すると，出力ピンには 2.5 V が出力される．

(3) 割り込み機能

複数の処理を平行して行うために**割り込み機能**がある．例えば周辺機器からマイコンに信号が送られるタイミングでマイコンが何かしらの処理をする必要がある場合などに活躍する．

なぜ割り込み機能が必要なのであろうか？　例えばスイッチが押されたらある処理を行いたいとする．割り込み機能を使わないとするとスイッチが押されるかどうかを常に監視している必要があり，スイッチを監視している間は他の処理を行うことができない．実際にはスイッチが押されるまでは他の処理をしていたい場合が多く，またその方がマイコンの能力を効率的に使うことになる．そこで割り込み機能

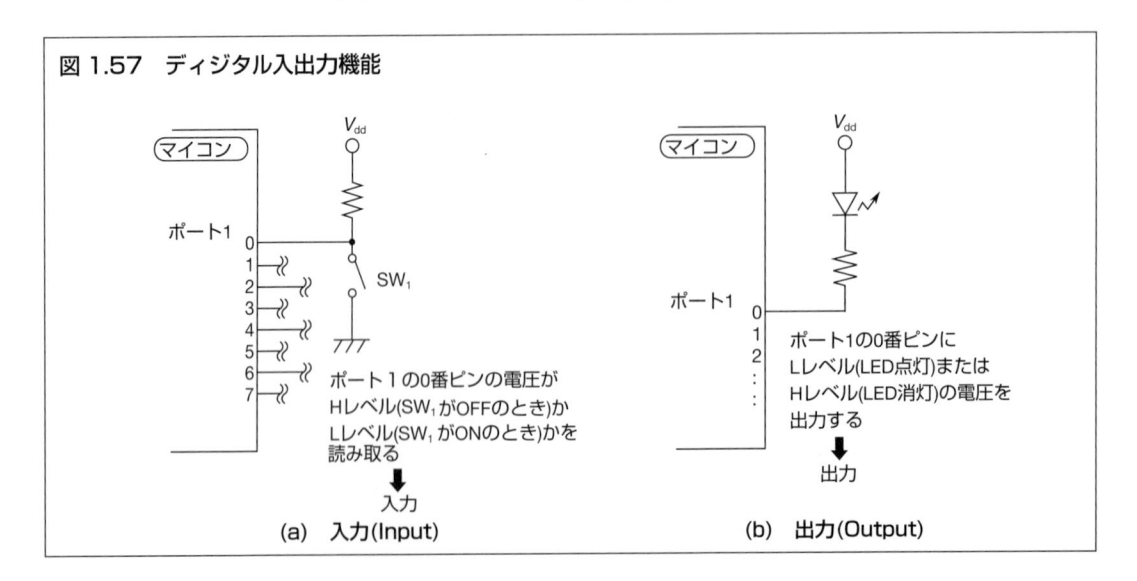

図 1.57　ディジタル入出力機能

(a)　入力(Input)

(b)　出力(Output)

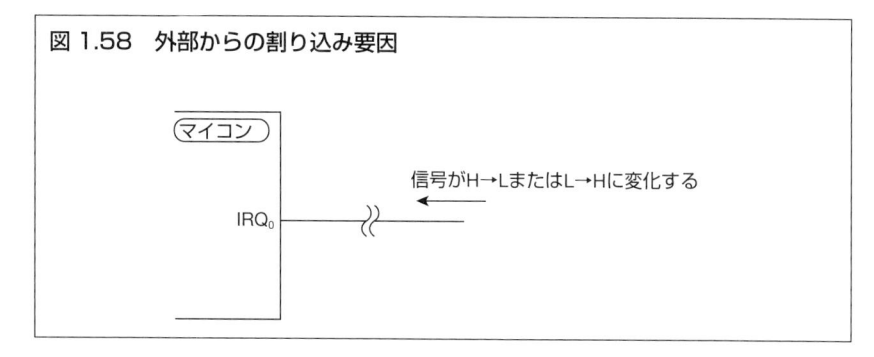

図 1.58 外部からの割り込み要因

を使うわけだが，割り込み機能（この場合ハードウェア割り込み）では**図 1.58** のようにある端子（IRQ_0）に変化があった場合に，その変化をきっかけとして指定したプログラムの処理に移るのである．こうすると，延々スイッチの状態を監視している必要がなくなり，また，スイッチが押されるまでは他の処理をしたままでよく，押されたときに必要な処理に移れる．

では割り込み機能はどのように動作するのであろうか．大まかな流れは以下のようになる．

①割り込み要因が発生する．
②現在実行中の処理 A の実行を一時中断する．
③その割り込み要因に対してあらかじめ用意した割り込み処理 B を実行する．
④割り込み処理 B の実行が終わったら，処理 A の実行中断時点から処理 A の実行を再開する．

この流れを実現するために**図 1.59** のように処理 A のプログラムカウンタ（PC）やコンディションコードレジスタ（CCR），汎用レジスタの値をスタック[※1]に一時退避させる．スタックの変化の様子は以下のようになる（**図 1.60**，図中の①，③，⑤は下の①，③，⑤に対応している）．

①処理 A の PC の内容をスタックにプッシュ[※2]し，次に CCR の内容をスタックにプッシュする．
②その割り込みに対応するベクタアドレス（☞ **65 ページ，コラム「割り込みベクタとは」**）を参照し，そのアドレスに記録されている番地を新たに PC にセットする（対応する割り込み要因のベクタテーブルには，その割り込み処理プログラムの先頭番地が書き込まれている）．
③処理 A で使っていた汎用レジスタの内容をスタックにプッシュする．
④ PC にセットされた番地（つまり割り込み処理）の実行を開始する．
⑤割り込み処理の実行終了後，スタックに退避してあった中断前の PC，CCR，汎用レジスタの内容をすべてスタックからもとのレジスタに戻す．このとき，次のプログラムの実行場所を示す PC の値はプログラム中断前に行っていた実行箇所に戻る．
⑥ PC にセットされた番地（つまり割り込み処理の前に行っていた処理）の実行を開始する．

[※1] **スタック** 最後に入力したデータ (Last In) が先に出力される (Fast Out) という特徴 (LIFO) のデータ構造を持つものであり，メモリ上に配置され一時的な記憶に用いられる．例えば本を机の上に積み上げる状況を想定し，データを入れるときは新しいデータを一番上に追加し，データを出すときは一番上にあるデータから取り出す構造の入れ物をいう．
[※2] **プッシュ** スタックにデータを入れることをプッシュという．

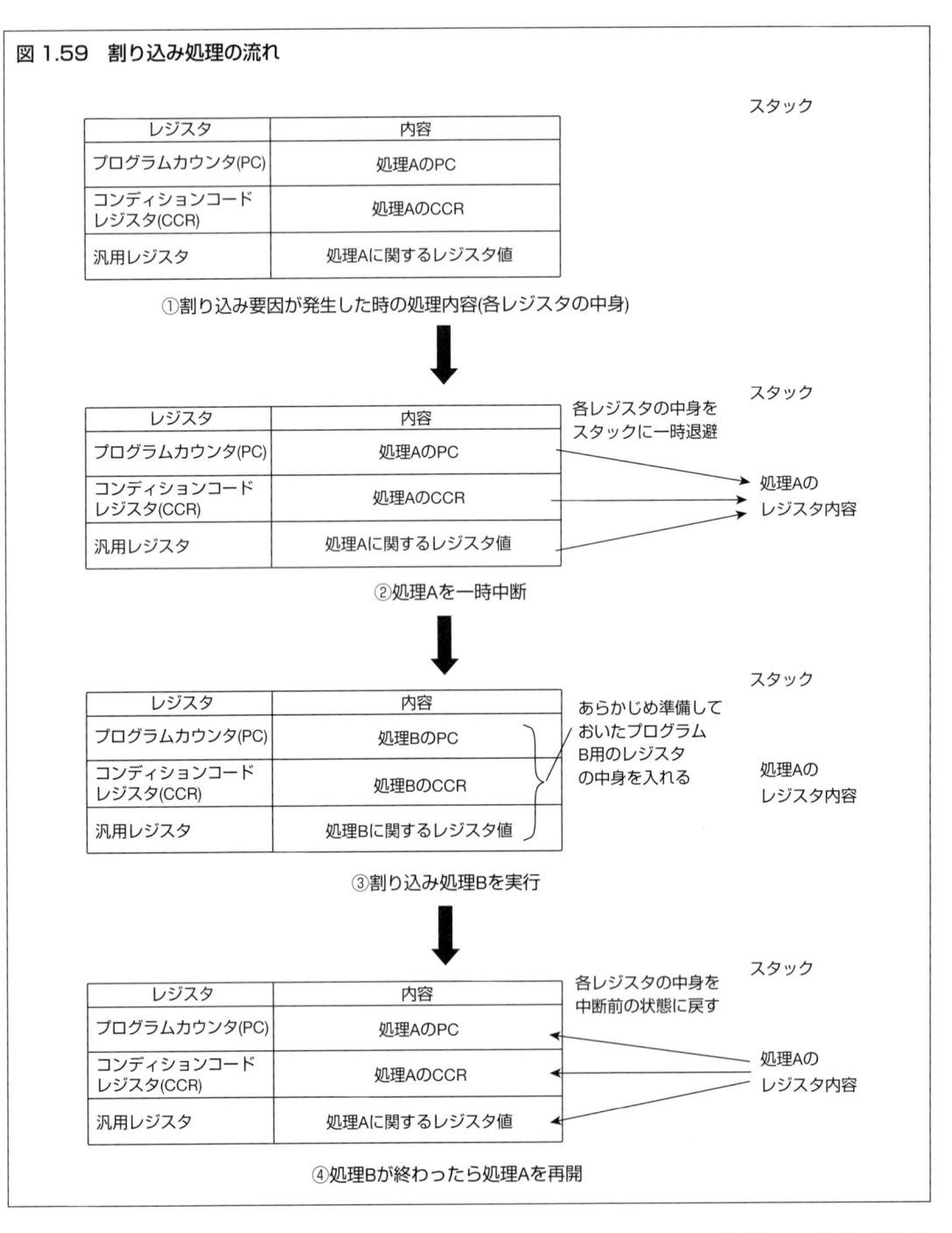

図 1.59 割り込み処理の流れ

レジスタ	内容
プログラムカウンタ(PC)	処理AのPC
コンディションコードレジスタ(CCR)	処理AのCCR
汎用レジスタ	処理Aに関するレジスタ値

①割り込み要因が発生した時の処理内容(各レジスタの中身)

レジスタ	内容
プログラムカウンタ(PC)	処理AのPC
コンディションコードレジスタ(CCR)	処理AのCCR
汎用レジスタ	処理Aに関するレジスタ値

各レジスタの中身をスタックに一時退避 → スタック：処理Aのレジスタ内容

②処理Aを一時中断

レジスタ	内容
プログラムカウンタ(PC)	処理BのPC
コンディションコードレジスタ(CCR)	処理BのCCR
汎用レジスタ	処理Bに関するレジスタ値

あらかじめ準備しておいたプログラムB用のレジスタの中身を入れる

スタック：処理Aのレジスタ内容

③割り込み処理Bを実行

レジスタ	内容
プログラムカウンタ(PC)	処理AのPC
コンディションコードレジスタ(CCR)	処理AのCCR
汎用レジスタ	処理Aに関するレジスタ値

各レジスタの中身を中断前の状態に戻す ← スタック：処理Aのレジスタ内容

④処理Bが終わったら処理Aを再開

　H8を例にとり割り込み機能の動作タイミングについて説明する．まず，割り込み要因には外部要因と内部要因がある．外部要因にはIRQ_0などのように端子が割り当てられている．その端子が指定された状態になると割り込み機能が働く．例えばIRQ_0のピンがHレベルからLレベルになると，割り込みコントローラを介してCPUに割り込み信号が伝達されるのである．一方で，内部要因はH8内部にある機能ブロック（ウォッチドッグタイマ，リフレッシュコントローラ，ITU，DMAコントローラ，SCIチャンネル，A/D変換器など）から発生される．
　割り込みの優先順位はマイコンごとにあらかじめ決まっており，仮に同時に割り

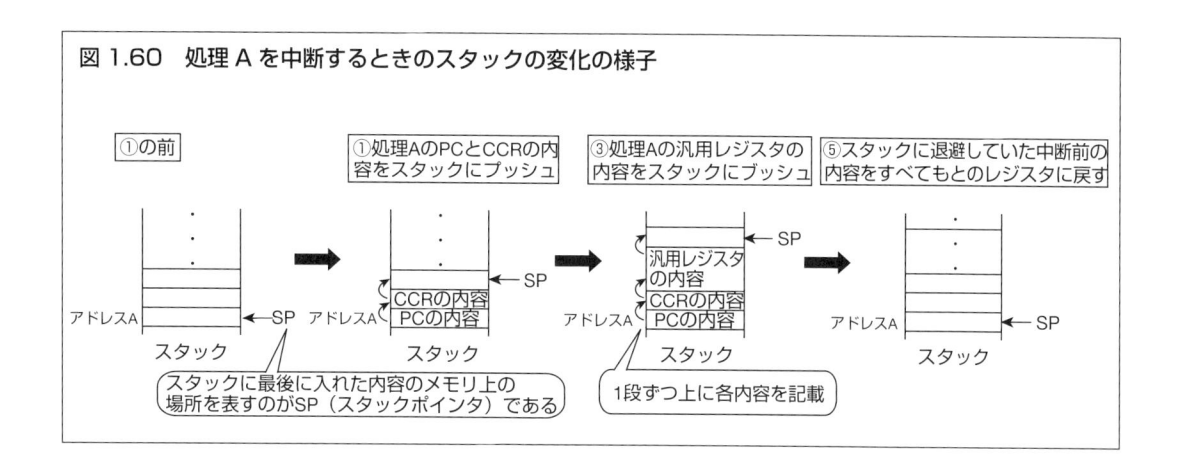

図1.60 処理Aを中断するときのスタックの変化の様子

| ①の前 | ①処理AのPCとCCRの内容をスタックにプッシュ | ③処理Aの汎用レジスタの内容をスタックにプッシュ | ⑤スタックに退避していた中断前の内容をすべてもとのレジスタに戻す |

アドレスA ←SP / スタック

アドレスA ←SP、CCRの内容・PCの内容 / スタック
スタックに最後に入れた内容のメモリ上の場所を表すのがSP（スタックポインタ）である

アドレスA、PCの内容・CCRの内容・汎用レジスタの内容 ←SP / スタック
1段ずつ上に各内容を記載

アドレスA ←SP / スタック

込み要因が入った場合には優先順位の高い割り込みが入る．ソフトウェアからその要因による割り込みを禁止できるものとできないもの（Non-Maskable Interrupt, NMI割り込み）の2種類の端子を備えている場合が多い．

> **column 汎用レジスタ内容のスタックへの退避について**
>
> 割り込み時には計算の途中経過が保存されている汎用レジスタの退避も行う必要があり，プログラムをする人が行う．プログラムによって退避する汎用レジスタが異なるからである．ただし，C言語でプログラムする場合にはCコンパイラが自動的に行ってくれる．

(4) タイマ機能

タイマとはある一定の時間を知らせる機能である．この時間を数える機能のおおもとはクロックであり，クロックを必要回数数えてタイマ情報とする．クロックの時間間隔は20 MHzの発振子で動くマイコンで0.05 µsであり非常に短い．それを数えることになるが実は数えられる回数も限られる．なぜなら2バイト（16ビット）の変数を用いて数える場合には最大で$2^{16} = 65536$回までしか数えられないからである．この場合$0.05 \times 2^{16} \fallingdotseq 3.28$ msまでの時間で任意のタイマをつくれることになる．タイマ機能により任意の時間を計り，そのタイミングで割り込みをかけるタイマ割り込み機能は，一定時間ごとにある処理を行うプログラムで使用される．

(5) 各機能を使うための基本的な考え方

マイコンの制御プログラムを書く場合に通常のC言語のプログラムとは異なる部分がある．それはマイコンの機能を設定，制御するための記述である．ここでは，そのためのレジスタ設定やビット操作について説明する．

マイコンのさまざまな機能を使うためには機能に応じて対応するレジスタを設定する必要がある．次の説明は，基本的な考え方は同じだが具体的な内容はマイコンにより異なるので注意してほしい．

H8のI/Oポートを使うことを考えよう．H8には複数のI/Oポートがあり，また，1つのI/Oポートには複数のI/Oピンがある．基本的に各ポートは，入力か出力かを制御する**データディレクションレジスタ（DDR）**と出力データを格納する**データレジスタ（DR）**から構成されている（**図1.61**）．DDRは8ビットの書き込み専

図1.61 データディレクションレジスタとデータレジスタ

・ポート1 データディレクションレジスタ（P1DDR）

ビット	7	6	5	4	3	2	1	0
	$P1_7DDR$	$P1_6DDR$	$P1_5DDR$	$P1_4DDR$	$P1_3DDR$	$P1_2DDR$	$P1_1DDR$	$P1_0DDR$
初期値	0	0	0	0	0	0	0	0
読み込み（R）/書き込み（W）	W	W	W	W	W	W	W	W

P1DDRは書き込み（W）専用のレジスタで各ピンの入出力をビットごとに指定できる．対応するビットに1をセットするとそのピンは出力となり，0をセットすると入力となる．

・ポート1 データレジスタ（P1DR）

ビット	7	6	5	4	3	2	1	0
	$P1_7DR$	$P1_6DR$	$P1_5DR$	$P1_4DR$	$P1_3DR$	$P1_2DR$	$P1_1DR$	$P1_0DR$
初期値	0	0	0	0	0	0	0	0
読み込み（R）/書き込み（W）	R/W	R/W	R/W	R/W	R/W	R/W	R/W	R/W

P1DRはビットの読み込み（R）/書き込み（W）可能なレジスタでポート1の出力データを格納する．また，このレジスタを読み込むとDDRが0のビットのピンのロジックレベルが読み出される．逆にDDRが1のビットのピンを読み込むとDRに書き込んだ値が読み出される．

用のレジスタであり，DDRの0ビット目を1に設定すると0番ピンは出力ピンとなり，0ビット目を0に設定すると0番ピンは入力ピンになる．よって，ポート1の0番ピンを入力ピンとして使うならば，使用する前にポート1のDDRの0ビット目を0に設定しておく．なお，入出力の設定はPICではH8と逆になり，0で出力，1で入力であるので注意する．

DRは8ビットの読み込み/書き込み可能なレジスタである．DDRで出力ピンとして設定されているときは，対応するビットに出力データ（0または1）を格納すると出力ピンの状態がLレベル（0と設定したとき）またはHレベル（1と設定したとき）になる．また入力ピンとして設定したときは，このレジスタをリードすると対応する入力ピンの状態（0または1）が読み出される．

このように，使う機能に関するレジスタの設定を適切にすることでマイコンの動作を制御することができる．よって，プログラム中においては機能を使う前に必要なレジスタの設定をしておく必要がある．なお，レジスタを設定すると書くと難しく感じるが，結局のところレジスタの各ビットについて適切に0または1を設定するということである．

ではレジスタのビット操作を行うにはどうすればよいのだろうか．C言語では次のようにポインタを利用してアクセスする．

```
#define P5DDR (*(volatile unsigned char*)0xfffc8)              … (1)
P5DDR=0xff;
```

1行目：「メモリの0xfffc8番地にあるポート5のDDRをP5DDRと定義する」とい

う文である．なお，メモリアドレスが 0xfffc8 のレジスタがポート 5 の DDR に対応しているというのはデータシートからわかる．

2 行目：P5DDR に 0xff を代入する．0xff つまり 11111111 のデータが DDR に書き

図 1.62　LED インジケータのプログラム例

【プログラム概要】
A/D 変換ピンの AN_0 につないだポテンショメータの電圧を読み，その電圧に応じて LED インジケータを光らせる．ポテンショメータの入力電圧値が 0 V で LED インジケータは消灯，5 V で全点灯とする．

```c
#include <3052.h>    // H8/3052 の I/O の定義などがされている
                     // ヘッダファイルを読み込む．
main(){
    unsigned int ad_value;
```

A/D の初期設定（A/D コントロール / ステータスレジスタ ADCSR の各ビットを設定している）

```c
    AD.ADCSR.BIT.ADF = 0;   //A/D 変換終了フラグをクリア
    AD.ADCSR.BIT.SCAN = 0;  // 単一モードを選択
    AD.ADCSR.BIT.CKS = 1;   //A/D 変換時間を選択，この場合変換時間を 134 ステートに設定
    AD.ADCSR.BIT.CH = 0;    //A/D 変換のチャンネルを選択，この場合 AN0 の使用を設定
```

I/O ポートの初期設定（ポート 1 のデータディレクションレジスタ DDR を設定している）

```c
    P1.DDR = 0xff;         // ポート 1 を全ビット出力ピンとして設定
```

永久ループ（この部分が何度もループすることでずっとプログラムが動作する）

```c
    while(1){
        AD.ADCSR.BIT.ADST = 1;   //A/D 変換をスタート
        while(AD.ADCSR.BIT.ADF == 0);
```

このビットは A/D 変換が終了すると 1 になるので，A/D 変換が終了していない 0 の間は待つ．

```c
        ad_value = AD.ADDRA >> 6;
```

AN_0 の値は，A/D データレジスタ ADDRA に格納されるので，その値を代入する．>> 6 と 6 ビット右にシフトしているのは，ADDRA が 16 ビットのレジスタであるが A/D は 10 ビット値であり，上位ビットからデータが格納され下位 6 ビットは使われていない．それを通常の値として読めるようにするためである．

A/D の値（1024 分解能）を 9 段階（1024/9）に分けて，段階に応じて LED を光らせる

```c
        if( ad_value>=0 && ad_value<1024/9*1 )          P1.DR.BYTE = 0x00;
                                // 全消灯 ポート 1 のビットは 0000 0000
        else if( ad_value>=1024/9*1 && ad_value<1024/9*2 ) P1.DR.BYTE = 0x01;
                                //1 つ点灯 ポート 1 のビットは 0000 0001
        else if( ad_value>=1024/9*2 && ad_value<1024/9*3 ) P1.DR.BYTE = 0x03;
                                //2 つ点灯 ポート 1 のビットは 0000 0011
        else if( ad_value>=1024/9*3 && ad_value<1024/9*4 ) P1.DR.BYTE = 0x07;
                                //3 つ点灯 ポート 1 のビットは 0000 0111
        else if( ad_value>=1024/9*4 && ad_value<1024/9*5 ) P1.DR.BYTE = 0x0f;
                                //4 つ点灯 ポート 1 のビットは 0000 1111
        else if( ad_value>=1024/9*5 && ad_value<1024/9*6 ) P1.DR.BYTE = 0x1f;
                                //5 つ点灯 ポート 1 のビットは 0001 1111
        else if( ad_value>=1024/9*6 && ad_value<1024/9*7 ) P1.DR.BYTE = 0x3f;
                                //6 つ点灯 ポート 1 のビットは 0011 1111
        else if( ad_value>=1024/9*7 && ad_value<1024/9*8 ) P1.DR.BYTE = 0x7f;
                                //7 つ点灯 ポート 1 のビットは 0111 1111
        else if( ad_value>=1024/9*8 && ad_value<1024 )    P1.DR.BYTE = 0xff;
                                // 全点灯 ポート 1 のビットは 1111 1111
    }
}
```

込まれ，ポート5すべてが出力ポートと設定される．

最後に，マイコンを用いた制御プログラムの簡単な例として，ポテンショメータの値に応じてLEDの光り方が変化する「LEDインジケータ」のプログラムを示す（**図1.62**）．**図1.63**はLEDインジケータの回路図と写真である．（株）秋月電子通商から発売されているH8/3052マイコンがのったボードを利用した．

プログラムでは，はじめにA/D変換機能を使うための初期設定としてA/Dコントロール/ステータスレジスタ（ADCSR）の各ビットを設定する（各機能のレジスタの設定に関する詳細はデータシートを参照してほしい）．そしてLEDをつないだポート1を出力ピンとして設定する．初期設定が終わったらA/D変換を行い，その値に応じてLEDを何個光らせるかの処理部分をプログラムしている．

---

column

volatile 修飾子

ポート5のDDRをP5DDRと定義する文（1）（☞ **62ページ**）で出てきた**volatile修飾子**を見慣れない読者も多いだろう．通常コンパイラは最適化を行うため，変数の値が変化する途中経過を無視して，変化し終わった最後の値をDRに書き込むという処理をする．そのためDRに書き込むデータが途中経過を省略されてしまい，意図したタイミングで意図した値にならず，プログラムの動作がおかしくなる場合がある．volatile（単語の意味は「揮発性」）はそれを防ぐためであり，これを指定すると最適化せずにプログラム中で書かれた通りに変数の値が変化するようになる．

1.6.4　C言語プログラムをマイコンで動かす手順

ここでは作成したプログラムをマイコンで実行させる手順を説明する．

①プログラムを作成しセーブする．

②作成したプログラムをビルドする．ビルドすると必要なベクタテーブル[※1]などもすべてパックされた形で実行ファイルがつくられる．

③各マイコン用に用意された書き込み用ソフトウェアを使ってプログラムをマイ

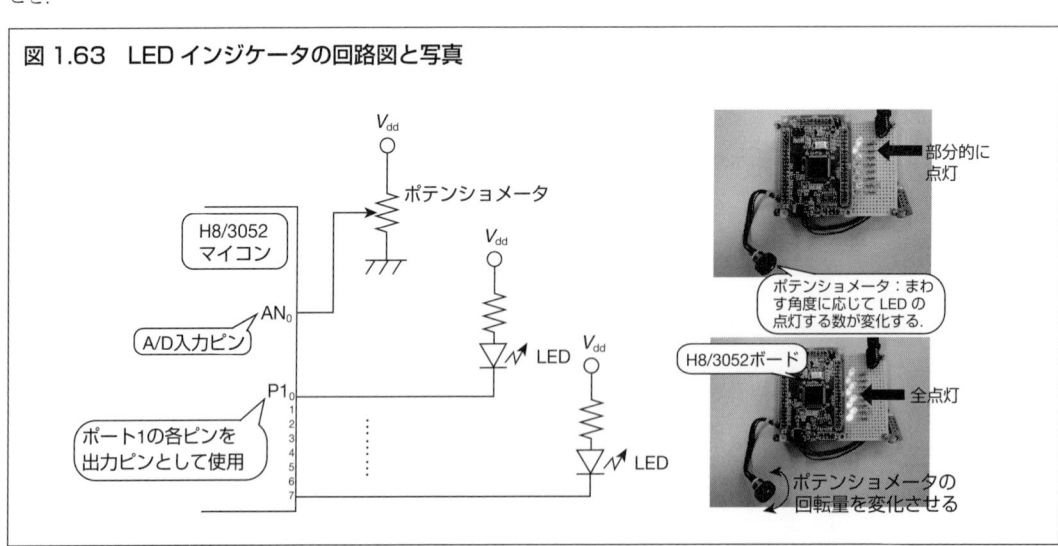

※1　ベクタテーブル
割り込み処理要因に応じた実行アドレスが一覧になったテーブルのこと．

図1.63　LEDインジケータの回路図と写真

コンにダウンロードし，マイコンのメモリ上に書き込む．パソコンとマイコンとの通信はシリアル通信で行う．
④通信ケーブルを外し，マイコンのモード設定ピンの入力を実行モードにしたうえでマイコンの電源を入れ直す．
⑤プログラムが実行される．

ここで⑤のプログラムが実行される流れについて簡単に説明しよう．メモリ上にダウンロードされたプログラムは，プログラムカウンタに示されたアドレスのコードを順に行うことで実行される．では電源投入またはリセット直後には，プログラムカウンタには何のアドレスがセットされるのであろうか？　実はリセット（電源投入）されるとリセット割り込みがかかることになる．その結果リセット処理の割り込みベクタ（☞**コラム「割り込みベクタとは」**）である0x0000番地（リセットベクタ）のデータを読み，その値をプログラムカウンタに格納する．

ただし0x0000番地のアドレス値は，プログラム中のmain関数が始まる機械語コードを直接指し示してはいない．リセットベクタにはスタートアップルーチンと呼ばれるプログラムの実行開始番地が書かれている．main関数はスタートアップルーチンの中で呼ばれるのである．ではスタートアップルーチンの内部では何が行われるのであろうか？　スタートアップルーチンでの処理はコンパイラによって異なるが，ほとんどのコンパイラでは以下のことを行っている．

- スタックポインタの初期化を行う．
  → プログラム実行前に，RAMの中でスタックに割り付ける領域の基底番地をスタックポインタに代入する．
- メモリの初期化を行う．
  → 初期値のある大域変数をRAM領域に割り付ける．このときROM領域に書かれた初期値をコピーする．
  → 初期化しない大域変数を初期値0としてRAM領域に割り付ける．
  → 定数をROM領域に割り付ける．
- main関数を呼び出す．
  → プログラムカウンタにmain関数の開始番地を格納しmain関数から実行する．

---

column

割り込みベクタとは

割り込みベクタとは，リセットや外部からの割り込み入力が発生した場合にCPUが読みに行くメモリアドレスのことである．割り込み発生時には関係する割り込み要因のベクタエリアを読み，そのメモリに入っている値をPCに格納する．割り込み要因ごとの処理内容を記述したプログラムの開始番地が対応するベクタエリアに書かれているからである．

例えばH8の電源投入時を考えよう．電源が入るとリセット端子に信号が入る．このときH8はリセットに対応したベクタエリアである0x0000番地を参照し，リセットベクタの値を読みPCにセットする．次のサイクルでは，PCにセットされた番地からプログラムの実行が始まりリセット処理が行われるのである．

> **column メモリ空間のアドレスマップ**
>
> アドレスマップとは，メモリ空間のどこに何が配置されているのかを示した配置図のことである．H8 を例にとると，ベクタエリア，内蔵 ROM 空間，内蔵 RAM 空間，内部 I/O レジスタ空間，外部アドレス空間（実際には実装されていない番地の範囲もある）などがメモリ上のどこに割り当てられているかが示されている．

1.7 動かす前の一呼吸とバグとり時の方針

動かす前に一呼吸．落ちついて！

ここまでくるといよいよ実際に動かしてテストする段階となる．ただ，あわててはいけない．さあ動かそうということで電源を入れたくなるが，電源系は配線ミスがあると多くの回路（最悪の場合すべて）とつながっているため全体を壊しかねない．まずは一呼吸ついたうえで以下の順に行うことをおすすめする．

① 安定化電源などの電源側の端子が所望の電圧になっているか確認する．
② 電源入力端子の＋と－の場所が正しいか確認する（逆につないでしまうミスがなぜか多い）．
③ 上記を確認後に，電源が複数ある場合には最小限のブロック単位で電源線をつなぎ，電源を入れていく（つまり段階的に電源を入れていく）．

動かしたときに 1 回でうまく動作することはなかなかない．うまく動作せずバグとりを行うのが普通である．ではどうやってバグをとるかということになるが，ここでは方針だけ述べておこう．

1.7.1 回路関係

- 基本は回路図と実配線が合っているか．見比べながらチェックする．
- 配線場所が間違っていなく線がつながっているように見えても，しっかりと導通していないことがある．特にコネクタ部分の製作不良で断線していることがある．テスタを用いて導通チェックを行う．ちょっとでも不安な場合には面倒でもつくり直したほうが結果的に早い．
- 電源線については，各ブロックや各半導体素子の根元まで所望の電圧がきているかをテスタやオシロスコープで確認する．
- 信号線については，信号の発信元から受信先に向かって順に所望の電圧信号が出ているかをオシロスコープで確認する．発信元から受信先までに複数の半導体素子などがあれば各段階でチェックする．
- 回路自体の検討には，回路シミュレータを用いて確認するという選択肢もある．

1.7.2 プログラム関係

- そもそもマイコンが動いているのかどうかを知るために，I/O ピンが空いていれば LED を付けておきプログラム動作時に点滅させるようにしておく．LED が点滅していれば「マイコンは動いている」ということがわかる．
- プログラムが固まってしまう場合やおかしな動作をする場合には，プログラムのどこで止まってしまうのか，どこで変数の値がおかしくなるのかの原因箇所

の特定を行う．原因箇所がわかれば修正作業を行うことができる．原因箇所の特定には，例えば以下のような方法を使う．

- シリアル通信線をパソコンにつなぐことができる場合：ターミナルソフトを開いて printf 関数によりプログラムの途中段階を表示する．気になる変数の内容などを表示させるとよい．プログラムが止まる場合には止まったところの前までしか表示されない．
- LCD 表示器などがついている場合：LCD にプログラムの途中段階を表示する．
- PIC の場合：MPLAB-ICD3 や PICkit2 がマイクロチップテクノロジー社から提供されており，添付ソフトウェアにデバッグ[※1]機能が付いている．例えば ICD3 ではブレークポイントを設定できたり，PICkit2 では UART ツールを用いて printf 表示ができる．H8 の場合にはルネサスエレクトロニクス(株)から Hterm やモニタプログラムが提供されており，やはりデバッグするのに便利な機能が付いている．これらのデバッグ機能を活用してレジスタの変化状況を確認することになる．

※1 デバッグ　プログラムの要修正箇所（バグ，欠陥）を発見および修正し，仕様どおりのプログラムにする作業のことをいう．

1.7.3　その他

□ バッファ回路などが存在する場合，NOT バッファがあると信号が反転する．NOT バッファの存在を忘れていると論理が合わなくなるので注意が必要である．

ここまで，メカトロ機器の制御システムの設計方法について説明してきた．仕様通りの動作を実現するメカトロ機器システムの完成はもう少しである．地道にデバッグ作業を繰り返してゴールに到達してほしい．

●図 1.15，図 1.20，図 1.33(a) は，マイクロチップテクノロジー社の許諾を得て，転載および複製するものです．これらは，マイクロチップテクノロジー社の文書による事前の同意なしには，再度，転載および複製することはできません．

第2章 シーケンス制御の実践設計

2.1 シーケンス制御の考え方

イメージをつかもう

　シーケンス制御あるいはシーケンス回路というとよく勘違いされるのが，順序回路[※1]という日本語訳と，決められた順序で動作するというイメージである．オルゴールの各音が順に弾かれる動作は，時間だけをもとに実行されている．そのように，シーケンス制御は自動演奏のようなものだと思っているかもしれない．

　しかし，全自動洗濯機はシーケンス制御で動いているが，動作を決めるのは時間だけではない．注水しているとき，いつ水を止めるのかの判断は，時間ではなく，水位が規定の高さになったのをセンサで感知することで行う．さらに，次の回転動作のスタートは，注水が完了したという信号を受けて行う．時間以外の条件として，センサ入力や，他の仕事の完了を判断基準としているのである．もっと時間に関係しない例を見よう．自動販売機は，金を入れる，商品を選択する，出てきた商品を取り出す，という手順で使う．これを機械側から考えよう．金が入ってきたら合計金額を積算する，現在の金額で買える商品のランプを光らせる，商品選択ボタンが押されたら（もちろん金額が足りているのを確認し）その商品を取り出し口に排出する，投入金額と商品金額の差があればつり銭を出す，次の客のために待機する，というような手順となる．それぞれの手順には必ずきっかけとなる入力（ボタンが押されるなど）があり，それによって動作が決められる．上記のオルゴールのようなものの場合は，きっかけになる入力が「音を出すべき時間が来た」という信号だけになっている特別な例と考えればよい．

　さらに，シーケンス制御の考え方を理解するため，別の例として，10問のクイズに答えていくと最後に点数を出してくれる装置を考えよう．これも機械側から考える．**図2.1(a)** のイメージのように，順番に出題し正解だったら点数を1点増やし，次の問題に進めばよい．コンピュータのプログラムをつくったことがあれば，フローチャートで書くこともできるだろう．フローチャートの特徴は，今ここにいるという地点が存在することである．しかし，ここで10問が最初から全部表示されて，どの問題から答えてもよい，とするとフローチャートはどうなってしまうだろう．10問全部について解答が入力されたかどうかチェックするというループになる．**図2.1(b)** のようなイメージである．そして点数とともに解答があった問題番号をメモして（メモリにたくわえて），10問すべてが終わったら点数を表示する手順に

[※1] **順序回路** 論理回路（ディジタル回路）において，現在の入力だけで出力が決まるANDやORのような回路ではなく，入力のほかに回路の内部に保持された状態によって出力が変わる回路をいう．例えば入力パルスが来るごとに計数値が1つ上がるカウンタなどである．1つ前がどうであったかによって次の動作が変わると思ってもよい．シーケンス回路もこの一種であることは間違いない．

図2.1　10問のクイズを出して解答を採点・集計するシーケンス制御

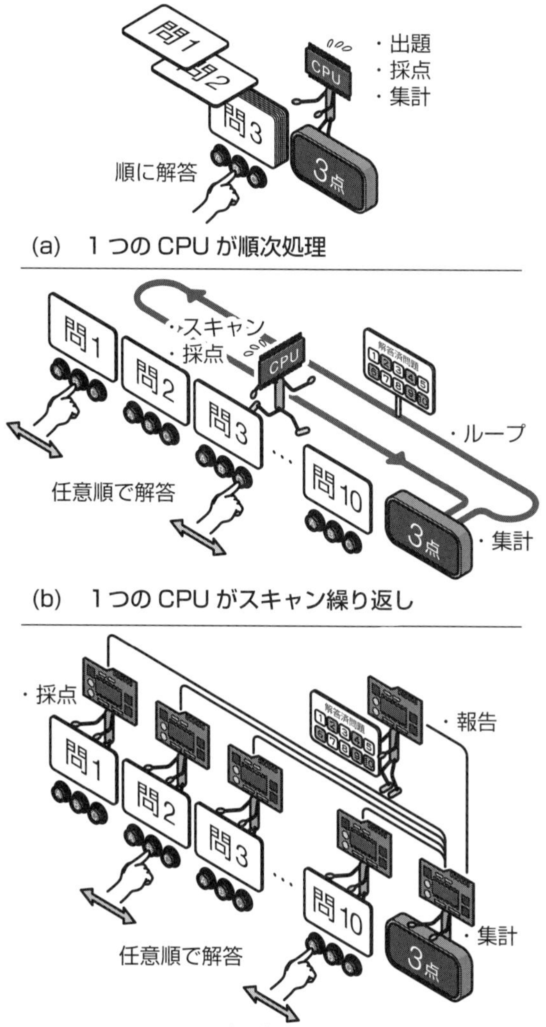

(a)　1つのCPUが順次処理

(b)　1つのCPUがスキャン繰り返し

(c)　それぞれの回路が処理

進む．この10問終わっているかどうかチェックする仕事もループに入れておかなければいけない．つまり，すべての部分の状態をチェックして回る1人の係員がいるようなものである．これに対してシーケンス回路の設計では，**図2.1(c)** のように，すべての部分に係員が常駐して監視し，状態を報告するように考える．報告を受けて終了かどうか判断する係員もいる．点数集計にも専門係がいる．すべての部分の動作が同時に進行して結果が出るということで，電気回路と同じである．電気回路には，いま考えている（注目している）部分というのは存在せず，すべての部分の電流がその地点の状況に応じて流れている．実はシーケンス制御のもとはリレーやスイッチなどの部品で組まれた電気回路である．現在では多くのシーケンス制御は実際にはCPUの入ったプログラム装置で行われている．しかし，その基本は電気回路で，すべての部分が同時に動作するということをプログラムのループによって模擬している．本章では，このような同時進行型のプログラムであるシーケンス制御回路について，基本から応用まで学ぼう．

> はじめに例を見てみよう

2.2 シーケンス制御の基礎

2.2.1 押しボタンスイッチとトグルスイッチ

　スイッチのことは7.2節で解説しているが，ここではそのスイッチの使い方の例としてドアの開閉をスイッチ操作で行うしくみを考えよう．図2.2のようなスライドドアを開閉するスイッチがある．スイッチとドア開閉モータがどのような回路でつながっているかは2.2.5項(1)で学ぶとして，図2.2(a)のようにレバーがパチンと倒れるトグルスイッチ（☞7.2節）を使って，上に倒すと開き，下に倒すと閉まるとしよう．これで問題ないかというと，スイッチが一ヵ所のときは問題ない．しかしドアの内と外の両側の壁にスイッチを付けた場合，ある人が外側で開ける操作（スイッチを上に倒す）をしても，内側のスイッチが下に倒れていたら，はたして開くのか開かないのか？　どちらにしても現在のスイッチの状態ではないドア動作が生じることになる．もし，これで開くならば内側のスイッチは「うそ」を示していることになるし，開かないならば外側のスイッチが「うそ」というより無効になる．これでは困る[※1]．そこで，図2.2(b)のような押しボタンスイッチ（プッシュスイッチともいう．押したらへこみ，離したら戻るモーメンタリ型）（☞7.2節）にすればよい．上記のように外側の人が操作をするときには内側のスイッチは押されていなくて，いわば「ご自由にどうぞ」の状態になる．このように1つの動作を複数の条件で行う装置[※2]では，スイッチをすべてモーメンタリ型で構成するのが基本である．

　モーメンタリ型を使う理由はもう1つある．電源を入れた瞬間に動作するのを防止するためである．例えば，自動車のパワーウインドウがトグルスイッチ操作であったら，キーをひねって始動したとたんに窓が開いたり閉まったりすることもあり，

※1　トイレのドアのように内側から閉めたら外側から開かなくてよい場合，つまり外側スイッチをあえて無効にする設計がよいこともある．

※2　シーケンス制御を行うほとんどの装置がそうである．

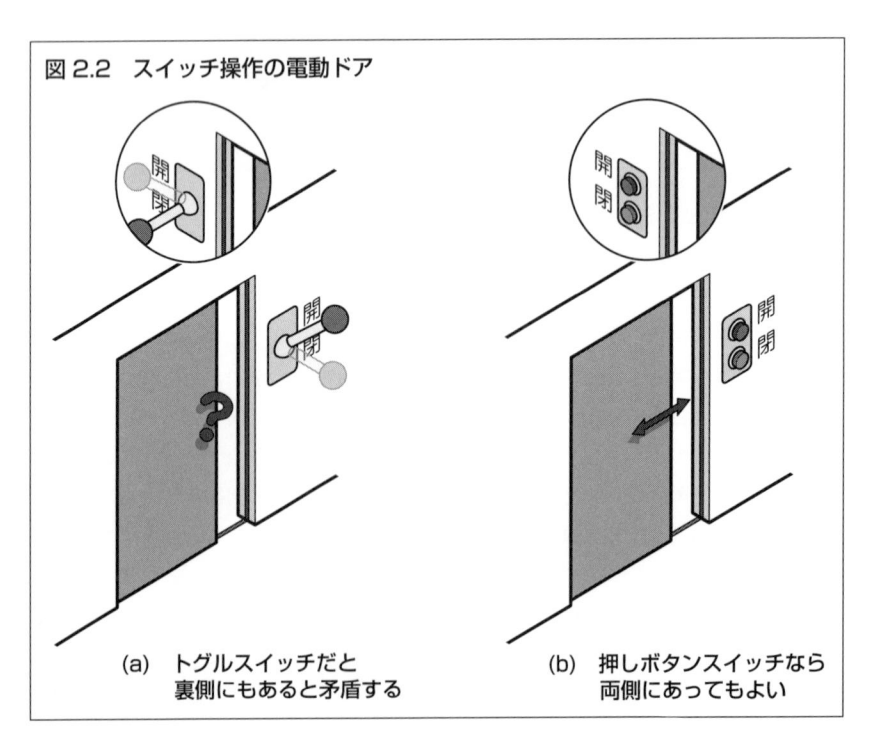

図2.2　スイッチ操作の電動ドア

(a)　トグルスイッチだと裏側にもあると矛盾する

(b)　押しボタンスイッチなら両側にあってもよい

危険である．

ところで，前述のドア開閉で，内側の人が閉まるボタンを押し，同時に外側の人が開くボタンを押したらどうなるであろうか．これはこのドアの設計（動作の設定）次第であり，このことは 2.3 節で学ぶ．

2.2.2 リレーで組める基本の回路

図 2.3 のようなリレー（☞ **7.3 節**）はシーケンス制御には欠かせない．コイルに小さな電流を流せば，その磁力で接点部が動く．接点部では，大きな電流を切り替えることができる．通常，大きな電流をスイッチで切り替えるには，大きくて操作の重いものが必要になる．しかし，スイッチでリレーコイルの電流を切り替え，そのリレーの接点で大電流を切り替えれば，小さな軽い操作のスイッチで大電流を扱えることになる．しかし，それよりむしろ大事な役目は，2.2.1 項で説明したドアの両側にスイッチがある場合のように，スイッチと動作が一対一の対応でなく，ルール（論理）がある場合に，そのルールを実現することである．また，モメンタリ型のスイッチを使ったときには，すべてのスイッチから手を離すと初期状態になってしまうが，このようなときにも最後の状態をリレーの回路で記憶しておくことができる．本項では，これらの方法を学ぼう．

(1) 自己保持回路

リレーが ON になると，接点によって自らのコイル電流を電源から直接つなぐ**図 2.4**のような回路を考えよう．スイッチ S1 を押すと，リレー R1 が ON になる．すると，リレー接点が閉じて（導通して），S1 を介さずに R1 のコイルに電流を流す回路ができる．そのため，R1 が一度 ON した後は，S1 を離しても R1 が ON のま

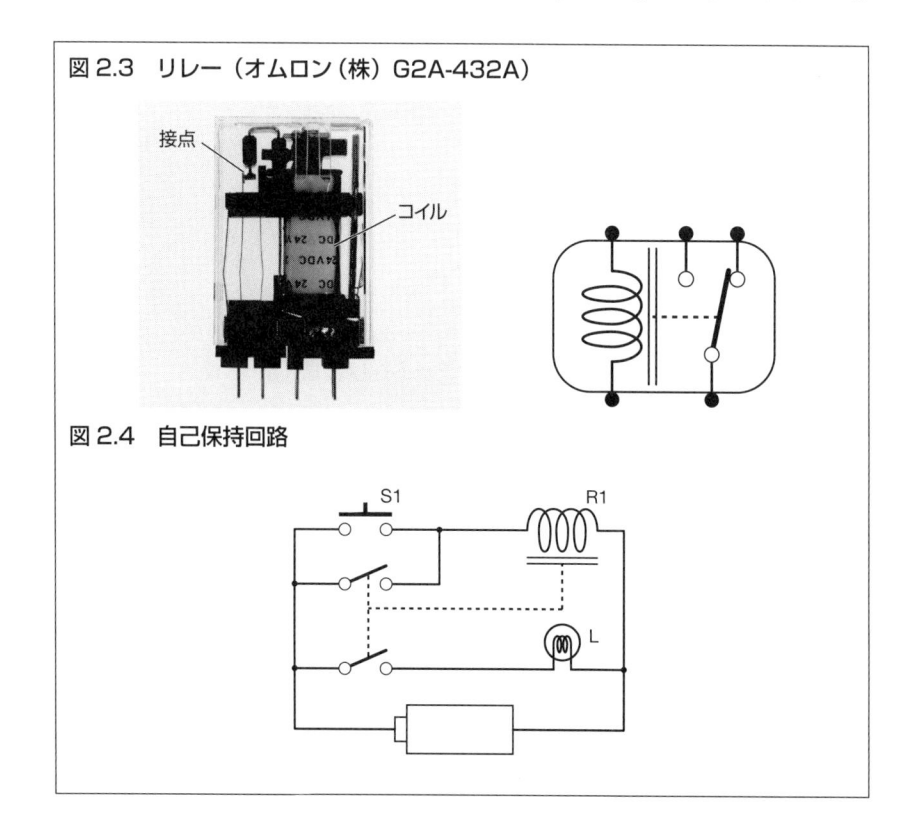

図 2.3　リレー（オムロン（株）G2A-432A）

図 2.4　自己保持回路

ま保持される．これを**自己保持回路**という．モメンタリ型の押しボタンスイッチでトグルスイッチのような「入りっぱなし」を実現するものである．図2.4のようにR1の接点でランプLを電源につなぐ回路をつければ，S1を一瞬押すとランプLが点灯し続けるようになる．なお，図2.4の回路では，R1をOFFにするには電源を切らなくてはならない．

(2) インターロック回路

電子レンジはドアが開いているときは動作してはいけない．そこで**図2.5**のようにドアが開くと切れるスイッチを付けて，回路を遮断する．これを**インターロック**という．○○のときは動作禁止という回路である．複数の制御回路からなる複雑な装置では，すべての部分が準備OKになるまで動作を阻止しておく回路として使われる．

---

column　機械式インターロック6人用

図2.6は最大6人までの作業員が1つの装置のメンテナンスをするときにインターロックをかける金具である．ロックアウトという．装置の始動スイッチ（あるいは元栓のバルブなど）が入らないようにこのリングをはめてロックしておき，それぞれの作業員は自分の南京錠をこの穴にはめて作業をする．すべての作業員の仕事が終わるまでロックは解除できないしくみである．

図2.5　電子レンジはドアスイッチで動作をインターロックしている

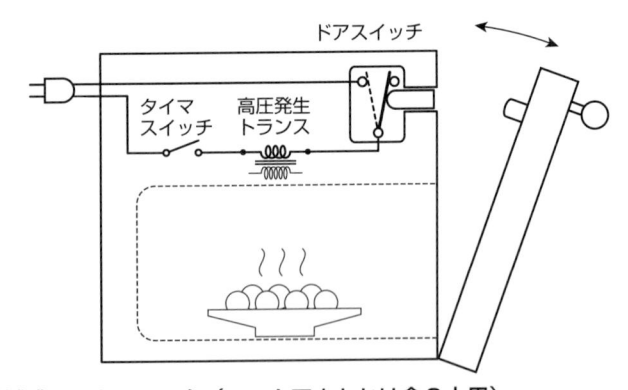

図2.6　機械式インターロック（ロックアウトかけ金6人用）

(3) セット・リセット回路

自己保持回路とインターロック回路を組み合わせた**図 2.7(a)** の回路は、スイッチ S1 を押すと始動して自己保持によってモータが動作を続け、S2 を押すと停止する。これがシーケンス回路で最も基本になる回路で、**セット・リセット回路**という。S1 がセットスイッチ、S2 がリセットスイッチである。

図 2.7(b) の回路は何が違うだろうか。通常の使い方で、S1 を押して始動、S2 を押して停止という点では差はない。この 2 つの回路はスイッチを両方押したときにどうなるかが違う。両方押すと、(a) は停止するが、(b) は動く。(a) をリセット優先、(b) をセット優先という。この 2 つは次のように使い分ける。**図 2.8(a)** はベルトコンベアで容器にものを入れていく装置で、容器全体が重くなってリセットスイッチが入ったら、動作を停止する。容器の中身を排出するまではコンベア駆動のセットスイッチを押しても動いてはいけない。このような装置はリセット優先回路にする。一方、**図 2.8(b)** はセットスイッチを押したらモータが 1 回転して所定の角度になったら止める装置である。止まった状態でリセットスイッチは入ったままだが、そこでふたたびセットスイッチを押したら回りだすようにセット優先回路にする。

セット・リセット回路を応用するには、**図 2.9** のようにセットスイッチと直列に「スタートしてよい条件で導通する回路」、リレー接点と直列に「自己保持してよい条件で導通する回路」、リレーコイルの手前に「この回路全体が動作してよい条件

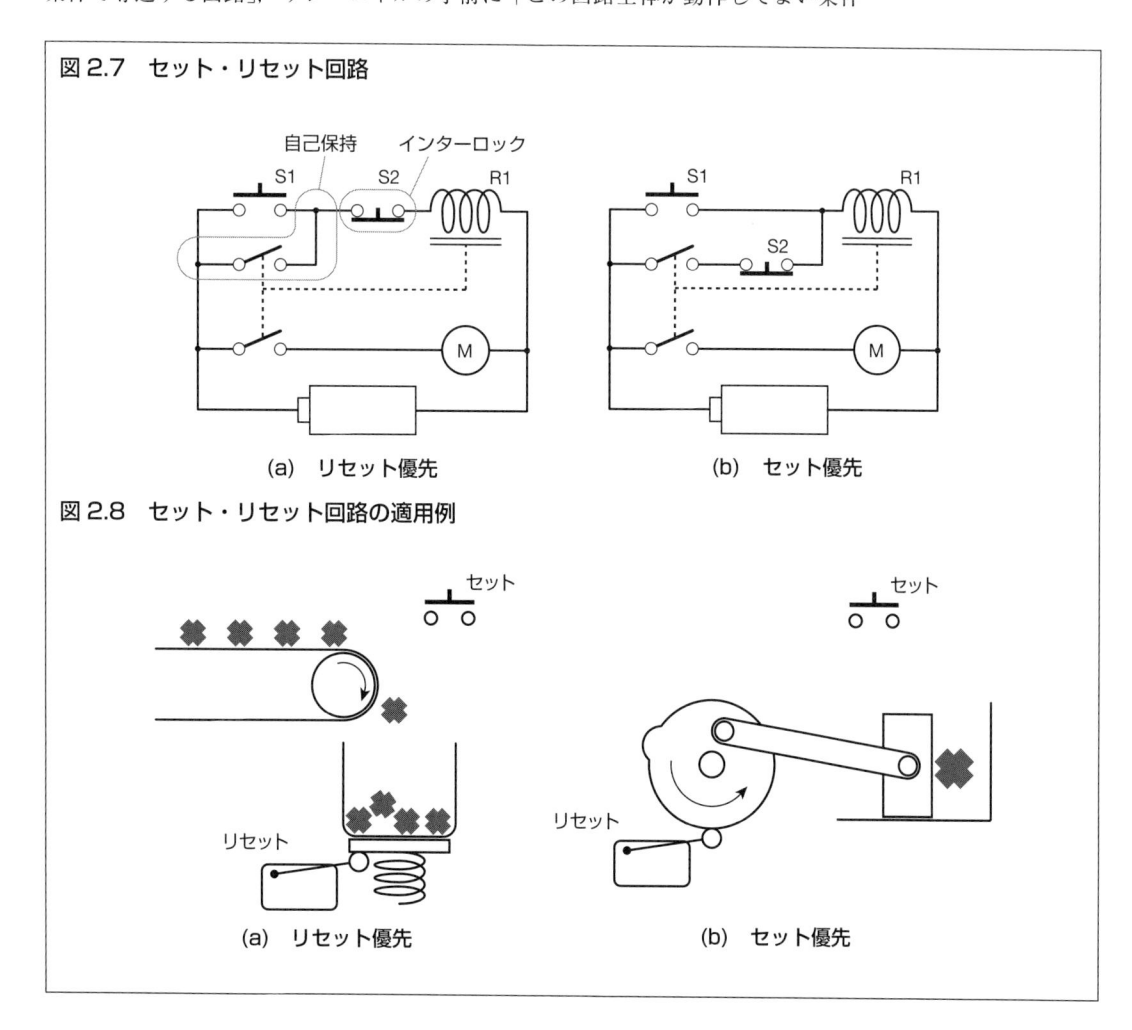

図 2.7 セット・リセット回路

(a) リセット優先   (b) セット優先

図 2.8 セット・リセット回路の適用例

(a) リセット優先   (b) セット優先

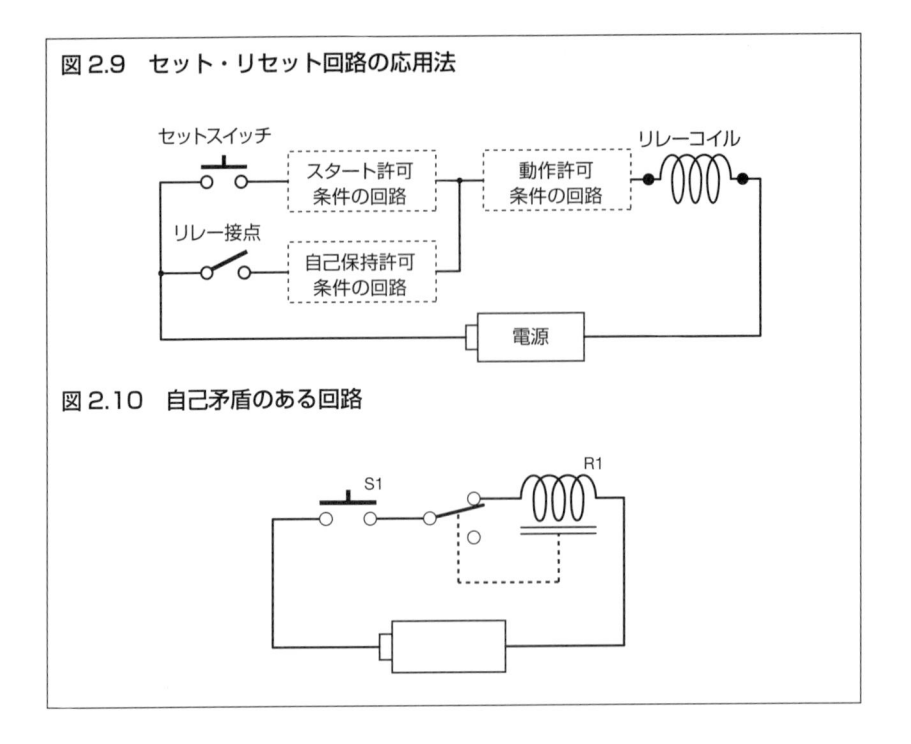

図 2.9　セット・リセット回路の応用法

図 2.10　自己矛盾のある回路

で導通する回路」を組み込めばよい．

> **column　自己矛盾のある回路**
>
> リレーが ON になると自らのコイル電流を遮断する**図 2.10** のような回路はどうなるだろうか．電源を入れたとたんにリレーがブザーのようにビーっと鳴る，つまり ON/OFF を繰り返す．この周期はリレーの動作の速度による．速いリレーは高い音，遅いリレーは低い音になる．もちろんこれを制御回路に使うのはよくない．このように，動作した結果がその動作自身を否定するようなしくみは，後で説明する状態遷移表による設計でも禁止事項になっている．

2.2.3　ラダー図

(1) ラダー図の基本ルール

　スイッチやリレーを使ったシーケンス回路を図 2.7 のような実態に近い図よりもっと記号化して描くルールがある．セット・リセット回路（☞図 2.7）の場合は**図 2.11** のように描く．この描き方を**ラダー図**という．基本要素の **a 接点**，**b 接点**[※1]，コイルの記号は**図 2.12** を用いる．本章では，スイッチやセンサをつなぐ外部入力接点に S，リレーコイルとリレー接点に R と文字を付ける．通常，外部入力やリレーは複数あるので，文字の後に番号を付けて区別する．また，本章の後の節では，

※1　図 2.7 の S1 のように，スイッチを押しているときに導通する接点を a 接点と呼ぶ．一方，図 2.7 の S2 のように，離しているときに導通する接点を b 接点と呼ぶ．リレーの場合には，ON のとき（コイルに電流を流したとき）に導通するのが a 接点，OFF のときに導通するのが b 接点である．また，ON/OFF で 2 つの回路が切り替わる，図 2.3 のような接点を **c 接点**と呼ぶ．小さな押しボタンスイッチは a 接点のみのものが多く，トグルスイッチは c 接点が多い．リレーは通常，c 接点である

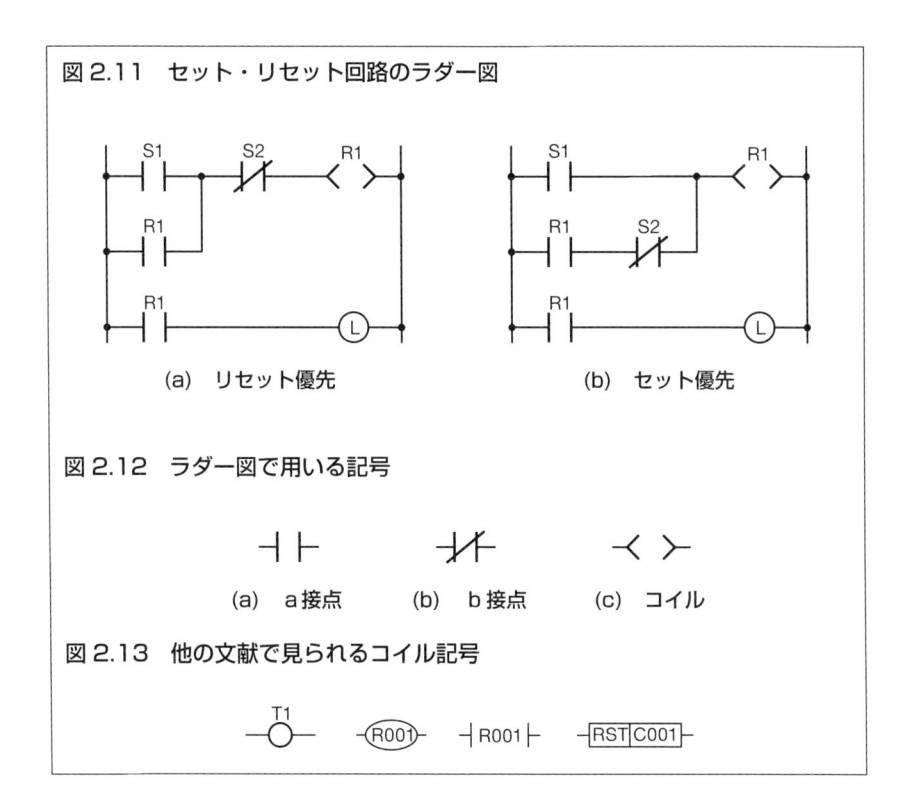

図2.11　セット・リセット回路のラダー図

(a) リセット優先　　　　(b) セット優先

図2.12　ラダー図で用いる記号

(a)　a接点　　(b)　b接点　　(c)　コイル

図2.13　他の文献で見られるコイル記号

タイマやカウンタの信号入力コイルも図2.12(c)の記号を使う．なお，他の文献や機器メーカーの説明書では，コイルの記号は**図2.13**のように描かれることもある．また，接点とコイルにつける文字は文献や機器メーカーによって，接点がX，コイルがY，あるいは双方とも数字のみなどの差がある．

　ラダー図では，左端に電源のプラス側の線を縦に描き，右端にマイナス側（GND）の線を描く．コイルは一番右に寄せて入れ，接点はその左に入れる．接点やコイルの記号には文字や番号を併記して，どのスイッチか，あるいは，どのコイルでどの接点が開閉するのかを示す．同一文字・番号の接点が複数あることは，2回路，3回路[※2]といった複数回路のスイッチやリレーであることを示している．しかし，同一文字・番号のコイルが複数あってはいけない．必ず1つである[※3]．

(2) ラダー図の上級ルール

　上で説明したのは基本的な描き方のルールだが，ラダー図の回路を確実に動作させるものにするために守るべきルールがある．ルール違反をしても大丈夫なこともあるが，そのときはかなり注意して設計しなければいけない．そのルールとは，1つは，右に向かって枝分かれして別の線と合流する**図2.14(a)**のような回路を描かない，というものである．これは横線間をブリッジする**図2.14(b)**と同じものである．(b)の場合には，R1に電流が流れるのは，S1とS2がONのとき，またはS4とS3とS2がONのときだと思って設計しているだろう．(a)の回路でもR1がON

[※2]　独立したa，b，あるいはc接点がいくつ入っているかを回路数という．小さな押しボタンスイッチは1回路，トグルスイッチは1または2回路，リレーは1～4回路のものが多い．
[※3]　2.2.4項で説明するCPU入りのコントローラ（PLC）では，同一文字・番号コイルが二ヵ所以上にあってもプログラムできてしまうこともある．その場合はコントローラの内部処理の順序で後になるコイルの方が有効となる．ダブルコイルというが，このようなトリッキーな設計は推奨しない．

になる条件は同じであり，S4 と S3 と S2 が ON のときには，S3 を電流が右から左に流れて R1 に流れることになる．しかし，図 2.14(a)ではそうは見えないだろう．また，**図 2.15** のように，途中から取り出した線を他のコイルに持って行ってはいけない．S1 と S3 が ON ならば，S2 が OFF でも R2 が入ってしまう．

さらに，右端のコイルに続くメインの線を一直線にし，それよりも上に配線のある**図 2.16(a)**のような形にしない．そして配線は**図 2.16(b)**のような立体交差はさせない．これらを守れば，接点回路の入れ子の形は**図 2.16(c)**のようになり，逆流の危険はない．この他に許される分岐や合流の形は**図 2.16(d)**のように分岐を繰り返した後に合流を繰り返して両端が 1 点[※1]で閉じたものである．ちょうど数式のカッコの順序が，[{( )}] ならよいが，{ (}) というのはいけないのと同じである．

※1　S2 の左右や R1 の左のように横線が上下に 1 本だけになったところ，および一番左の縦の線．

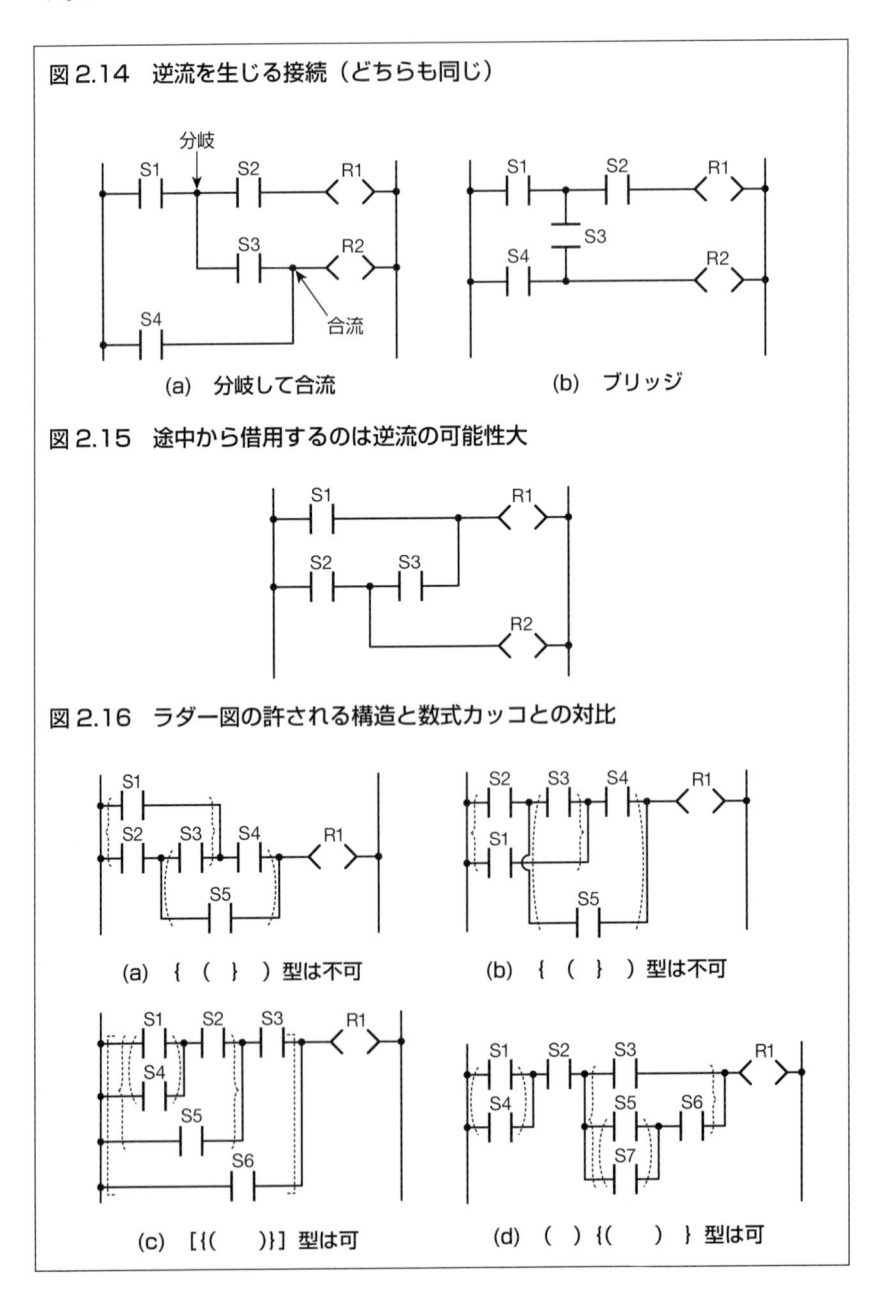

図 2.14　逆流を生じる接続（どちらも同じ）

(a)　分岐して合流　　　　(b)　ブリッジ

図 2.15　途中から借用するのは逆流の可能性大

図 2.16　ラダー図の許される構造と数式カッコとの対比

(a)　{ (}) 型は不可　　　　(b)　{ (}) 型は不可

(c)　[{ ( ) }] 型は可　　　　(d)　( ) { ( ) } 型は可

図 2.17 接点を節約するか，回路を見やすくするか

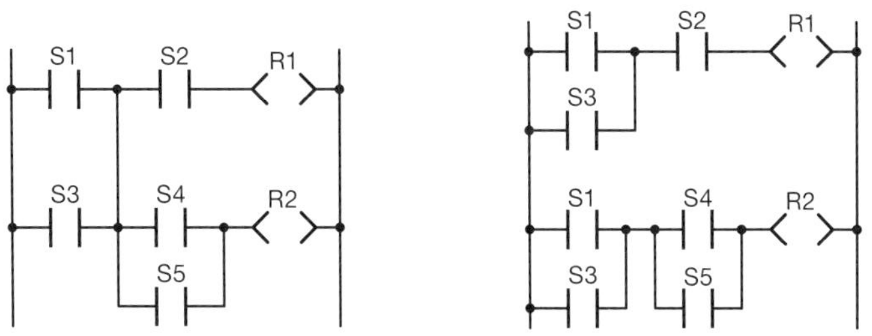

(a) 複雑な分岐で少ない接点（5個）　　(b) 接点が多い（7個）がわかりやすい

　もともと，込み入った分岐や合流はできるだけ描かない方がよい．どうしても接点数を節約したい場合には有効であるが，リレーではなく 2.2.4 項で説明する CPU 入りのコントローラ（PLC）の場合には，接点はプログラム内の仮想的なものであるから節約する必要はない．例えば，**図 2.17(a)** と **(b)** は同じ動作をする．スイッチとリレーだけでつくるなら(a)の方が少ない接点数の部品で済む．一方，回路をプログラムで組む PLC なら(b)の方がわかりやすいだろう．同じ記号の接点を何ヵ所にも使う代わりに，線の引き方は単純化した方がよい．

> **column**
>
> ### 接点節約術
>
> 　ラダー図には**図 2.18(a)**のような c 接点を直接示す記号はない．しかし，片側を共有する**図 2.18(b)**のような a 接点と b 接点は，実際には 1 つの c 接点でつくることができ，スイッチやリレーの回路数を節約することができる．
>
> 　また，**図 2.19(a)**のようなラダー図は **(b)** のように描きなおすことによって 2 つだった S1 の接点を 1 つにできる．ただし，この場合に，上記の「ブリッジ結合をつくらない」のルールに注意しておかないと，電流が接点を右から左に逆流するようなことが起こり得るから注意して節約術を駆使しなければいけない．例えば，**図 2.20(a)**の回路は **(b)** のように S2 をまとめたくなるが，やってはいけない．
>
> 　スイッチとリレーを実際に配線して回路をつくる場合に，何回路の独立した接点があるスイッチやリレーを用意すればよいか考えなければならない．ラダー図の接点の横に $S1_1$，$S1_2$，$S1_3$ のように添字を付けて数えるとよいだろう．上記の c 接点化ができるところは添字を同じにすればよい．
>
> 　スイッチは 2 回路まで，リレーは 4 回路までが一般的であるから，回路の工夫はリレーよりスイッチの回路数を節約するのを優先するとよい．スイッチの回路数が不足のときは，スイッチで一度リレーを駆動して，そのリレーの接点を使う．また，リレーの回路数が不足であれば，もう 1 つリレーを追加することになる．

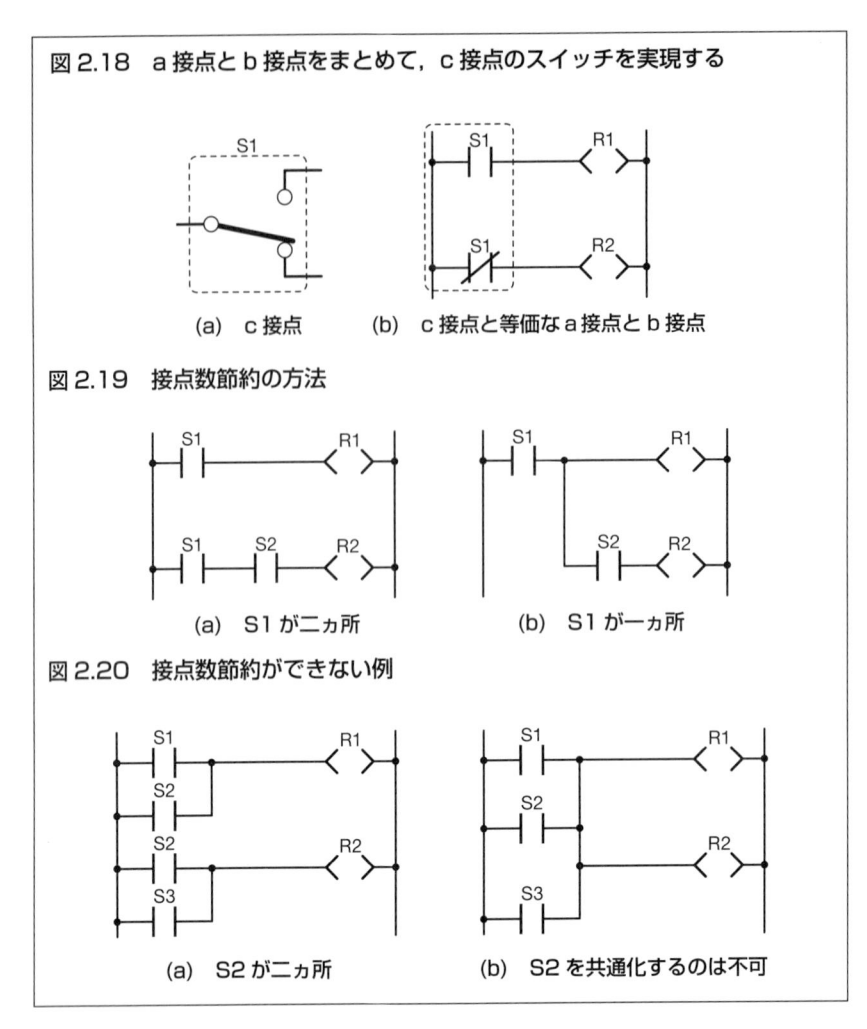

図2.18 a接点とb接点をまとめて，c接点のスイッチを実現する

(a) c接点　　(b) c接点と等価なa接点とb接点

図2.19 接点数節約の方法

(a) S1が二ヵ所　　(b) S1が一ヵ所

図2.20 接点数節約ができない例

(a) S2が二ヵ所　　(b) S2を共通化するのは不可

2.2.4 プログラマブル・ロジック・コントローラ

プログラマブル・ロジック・コントローラ（PLC：Programmable Logic Controller）というのは，シーケンス制御をリレーではなくCPUの入ったマイコンで実現する**図2.21**のような装置で，回路を組む代わりにプログラムを組む．そのプログラミングはラダー図を順に入力することで行う（☞**2.7節**）．ラダー図に含まれるリレーのうち，実際に外に端子が出ている必要があるものは本物のリレー（トランジスタの機種もある）だが，接点を内部だけで使用するものは仮想的なリレーでよい．仮想リレーはプログラムの変数のようなものだから多数（数十個から1000個以上）使用でき，そのリレーの接点の使用は変数を参照するだけのようなものだから数に制限はない．また，ラダー図の横線の数に相当するものは，小さいものでも100行程度まで書け，数千行以上書けるものが多い．これはマイコンのメモリ容量に依存する．

操作スイッチやセンサはすべてPLCの入力端子に接続し，プログラム中ではその入力のON/OFFが接点として扱えるようになっている．だから，a接点1回路のスイッチでも，ラダー図中で何ヵ所でも使えるし，b接点も使える（☞**スイッチやセンサの接続法の詳細は2.8節**）．

ところで，PLCでは，外部に出ている端子にしかランプやモータなどの外部機

図 2.21　小型の PLC（三菱電機（株）FX1N-60MR）とプログラミングコンソール（同 FX-20P）

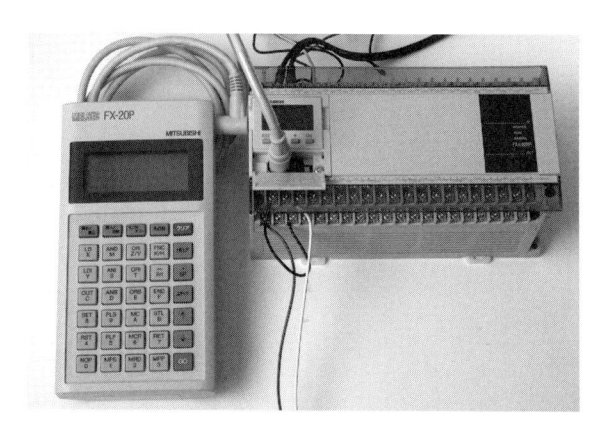

図 2.22　PLC に接続できるのは外部端子のみ

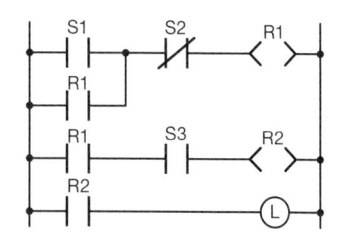

(a) 外部端子でない位置には外部ランプは付けられない　　(b) 一度外部出力リレーを駆動して接続する

器を接続できないので，図 2.22(a)のようにラダー図の中にランプを描いても配線できない．図 2.22(b)のように外部出力リレーの接点だけの独立な横線を描いて接続する．ラダー図の一番下の線は，実際にはプログラムするのではなく，本物の電線で配線することになる．

また，PLC の外部出力リレーの回路数は 1 つの番号のリレーにつき 1 回路で，しかも a 接点のみである．しかし，これですべての場合に対応できる．もし，外部で二ヵ所以上に同一番号のリレー接点を使いたい場合には，回路の数だけ複数の外部出力リレーを使い，それらのコイル駆動は同時にすればよい．そして b 接点を使いたい場合には，まず内部リレーを駆動し，その b 接点で外部リレーを駆動すればよい．

なお，PLC には，後の節で説明するタイマやカウンタの機能があり，そのスタートやカウント入力もリレーと同じように「コイル」として扱われる．

2.2.5　ラダー図による設計の実例

ここでは，シーケンス回路の例として，ドア開閉装置や早押しボタン検出装置を設計しよう．

(1) ドア開閉装置

図 2.23 のように，電動で開閉するドアに OPEN と CLOSE のスイッチが 1 つずつあるものを設計する．もちろん，スイッチを押している間だけモータが回るなどという原始的なものではなく，ちゃんとかしこいドアにしよう．OPEN のスイッ

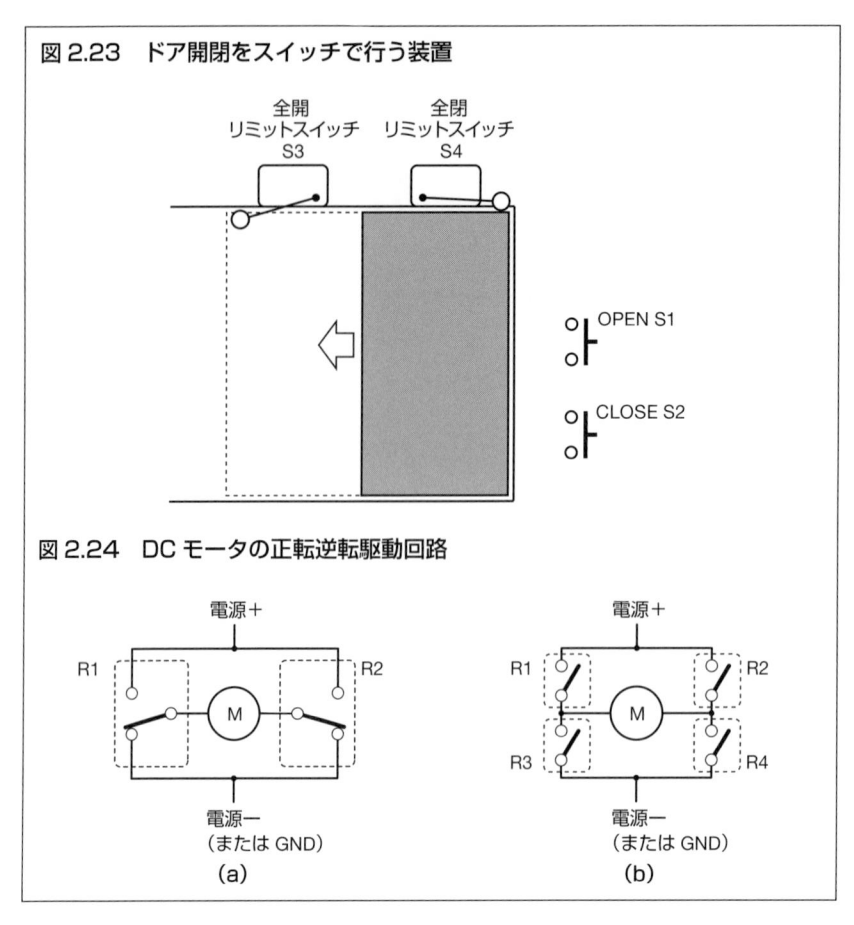

図 2.23　ドア開閉をスイッチで行う装置

図 2.24　DC モータの正転逆転駆動回路

チを 1 回押したら，その後スイッチから手を離してもドアは全開の位置まで開いて，そこで止まる．全開状態では OPEN のスイッチは効かない．同様に，CLOSE のスイッチを押してすぐ離しても，モータは回り続けて，全閉状態になって，そこで止まる．このようにするには，全開と全閉の状態を検知するセンサが必要である．ここでは図 2.23 のようにマイクロスイッチ（リミットスイッチ）（☞**図 7.6**）を付けることとする．

　スイッチを 1 回押したらモータが回り続ける，というのは**自己保持回路**で実現できる．リミットスイッチが押されたらモータを停止させる，というのは**インターロック回路**で実現すればよい．DC モータの場合，モータの電流を開リレー R1 と閉リレー R2 を使って**図 2.24(a)** のように切り替えれば，正転と逆転ができる[※1]．なお，AC モータでも正転させるリレーと逆転させるリレーを使う．三相の 3 本の線をストレートにモータに接続するリレーと，そのうち 2 つを逆にしてモータに接続するリレーである（☞図 4.9）．

　これらを総合すると，ドア開閉装置のラダー図は**図 2.25** のように設計できる．OPEN スイッチ S1 を押すと開リレー R1 が ON になって，自身の接点（S1 の下の R1）によって自己保持される．全開リミットスイッチ S3 の b 接点によってインターロックされると自己保持はなくなり，R1 は OFF になる．CLOSE の方も同様である．ここで，OPEN と CLOSE の両方のスイッチを押したらどうなるであろうか．リミットスイッチ S3 と S4 はどちらも入っていないとすると，R1 と R2 の両方が ON になり，モータは回らない[※2]．それでは，OPEN スイッチを押して離し，ド

※1　**図 2.24(b)** のような a 接点 4 つの回路でもモータを正転逆転させられるが，上側と下側のリレーが同時に入ったら電源の＋とーが直結になるので，一方しか入らないように設計する必要がある．

※2　図 2.24(a) の場合

図 2.25　ドア開閉のラダー図（スイッチを同時に押すと止まる）

図 2.26　ドア開閉のラダー図（スイッチ同時押しに対応）

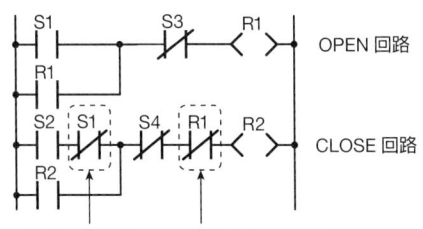

これらのインターロックにより OPEN 動作を優先する

図 2.27　早押しボタン検出装置のラダー図

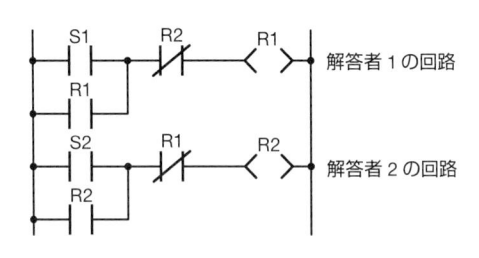

が開きつつある途中で CLOSE スイッチを押したらどうだろうか．同じように R1 と R2 の両方が ON になる．実はこの状態になってしまうとスイッチ操作をしても何も動作しなくなってしまう．これでは困る，つまりよい設計ではない[※3]．安全性を考えると，開くことと閉じることのうち，開く方を優先した方がよいと思われる．そこで，**図 2.26** のように CLOSE 側の回路に開リレー R1 および OPEN スイッチ S1 の b 接点を入れてインターロックする．開こうとするときは閉じる動作を禁止するのである．これで，両方のスイッチを押したときはドアが開くし，閉じている途中で OPEN スイッチを押したときは開く動作に変わるようになる．一方，開いている途中で CLOSE スイッチを押しても効かないようになる[※4]．

(2) 早押しボタン検出装置

クイズ番組で使うような，複数の解答者のうち一番早くボタンを押した人のところだけランプが点灯する装置を設計する．簡単にするために解答者は 2 名として，解答ボタンスイッチ S1 と S2 を用意する．それぞれのランプを点灯させるリレー R1 と R2 を用意する．解答スイッチは一瞬押せばランプが点灯し続けるように自

※3　ユーザーが操作を多少誤ったくらいですぐに「係員をお呼びください」となるのは恥ずべき設計である．

※4　図 2.26 の回路で CLOSE 回路に S1 の b 接点がないと，全開状態で S1 と S2 を押し続けると，S3 が ON/OFF しながらドアが小刻みに往復してしまう．

2.2　シーケンス制御の基礎

※1 この回路でS1とS2をまったく同時に押したときの動作については2.3.7項(1)および2.6.2項で説明する．

己保持回路を付ける．早く押した方が相手のランプの点灯を阻止するように相互に相手のリレーのb接点を挿入したインターロック回路とすればよい．そうすると，**図 2.27**のようなラダー図ができる[※1,※2]．なお，この回路はランプの点灯が自己保持されているので，解答が1問終わるごとに電源を切る必要がある．

(3) フライング防止機能付き早押しボタン検出装置

前例の早押しボタン検出装置は，電源を入れる前からボタンを押しておくと，電源を入れると同時にその人のランプが点灯してしまう．フライングしているようなものである．そこで審判が解答有効スイッチS3を押している間に解答者のスイッチS1やS2が押されたらランプを点灯させるようにしよう．解答有効スイッチよ

図2.28 フライング防止機能付き早押しボタン検出装置のラダー図（R3, R4は競技開始でON）

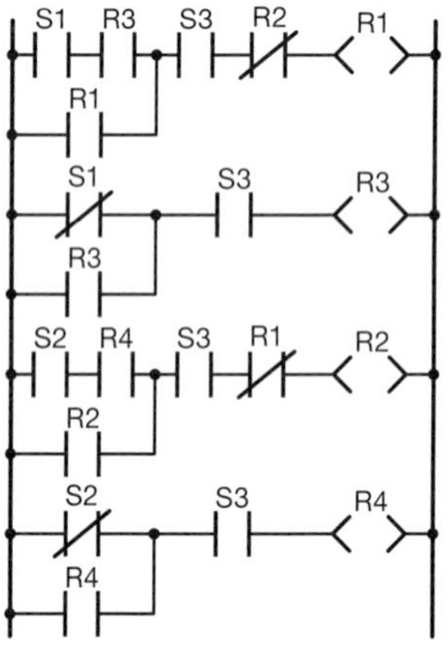

図2.29 フライング防止機能付き早押しボタン検出装置のラダー図（R3, R4はフライングでON）

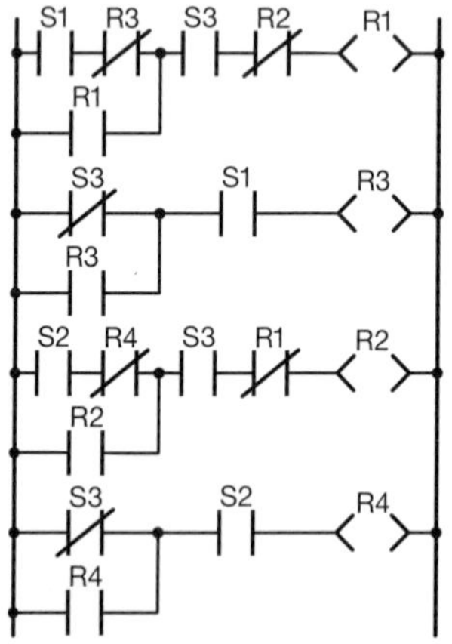

※2 ここで，リレー接点でなくスイッチ接点でインターロックをした場合は，1番目の（早押しに勝利した）解答者がスイッチから手を離し，2番目の解答者が後からスイッチを押したときに，2番目の解答者のランプも点灯してしまう．

り先に押していた解答者のスイッチは無効とし，再び押しなおせば有効とする．

どのように考えて設計すればよいかというと，審判が解答有効スイッチ S3 を押しているが解答者のスイッチ S1 が押されていない瞬間があるとリレー R3 が入り，それによって解答者のスイッチ S1 が有効になるようにすればよい．また，審判の解答有効スイッチ S3 は，押している間が解答有効で，離すと全体がリセットされ，次の問題に移れるようにしよう（(2) は 1 問限りの回路であった）．S1 と同様に S2 に対しても，有効であることを示すリレーとして R4 を用意する．全体のラダー図は図 2.28 のようになる[※3]．解答者はフライングをしてしまっても，スイッチを一度離せば有効の状態になるので，他の解答者より早く押しなおせばランプが点灯する．

※3 この回路は接点節約術（☞ 77 ページ）によって，S1，S2 の a 接点と b 接点を c 接点 1 つにし，さらに S3 の接点を一ヵ所にまとめることができる．

頭を慣らすために，もう 1 つ別の案を紹介しよう．今度は新たに用意するリレー R3 と R4 の役割を，フライング状態を表すものにする．スイッチ S1 は R3 が入っていないときに有効になるように R3 の b 接点を直列に入れる．スイッチ S2 も同様に R4 の b 接点を直列に入れる．フライングになるのは審判のスイッチ S3 が OFF で解答者のスイッチが入ったときであるから，この条件で R3 や R4 を ON にして，その後で審判が S3 を押しても，解答者が S1，S2 を一度 OFF にしないかぎり自己保持するようにする．ラダー図は図 2.29 のようにすればよい．

このくらいの回路になると，設計は「ひらめき」がないとできないと思えるだろう．そのために，次節からは，ひらめきに頼らない確実な設計手法を解説していく．

2.3 状態遷移表を使ったシーケンス回路設計

ここからいよいよ本格的

シーケンス回路の設計は，プログラミングのようなものだから，きちんと論理を決めてから回路を描けばよい．いきなりラダー図を描きながら設計したのでは考えに抜けているところができやすい．ここでは設計の第一段階として，まず状態遷移の規則を設計して，それをラダー図にする方法を説明する．

セット・リセット回路（☞ 2.2.2 項(3)）では，セットスイッチを押すとリレーが ON になり，リセットスイッチを押すと OFF になる．このとき，両方押したらどうなるかについても，抜け落ちのないように考えること，つまり設計しておくことが必要である．

2.2.5 項(1)に示したドア開閉装置をもう一度考えよう．図 2.25 のラダー図のように，OPEN や CLOSE のスイッチを押して，それが自己保持されて，全開や全閉のリミットスイッチでインターロックされる．ここまでは考えやすいだろう．ところが，開く途中で CLOSE スイッチを押したり，OPEN と CLOSE のスイッチを両方押したりという，どちらかといえば普通でない場合にどうなるか，つまり開くか，閉じるか，止まるかをきちんと決めておく必要がある．それを書き表すのが状態遷移表である．

図 2.30 セット・リセット回路のラダー図

2.3.1 状態の書き出しと状態変化を起こす条件の整理

図 2.30 のような，スイッチ S1 を押すとランプが点灯し，スイッチ S2 を押すと消灯する回路はすでにセット・リセット回路として示したが，ここでは状態遷移の考え方で説明しよう．この装置が，今どうなっているかという「状態」は，ランプ

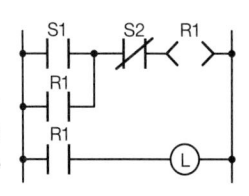

※1 実は，装置によっては外から見えない内部状態があったりするのだが，ここでは外から見えるランプの状態だけでよい．

※2 この例では，状態を変えるきっかけとなるのは，スイッチのONのみであってOFFにすることは状態を変化させていない．

が「点灯している」と「消灯している」の2つである[※1]．次に，この装置の状態を変えるきっかけ（「条件」と呼ぶことにする）となり得るのは何であろうか．もちろん，スイッチS1とS2のON/OFFである[※2]．

2.3.2　状態遷移マップと状態遷移表

　状態と条件を使って次のように**状態遷移マップ**を描きながら動作を考えよう．**図2.31**のようにランプが「消灯中」「点灯中」の2つの状態のマルを描き，「S1がON」になると「消灯中」から「点灯中」へ，逆に「S2がON」になると「点灯中」から「消灯中」に移動（遷移）する線を描く．ところがこれですべてではない．「消灯中」状態で「S2がON」のときは消灯のまま変わらず，同様に「点灯中」状態で「S1がON」では点灯のまま遷移しない．これらは元に戻る線として描く．さらに，S1とS2を両方押したときの動作も必要である．また，S1，S2ともに押していないときの動作は，状態遷移しないのが当然と思うかもしれないが，これもきちんと決めておく．状態遷移マップは**図2.32**のように少し込み入ってくる．

　そこで，頭に浮かんでくるのは，条件はS1とS2がそれぞれON（1とする）と

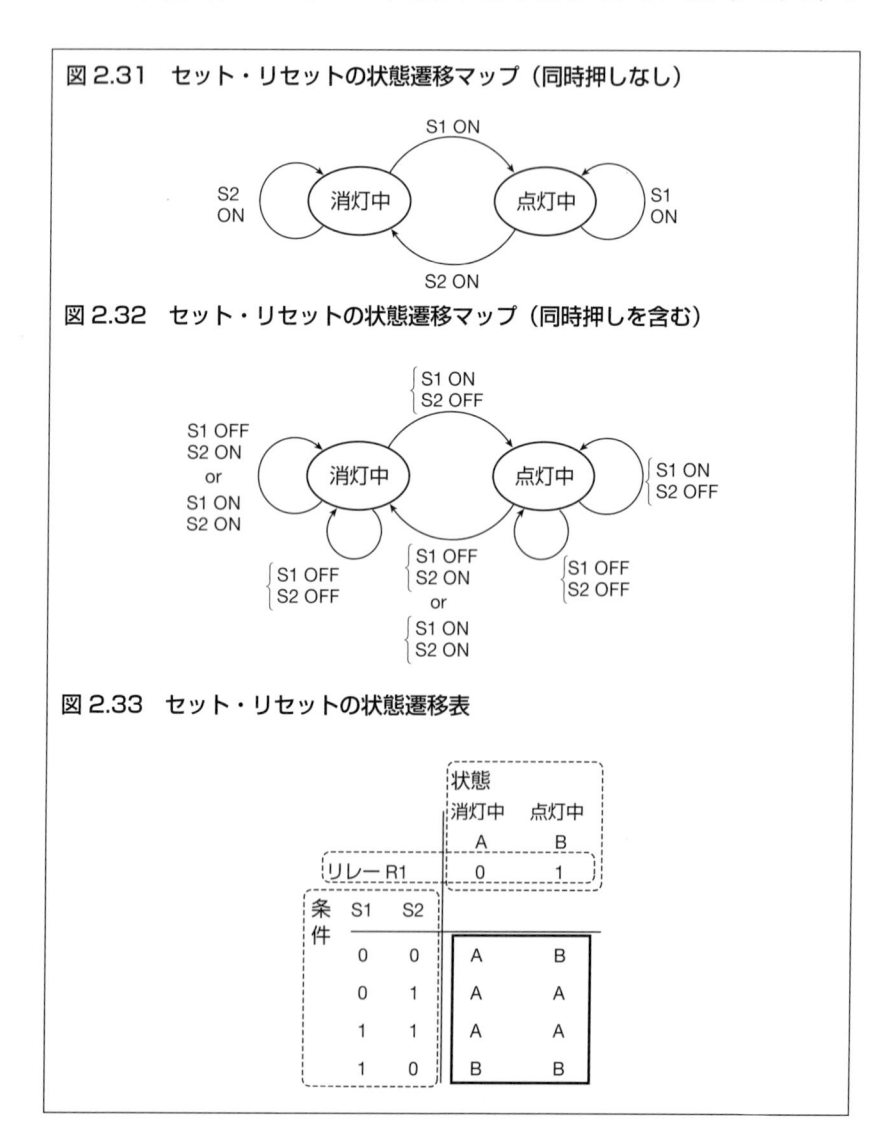

図2.31　セット・リセットの状態遷移マップ（同時押しなし）

図2.32　セット・リセットの状態遷移マップ（同時押しを含む）

図2.33　セット・リセットの状態遷移表

		状態	
		消灯中	点灯中
		A	B
リレー R1		0	1
条件 S1 S2			
0 0		A	B
0 1		A	A
1 1		A	A
1 0		B	B

OFF（0とする）で，その組み合わせは4種類になるということである．点灯中（Aとする）と消灯中（Bとする）の2つの状態について，これら4種類の条件のときに，どの状態に遷移するかを表にまとめたものが**図2.33**である．これを**状態遷移表**と呼ぼう．例えば，太枠内の左下の部分（セルと呼ぶことにする）にBとあるのは，「消灯中（A）の状態でS1がON，S2がOFFなら点灯中（B）に遷移する」という意味である．

この状態遷移表の各セルにAとBを入れることが，この装置の動作を設計することになる．この表では，スイッチを両方押したときは消灯（A）としている．ここをAにするかBにするかは設計次第であり，2.2.2項でもセット優先とリセット優先の使い方を示した．

また，この表には後で用いるために，各状態について，リレーR1がON（1とする）かOFF（0とする）かを書き入れておく．なお，後で説明する実例に出てくるが，動作リレーが2つならば状態は最大4つ，リレーが3つならば状態は最大8になる．最大といっているのは，使わない組み合わせがあってもよいからで，リレーが3つで状態（使うもの）は5つでもよい．

なお，状態遷移表がどうもわかりにくいと思うときは，だいたい次のことを誤解している．各列の上に示した「状態」は一瞬過去のことで，各行の左に示した「条件」が新たに起こった最新のことだと考えるのが正しい．例えば，図2.33の太枠内左下のセルについて，ランプが点灯していないのだからスイッチS1は押されているわけがない，などと考えてはいけない．ランプが点灯していなかったところへ新たにスイッチS1を押したのである．

2.3.3 グレイコード表記

図2.33の表の条件4つは，2進数の順番の00，01，10，11となっていない．3番目と4番目が入れ替わっている．この表の順番は**グレイコード**と呼ばれ，上下の隣接するものの差が1ビットだけになっている．上から下にたどっていくと，一度に2つの数字（0と1なのでビット）が変わるところはない．さらに一番下から一番上へ移動しても1ビット（この場合はS1）のみが変化する．つまり，**図2.34**のようにループになっている．このグレイコードの利点は次項で説明する．3ビットや4ビットのグレイコードは**図2.35**のようになる．つくり方は，最下位ビット（一番右の列）は上から下に向かって0110の繰り返し，2ビット目（右から2列目）はこれを2回ずつに引き延ばして00111100，3ビット目はさらに2倍の0000111111110000とすればよい．

なお，状態が3つ以上のときは，縦方向だけでなく横方向についても，リレーのON/OFF（0と1）がグレイコードになるように状態を示す列を並べるとよい．これは後の実例で説明する．

2.3.4 論理式にまとめる

状態遷移表のセルは，リレーやスイッチの組み合わせで特定できる．状態に対応するリレーと条件を規定するスイッチを合わせて**変数**と呼ぶことにする．例えば，図2.33の太枠内左下のセル（中身はB）は，各変数の条件として，(R1 = 0) かつ (S1 = 1) かつ (S2 = 0) といえば，このセルだけが該当する．これを簡易表記にして，「$\overline{R1} \cdot S1 \cdot \overline{S2}$」とする．文字の上の線（バー）は負論理（OFFのとき成立）を表し，

図2.34 2ビットグレイコードのループ

```
00
01
11
10
```
```
0 1 1 0
0 0 1 1
```

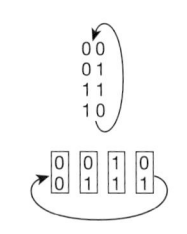

図2.35 3ビットおよび4ビットのグレイコード

```
000   0000
001   0001
011   0011
010   0010
110   0110
111   0111
101   0101
100   0100
      1100
      1101
      1111
      1110
      1010
      1011
      1001
      1000
```

アールワンバー，エスツーバーのように読む．点「・」はAND（かつ）を表す．

図2.33の表の中でリレーR1が1（ON）になるのは状態Bのときなので，太枠内の8つのセルのうち，Bが入っているところが，リレーがONになるべきところである．1セルずつ見ていくと，右上がR1・$\overline{S1}$・$\overline{S2}$，右下がR1・S1・$\overline{S2}$，左下は前述のように$\overline{R1}$・S1・$\overline{S2}$である．これらのどの場合にもR1が1になるべきだから，

$$R1 = R1 \cdot \overline{S1} \cdot \overline{S2} + R1 \cdot S1 \cdot \overline{S2} + \overline{R1} \cdot S1 \cdot \overline{S2} \quad \cdots (1)$$

という論理式で表す．＋はOR（または）を表す．「・」演算は「＋」演算よりも先にやるルールとする．この論理式にちょっと細工をして，2項目のR1・S1・$\overline{S2}$を2回加えるようにする．OR演算だから結果は変わらない．そうすると，うまくまとめることができて，

$$R1 = R1 \cdot \overline{S1} \cdot \overline{S2} + R1 \cdot S1 \cdot \overline{S2} + R1 \cdot S1 \cdot \overline{S2} + \overline{R1} \cdot S1 \cdot \overline{S2}$$
$$= R1 \cdot (\overline{S1} + S1) \cdot \overline{S2} + (R1 + \overline{R1}) \cdot S1 \cdot \overline{S2}$$
$$= R1 \cdot \overline{S2} + S1 \cdot \overline{S2} = (R1 + S1) \cdot \overline{S2} \quad \cdots (2)$$

となる※1．この論理式(2)の最後の部分によると，リレーR1をONにするべきなのは，（R1 = 1またはS1 = 1）かつS2 = 0のときであるといえる．

このような論理式のまとめを，「ちょっと細工をして」ではなく，**図2.36**のように状態遷移表（表自体は図2.33と同じ）から読み取ることができる．太枠内のBが入ったセルを隣り合った横2つ，あるいは縦2つの組にしてとらえる．1つは実線の囲み，もう1つ破線の囲みの組が見い出せる．破線内の2つはなぜ隣り合った上下組なのか．それはこの表がグレイコードの順になっており，一番下と一番上は隣り合っていて，図2.34のようなループになっているからである．さて，実線囲みの部分はS1・$\overline{S2}$と表すことができる．R1が0のセルと1のセルを両方含んでいるから，R1は0でも1でもよく，論理式に出てこない．一方，破線囲みの部分はR1・$\overline{S2}$と表せる．S1は0でも1でもよい．2つの囲みのどちらかに入っていればリレーをON（R1=1）にするべきなので，この2つをまとめると（＋でつなぐ），論理式は以下のようになる．

$$R1 = R1 \cdot \overline{S2} + S1 \cdot \overline{S2} = (R1 + S1) \cdot \overline{S2} \quad \cdots (3)$$

状態遷移表の1つのセルを特定するには，すべての変数を指定しなければならないが，隣り合ったセルを2つまとめると1つ少ない変数指定で表せる．実はもっと大きな表の場合，横4つ，縦4つ，あるいは田の字型に4つをまとめると2つ少ない変数指定でよい．8つまとめて変数指定を3つ減らせることもある※2．横4列以上の表では，最右列と最左列とが隣同士で図2.34（下）のようなループになってい

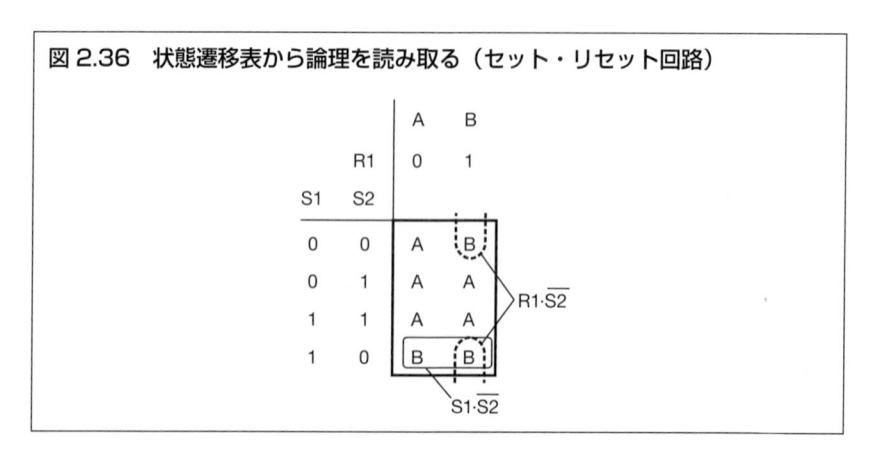

※1 $\overline{S1}$ + S1 は「すべての場合」の意味になるので条件から除いてよい．R1 + $\overline{R1}$ も同様．

図2.36 状態遷移表から論理を読み取る（セット・リセット回路）

		A	B
	R1	0	1
S1	S2		
0	0	A	B
0	1	A	A
1	1	A	A
1	0	B	B

R1・$\overline{S2}$

S1・$\overline{S2}$

る（リレーの0と1をグレイコードで並べれば）ことも忘れてはならない．また，隣り合って連続していなくても，上下対称の位置にある2つは，1ビットだけの違いであり，これも1つにまとめてよい[※3]．このような実例は2.3.7項(2)で紹介する．

このように，状態遷移表の中のリレーがONになるべき部分をできるだけ大きな，2のべき乗（2，4，8，16…）個のセルが含まれる枠で囲うのが，短い論理式を導くコツである．

2.3.5 ラダー図の完成

論理式ができれば，実はラダー図はできたも同然である．論理式(3)から**図2.37**のラダー図がつくられる．論理の+（OR）は回路の並列，論理の・（AND）は回路の直列に相当する．上にバーの付いた負論理はb接点となる．この例では，R1のa接点とS1のa接点を並列にしたものに，S2のb接点を直列につないだ線の先にR1のコイルをつなげばよい．

図2.37 論理からラダー図をつくる（セット・リセット回路）

できたラダー図（図2.37）と設計するときに書いた状態遷移表（図2.36）を照合してみると，これまでの手順がよくわかる．ラダー図で，R1の接点でコイル電流をONに保つ自己保持回路になっているのは，状態遷移表で太枠内右上がBになっていて，これを含んだ破線囲みの論理がR1・$\overline{S2}$というように，R1を含んでいたからである．また，S2のb接点でインターロック回路になっているのは，状態遷移表でBのあるところが，S2が0の部分ばかりだったからである．

2.3.6 状態遷移表による回路設計の練習

練習として，セット優先型のセット・リセット回路（ラダー図は図2.11(b)，使い方の例は図2.8(b)）の設計をしてみよう．前項までのリセット優先型との違いは，

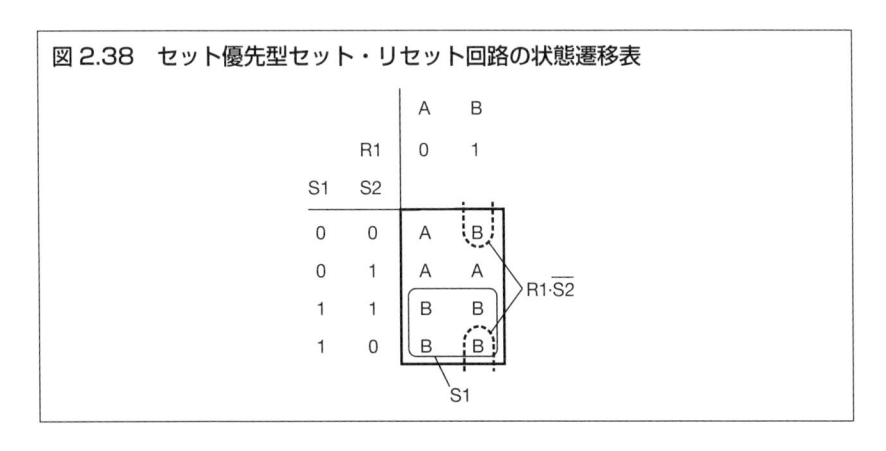

図2.38 セット優先型セット・リセット回路の状態遷移表

		A	B
	R1	0	1
S1	S2		
0	0	A	B
0	1	A	A
1	1	B	B
1	0	B	B

※2 状態遷移表の中で囲みをつくってよいのは，1，2，4，8などの2のべき乗の個数のセルだけである．3セルとか6セルではつくらないようにする．3セル並んでいるところは2セル囲みを2つで対応する．それらは，その後の手順である論理式を整理するときにまとめられる．このようにすると，表の中の囲みでまとめるのはANDだけを使って表現できるセル群であり，その後の論理式の整理においてORを使ってさらにまとめていく手順になる．

※3 現在の場所から1ビットだけが変化した隣のような場所は，どのビットを変化させるかを選べるから，ビットの数だけある．すなわち，2ビットのときは二ヵ所，3ビットのときは三ヵ所ある．3ビットでは，一番端の行に対して，中央より1つその行寄りの行も1ビット違いである．例えば，図2.35左の1行目の000と4行目の010は1ビット違いである．ただし，このような行は，まとめて囲まなくても問題ない．後の論理式の整理の段階で統合できる．その場合は，S1+$\overline{S1}$・S2のようなものは，後半の$\overline{S1}$を消して，S1+S2とできることを使う．例えば，「日曜日，および日曜でない祝日」というのは，「日曜日，および祝日」と等しい．

スイッチを両方押したときにリレーがONになることである．

状態がランプの「消灯中（A）」と「点灯中（B）」で，そのときリレーR1はOFF（0）とON（1）である．条件はセットスイッチS1とリセットスイッチS2のON/OFFである．状態遷移表は図2.38のようになる．ここからリレーがON（1）になる論理（状態B）を読み取るには，実線で囲った部分がS1（4セルをまとめているので1文字のみ），破線囲みの部分がR1・$\overline{S2}$であり，これらを+（OR）でつないで，

$$R1 = S1 + R1 \cdot \overline{S2} \qquad \cdots (4)$$

となる．この論理式（4）からラダー図をつくると図2.39のようになる．論理式は・（AND）演算が優先であるから，S1のa接点と並列に（R1のa接点とS2のb接点を直列にしたもの）をつなげてR1のコイルを駆動することになる．

図2.39 状態遷移表で設計したセット優先型セット・リセット回路のラダー図

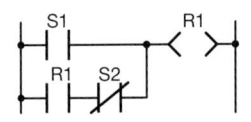

2.3.7 状態遷移表による回路設計の実例

(1) 早押しボタン検出装置（審判機能なし）

2つの押しボタンスイッチとそれぞれに対応するランプがあって，どちらか早く押した方だけランプが点灯する回路を設計しよう．早く押した方のランプは，スイッチを離しても点灯し続けるようにする．これは2.2.5項(2)と同じである．スイッチをS1，S2，ランプをL1，L2とする．ランプはそれぞれリレーR1，R2の接点を通じて電源につなげる．

この装置の状態は，ランプの点灯の仕方で分類し，両方消灯(A)，L1のみ点灯(B)，両方点灯(C)，L2のみ点灯(D)とする．両方点灯させるつもりはないが，状態の1つとして入れておく．状態遷移表にはランプの点灯の仕方と同等の，リレーR1とR2のON/OFFで記入することにする．リレーのON/OFF（1と0）がグレイコードになるように4つの状態を並べる．

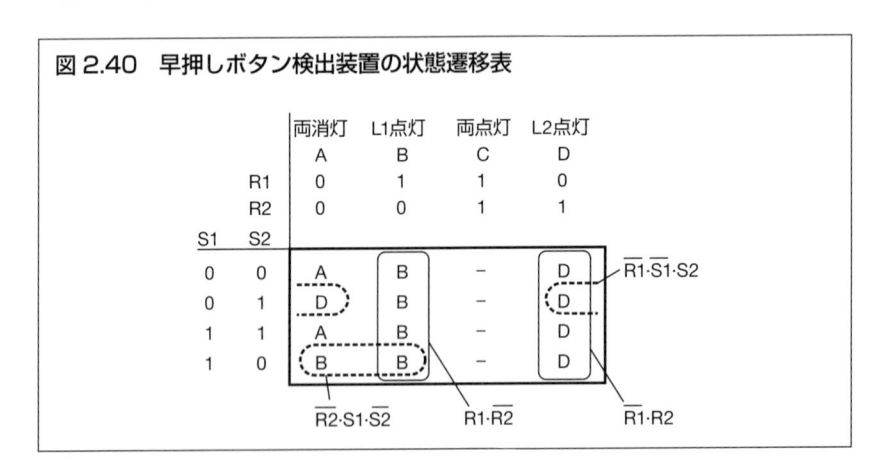

条件は，スイッチS1とS2のON/OFF（1と0）で4通りである．これもグレイコードになるように並べて状態遷移表をつくると図2.40のようになる．太枠内のABCDの配置の仕方が動作の設計となる．例えば，両消灯(A)で，スイッチが両方0のときはそのままA，S2だけが入ったらL2を点灯させるDとする．さて，ここで困るのは，Aでスイッチが両方入ったときである．まったく同時ということはあ

図2.40 早押しボタン検出装置の状態遷移表

		両消灯	L1点灯	両点灯	L2点灯	
		A	B	C	D	
	R1	0	1	1	0	
	R2	0	0	1	1	
S1	S2					
0	0	A	B	−	D	$\overline{R1}\cdot\overline{S1}\cdot S2$
0	1	D	B	−	D	
1	1	A	B	−	D	
1	0	B	B	−	D	
		$\overline{R2}\cdot S1\cdot\overline{S2}$	$R1\cdot\overline{R2}$		$R1\cdot R2$	

※1 状態Cを使わないためには，どこか別の状態から状態Cに遷移しないように，すなわち，他のすべてのセルの中に状態Cがないようにする．他のセルで実際に行くことがあるところに何でもよい（−）を入れると，状態Cになってしまうかもしれないので，「−」は使わない．また，最初（通常は電源投入直後にリレーがすべてOFF）の状態も状態Cではないようにする．

図 2.41 状態遷移表で設計した早押しボタン検出装置のラダー図

りえないともいえるが，PLC の場合には 1 サイクル（プログラムによるスキャンが一巡する）の間に両方押されることもあり得るので，ここは勝負なしの A にしておこう．このようにして ABCD を入れて設計を行う．C の列は使わないつもり[※1]なので，「何でもよい」の意味で「－」を入れておく．

図 2.40 で R1 が 1 になる所，すなわち B は五ヵ所ある．これらは実線と破線の囲みですべてをカバーすることができる．破線囲みは $\overline{R2} \cdot S1 \cdot \overline{S2}$，実線囲みは $R1 \cdot \overline{R2}$ と表せる．この 2 つを合わせた（OR でつないだ）のが，R1 が 1 になるときで，

$$R1 = \overline{R2} \cdot S1 \cdot \overline{S2} + R1 \cdot \overline{R2} = (S1 \cdot \overline{S2} + R1) \cdot \overline{R2} \quad \cdots (5)$$

となる．同じようにして，R2 が 1 になる D のセルをカバーするには，図 2.40 の破線囲みが $\overline{R1} \cdot \overline{S1} \cdot S2$，実線囲みが $\overline{R1} \cdot R2$ であるから，

$$R2 = \overline{R1} \cdot \overline{S1} \cdot S2 + \overline{R1} \cdot R2 = (S2 \cdot \overline{S1} + R2) \cdot \overline{R1} \quad \cdots (6)$$

となる．この例では，2 人の解答者に対して対称形で，論理式(5)と論理式(6)は 1 と 2 を入れ替えたものになっている．この 2 つの式から，論理の・(AND)は直列，論理の＋(OR)は並列としてラダー図を作成すると**図 2.41** のようになる．これは同じ問題であった 2.2.5 項(2)の図 2.27 と少し違う．なぜかといえば，今回は S1 と S2 をまったく同時に押したときにどちらのランプも点灯しないように設計したからである．（練習として，同時押しでは両方点灯するという設計の場合についてやってみるとよい．破線囲みが上下 2 行に拡張できる[※2]．）

[※2] 実は図 2.40 の実線囲みは「－」印を含んだ縦 2 列にすることができる．このことについては，次に(2)で説明する．

(2) スイッチ 1 組のドア開閉装置

図 2.42 のようにモータで開閉するドアに OPEN と CLOSE の操作スイッチが 1 つずつあり，全開と全閉の状態を検知するセンサ（リミットスイッチ）が付いている．これは 2.2.5 項(1)と同じである．モータを開く方向に駆動するリレー R1 と閉じる方向に駆動するリレー R2 を使う．

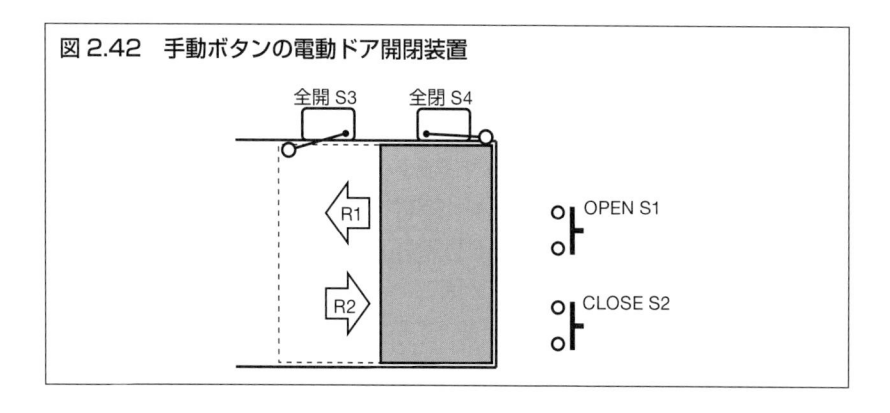

図 2.42 手動ボタンの電動ドア開閉装置

図2.43 手動ボタンの電動ドアの状態遷移表

				停止 A	開中 B	未使用 C	閉中 D
		開く R1		0	1	1	0
		閉じる R2		0	0	1	1
全開 S3	全閉 S4	開 S1	閉 S2				
0	0	0	0	A	B	−	D
0	0	0	1	D	B	−	D
0	0	1	1	B	B	−	B
0	0	1	0	B	B	−	B
0	1	1	0	B	B	−	B
0	1	1	1	B	B	−	B
0	1	0	1	A	B	−	A
0	1	0	0	A	B	−	A
1	1	0	0	−	−	−	−
1	1	0	1	−	−	−	−
1	1	1	1	−	−	−	−
1	1	1	0	−	−	−	−
1	0	1	0	A	A	−	A
1	0	1	1	A	A	−	A
1	0	0	1	D	A	−	D
1	0	0	0	A	A	−	D

状態として、リレー R1 と R2 の ON/OFF で 4 通りとする。ただし、両方のリレーが ON になることはないようにする。条件はスイッチ S1, S2, S3, S4 の ON/OFF で 16 通りある。状態遷移表をつくると**図 2.43** のようになる。この図のように、操作スイッチを下位ビット (0 と 1 が頻繁に変化する側)、センサを上位ビット (0 と 1 がしばらく連続する側) にすると考えやすい。S3 と S4 が同時に入ることはないので、太枠内の上から 3 段目の各セルは「何でもよい」という意味の「−」印としておく。また、R1 と R2 が両方とも 1 になる状態 C の列は必要ないので、同様に「−」印を入れる。残りのセルに ABD を入れることが動作の設計である。例えば、太枠内の一番左の列の下から 2 番目のセルは、全開のセンサが入ってモータが停止していて CLOSE のスイッチを押した場合であるので、モータを閉じる方に回す状態 D とする。また、2.2.5 項(2) と同じように、スイッチを両方押したときはドアが開くことにする。

この図 2.43 の表で、リレー R1 が 1 になる状態 B のセルをすべて含むように囲むと、ⓐとⓑのようになる。ⓑの範囲を示す論理は $\overline{S3} \cdot S1$ である。1 つのセルだけを指定する場合には R1, R2, S1, S2, S3, S4 をすべて指定しなければならないが、16 個のセルを囲っているので文字数が 4 つ減っている。一方、ⓐに含まれる「−」印は「何でもよい」だから B でもよく、これを入れた方が大きな範囲で囲うことができる。論理は $R1 \cdot \overline{S3}$ である。この 2 つを + (OR) でつなぐと、以下のようになる。

図 2.44 手動ボタンの電動ドアのラダー図

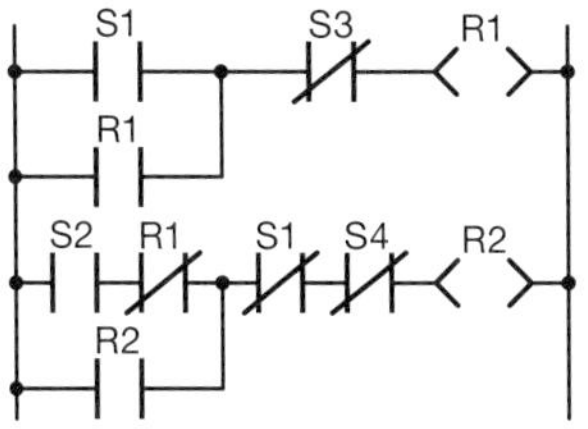

$$R1 = \overline{S3} \cdot S1 + R1 \cdot \overline{S3} = (S1+R1) \cdot \overline{S3} \quad \cdots (7)$$

次に，リレー R2 が 1 になる状態 D のセルは，図 2.43 のⓒとⓓのように囲むことができる．ⓒは，この表の上端と下端がループになっているため隣同士であることを利用し，ⓓは表の右端と左端がループになっていることを利用するとともに，上下対称の位置にあるものは同じ枠で囲んでよいことを利用している．また，ⓒは「－」印のセルを取り込むことで大きくとっている．ⓒの範囲を示す論理は $R2 \cdot \overline{S4} \cdot \overline{S1}$，ⓓの範囲を示す論理は $\overline{R1} \cdot \overline{S4} \cdot \overline{S1} \cdot S2$ である[※1]．この 2 つを +(OR) でつなぐと，以下のようになる．

$$R2 = R2 \cdot \overline{S4} \cdot \overline{S1} + \overline{R1} \cdot \overline{S4} \cdot \overline{S1} \cdot S2 = (S2 \cdot \overline{R1} + R2) \cdot \overline{S1} \cdot \overline{S4} \quad \cdots (8)$$

論理式(7)と(8)からラダー図をつくると**図 2.44**のようになる．先の 2.2.5 項(1) と少し違う．実は，図 2.26 は，スイッチを両方押したときに R1 が ON になってから R2 が切れるので，一瞬だけ両方 ON になる．ここでつくった状態遷移表は R1 と R2 が両方 ON にはならないように設計したので，できあがったラダー図が違うのである．R1 と R2 が c 接点を持つリレーで図 2.24(a)のような回路にしていれば，両方 ON では単にモータが停止するだけだが，PLC の出力リレーの 4 つの a 接点でモータの正転逆転を行う図 2.24(b)の回路では，電源側と GND 側の両方が ON になってはいけないので，図 2.44 のラダー図にしなければならない．なお，実際の電動ドアは AC モータを使用している．その駆動方法については 4.2 節を参照のこと．

※1 論理読み取りのコツは，0 も 1 も入っている状態や条件を除いて，0 しかないものが負論理（￣付き），1 しかないものが正論理である．

(3) フライング防止機能付き早押しボタン検出装置

(1)で説明した早押しボタン検出装置に審判が操作する解答有効スイッチを加えて，解答有効スイッチより先に解答者が押してしまったスイッチは無効とするフライング防止機能の付いた回路を設計しよう．これは 2.2.5 項(3)と同じである．ここでは，まず，解答者 1 名分について状態遷移表をつくってみる．審判の解答有効スイッチが押されて解答者のスイッチ操作が有効である状態で ON になるリレー R3 (2.2.5 項(3)と番号を合わせておく)，有効期間中に解答者がスイッチを押した（ヒットした）ときに ON になるリレー R1 を用いる．状態の種類は R1 と R3 の ON/OFF で 4 通りあるが，有効でないのにヒットすることはないので，実際には 3 種類になる．状態遷移表は**図 2.45(a)**のようにつくられる．条件は S1 と S3 の ON/OFF で 4 通りである．ヒットリレー R1 が 1 になるのは状態 C のとき（状態 B は使用しないため）で，太枠内の C の部分を囲むと，ⓐとⓑのようになる．ⓐの範囲を示す論理は $R3 \cdot \overline{S3} \cdot S1$，ⓑの範囲を示す論理は $R1 \cdot \overline{S3}$ である．合わせて，

$$R1 \,(=\text{状態 C}) = R3 \cdot \overline{S3} \cdot S1 + R1 \cdot \overline{S3} = (S1 \cdot R3 + R1) \cdot \overline{S3} \quad \cdots (9)$$

図 2.45　フライング防止機能付き早押しボタン検出装置の状態遷移表（一人分）

（a）

		開始前 A	未使用 B	L1点灯 C	開始 D
ヒット R1		0	1	1	0
開始 R3		0	0	1	1
S3	S1				
0	0	A	−	A	A
0	1	A	−	A	A
1	1	A	−	C	C
1	0	D	−	C	D

（b）

		開始前 A	未使用 B	L1点灯 C	開始 D
ヒット R1		0	1	1	0
開始 R3		0	0	1	1
S3	S1				
0	0	A	−	A	A
0	1	A	−	A	A
1	1	A	−	C	C
1	0	D	−	C	D

図 2.46　フライング防止機能付き早押しボタン検出装置のラダー図（一人分）

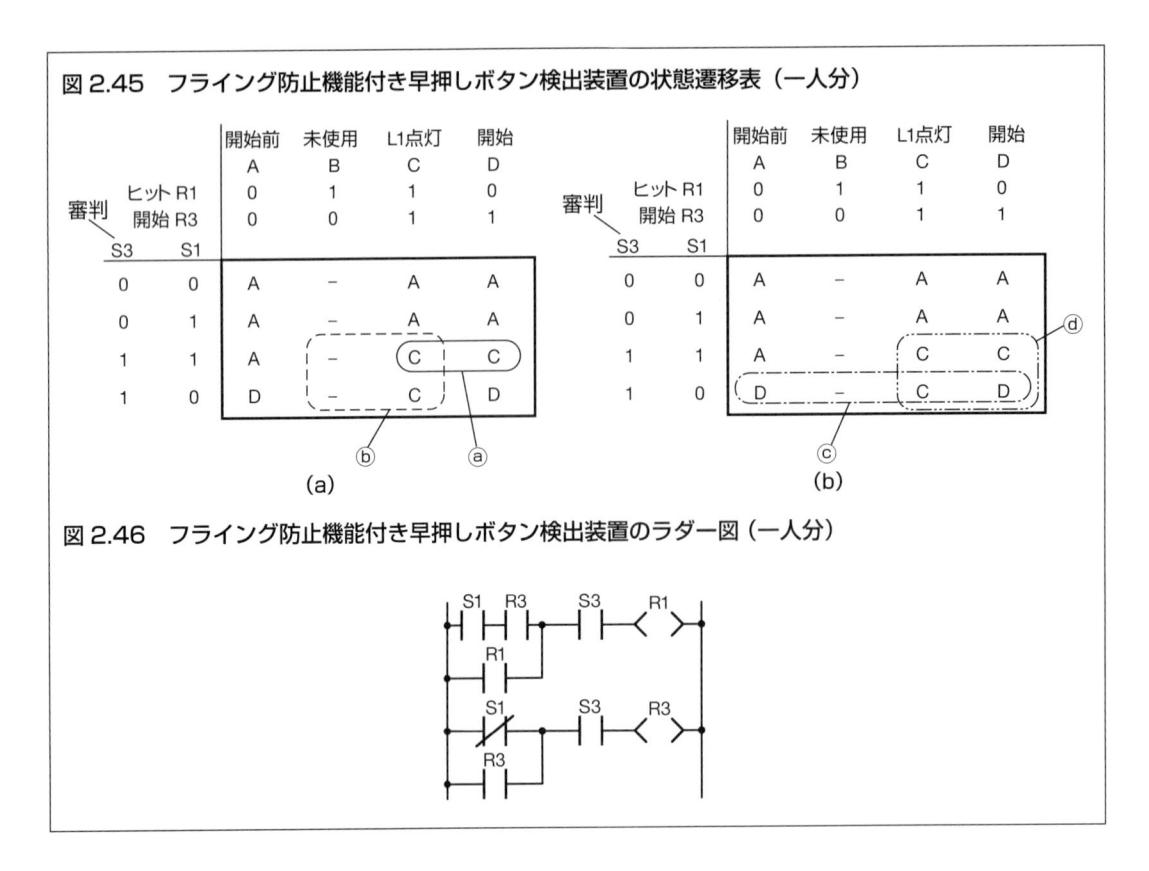

となる．一方，リレー R3 が 1 になるのは状態 C と D の両方であるから，太枠内の C と D の両方をすべて含むような囲み方を見つける．このとき，同じ囲みに C と D が混在していてかまわない．すると，**図 2.45(b)** のⓒとⓓの囲み方ができる．ⓒの範囲を示す論理は S3・$\overline{S1}$，ⓓの範囲を示す論理は R3・S3 である．合わせて，

$$R3\ (= 状態\,C + 状態\,D) = S3 \cdot \overline{S1} + R3 \cdot S3 = (\overline{S1} + R3) \cdot S3 \quad \cdots (10)$$

となる．論理式(9)と(10)からラダー図は **図 2.46** のようになる．

次に，これを 2 人分に拡張しよう．それぞれのスイッチ操作が有効になるのは相手側が有効でない場合に限るということで，R1 や R2 のコイルの前に相手方のリレーの b 接点を入れると図 2.28 になる．このように規模の小さい回路の設計をしておいて，その後で全体の論理をつくることもよい方法である．

(4)　オルタネート回路

スイッチが 1 つだけで，1 回押すとランプが点灯し，もう 1 回押すと消灯するという，**オルタネート回路**と呼ばれるものを設計しよう．これは，DVD ドライブのトレイの出し入れなどにも使われ，OPEN と CLOSE のスイッチが 1 つで兼用になっている．セット・リセット回路の 2 つのスイッチが 1 つにまとまったようなものである．この回路はスイッチの数が節約できるほか，セット・リセット回路で考慮しなければいけなかったスイッチ同時押しを考える必要がないという利点もある．

この回路で難しいのは状態の設定である．ランプが ON と OFF の 2 つの状態ではいけない．もし 2 つの状態で状態遷移表をつくろうとすると **図 2.47** のようになるが，これではスイッチを押すと，状態 A と B を行き来してしまって停留することがない．このような状態遷移の設定は禁止であることを後の 2.3.8 項(1)で説明す

図 2.47　オルタネート回路は 2 つ状態では矛盾が生じる

	点灯 A	消灯 B
R1	0	1
S1		
0	A	B
1	B	A

る．この状態遷移表から論理を読み取ると，

$$R1（＝状態B） = R1 \cdot \overline{S1} + \overline{R1} \cdot S1 \quad \cdots (11)$$

となる．これでラダー図をつくると**図 2.48** になり，スイッチ S1 を ON にしているときの回路，すなわち 1 行目のみの回路は，リレーのコイル電流を自身の b 接点で電源につなぐことと同じであり（☞ **74 ページ, コラム「自己矛盾のある回路」**），発振してしまう．このことから，オルタネート回路はリレー 1 つではつくれないということがわかる．

図 2.48 オルタネート回路をリレー 1 個でつくろうとすると発振する

リレーを 2 つ使い，4 つの状態の状態遷移マップを考えよう．**図 2.49** のようにスイッチを押したときと離したときの両方で状態遷移が起こるようにする．スイッチを押した瞬間に点灯したり消灯したりして，離すと次の状態へ遷移する準備の状態にする．これを状態遷移表にすると，**図 2.50** のようになり，リレー R1 が 1 になるのは状態 B と C，R2 が 1 になるのは状態 C と D で，それらを囲むと，

$$R1（＝状態B＋状態C） = \overline{R2} \cdot S1 + R1 \cdot \overline{S1} \quad \cdots (12)$$
$$R2（＝状態C＋状態D） = R1 \cdot \overline{S1} + R2 \cdot S1 \quad \cdots (13)$$

となる．これよりラダー図をつくると**図 2.51** になる．

これで無事，オルタネート回路ができたかというと，実は落とし穴がある．実際，この回路をつくると，だいたいの場合はうまく動作する．しかし，スイッチを非常

図 2.49　4 つの状態のオルタネート機能（状態 B と C が点灯）

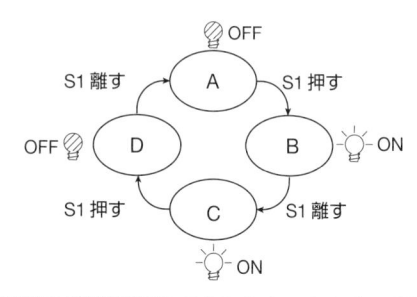

図 2.50　4 つの状態の状態遷移表でオルタネート回路を設計する

	A	B	C	D
R1	0	1	1	0
R2	0	0	1	1

S1				
0	A	C	C	A
1	B	B	D	D

図 2.51　リレー 2 個で 4 つの状態のオルタネート回路

にゆっくりと押すとリレーがカチカチと発振する．それはなぜかというと，例えば図 2.51 の S1 は a 接点と b 接点が使ってあり，その一端は共通であるので，c 接点 1 つと同じである．ところが c 接点は，両方つながっていない瞬間がある．そうすると，この R1 のコイルを駆動する回路は，上の線も下の線もつながらず，切れてしまう．状態 B から状態 C への遷移は R1 が 1 のままでないといけないが，その間に切れて自己保持がなくなってしまう．a 接点と b 接点が別々になったスイッチでも，両方切れる瞬間があるものがほとんどで，同じことである．さっと速く操作して，切れている時間がリレーの鉄片が戻らない程度の短い時間ならば，うまく動作しているということである．この回路を PLC のプログラムで組む場合には，a 接点が入るのと b 接点が切れるのは同一のサイクル内なので，問題ない．なお，c 接点が途中で切れる瞬間に影響されない回路については，2.6.3 項で解説する．

(5) 最新優先 (新入力優先) 回路

最新優先（あるいは新入力優先といってもよい）というのは後から ON になったものを優先するもので，早押し優先と逆の機能である．テレビのチャンネルをリモコンの番号キーの 1 回押しで選局するとき，押す前はさっき選局したチャンネルの番組が映っているが，新たにキーを押せばそのチャンネルになる，というごく自然な機能である．つまり，いま実行しているのは，一番新しく押したキーに対応するものである．

では，例としてモメンタリスイッチ S1, S2 と，それに対応したランプ L1, L2 があるとき，一番新しく押されたスイッチに対応するランプが点灯し続ける回路を設計しよう．ランプの点滅にはリレー R1, R2 を用いる．状態の種類は R1, R2 の ON/OFF で，条件は S1, S2 の ON/OFF であるから，状態遷移表は**図 2.52** のようにつくることができる．こうして表にしてみると気が付くのが，スイッチを両方押したときはどうするかである．これは設計の方針として決めるべきもので，① 1 つめのスイッチを押している間は 2 つめのスイッチは効かないというルール，② 1 つめを押している間に 2 つめを ON にしたら 2 つめが最新であるとみなすルール，あるいは，テレビのチャンネルの場合はできないが，③ スイッチを両方押せば両方の

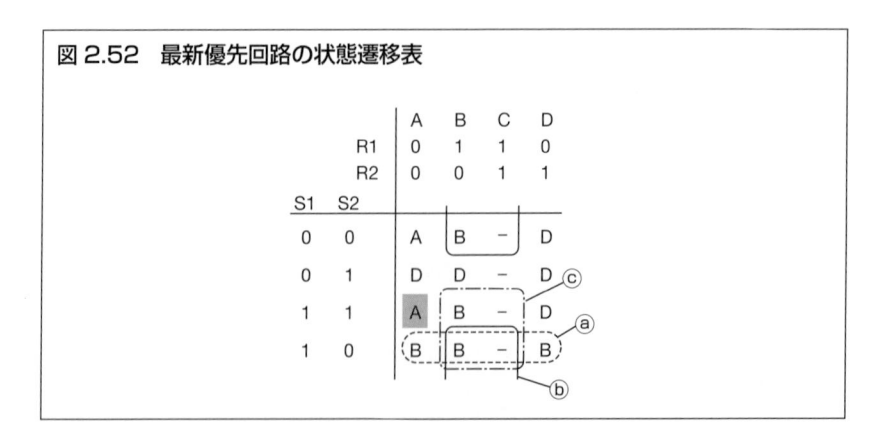

図 2.52 最新優先回路の状態遷移表

		A	B	C	D
	R1	0	1	1	0
	R2	0	0	1	1
S1	S2				
0	0	A	B	−	D
0	1	D	D	−	D ⓒ
1	1	A	B	−	B ⓐ
1	0	B	B	−	B ⓑ

※1 同時押し無効というのは①の記述よりもう少し広く，S1 を押して L1 が点灯し，その後 S1 を離しているところへ，S1 と S2 をまったく同時に押した場合などを含んでいる．なお，②のルールで設計しようとすると，図 2.52 でスイッチを両方押したとき（3 行目），状態 B の場合は状態 D，状態 D の場合は状態 B に遷移するようになって，往復運動をしてしまう（☞ **2.3.8 項 (1)**）．これを解決するには状態数を増やす（リレーを増やす）必要がある．

図2.53 最新優先回路のラダー図

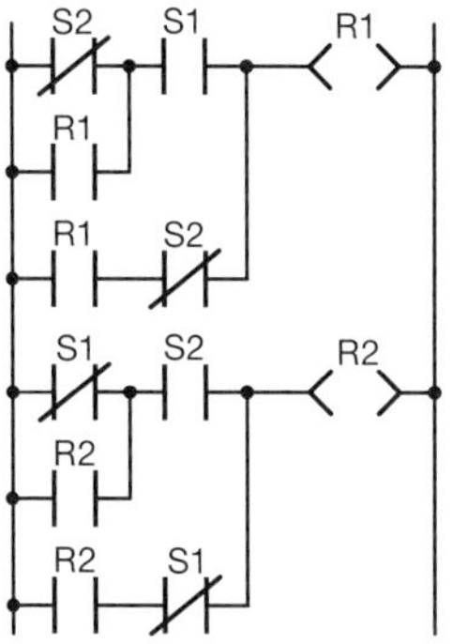

ランプが付くというルールもあり得る．ここでは，①の同時押しは無効になるルールとしよう[※1]．ただし，これは「両方押している間は」という限定で，例えばS1を押したままS2を押し，先にS1を離して，最後にS2を離せば，その後の状態はS2が有効，すなわちL2が点灯する．

図2.52の状態遷移表で，下から2行目のAのところは，何も押していない状態からまったく同時にS1，S2を押した場合である．上記の①のルールを拡張して，スイッチを2つとも押すと状態は変化せず，その後に1つ離すと，残った方が最新とすることにしよう．実はこの状態遷移表で，状態Aは，電源投入後にまだスイッチが1回も有効になっていないときにしか現れない．スイッチを押して，使い始めれば状態BとDのみをとることがわかる．

状態遷移表から論理を読み取ると，ⓐの部分がS1・$\overline{S2}$，ⓑの部分がR1・$\overline{S2}$，ⓒの部分がR1・S1とまとめられて，

R1（＝状態B）＝ S1・$\overline{S2}$ ＋ R1・$\overline{S2}$ ＋ R1・S1 ＝ S1・($\overline{S2}$ ＋ R1) ＋ R1・$\overline{S2}$ … (14)

となる．同様にして，

R2（＝状態D）＝ $\overline{S1}$・S2 ＋ R2・$\overline{S1}$ ＋ R2・S2 ＝ S2・($\overline{S1}$ ＋ R2) ＋ R2・$\overline{S1}$ … (15)

となる（これ以外のまとめ方もある）．これより，ラダー図は**図2.53**のようになる．

2.3.8 状態遷移表の作成ノウハウ

状態遷移表を用いて回路を設計すると，動作の全貌を見渡すことができるため，いきなり回路図で設計すると失敗しやすいようなミスを防ぐことができる．それには以下のようなことに気を配ればよい．なお，本項の状態遷移表では説明に関係のないセルは「□」印としているが実際にはA，B，Cなどが入る．

(1) 往復禁止

図2.54のような状態遷移は，AならばB，BならばAというように瞬時に往復してしまって停留するところがない．これは自己矛盾のある回路になるので，このような状態遷移を設計してはいけない．

(2) 1列すべてが自状態へ遷移するのは，その状態になったらもう動かない

図2.55の状態遷移表では，状態Bの列には自分の状態すなわちBしかない．これは状態BになったらどうS1を操作しても二度と他に遷移しないということで，

図2.54 往復禁止違反の状態遷移表

	A	B
R1	0	1
S1		
0	□	□
1	B	A

図2.55 一度Bになったら他に遷移しない状態遷移表

	A	B
R1	0	1
S1		
0	□	B
1	□	B

意図的にこのようにしている場合（エラーで動作停止など）以外は使わない．

(3) 1列すべてが他状態へ遷移するのは，その状態には留まらないこと

図2.56の状態遷移表は，状態Bの列にBの文字がない．これは状態Bに留まることがないということで，状態Bを使うつもりでも(5)に示す「たらい回し」になってしまう．

図2.56 状態Bに停留しない状態遷移表

	A	B
R1	0	1
S1		
0	□	A
1	□	A

(4) 使用するセルに何でもよい（「－」印）を入れてはいけない

状態と条件の組み合わせによって，一瞬でも行くことがあるセルには，「何でもよい」の「－」印を入れて設計してはいけない．「－」印のあるセル群はABCなどの状態記号が入ったセル群とはつながりのない，別世界にしないといけない．

(5) たらい回し禁止

図2.57の状態遷移表は，状態AでスイッチS1を1にすると状態Cに遷移し，そのままスイッチを押しておくと状態Dに遷移する．Cは一瞬通過するだけですぐにDにたらい回しにされる．スイッチを押している時間は，リレーの動作時間やPLCのサイクルタイムより長いであろうから，AからCに遷移したときにS1がそのまま1であるというのは通常起こることである．このような瞬時の連続動作は，リレー回路では通常はよくない．ある条件で遷移した先の状態では，同条件のセルには自分自身の状態が記入されているのがよい．つまり，ある状態の列の中で自分の状態の記号が入っているところが，停留できる場所である．図2.57ではCでS1 = 1のとき，遷移先DのS1 = 1のセルは，Dになっているから，そこで止まる．

なお，PLCの場合には，このような瞬時遷移もきちんと1サイクル分の時間になって，自己保持回路が付いていれば動作が保持されるし，後節で説明するタイマやカウンタなど，信号の立ち上がりで動作する回路も確実に動作する．そのため，このような一瞬の状態も，時間がごく短いというだけで，一人前の状態として扱わなければならない．図2.57の場合はA→C→DでR1が1サイクルだけONになる．

図2.57 たらい回しの起きる状態遷移表（R1が一瞬だけONになる）

	A	B	C	D
R1	0	1	1	0
R2	0	0	1	1
S1				
0	□	□	□	□
1	C	□	D	D

図2.58 意図的なたらい回しでR1，R2の順にONにする状態遷移表

	A	B	C	D
R1	0	1	1	0
R2	0	0	1	1
S1				
0	A	□	□	□
1	B	C	C	□

(6) 意図的なたらい回し（少し高度な内容）

上記では，たらい回しは禁止したが，意図的なたらい回しは有益なこともある．**図 2.58** は，R1，R2 がともに OFF の状態で S1 を ON にすると，R1，R2 ともに ON になるのだが，その順番が必ず R1 が先になるように，状態 A → B → C 遷移するようにしている．

(7) できれば 1 つだけ動作（少し高度な内容）

状態が A から B に遷移する場合に，複数のリレー（PLC 内の仮想リレーでない実際のリレー）が動作するような設計だと，もしどれかのリレーが先に動作し，遅いリレーがまだ動作していない瞬間があったら，その瞬間は A でも B でもないものになってしまう．つまり，A から B への遷移の途中で第三の状態が一瞬現れることになる．同一形式のリレーを使っているから大丈夫ということもない．状態遷移で 2 つのリレーの一方が ON になるのに他方は OFF になる場合は，だいたい OFF になるほうが一瞬早い．第三の状態が現れても実害がないことを確かめてあればそれでもよい．しかし，第三の状態を生じさせないためには，状態遷移するときに 1 つのリレーだけが動作するのがよい．本当は 1 つのリレーでもその中の複数の接点回路を使っていると時間差はある．第三の状態を気にしなければいけない場合には，上記の「意図的たらい回し」を使うか，あるいは，後節で説明するタイマを使って動作を遅らせリレーが入る順を明確化し，第三の状態を意図的に通過させて，そのときの動作をきちんと決めておくのがよい．

---

column　ラダー図から状態遷移表に戻す

すでにできているラダー図を理解しようとするときや，改造しようとするときに，ラダー図から状態遷移表を再現することができる．まず，ラダー図を 1 行ずつ見て，論理を読み取る．次に，状態遷移表の枠をつくる．「状態」をリレーコイルの ON/OFF の組み合わせで設定し，「条件」をラダー図に使ってあるリレー以外の接点の ON/OFF の組み合わせとする．読み取った論理から，それぞれのリレーについて ON になるセルにリレーの番号を書き込む．1 つのセルに書かれている，ON になるリレーの組み合わせで，どの状態であるか判断して状態名（ABC…）になおすと状態遷移表ができあがる．今までの例に示したラダー図と状態遷移表（例えば早押しボタン検出装置の図 2.41 と図 2.40）でやってみるとよい．

ただし，この方法では，何でもよいと設計者が意図したところを読み取るのは少し難しい．ある状態について，他の状態から遷移してくることがまったくない（電源投入時の状態でもない）ものがあったら，それは使っていない状態であり，その列のセルは何でもよい．後は，条件の組み合わせについて常にあり得ないもの，特定の状態で特定の条件があり得ない場合など，その装置の使われ方まで勘案して探るしかない．

> **column 設計と作業**
>
> 本章の設計手順によれば，状態遷移表をつくるところが，設計者のセンスや使う人への気配り，さまざまな事態を想定する慎重さを発揮すべき「設計」の段階で，その後の手順は単なる「作業」である．作業の部分は正しく行えば，セルの囲い方や論理式の整理に差があっても，できあがった回路は正しく動作する．ただし，作業次第で回路は違ってくるから，人によって差が出るかもしれない．その差は，接点数が少ないとか，ラダー図が見やすい，といったもので，動作はすべて状態遷移表で設計した通りになる．ちょうどプログラムが違うけれども動作は同じなのと似ている．

（ここから後半）

2.4 タイミングチャートを使ったシーケンス回路設計

ここからは，タイマとカウンタを使った回路の設計法である．前節までで学んだ状態遷移表と，本節で学ぶタイミングチャートを合わせて駆使すれば，ほぼすべての機器の動作が設計できる．

多くのメカトロ機器は，スイッチやセンサなどの入力条件に加えて，経過時間や回数を条件にして動作する．前節までは，瞬時に反応してしまう回路ばかりだったが，ここでは，動作のタイミングを管理する回路を学ぶ．これができれば，いわゆる自動機械らしい感じの動作をするようになり，一人前のシーケンス制御といった

図 2.59　単体製品のタイマ

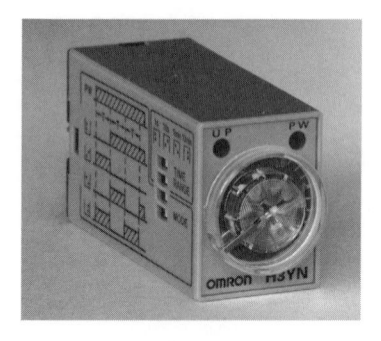

図 2.60　単体製品のカウンタ

ところである．シーケンス制御では，目覚まし時計のように設定時刻になったら動作する，ということもするが，ここでは，スイッチやセンサの入力がきっかけとなって作動するタイマやカウンタを使って動作時間や回数を制御する方法を学ぶ．タイマやカウンタのハードウェアとしては，リレー回路と組み合わせて使う図 2.59 や図 2.60 のような単体の製品もある．一方，制御に PLC を使用するときは，PLC 内部のタイマ，カウンタの機能を使えばよい．いずれの場合も基本は同じで，回路を設計してラダー図をつくれば，それを配線するか，あるいはプログラムするかの違いである．

2.4.1 エッジ検出

回路を動作させるタイミングのもとになるスイッチやセンサの入力は，信号が 0 から 1（あるいは 1 から 0）になる瞬間（エッジ）をとらえる．信号電圧の変化分のみをとらえるということである．アナログ回路においてはハイパスフィルタを使うと擬似的な微分信号が得られる．しかし，ディジタルの制御においては，時間が離散化されているので，「前回は 0 であったが今回は 1 になっている」というのが信号の立ち上がりエッジである．

エッジ検出をリレーだけの回路で行う場合には，ちょっと回路（その前の状態遷移表）を工夫して，リレーによって記憶されている前回の「入力が 0 の状態」において今回の「入力が 1 の条件」になった場合という扱いにしなければならない（☞ 例えば 2.3.7 項(4)）．一方，単体製品のタイマやカウンタの入力は，エッジ検出型である．PLC においては，エッジで動作するタイプの特別なコイルが用意されている（☞ 2.6.5 項）ほか，タイマやカウンタの入力はすべてエッジで動作するようになっている．

2.4.2 タイマの基本機能

タイマの基本機能は，信号のエッジによってタイミングが与えられた時点から規定の時間がたったときに動作を起こすというものである．タイミングの与え方と動作の仕方によって図 2.61(a) ～ (e) のような種類がある．このような図をタイミ

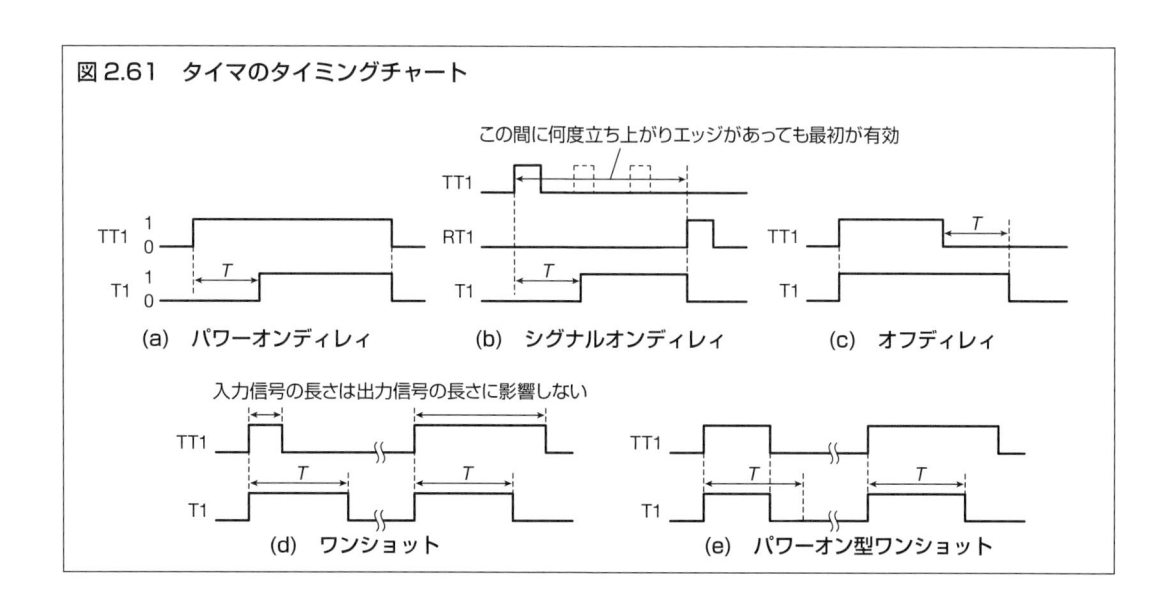

図 2.61 タイマのタイミングチャート

(a) パワーオンディレイ
(b) シグナルオンディレイ
(c) オフディレイ
(d) ワンショット
(e) パワーオン型ワンショット

ングチャートと呼ぶ．横軸が時間で縦軸に電圧（0と1）を示したもので，ちょうどオシロスコープで見る波形のようなものである．

　図2.61(a)や(b)のように入力信号TT1（1はタイマの番号）から指定時間Tだけ遅れてタイマ接点T1が入るものを**オンディレィ**と呼ぶ．(a)は最も基本になるタイマの形である．入力が1つだけで，入力信号TT1が0になるとタイマがリセットされる．ちょうどTT1が電源スイッチで，ONになるのがスイッチ投入より指定時間だけ遅れて，OFFはスイッチと同時であるという感じで，**パワーオンディレィ**と呼ばれる．これに対して図2.61(b)は，入力が2つのタイプである．**シグナルオンディレィ**と呼ばれる．入力信号TT1の立ち上がりエッジから時間Tだけ遅れてタイマ接点T1がセットされ，信号RT1の立ち上がりエッジでタイマがリセットされてタイマ接点T1は切れる．リセットされるまではTT1に何度立ち上がりエッジがあっても最初のエッジが有効である[※1]．図2.61(c)は**オフディレィ**と呼ばれる．例えば自動水栓で手をかざすと水が出て，センサがOFFになってから少したつと水が止まる機能ができる．図2.61(d)は**ワンショット**と呼ばれ，入力信号の長短によらずに一定時間Tの出力信号がでる．なお，**パワーオン型**といって，図2.61(e)のように入力信号が0になると出力信号が0にもどるタイプもある．

　PLCの機種によって，これらの種類のタイマが個別に用意されているものもあるが，ほぼすべてのPLCに用意されているのが1入力のパワーオンディレィタイマ（図2.61(a)）である．そこで，本書ではこれを使って解説する．他のタイマの動作はすべて，パワーオンディレィタイマに少し回路を追加するだけで実現できる．その方法は2.4.3項で示す．

　タイマをラダー図に描くときには，**図2.62**のTT1のように入力をリレーコイルとして扱う．電流が流れることが，信号が1になることである．電流の立ち上がりや立ち下がりのエッジでタイミングを与える．タイマ接点は，ラダー図では図2.62のT1のように，ふつうのリレー接点のように扱う．なお，タイマ接点にはb接点もある．リレーの場合と同じく，1つのタイマのコイルは回路図中に一ヵ所のみでなければならないが，接点は何ヵ所あってもよい．また，時間の設定はタイマコイルTT1（タイマの入力信号となるリレーコイル）の脇に記入する．図2.62は，スイッチS1をONにしてから1秒後にランプLが点灯し，S1をOFFにするとすぐに消灯するタイマのラダー図である．なお，PLCでは，タイマ接点T1は機器の外部端子に出ていないので，外部出力リレーR1を駆動してその接点をランプにつな

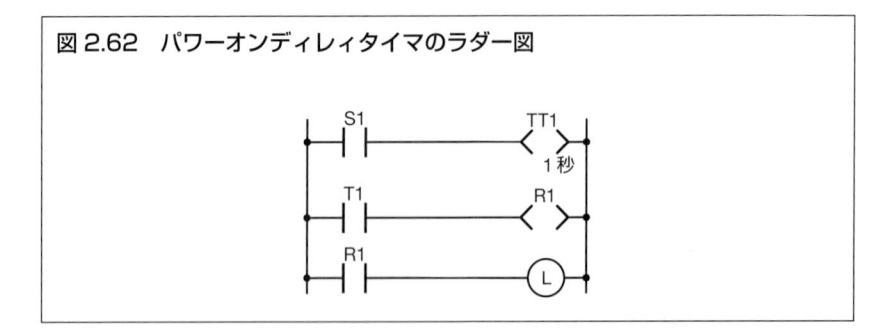

[※1] 最後のエッジが有効になる設定ができるものもある．

図2.62　パワーオンディレィタイマのラダー図

[※2] 動作中の時間設定の変更は，メンテナンスとして技術者がキー入力などで行うこともできる．しかし，目覚まし時計でいま時計が動いているのにアラーム時刻の設定を変えるようなもので，設定変更によって，今の時点がタイマ動作前から動作後に変わってしまったりする．

げている（☞ 2.2.4 項）．
　タイマの時間設定をどれだけにするか指定するのは，PLC の場合には，タイマコイルをプログラムに書き込む時点で，付随するパラメータとして入力する．機種によっては別途パラメータ設定画面で行う．いずれも定数であって動作中には変えないのが基本である[※2]．機種によっては，入力信号や内部で計算した値を設定時間にすることもできる．

> **column　用語や機能が違う単体製品のタイマ**
>
> 　図 2.59 のような単体製品のタイマには，モータで接点を動かすモータタイマ，コンデンサの放電時間を使うアナログタイマ，水晶発振をカウントするディジタルタイマなどがある．これらの製品では PLC と少々用語が違っていることがある．例えば，1 回だけ一定時間の ON をする機能は「インターバル」と呼ばれる．本来は「インターバル」というのは動作と動作の間の休憩時間のような意味であり，インターバルタイマといえば通常は一定時間ごとに（本来は一定の休止時間をあけて）繰り返す機能である．単体製品ではこのような繰り返し動作を「フリッカ」と呼ぶこともある．通常は休止（OFF）時間だけでなく動作（ON）時間も指定する．車の方向指示器の機能である．一方，単体製品で「ワンショット」というと，連続出力でないという意味で，指定時間後に 1 回だけ短いパルスが出る機能だったりする．また，単体のタイマで「限時接点」というのは，指定した時間後に切り換わる接点で，「瞬時接点」というのは入力信号と同時に切り換わる接点である．
>
> 　単体製品は PLC と機能面で違うこともある．例えば，電源を ON/OFF しながら使うことができ，電源を入力信号のように使うこともできる．シグナルオンディレイでもリセット入力がなくて，電源 OFF でリセットする機能などである．また，計時中の再スタートが有効なものもある．つまり，最後のシグナルオンから指定時間後に動作する．最後のキー操作から一定時間経過で起こる，パソコンのスリープ機能のようなものである．これらはいずれも，PLC であれば内部のプログラム次第で，基本のタイマ機能をアレンジして自在に作り出すことができる．しかし，アレンジにハードウェアの追加を必要とする単体製品では，基本以外の応用的機能でもよく使うものをあらかじめ用意しているためと考えられる．

2.4.3　タイマ回路の実例

　一般的な PLC に入っているのはパワーオンディレイタイマ（図 2.61(a)）のみである．ここからは，それを用いてさまざまな機能を実現する方法を解説する．

(1) パワーオン型ワンショットタイマ

　図 2.63 は，スイッチ S1 を押し続けるとランプ L が 2 秒だけ点灯するタイマのラダー図である．2 秒たたなくてもスイッチを離せば消灯する．スイッチとランプの動作関係は図 2.61(e) の TT1 と T1 の関係と同じになっている．

(2) ワンショットタイマ

図 2.64 は，スイッチ S1 を押すとモータ M が 10 秒間まわるタイマのラダー図である．これは図 2.61(d) のワンショットタイマの動作である．(1) のパワーオン型にリレー R1 による自己保持機能を付けたものになっている．もし，スイッチ S1 を押し続けても 10 秒しか回らない．10 秒経過後も TT1 を ON にし続けると T1 の b 接点は切れたままになるからである．

(3) オフディレィタイマ

図 2.65(a) は，スイッチ S1 を押すとリレー R1 が ON になり，離してから 5 秒後に OFF になる回路である．図 2.61(c) のオフディレィ型の動作になっている．この回路は接点を節約して図 2.65(b) や (c) のようにできる．いずれも動作は同じである[※1]．

※1 図 2.65(a) の 3 行目の R1 は無くてもよい．ただし，S1 を ON にすると，まず T1 が OFF になり，それから R1 が ON になるという連鎖動作（☞ 2.3.8 項 (6)）になる．

(4) オンディレィ型セット・リセット

図 2.66 は，セット・リセット回路のセットスイッチ S1 に 1 秒間の時間遅れを付けたものである．S1 を押すと，1 秒後にリレー R1 が ON になる．リセットは S2 を押すと瞬時に行われる．これは図 2.61(b) の 2 入力のシグナルオンディレィタイマのスタート入力に S1，リセット入力に S2 をつないだ回路と同じである．

図 2.63 パワーオン型ワンショットタイマのラダー図

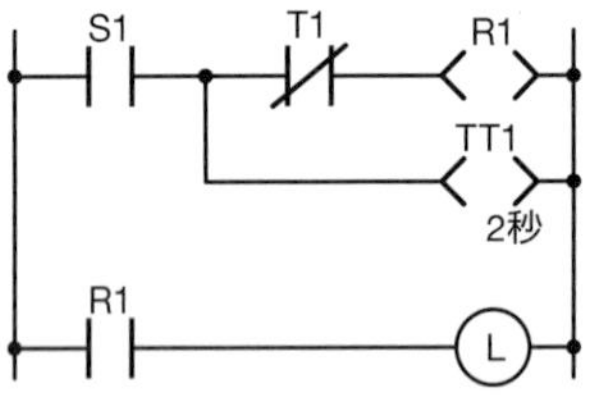

図 2.64 ワンショットタイマのラダー図

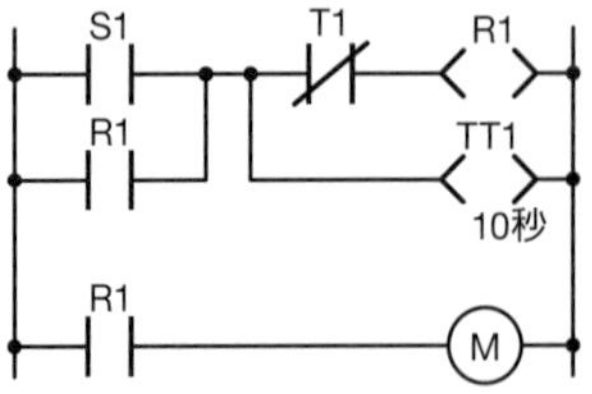

図 2.65 オフディレィタイマのラダー図

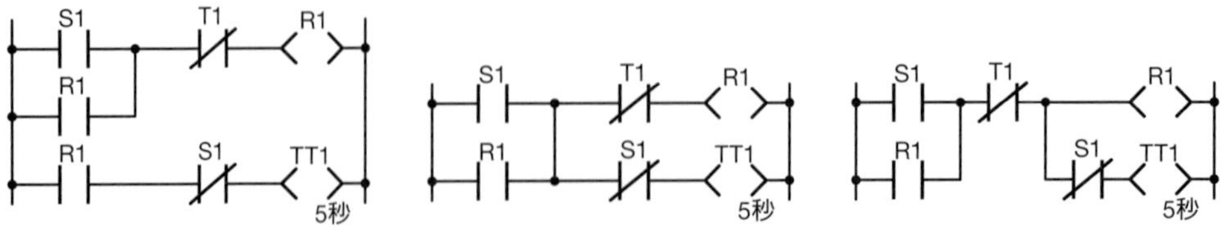

(a) 考えやすい基本形　　(b) 節約型その 1　　(c) 節約型その 2

図 2.66　オンディレィ型セット・リセット回路のラダー図

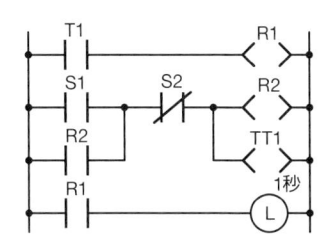

図 2.67　ビデオプロジェクタのランプとファンの制御のラダー図

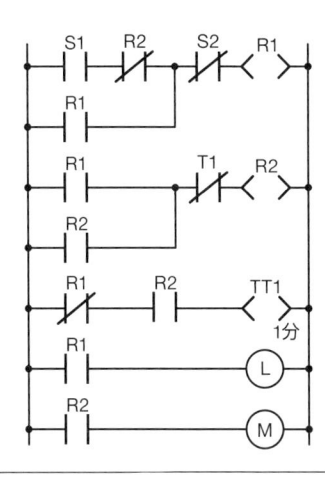

(5) ビデオプロジェクタ (スイッチ 2 つ)

図 2.67 は，ビデオプロジェクタのランプ L と冷却ファンモータ M を ON/OFF するセット・リセット回路である．ランプ L を点灯させるリレー R1 はスイッチ S1 でセット，スイッチ S2 でリセットされる．ファンモータを駆動するリレー R2 は，R1 の a 接点でセット，タイマの b 接点によってリセットされる．つまり，S1 を押すとランプもモータも ON になり，S2 を押すとランプはすぐに消灯し，モータはその後も 1 分間回り続ける．ここではさらに S1 に直列に R2 の b 接点を入れることで，消灯後の冷却期間は再点灯を禁止している．

2.4.4　カウンタの基本機能

カウンタは，入力パルスが何回来たかを数えるものだが，シーケンス制御で用いるものは，その回数の数字が出力なのではなく，現在の計数値 (カウント数) があらかじめ指定されたカウント上限値に達したら出力する，すなわち接点が導通する．図 2.68 のように，カウント入力のコイル CC1 (1 はカウンタの番号) と，リセットのコイル RC1，および接点 C1 (a 接点と b 接点) がある．カウント入力信号の立ち上がりエッジが来るたびにカウント数を 1 つ増やす．リセットコイルに電流を流すと，これも流し始めのエッジで，カウント数は 0 になる．カウント上限値はラダー図ではカウント入力 (コイル) の脇に併記する．PLC のプログラミングでは，カウントコイルを書くときにその後に続いてパラメータとして入力するか，別途の設定画面で入力する．

なお，電源を入れた後，はじめはカウント数が 0 である．しかし，不揮発性のメ

モリやバックアップ電源を使って，カウント数が保持されるものもある．自動販売機の売り上げや在庫管理カウントが停電で0になっては困るから，そのようなものは，保持機能のあるカウンタ番号[※1]にしておけばよい．

※1 PLCの機種によって，例えばC10〜C20が保持されるなどと決まっている．あるいは，番号ごとにユーザーが保持/非保持を設定できるものもある．

2.4.5 カウンタ回路の実例

(1) 3回押すとONする回路

図2.68は，スイッチS1を3回押すとランプLが点灯する回路のラダー図である．スイッチS2を押すとランプが消灯し，カウント数は0に戻る．CC1，RC1，C1の変化は図2.69のようになる．

(2) 10カウントで止まる回路

図2.70は，スイッチS1を押すと(a)のようなベルトコンベアが動いて，製品を10個出して止まる装置である．(b)のラダー図の3行目のように，製品をカウントするスイッチS2（あるいは光電センサなど．☞8.8節）をカウンタ入力コイル

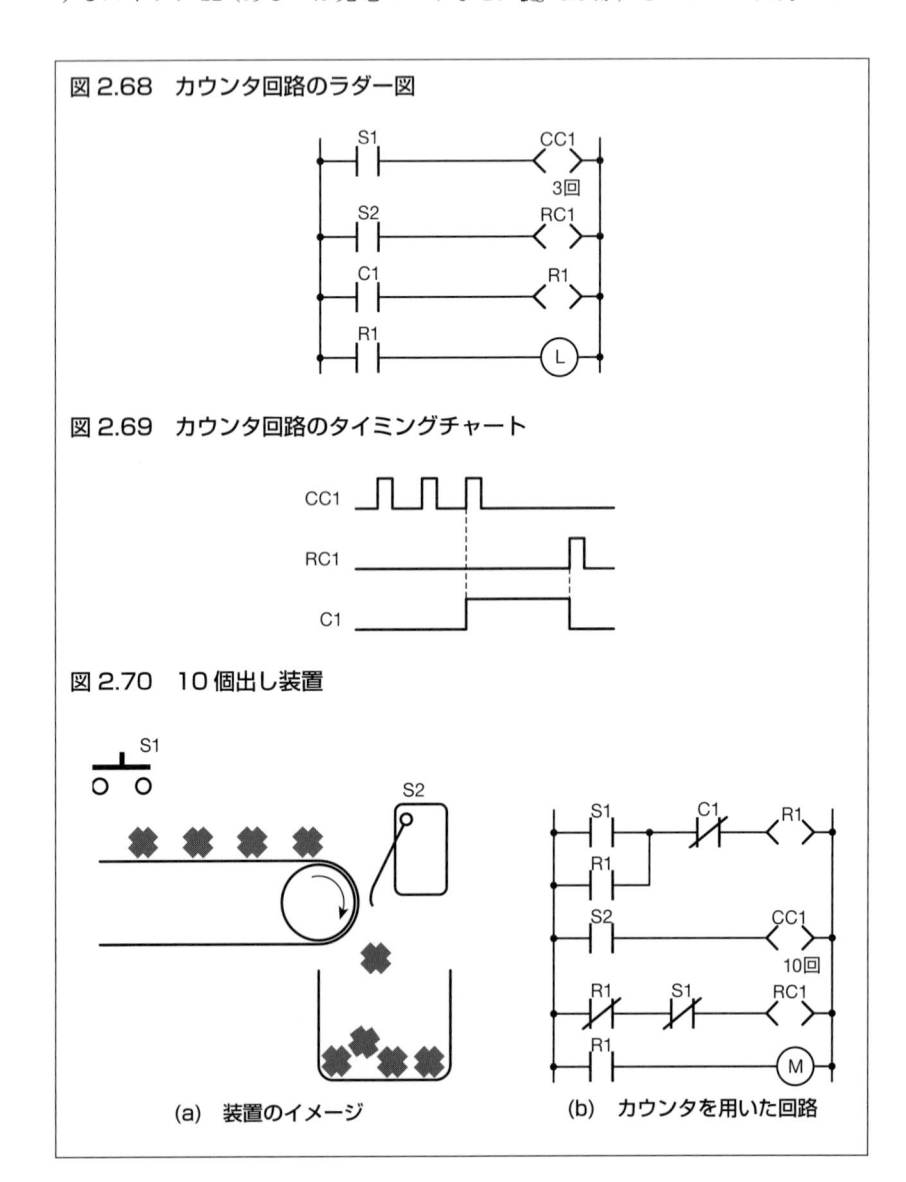

図2.68 カウンタ回路のラダー図

図2.69 カウンタ回路のタイミングチャート

図2.70 10個出し装置

(a) 装置のイメージ　　(b) カウンタを用いた回路

CC1につなぐ．1，2行目はセット・リセット回路で，S1でセットされ，S2が10回ONになってカウンタ接点C1のb接点がOFFになるとリセットされる．このとき，カウント数のリセットも忘れてはならない．コンベアが止まったらリセットされるように，リセットコイルRC1をリレーR1のb接点で駆動する．ただし，この回路では，S1を押し続けても10個出したあとすぐに再起動しないように，RC1の前にS1のb接点を入れている．なお，実際には使用するモータに応じて，すぐに停止させるブレーキ的な制御をしないと，この例のように電源を切るだけでは通常はすぐに止まらない．

2.4.6 精密なタイミングチャートのつくり方

タイマやカウンタを使用する回路でも，2.3節で学んだ状態遷移表をつくって設計することができる．しかし，タイマの入力，カウンタの入力とリセットのコイルをどのようにつなげばよいかという部分については，タイミングチャートをつくって設計するとよい．なお，状態遷移表を使わずに全体をタイミングチャートだけで設計することも行われるが，条件によって動作が異なる場合には，その条件数だけタイマやカウンタを何回も動作させる長いチャートになったりして，つくりにくいし，論理を読み出しにくい．

ここでは，タイミングチャートを精密に描く方法を説明していく．何が精密なのかというと，「○○がONになったので○○がOFFになる」といった連鎖動作について，その順序を見極めて，PLCの1サイクル分の微小時間差も図に表そうというのである．だから，むしろ図の1 cmが1秒であるといったようなスケールの正確さは無視して，局所拡大型の作図をする．

(1) タイマ回路の精密タイミングチャート

精密なタイミングチャートのつくり方を**図 2.71**の回路で説明しよう．これはワンショットタイマと呼ばれる回路で，2.4.3項(2)の図2.64の上の部分と同じである．

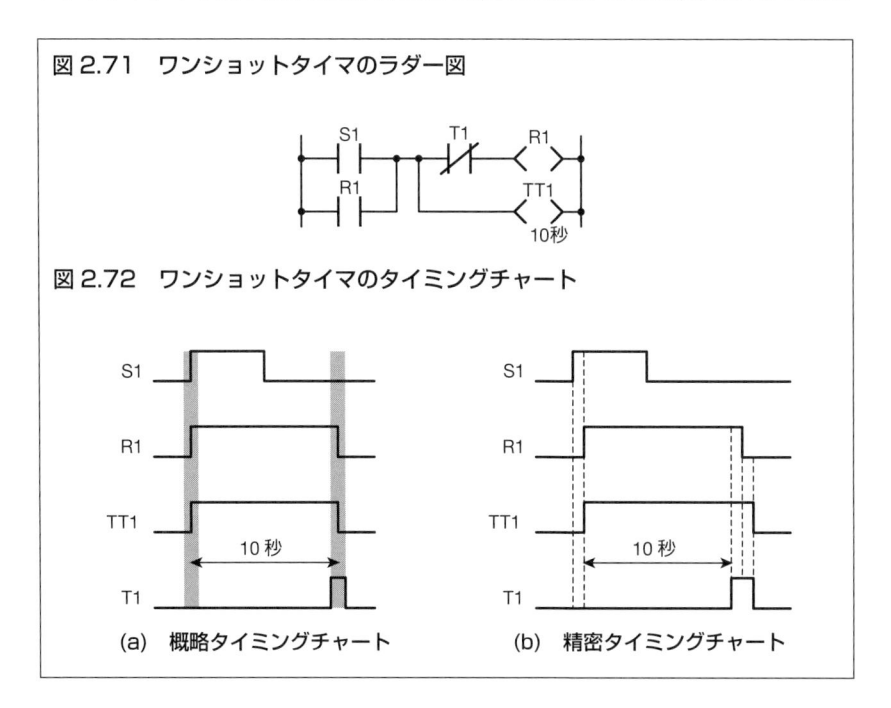

図 2.71　ワンショットタイマのラダー図

図 2.72　ワンショットタイマのタイミングチャート

(a) 概略タイミングチャート　　(b) 精密タイミングチャート

タイマ T1 の動作は基本のパワーオンディレイ型（図 2.61(a)）である．この回路のタイミングチャートは概略として**図 2.72(a)**のようになる．これを**概略タイミングチャート**と呼ぶことにしよう．概略タイミングチャートの縦の帯の部分は大体同じ時刻ではあるが，その正確な前後関係は気にせずに描いたものである．この部分の動作を精密に見ていこう．はじめに起こる動作はスイッチ S1 が ON になることとする．するとリレー R1 が ON になるとともにタイマコイル TT1 も ON になる．これを次のように並べて書こう．

　　S1：ON

　　R1：ON，TT1：ON

1 行を PLC の 1 サイクルに対応させ，1 つ下の行は 1 サイクル後を意味し，同一の行に書いたものは同じサイクルで動作するという意味である[※1]．

※1　スイッチ S1 のような外部からの信号は，サイクルの途中で ON になるかもしれないが，それをチェックするのは次のサイクルであるから，その効果が出るのは次の行とする．

さて，S1 を押したままなら，ここまでで一連の動作は終了する．次に，S1 を離したときには，それに続く動作はないので

　　S1：OFF

のみである．次のイベントは TT1 が ON になってから 10 秒後に起こる．最初に起こることはタイマ T1 が ON になる（T1 の b 接点が切れる）ことである．続いて R1 が OFF になり，そのために TT1 が OFF になる．それを受けて T1 が OFF になる．TT1 が OFF になったら，次のサイクルで T1 の接点を見ると，もうそれを反映して OFF になっている（TT1 が T1 の駆動コイルになっていると考えればよい）．そのため，ここでは TT1 の OFF と T1 の OFF を同一サイクル内として扱い，同じ行内に→印を入れて書いておこう．以上で連鎖動作が終了する．これを

　　T1：ON

　　R1：OFF

　　TT1：OFF → T1：OFF

と書く．この動作の順番を考慮して時間をずらして描いたタイミングチャートが**図 2.72(b)**である．これを**精密タイミングチャート**と呼ぶことにしよう．縦の破線の間隔が PLC の 1 サイクルに相当する．なお，上記の動作は合計で 8 つある．これは，信号が S1，R1，T1，TT1 の 4 つで，それぞれが ON になる動作と OFF になる動作があるので，8 つになるのである．

なお，後の 2.6.1 項で説明するが，ラダー図の回路は上から順に処理される．例えば，ラダー図の中で上の方に R1 のコイルがあって，それが ON になると，それより下にある接点 R1 を見るときにはすでに ON になっている．より正確に書くと，コイルおよびそれを駆動する回路の行よりも下の行にある接点は，同一サイクル内ですでに切り替っている．

図 2.73　最も簡単なタイマ回路（パルス発生機）

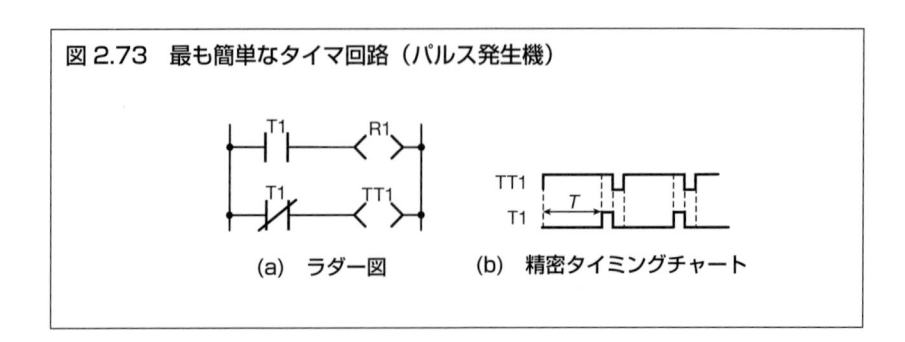

(a)　ラダー図　　(b)　精密タイミングチャート

> **column 最も簡単なタイマ回路**
>
> 図 2.73(a) の回路は，一定間隔のパルスを発生するもので，最も簡単なタイマ回路といえるだろう．タイマ T1 の b 接点でタイマコイル TT1 を駆動することは，通常のリレーの場合では自身の b 接点でコイルを駆動する形になり，自己矛盾のある回路（図 2.10）になる．その場合は，リレーの動作速度，あるいは PLC のサイクル時間で発振してしまうが，ここでは通常のリレーでなくタイマなのでコイル駆動から接点が切り替えるまでに時間がかかって，その時間間隔の発振をする．精密タイミングチャートを描くと**図 2.73(b)** になる．ここでも TT1 を OFF にした次のサイクルでは T1 が OFF になっているという意味で TT1 の OFF と T1 の OFF を同時と表している．

(2) カウンタ回路の精密タイミングチャート

次にカウンタ回路の精密なタイミングチャートを描いてみよう．図 2.74 の回路は S1 を 2 回目に押すと R1 が ON になり，S1 を離すと R1 が OFF になる．連鎖動作を S1 の 2 回目の ON からたどってみよう．

S1：ON（2 回目）
CC1：ON（2 回目）→ C1：ON，R1：ON
　〜
S1：OFF
CC1：OFF，RC1：ON → C1：OFF
R1：OFF，RC1：OFF

となる．「〜」印は，連鎖動作が止まってしばらく経過することを表している．この場合は信号が 5 つで動作は 10 個となる．タイミングチャートを描くと**図 2.75** となる．

図 2.74　2 回押し回路のラダー図

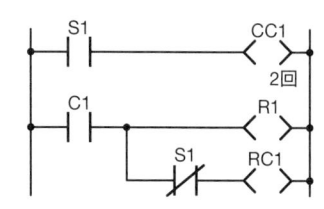

図 2.75　2 回押し回路の精密タイミングチャート

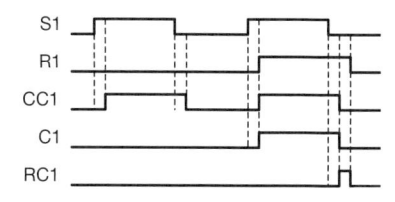

2.4.7 タイミングチャートによる設計

ここまでは，既存の回路のタイミングチャートを描いてきた．回路を設計するときは，この逆の順になる．つまり，はじめにタイミングチャートを描いて，それを実現する回路をつくる．その手順は次のようにするとよい．

①実現したい動作から，概略タイミングチャートをつくる．
②概略タイミングチャートを見て，各リレーのコイルの駆動はどのような入力の組み合わせにすればよいか，論理を見い出す．
③見い出した論理をラダー図にする．
④ラダー図から精密タイミングチャートをつくって動作を正確に確認する．

本項では具体的な例を見ながらこの手順を説明しよう．なお，より複雑な機能を設計する手法について，次節で解説する．

(1) 信号機の設計

3色の単純な信号機の回路をつくってみよう．青信号30秒，黄色信号5秒，赤信号40秒を繰り返すものとし，簡単にするために横断歩道はなし，交差する道路の分も考えない．青黄赤の各ランプを駆動するリレーを R1～R3 とする．

はじめに概略タイミングチャートをつくる．まず，各ランプ駆動リレーの ON/OFF のタイミングは**図2.76(a)** の 1～3 行目のように描く．縦の帯の部分は正確に同一のタイミングかどうか気にせずに，ほぼ同時と考えられる部分である．次に，パワーオンディレイ型のタイマを3つ用意し，それぞれ30秒，5秒，40秒に指定する．すると，図2.76(a)の 4～6 行目のように，タイマ接点 T1～T3 が 1 になるのは，青，黄，赤信号の終了時とすればよい．ここでは T1～T3 は短い時間（1～数サイクル）だけ ON になっている設計として進めてみよう（他の方法も可能である）．そのようにするには，タイマコイル TT1～TT3 の電流の立ち上がりエッジのタイミングは，それぞれ T1～T3 が 1 になる 30 秒，5 秒，40 秒前であるから，青，黄，赤信号の開始時にすればよいことがわかる．また，TT1～TT3 は T1～T3 が ON になったらすぐに電流を切ってよい．すると，1～3 行目と 7～9 行目が同じ形であることから，駆動の論理式は，

TT1 = R1

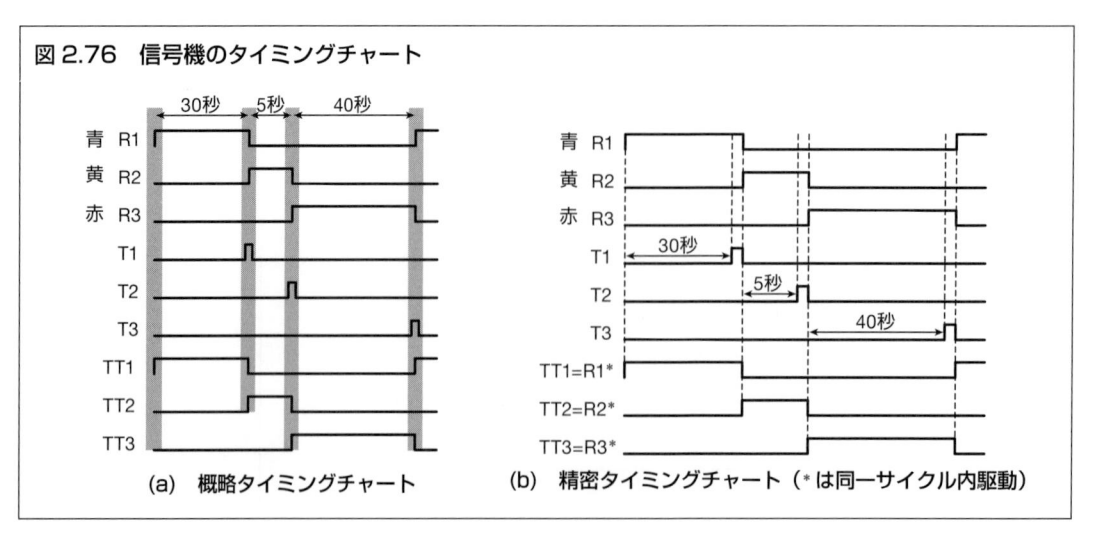

図2.76 信号機のタイミングチャート

(a) 概略タイミングチャート

(b) 精密タイミングチャート（*は同一サイクル内駆動）

TT2 = R2
TT3 = R3 ……(16)

とすればよいのではないか，と概略的に考えられる．なお，これは後で精密に検証する．

次に，タイマ接点 T1 ～ T3 によってランプ駆動リレー R1 ～ R3 をどのように駆動すればよいか考えよう．例えば，黄色ランプ駆動リレーは青信号終了のタイミングである T1 の立ち上がり時に ON にし，黄色信号終了のタイミングである T2 の立ち上がり時に OFF にすればよい．つまり，T1 でセット，T2 でリセットするセット・リセット回路にすればよいと考えられる．同様に青信号と赤信号も考えて，

R1 = T3 でセット，T1 でリセット
R2 = T1 でセット，T2 でリセット
R3 = T2 でセット，T3 でリセット

とすればよい．

それでは，これらの論理をラダー図にしてみよう．**図 2.77** 上側のように，R1 ～ R3 を駆動する回路は T1 ～ T3 をセット・リセットスイッチとした自己保持回路にする．TT1 ～ TT3 の駆動回路は論理式(16)の通りに下 3 行の回路にする．

これで回路ができたが，まだ確認が必要である．タイマ接点が ON になった後はサイクル時間ごとにリレーなどの ON/OFF が連鎖的に起きるが，その動作順序が正しく行われるか検証しなければならない．この回路では，例えば T1 が ON になって次のサイクルで R1 が OFF，R2 が ON になる．R1 が OFF になったら，同じサイクルで下の行の TT1 が OFF になる（☞ **2.6.1 項**）．TT1 が OFF になるとすぐに T1 が OFF になる．さらに TT2 が ON になる．すなわち，各サイクルの動作を 1 行に表すと，

T1：ON
R1：OFF，R2：ON，TT1：OFF → T1：OFF，TT2：ON

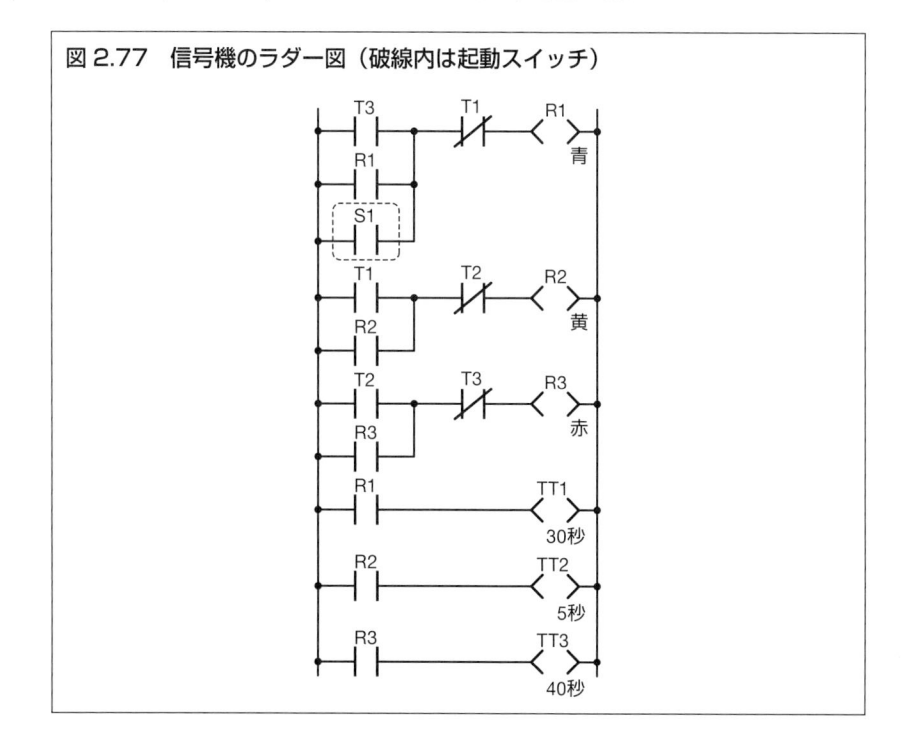

図 2.77　信号機のラダー図（破線内は起動スイッチ）

となる．2，3番のタイマも同様である．これを正確にタイミングチャートに描いたのが図 2.76(b)である．この精密タイミングチャートによって，連鎖動作が正しく行われ，設計した回路が期待通りに動作することが確かめられた．

(2) タイマ回路の電源投入時の起動

ところで，図 2.77 の回路は電源を入れても何も起こらない，すなわちリレーは 1 つも動作しない．実は上記(1)では，青，黄，赤とループが続いているときのことだけを考えて設計していた．しかし，何か開始のきっかけがないとタイマが作動しない．そこで，図 2.77 の破線囲み部分のように起動スイッチ S1 をつけて，どれか 1 つのランプ駆動リレーを ON にしてやればよい．

(3) タイマ設定時間の誤差

図 2.76(b)の精密タイミングチャートをよく見ると，R1 ～ R3 が 1 になっている時間は，タイマの指定時間よりも少し長い．例えば，青信号になると同じサイクルでタイマをスタートさせ，青信号終了の合図である T1 が ON になって，次のサイクルで R1 が OFF になるので，最大 1 サイクル長い．PLC の 1 サイクルは機種によって，またプログラムの長さによって違うが，0.001 秒という程度であるから，秒単位の制御には通常問題にならない．とはいっても，動かし続けて数時間たつと数秒ずれ，時計のように正確とはいかない．

(4) 接点による駆動と並列駆動の違い

タイマコイルを駆動するとき，図 2.78 (a)や(b)のようにリレー R1 の接点で駆動する場合のほか，(c)のようにリレー R1 のコイルと並列にタイマコイル TT1 を入れてもよい．(c)のような駆動の仕方を TT1 ≡ R1 のように同値を意味する記号で表すことにしよう．(a)の TT1 = R1 型の駆動はリレーが ON してからタイマコイルがスタートするのに 1 サイクル遅れがある．(b)のようにタイマコイルの方が下にあるものは TT1=R1* と書くことにする．この場合は，スキャンの順序が後になるので若干の遅れはあるが，同一サイクル内である．(c)の TT1 ≡ R1 型の駆動は遅れなしになる．そのため精密タイミングチャートでは図 2.79 のように違いが

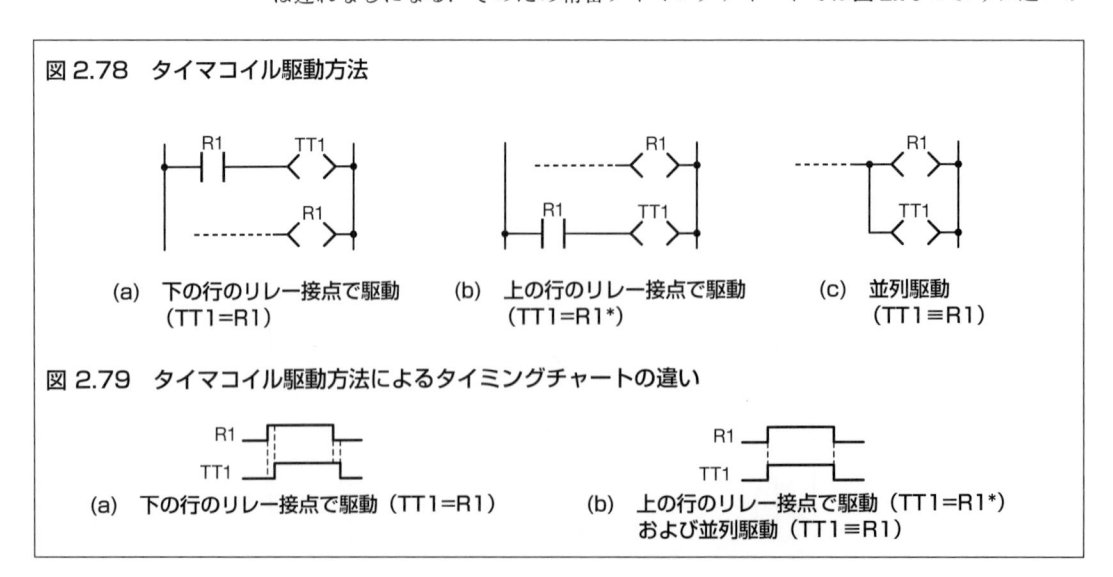

図 2.78　タイマコイル駆動方法

(a) 下の行のリレー接点で駆動
　　(TT1=R1)

(b) 上の行のリレー接点で駆動
　　(TT1=R1*)

(c) 並列駆動
　　(TT1≡R1)

図 2.79　タイマコイル駆動方法によるタイミングチャートの違い

(a) 下の行のリレー接点で駆動 (TT1=R1)

(b) 上の行のリレー接点で駆動 (TT1=R1*)
　　および並列駆動 (TT1≡R1)

生じる(処理順序については☞ **2.6.1 項**).

(5) タイマ2個の発振器

タイマ回路の代表例が**図 2.80** の1行目のようにリレーが一定周期で ON/OFF を繰り返す発振器である.ここでは,タイマを2つ使って ON 時間と OFF 時間を設定する.例えば 0.4 秒 ON,0.6 秒 OFF としよう.そのタイミングを作り出すためにタイマ T1 とタイマ T2 を用意し,タイマ T1 を 0.4 秒,タイマ T2 を 0.6 秒に設定する.すると,リレー R1 が OFF になるときに T1 が立ち上がり,R1 が ON になるときに T2 が立ち上がるようにすればよい.そのためには,それぞれ 0.4 秒,0.6 秒前にタイマコイル TT1,TT2 が立ち上がるようにすればよい.このことから,概略タイミングチャートをつくると,図 2.80 のようになる.

次にこの概略タイミングチャートから論理を読み取る.R1 の駆動は,T2 でセット,T1 でリセットのセット・リセット回路にすればよい.また,TT1 = R1,TT2 = $\overline{R1}$ とすればよいことがわかる.

これらの論理からラダー図をつくると,**図 2.81** になる.次に,このラダー図で本当に正しく動作するかチェックする.この回路の精密タイミングチャートは**図 2.82** のようになる.T1 と T2 はそれぞれ1サイクルだけ ON になって,期待通り

図 2.80 タイマ2個の発振器の概略タイミングチャート

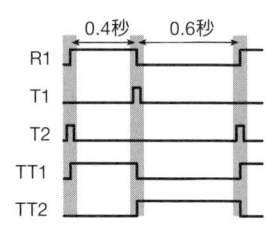

図 2.81 タイマ2個の発振器のラダー図

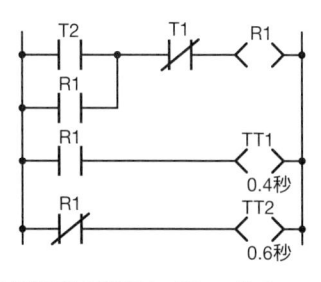

図 2.82 タイマ2個の発振器の精密タイミングチャート

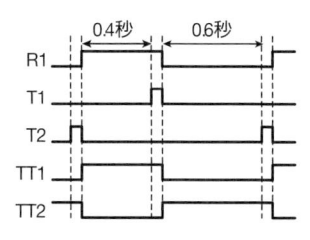

図 2.83　接点を節約したタイマ 2 個の発振器のラダー図　　図 2.84　接点を節約したタイマ 2 個の発振器のタイミングチャート

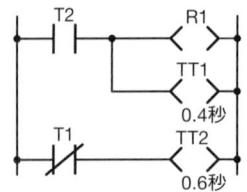

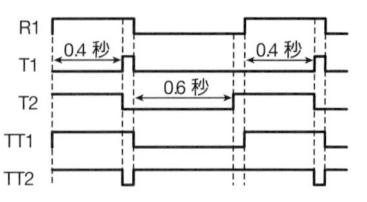

に動作することがわかる．

　なお，ここでも，この回路の電源を入れたときに発振がスタートするかどうかチェックする必要がある．TT2 の駆動が R1 の b 接点になっているので，電源投入後は TT2 のスタートから発振が開始される．

　ところで，タイマ 2 個の発振器は，上記より少ない接点の**図 2.83** の回路でも実現できる．この場合の精密タイミングチャートは**図 2.84** のようになり，T1 はパルス状に 1 サイクル分だけ ON になるのに対し，T2 は 0.4 秒 + 1 サイクルの間 ON になるという非対称型である．

2.5　シーケンス回路設計の応用テクニック

これができれば一人前

　回路を設計するテクニックとして，状態遷移表（☞ **2.3 節**）やタイミングチャート（☞ **2.4 節**）による方法を説明したが，これらを組み合わせて応用すると，さらに効率よく設計をすることができる．例えば，タイミングチャートの出番だと思っていたタイマやカウンタの回路を設計するときにも状態遷移表を使うとよい（☞ **2.5.1 項**）．タイミングチャートだけで考えにくい複雑なタイマ・カウンタの入力回路設計には真理値表と呼ぶ状態遷移表に似た表を使うとよい（☞ **2.5.2 項**）．また，大きなシステムの設計では，状態遷移表をつくると，行数や列数の多い表になってしまい，すべてのセルについて動作を考えるのが大変である．そのようなときには，分割設計の手法が有効である（☞ **2.5.3 項**）．

2.5.1　タイマ・カウンタ回路の状態遷移表

　ここでは，タイマ接点やカウンタ接点の ON/OFF を「条件」に入れた状態遷移表をつくることで，回路を設計する手順を説明する．

(1) トイレの自動洗浄

　トイレの人感センサ（赤外線センサ）を使って，使用後に自動洗浄する（水を流す）回路をつくろう．まず，人感センサが一瞬入っただけでは反応せず，例えば 10 秒以上，人がいた場合に使用したと判断する．そして，使用後つまり人感センサが OFF になったら水を流す．このタイミングは OFF になったらすぐでよいことにする．そして，最後に，例えば 5 秒間水を流したら止める．概略タイミングチャートは**図 2.85** のようになる．ただし，このタイミングチャートは通常の場合のみを示している．この図にない，人が近づいたがすぐに立ち去ったとか，流している最中

図 2.85 トイレ自動洗浄の概略タイミングチャート

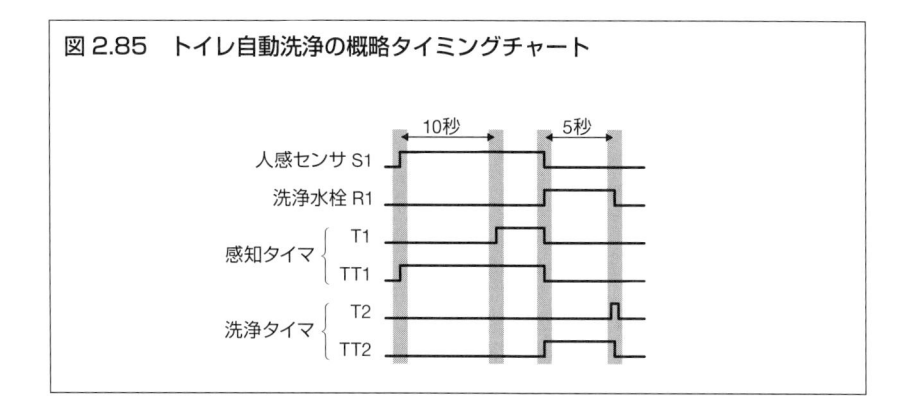

に次の人が来たとか，さまざまな場合に変なことにならないよう，状態遷移表をつくらなければならない．

状態は水栓を開くリレー R1 が ON か OFF かの2つとし，条件は人感センサ S1，使用と判断する時間の感知タイマ T1，水を流す時間の洗浄タイマ T2 の3つの ON/OFF とする．状態遷移表によって動作を設計すると**図 2.86** のようになる[※1]．これより，論理を読み取ると，

$$R1 \ (= 状態 B) = R1 \cdot \overline{T2} + \overline{S1} \cdot T1 \cdot \overline{T2} = (\overline{S1} \cdot T1 + R1) \cdot \overline{T2} \quad \cdots (17)$$

となる．

次に，2つのタイマをいつ動作させるかを設計する．つまり TT1 と TT2 のタイマコイルを動作させる条件を決める．図 2.85 の概略タイミングチャートを見ると，

TT1 = S1

TT2 = R1   … (18)

とすればよいことがわかる．

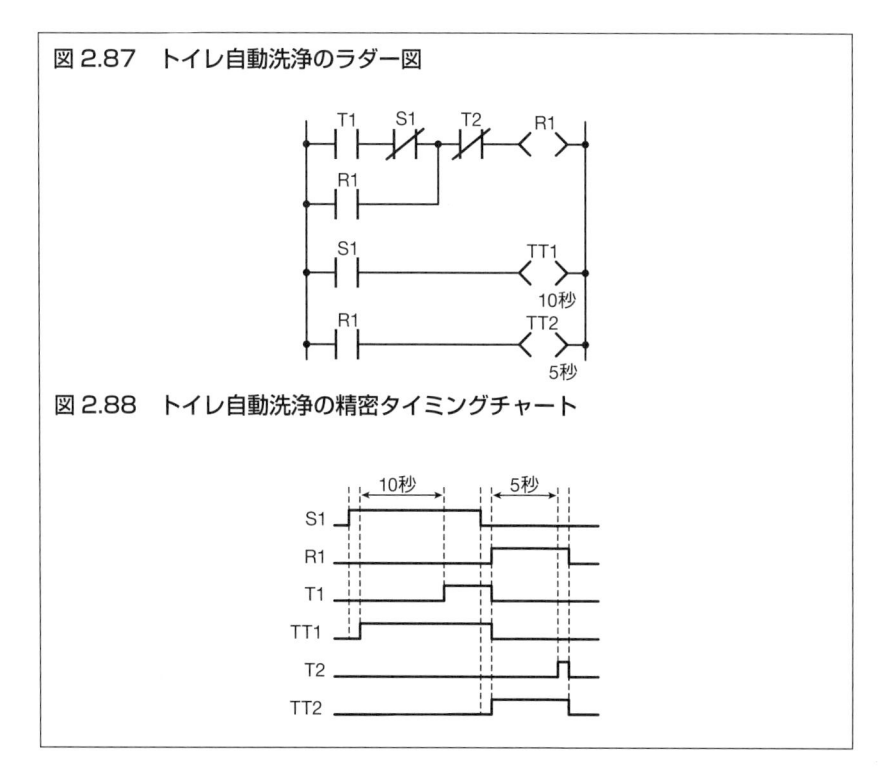

図 2.86 トイレ自動洗浄の状態遷移表

			A	B
		R1	0	1
T2	T1	S1		
0	0	0	A	B
0	0	1	A	B
0	1	1	A	B
0	1	0	B	B
1	1	0	A	A
1	1	1	A	A
1	0	1	A	A
1	0	0	A	A

※1 A : 10 秒以上センサが ON している→まだ流さない

B : センサが 10 秒以上 ON の後に OFF になった→流す

B : 流している最中にセンサが ON になった→流し続ける

図 2.87 トイレ自動洗浄のラダー図

図 2.88 トイレ自動洗浄の精密タイミングチャート

これより，ラダー図を描くと**図2.87**のようになる．この回路の精密タイミングチャートは**図2.88**のようになる．TT2を駆動しているR1は，コイルがTT2よりも上の行にあるので，

$$TT2 = R1^* \qquad \cdots (19)$$

となる．また，TT2は1行目のR1のコイルと並列に入れてもよい．この場合は，

$$TT2 \equiv R1 \qquad \cdots (20)$$

である．なお，図2.88は最も普通に起きる動作のみである．本当は，状態遷移表と同様に，センサが入って10秒たたないうちに切れたとか，水を流している途中でセンサが入った場合なども含む，すべての場合のチェックが必要である．

なお，タイマを動作させる条件がこれほど簡単でなく，もっと複雑な場合には，TT1やTT2を駆動する回路を決めるために真理値表（☞**2.5.2項**）というものをつくるとよい．

(2) ダブルクリック

スイッチS1を1秒以内に2回押すと，リレーR1がONになる回路を設計しよう．いわゆるダブルクリックである．まず，**図2.89**のように，概略タイミングチャートを描いてみる．この図では，S1の1回目のONの後は，1秒たってしまい時間切れになっている．その後ふたたびS1がONの後，1秒以内にもう一度ONになったので，R1をONにしている．途中の波線は，長い時間を短く省略した意味で

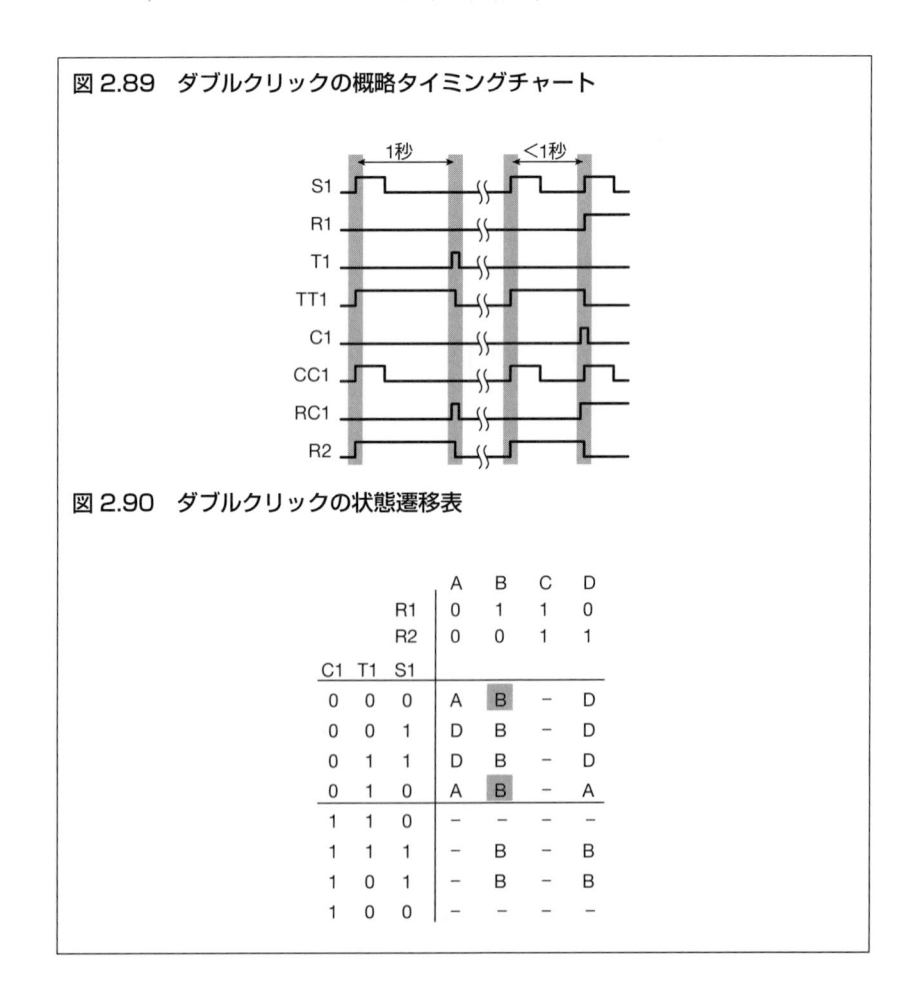

図2.89 ダブルクリックの概略タイミングチャート

図2.90 ダブルクリックの状態遷移表

			A	B	C	D
		R1	0	1	1	0
		R2	0	0	1	1
C1	T1	S1				
0	0	0	A	B	–	D
0	0	1	D	B	–	D
0	1	1	D	B	–	D
0	1	0	A	B	–	A
1	1	0	–	–	–	–
1	1	1	–	B	–	B
1	0	1	–	B	–	B
1	0	0	–	–	–	–

あるが，ここでは，その前後で影響がない独立したものであることを示している．

ダブルクリックの判定のため，たった2回ではあるがスイッチを押した回数をカウンタで数えることにしよう．1秒のパワーオンディレイタイマT1と，2回で接点が切り替わるカウンタC1を使う．スイッチを1回押した後，2回目までの間，何も押していないのにパワーオンディレイタイマを動作させ続けるには自己保持回路のためのリレーが必要であるから，これをリレーR2とする．状態遷移表を**図2.90**のようにつくる．R1とR2がともに入ることはないから状態Cは使わない．また，ありえない組み合わせのセルの中は「－」印としている．スイッチを押していないのにカウンタがONになる（2回目と数える）場合などである．時間切れぎりぎりで2回目を押してカウンタとタイマが同時に入った場合（D状態の6行目）はセーフと判断してR1をONにすることとしよう．この状態遷移表から論理を読み取ると，「－」印の部分まで含めてできるだけ大きく囲んで，以下のようになる．

R1（＝状態B）＝ R1 ＋ C1　　　　　　　　　　　　　　　　…（21）
R2（＝状態D）＝ R2・$\overline{C1}$・$\overline{T1}$ ＋ $\overline{R1}$・$\overline{C1}$・S1 ＝ (R2・$\overline{T1}$ ＋ $\overline{R1}$・S1)・$\overline{C1}$ …（22）

次に，概略タイミングチャートを見ると，タイマT1の動作はR2がONの間とすればよいから，R2のコイルと並列にタイマコイルTT1を入れる（これをTT1≡R2と書く．☞**2.4.7項（4）**）．カウンタの入力CC1は，CC1＝S1，すなわちスイ

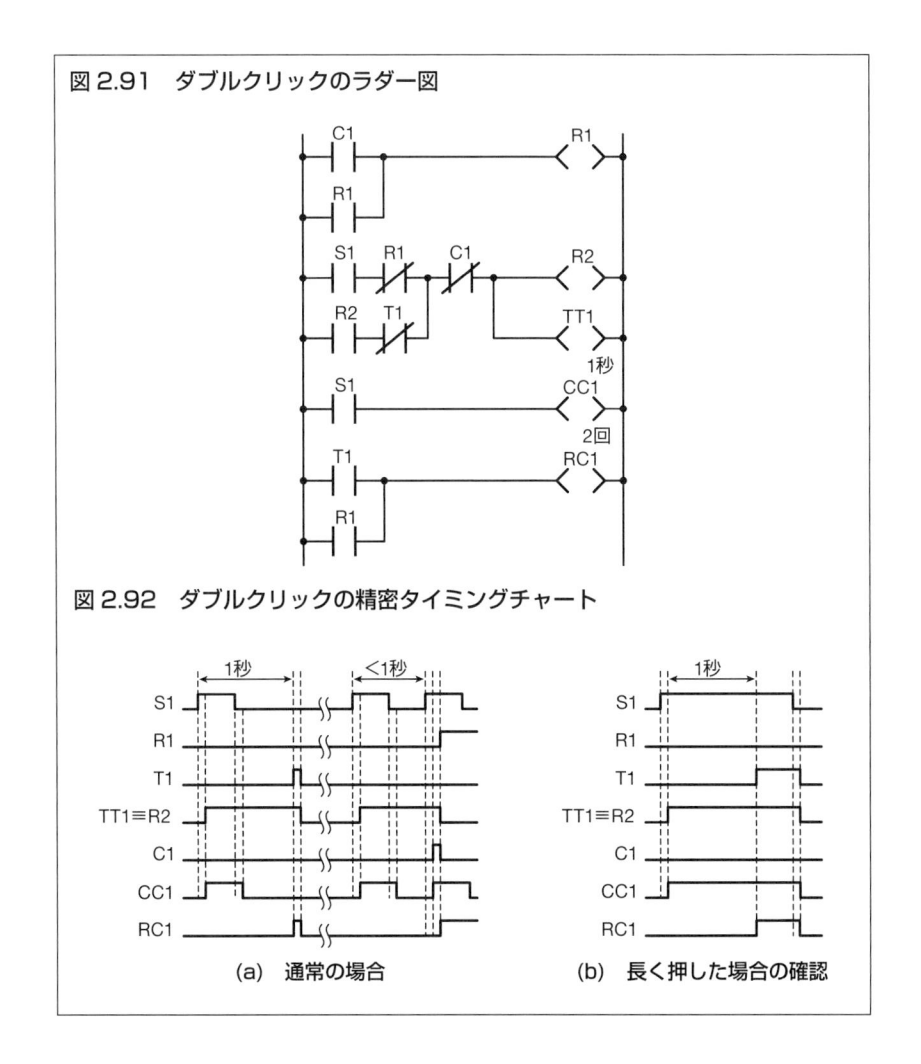

図2.91　ダブルクリックのラダー図

図2.92　ダブルクリックの精密タイミングチャート

(a) 通常の場合　　　(b) 長く押した場合の確認

ッチ S1 につなぐ．カウンタリセット RC1 を作動させたいのは，R1 が入ったとき，または T1 が入ったときであるから，

$$RC1 = R1 + T1 \qquad \cdots (23)$$

とする．これより，ラダー図は図 2.91 のようになる．

この回路の精密タイミングチャートは図 2.92(a)のようになる．RC1 が 1 サイクルしか ON にならないこともあるなど，けっこう微妙なタイミングで動作していることがわかる．これらの 1 サイクルか 2 サイクルの短時間の状態についても，状態遷移表できちんと設計してあるから，動作は保証されている．また，スイッチ S1 を 1 秒以上押し続けた場合について，概略タイミングチャートでは触れなかったが，状態遷移表にはそれも含まれている．精密タイミングチャートで確認すると図 2.92(b)のようになり，問題ない．

なお，図 2.91 の回路では R1 が ON になったら，もう OFF にならない（図 2.90 の状態遷移表でそのように設計した）．図 2.90 の B の部分を A に変更すれば，

$$R1 = R1 \cdot S1 + C1 \text{ （または } R1 = (R1 + C1) \cdot S1) \qquad \cdots (24)$$

となり，図 2.91 の 2 行目の R1 接点に直列に，あるいは R1 コイルの左に S1 の a 接点を入れれば，S1 を離せば R1 が OFF になる回路ができる．

(3) タイマ 1 個の発振器

デューティ比が 50％（ON が周期の半分）の発振器は，時間設定が 1 種類しかないのだから，タイマ 1 つでつくることができるはずである．しかし，2.4.7 項(5)のタイマ 2 個の発振器よりむしろ考えにくい．そこで，タイミングチャートに加えて，状態遷移表を使って設計しよう．

まず，概略タイミングチャートを描いて考えよう．図 2.93 のようにタイマ T1 をパルス状に出して，リレー R1 をセット・リセットする．タイマコイル TT1 は T1 の b 接点で駆動する計画にする．次に，状態遷移表をつくる．状態は R1 の 0，1 だけで，T1 が 1 のときは 0，1 が入れ替わるようにすると，図 2.94 のようになる．この状態遷移表から論理を読み取ると，

$$R1 \text{ （=状態 B）} = R1 \cdot \overline{T1} + \overline{R1} \cdot T1 \qquad \cdots (25)$$

となり，ラダー図は図 2.95 になる．

図 2.94 タイマ 1 個の発振器の状態遷移表

T1 \ R1	A 0	B 1
0	A	B
1	B	A

図 2.93 タイマ 1 個の発振器の概略タイミングチャート

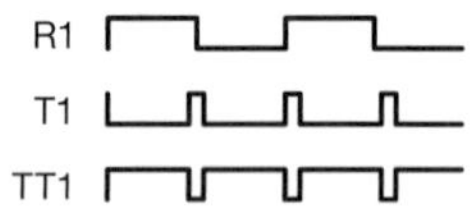

図 2.95 タイマ 1 個の発振器のラダー図

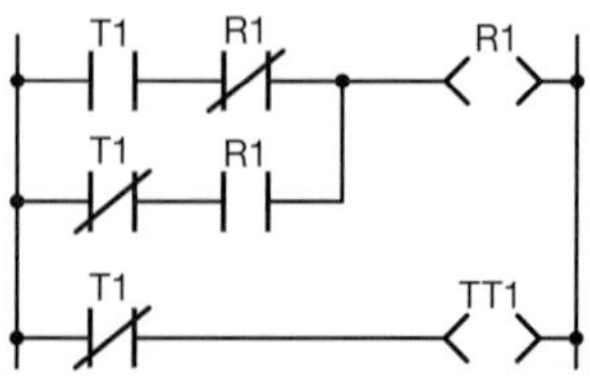

図 2.96 タイマ1個の発振器の精密タイミングチャート

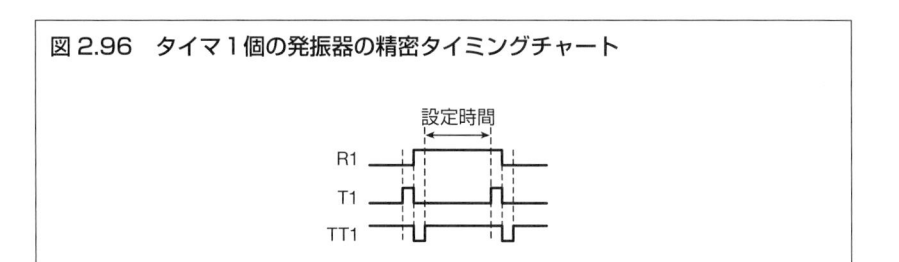

　実は，この状態遷移表とラダー図は，オルタネート回路をリレー1つだけでつくろうとしたときの図2.47と図2.48と同じで，矛盾があって安定しないように思われるだろう．しかし，ここではTT1をT1のb接点で駆動することによって，T1が1になるのは1サイクル分の時間だけである．精密タイミングチャートを描いて確認すると，**図2.96**のようになる．R1が0のときにT1が1になると，不安定にならずにR1は0から1へ，TT1は1から0へ切り替わる．また，発振の半周期は「タイマの設定時間+2サイクル」となることもわかる．このように，概略のタイミングチャートと状態遷移表によって回路を決めたら，精密タイミングチャートをつくって確認するとよい．

2.5.2　タイマ・カウンタ入力用の真理値表

　タイマやカウンタのコイルを駆動する論理が複雑になりそうな場合は，このコイル駆動部分の回路設計に**真理値表**を用いるとよい．真理値表とは状態遷移表を同じようにして，**図2.97**のように上に状態，左に条件を書いて，表の中のセルに0と1を書き込んだものである．この例はタイマT1の入力（駆動コイル）TT1の真理値表で，0は電流を流さないこと，1は電流を流すことである．図2.97にはないが，「どちらでもよい」を表す場合には状態遷移表のときと同じく「-」印とする．

　特に真理値表を用いた方がよいのは，スイッチを長く押した場合と短く押した場合，2つ同時に押した場合や単独の場合など，タイミングチャートで表すと何通りも分かれて，いつタイマやカウンタを駆動したらよいか見い出しにくい場合である．例を2つ示して，真理値表のつくり方と使い方を説明しよう．

図 2.97　ワンショットタイマの真理値表（TT1の駆動）

TT1駆動			
	R1	0	1
T1	S1		
0	0	0	1
0	1	1	1
1	1	1	1
1	0	0	1

(1) ワンショットタイマの真理値表のよる設計

スイッチS1を押すと，その長さによらず規定時間だけリレーR1がONになるワンショットタイマの回路のラダー図は，図2.71（解説は☞ **2.4.3項(2)**）に示したが，ここでは，タイマ入力TT1をどのように配線すればよいかを見い出すために真理値表を使おう．ワンショットタイマは**図2.98(a)**のようにスイッチS1を短時間だけ押してもリレーR1が規定時間（この例では10秒）ONになる．この(a)の概略タイミングチャートだけを見ると，TT1=R1でよいと思うだろう．しかし，**図2.98(b)**のようにスイッチS1を押し続けて10秒以上たった場合には違ってくる．10秒たったところでタイマを止めてしまうと初期状態に戻るため，また新たにスイッチを押したように動作してしまう．そこで(b)の概略タイミングチャートのようにS1を押し続けている間，TT1をONにしておく．この場合は，TT1 = S1のように思われ，先の(a)の場合と異なる．

そこで，TT1をONにする論理を見い出すための真理値表をつくる．図2.97のように，状態遷移表と同じ形式で，上側に状態であるR1の0と1，左側に条件となるS1およびT1の0と1を書く．状態遷移表との違いは，中央部にA, Bではなく，0と1を書くことである．1はTT1を駆動することを表し，0は駆動しないという意味である．上記のスイッチを10秒以上押し続けた場合は真理値表の $\boxed{1}$ のセルになるので，ここを1にしておく．真理値表から論理を読み取る方法は，状態遷移表のときと同じである．図2.97の場合は，TT1駆動を1にするのは実線または破線囲みのときと読み取れるから，TT1 = S1 + R1とすればよいことがわかる．

一方，ワンショットタイマの状態遷移表は**図2.99(a)**のようにつくることができる．これよりBの部分を表す論理を読み取ると，

$$R1（=状態B）= R1・\overline{T1} + \overline{T1}・S1 = (R1 + S1)・\overline{T1} \qquad \cdots (26)$$

となる．このR1の駆動と上記のTT1の駆動の論理をラダー図にすると，**図2.99(b)**になる（R1とTT1の駆動回路が同じになる部分は共通化している）．

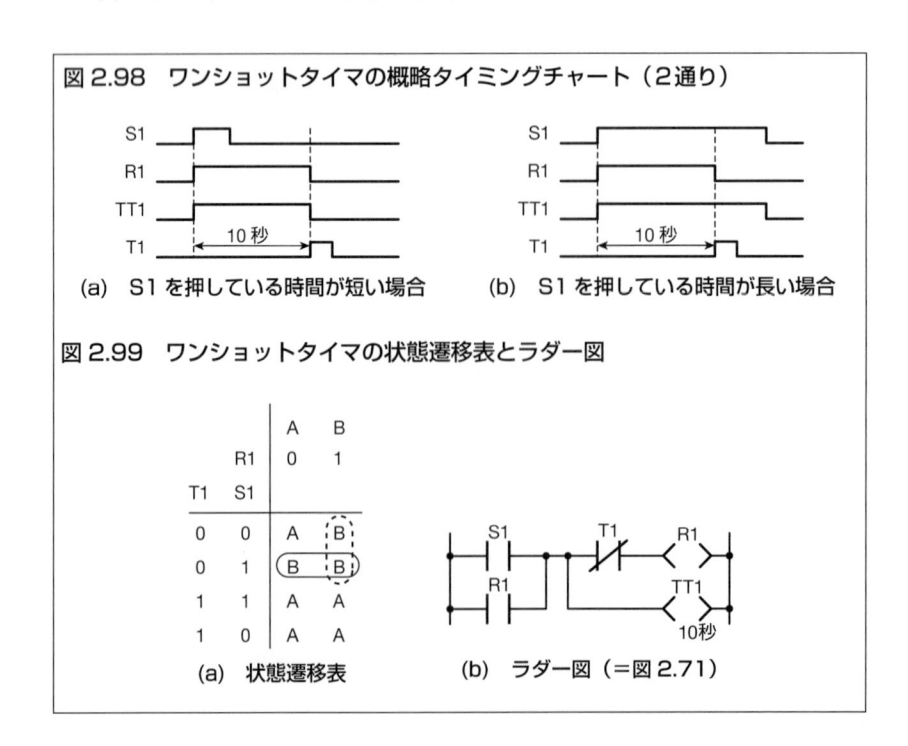

図2.98 ワンショットタイマの概略タイミングチャート（2通り）

(a) S1を押している時間が短い場合 (b) S1を押している時間が長い場合

図2.99 ワンショットタイマの状態遷移表とラダー図

		A	B
	R1	0	1
T1	S1		
0	0	A	B
0	1	B	B
1	1	A	A
1	0	A	A

(a) 状態遷移表 (b) ラダー図（=図2.71）

(2) 10カウントで止まる回路の真理値表

図2.70（☞104ページ）のようなベルトコンベアがあって，スイッチS1を押したら製品を10個出して停止する回路について，2.4.5項ではすでにできている回路を紹介したが，ここでは設計の手順を説明する．製品の通過をカウントするため，通過センサS2，カウンタC1を使う．モータ駆動リレーをR1とする．まず，状態遷移表をつくると，**図2.100**のようになる．この中で3行目のC1 = 1，S1 = 1のセルをAにしているのは，10個目をカウントして止まるときにS1をずっと押し続けていた場合に，一瞬止まるだけで再始動するのを防ぐためである．S1を一度離して押しなおさないとモータは動かないようにしている．これより論理式は，

$$R1 = \overline{C1} \cdot S1 + R1 \cdot \overline{C1} = (S1 + R1) \cdot \overline{C1} \quad \cdots (27)$$

となる．カウンタC1のカウント入力CC1には通過センサS2を直接つなげばよいのは，ほぼ自明であろう．では，リセット入力RC1はどうしたらよいか．カウンタC1がONになったらリセットする方法は，ラダー図の行の順番によっては，C1がONになって1サイクルたたないうちにOFFになってしまい（☞**2.6.1項**），状

図2.100　10個出し装置の状態遷移表（R1の駆動）

		A	B
	R1	0	1
C1	S1		
0	0	A	B
0	1	B	B
1	1	A	A
1	0	A	A

図2.101　10個出し装置のリセットコイルの真理値表（RC1の駆動）

RC1駆動

	R1	0	1
C1	S1		
0	0	1	0
0	1	0	0
1	1	0	0
1	0	1	0

図2.102　10個出し装置のラダー図（＝図2.70(b)）

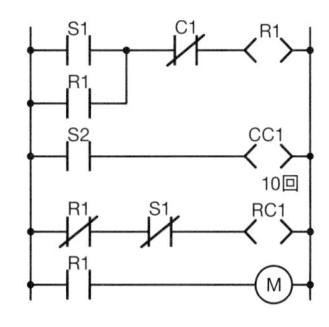

態遷移表で設計した通りにならないこともある．そのため C1 以外の接点を使った方がよい．そこで真理値表をつくってみる．状態遷移表と同じ枠をつくって RC1 を 0 にするか 1 にするかを記入した真理値表が**図 2.101** である．上述のような押し続け対策のため，カウンタが 10 個を数えて R1 が 0 になっても，S1 を押している間はリセットしないように設計している（3 行目）．この真理値表から論理を読み取ると，

$$RC1 = \overline{R1} \cdot \overline{S1} \qquad \cdots (28)$$

となる．これらの論理をラダー図にすると，**図 2.102** になる．

2.5.3 分割設計

状態遷移表をつくって回路を設計するとき，リレーやセンサの数が多いと，状態や条件の数が増えて，表が大きくなってしまう．そのようなときに効率よく設計できるのが，分割して設計する方法である．

(1) 自動ドア

センサで人を感知したら開く自動ドアの回路を設計しよう．一般的には，センサはドアの両側にあるがここでは 1 つとする．センサが ON になったら開いて，OFF になってから 5 秒たったら閉まることにする．使う部品は，センサ S1，モータを開く側に駆動するリレー Ro，閉じる側に駆動するリレー Rc，ドア全開を感知するリミットスイッチ So，ドア全閉を感知するリミットスイッチ Sc，5 秒のタイマ T1 とする．これで普通に状態遷移表をつくると，状態は Ro と Rc の 0 または 1 で 4 種類，条件は S1，So，Sc，T1 の 0 または 1 で 16 通りもあり，かなり大きな表になってしまう．

そこで，センサの信号が OFF になるのを 5 秒間遅らせるオフディレイ回路，ドアを全開まで開くオープン回路，全閉まで閉じるクローズ回路の 3 つに分けよう．オフディレイ回路は図 2.61(c) のように動作するもので，ラダー図は図 2.65(a) になる．オープン回路とクローズ回路は，オフディレイ回路の出力リレー R1 の a，b 接点によってセットされ，全開と全閉のリミットスイッチによってリセットされるセット・リセット回路にする．それぞれ**図 2.103(a), (b), (c)** のようになり，これらを並べるだけで回路が完成する．ただし，一ヵ所だけ工夫がしてある．オープン回路とクローズ回路が同時に動作してしまわないように，安全のためオープンを優先して，クローズ回路には，オープン回路作動中はインターロックがかかるように破線囲み部の Ro の b 接点を追加している．

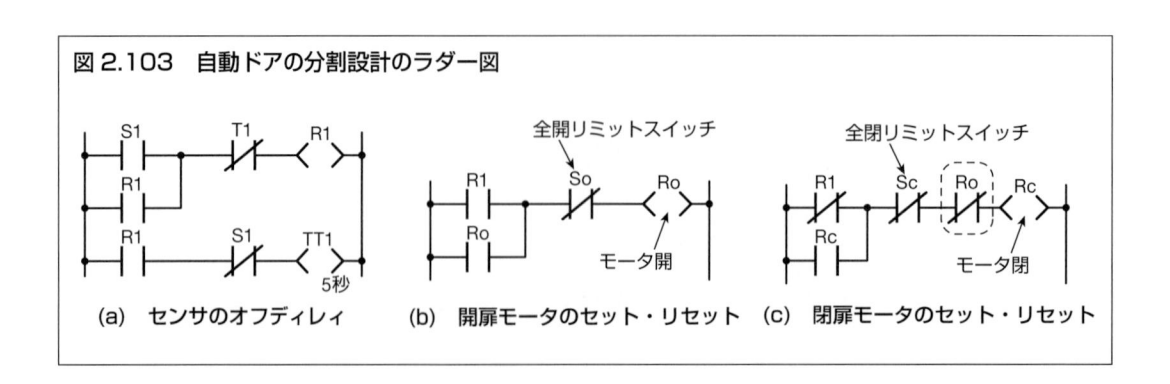

図 2.103　自動ドアの分割設計のラダー図

(a) センサのオフディレイ

(b) 開扉モータのセット・リセット

(c) 閉扉モータのセット・リセット

(2) 2種類のお茶が飲める給茶機

緑茶と麦茶を選んで飲める給茶機を設計しよう．社員食堂などにある無料のものを考える．緑茶と麦茶のスイッチ S1, S2 があり，どちらかを押すと，そのお茶が一定時間出る．どちらも抽出時間は5秒とし，タイマ T1 を共用する．緑茶を出すリレーを R1，麦茶を出すリレーを R2 とする．設計上の留意点は，スイッチを押し続けても5秒で止まること，1つのお茶を抽出している最中に他のお茶のスイッチを押しても出ない（スイッチが無効になる）こと，2つのスイッチを同時に押したときの対応ができること，である．

図 2.104(a) は緑茶のセット・リセット回路で，S1 を押すとセット，タイマが入るとリセットする．同じように**図 2.104(b)** の麦茶の回路もつくる．そして，この2つの回路は互いにインターロックをかけ，同時に作動しないようにしておく．**図 2.104(c)** は抽出時間を決めるタイマ回路で，工夫がしてある．スタート信号は抽出リレー2つのほか，スイッチ2つも加えて OR 回路にしている．これはスイッチを押し続けた場合の対策である．もし，(c)の回路に S1, S2 がないと，スイッチを押し続けたとき，5秒たつとタイマが ON になって抽出が止まるが，すぐにタイマが OFF になるので，一瞬停止しただけでまたお茶が出てしまう．実は，これはワンショットタイマの機能で，すでに図 2.64 はリレーとスイッチの OR でタイマを作動させる回路になっている．

以上より，この給茶機は，互いにインターロックをかけた2つのセット・リセット回路と，ワンショットタイマ回路を組み合わせて設計できる．なお，このようにリレーの接点で互いにインターロックをかけた回路は，スイッチがまったく同時（PLC の1サイクル内）に押されたときには，ラダー図で上の行にあるリレーが ON になる（☞ **2.6.2 項**）．

(3) 分割設計の考え方

分割設計というのは，人間でいえば共同作業の設計のようなものである．例えば，ユーザーインターフェースの部分を受付窓口役にまかせ，機械の調子を見ながら操作するのをエンジニアにまかせ，タイムキーパーを別の人にまかせて協調して働くのと同じである．別の例えでは，道路や鉄道の工事では必ず，力仕事をしている人の他に，周囲の車の誘導をする人，あるいは電車が来たことを知らせる人が別にいる．それらの人たちが声，笛，旗などで通信して協調しているのである．

分割設計した回路を組み合わせる際には，ある回路の出力を他の回路の起動トリガやインターロックとして作用させることを考えればよい．例えば，回路ブロック

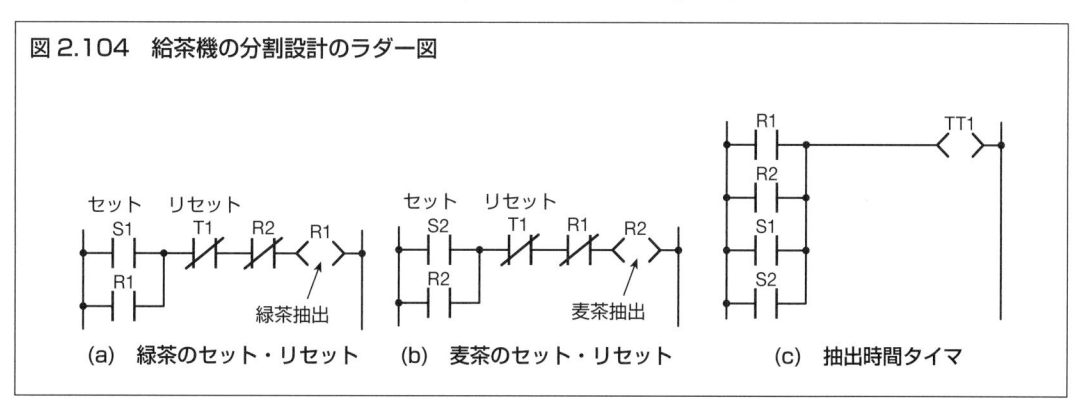

図 2.104 給茶機の分割設計のラダー図

(a) 緑茶のセット・リセット　　(b) 麦茶のセット・リセット　　(c) 抽出時間タイマ

Aの中のリレー接点を回路ブロックBの起動スイッチ（手動操作のつもりで設計した）の代わりに入れればよい．インターロックの場合は，回路ブロックBの設計時には外部の接点が仮想的に存在すると思い，後で回路ブロックAのリレー接点を代わりに入れればよい．

分割設計の有効な例として，メイン回路と前処理回路に分けるのもよい．例えば入力信号が多数の場合は，信号をグループ分けして前処理回路を通し，複数の前処理回路の出力のAND回路やOR回路によってメインの回路を作動させるのもよい考え方である．また，スイッチの長押しを無効にするためには，図2.63のようなワンショットタイマの回路を前処理回路として入れるとよい．さらに，電源のON/OFFやドアの開閉のような相反動作を1つのスイッチで行うために図2.51のオルタネート回路を前処理回路として用いることもできる．図2.51は，スイッチS1を押して離して，と操作するごとにR1がON/OFFするので，R1のa接点とb接点をメイン回路のON/OFFや開閉などの2つのスイッチの代わりにすればよい．

2.6 シーケンス回路設計の上級編

2.6.1 PLCの内部処理順序を意識する

PLCは接点のON/OFFをどのような順序でやっているだろうか．1サイクル内にすべての接点についてやるのだから順序は関係ないと思うかもしれない．しかし，回路によっては，ラダー図の行の上下を入れ替えただけで動作が変わってしまうものもある．例えば**図2.105(a)**の回路をつくってみよう．このラダー図の1,2行目は，スイッチS1でコイルR1を駆動し，その接点R1でコイルR2を駆動するという連鎖動作になっている．PLCのプログラムはこの行の順番に入れていく（☞ **2.7節**）．そして，通常のマイコンのプログラムのように，入れた順に動作を実行していく．そうすると，1行目を実行するとR1がONになり，2行目を実行するときには接点R1が導通しているのでR2がONになり，次に3行目を実行するときにはR1, R2ともにONなので，R3はONにならない．（一瞬でもONになれば自己保持されるので目に見える．）一方，この2行目と3行目の順序を逆にした**図2.105(b)**ではどうだろうか．1行目でR1がONになって，3行目のR2の動作の前に2行目でR3がONになる．つまり，ラダー図の上から下への順に処理していることがわかる．

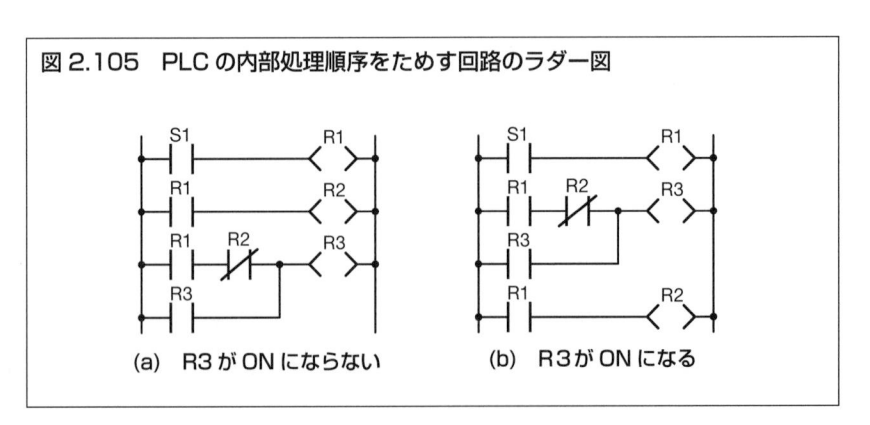

図2.105 PLCの内部処理順序をためす回路のラダー図

(a) R3がONにならない　　(b) R3がONになる

上から下といっても，細かくいえば次のようになる．あるコイルに電流を供給する左側の接点群のチェックをすべて行う．線がつながっていれば見かけ上でコイルより下に位置する接点も含まれる．その結果でコイルを動作させる．その次に，1つ下にあるコイルについて同様に処理を行う[※1, ※2, ※3]．

次に，タイマ接点のON/OFFはいつ起こるか考えよう．指定時間が来たときに決まっていると思うかもしれないが，これも通常のリレーと同じようにTT1のタイマコイルがあるところを実行しているときに起こる[※4]．図2.106(a)の回路は，TT1に電流を流し始めて1秒経過し，その後はじめて実行する1行目では，まだT1がONしていない．その後，2行目でONするので，3行目でR2がONになる．また，T1がOFFになるのもTT1のタイマコイルのところを実行しているとき，つまりTT1の電流を切ったときである．そのため，図2.106(b)のように，TT1の駆動回路にT1のb接点を入れると，TT1の実行時にT1がONになって，それから1サイクル後のTT1のところでOFFになる．つまり，T1は1サイクル分の時間ONしている．そのため，状態遷移表などで設計した通りに動作する．

一方，カウンタの場合は，入力パルス数が指定回数に達したときにカウンタC1がONになるのは，ごく自然な考えであろう．つまりC1がONになるのはCC1のコイルのところを実行しているときである[※4]．同様に，リセットコイルRC1を

※1 同一コイルを二ヵ所以上に入れた場合（ダブルコイルという）は下の行が有効（動作が後まで残る）になるが，デバッグ中の臨時措置以外には二ヵ所以上に入れるのはやらない方がよい．

※4 一部のPLCでは，タイマとカウンタの値の更新をラダー図の一番下まで実行した後にまとめて行うものもある．

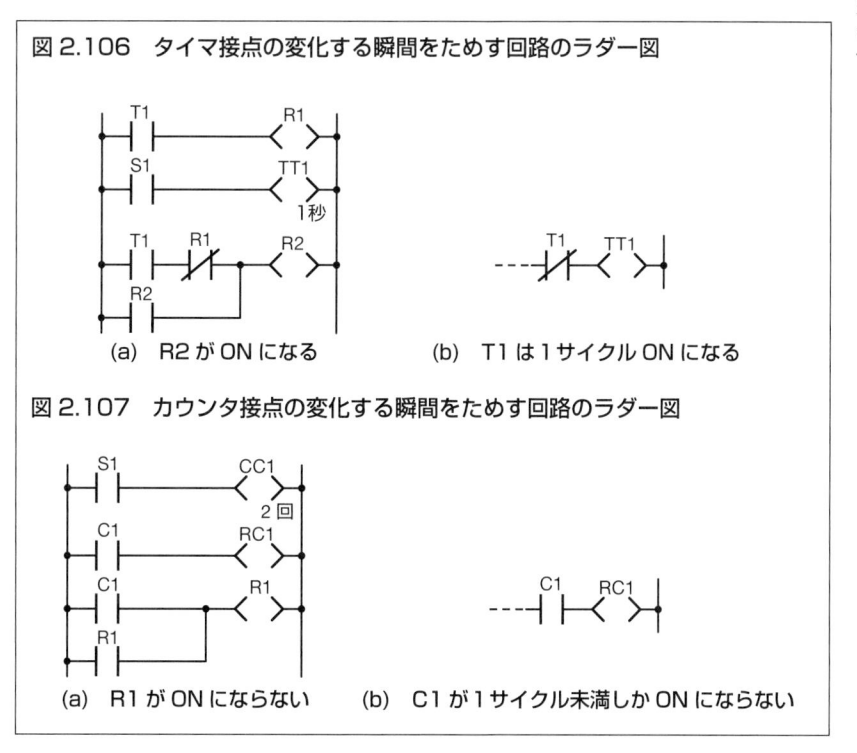

図2.106 タイマ接点の変化する瞬間をためす回路のラダー図

(a) R2がONになる　　(b) T1は1サイクルONになる

図2.107 カウンタ接点の変化する瞬間をためす回路のラダー図

(a) R1がONにならない　　(b) C1が1サイクル未満しかONにならない

※2 一部の小型のプログラムリレーなどでは，ラダー図をグラフィック的に入力する方式で，処理順が違うものがある．接点を配置できる場所が表の中のセルのように決まっていて，左上から下に向かって接点の状態をスキャンして，最後に右にあるコイルをすべてON/OFFする．この場合は，回路の動作がラダー図の行の順番に依存しない．

※3 外部出力端子のリレーやトランジスタの実際のON/OFF切り替えは，ラダー図を一番下まで実行した後にまとめて行われる．そのときに内部の仮想リレーのON/OFFが外部出力に反映される．これをリフレッシュ方式という．一部のPLCではコイル実行時に外部出力も変化させるダイレクト方式もできる．

2.6 シーケンス回路設計の上級編

実行しているときにC1はOFFになる．図2.107(a)の回路は，S1を2回押すと，1行目のCC1のところでC1がONになるが，すぐに2行目のRC1のところでC1がOFFになってしまうので，3行目のR1はONしない．図2.107(b)のようにRC1をC1接点で駆動すると，C1がONになっている期間が1サイクル未満になり，思った通りの（状態遷移表などで設計した）動作にならないことがあるから注意が必要である[※1]．

また，外部入力の信号はPLCのサイクルと無関係なタイミングで変化するが，それをチェックして内部接点に反映させるのは次のサイクルで行われる．このため，本章の精密タイミングチャートでは，外部入力の影響による内部接点の変化は次のサイクルで起こるように描いている．

※1　CC1とRC1は同一のものを二ヵ所で駆動するダブルコイルだと考えるとよい．

2.6.2　スイッチ同時押しに対応する

ユーザーが複数のスイッチを同時に押したり，センサ信号が偶然同時にONになったりしたときに困った動作にならないように設計することは，細かいことのようだが重要で，しかも難しい．状態遷移表をきちんとつくって設計すればよいことだが，ここでは回路を見ながら動作の特徴をつかむことにしよう．

同時に入力があったときには，①早押しボタン検出装置のように一方だけを取り入れなければならない場合，②両方の対応処理を同時に進めてよい場合，③一方を先に処理して次にもう一方を処理するのがよい場合，などがある．ここでは①の一方に限定する場合について対応策を説明する．

(1) 両方入らないスイッチインターロック

図2.108(a)のように2つのスイッチで互いにインターロックをかけた回路は，スイッチをまったく同時に押すとどうなるか．同時といってもPLCの場合には同一サイクル内で，リレー回路の場合にはリレーが動作する時間より短いような時間差で，という意味である．図2.108(a)の場合には，同時だとR1，R2はどちらも入らない．引き分け＝両方負けという感じである．

(2) 上の行が優先になるリレーインターロック

では，図2.108(b)はどうだろうか．2つのリレー接点で互いにインターロックをかけている．この回路ではPLCの処理順序（☞ 2.6.1項）のため，上にあるコイルの方が先に入って，下のコイルは入らない[※2]．

※2　実際のリレーで組んだ場合は，個体差により一瞬早くb接点が切れた方のリレーがONになる．また，グラフィック型処理（123ページ脚注2）のプログラムリレーでは，この回路は発振してしまう．

(3) 引き分けはつくらない

PLCの1サイクル内の同時押しを行の順序に依存しないで処理するためには，

図2.108　相互インターロックと同時押し

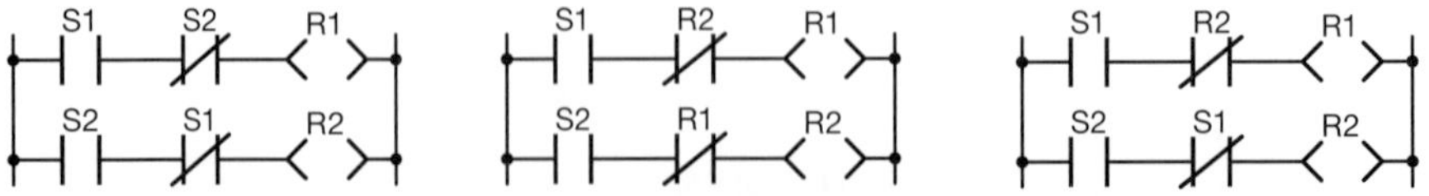

(a) 両方入らないスイッチインターロック

(b) 上の行が優先になるリレーインターロック

(c) 行順によらずS1が優先の非対称型

優位差を付けた非対称型にしなければならない．S1とS2のスイッチが同時に押されたら，S1の方を優先するというように不公平なルールである．**図 2.108(c)**のようにすればよい．S1が優先といっても，それはまったく同時の場合だけで，S2を押してR2がONになっているときにはS1を押してもR1はONしない．さらに，スイッチや入力信号が多数あるときは，同時だったら番号の小さい方にするなどのルールにする．

本来，状態Aか状態Bかを決めるべきところで，同時押しだからといって引き分けにしてしまうと第三の状態Cになってしまうので避けるべきである．ただし，同時の場合は初めからなかった（どちらも押さなかったのと等しい）ことにするというルールも可能である．その場合には，どちらかのスイッチを先に離して，もう一方が残ったときに，適切な動作になるように設計しなければならない．

> **column　自動販売機でコインより前にボタンを押す話**
>
> 自動販売機で，2つのボタンをまったく同時に押したら，商品が2つとも出てくるのではないか，という期待を（子供のころなら）持ったものだ．少し知恵が付いてくると，コインを入れる前に2つとも押しておくといいのではないかとか，やってみた人もいるだろう．残念ながら，そのようなことを起こさないように設計するのが技術者の役目である．

2.6.3　オルタネート回路を実際のリレーでつくる

スイッチが1つだけで，1回押すとリレーがON，もう1回押すとOFFというオルタネート回路は先の2.3.7項(4)で説明した．そこで示した**図 2.109(a)**のリレーを2個使った回路はPLCではよいが，リレーで組むとスイッチをゆっくり押した場合に発振してしまう．スイッチの動作が，b接点が切れてからa接点が入るというbreak before make 型（通常ほとんどのスイッチはこの型）であるため，一瞬だけ

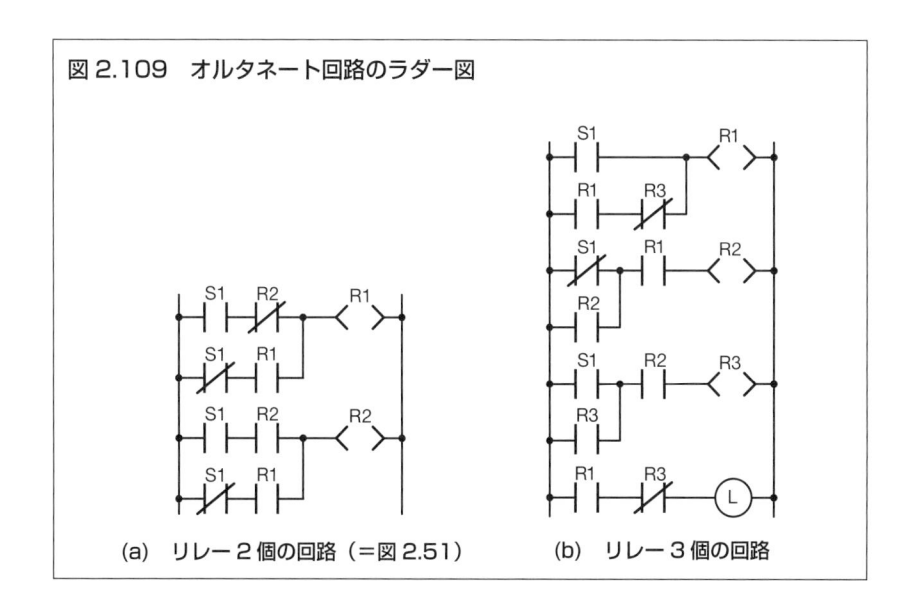

図 2.109　オルタネート回路のラダー図

(a) リレー2個の回路（＝図 2.51）

(b) リレー3個の回路

図2.110 リレー3個のオルタネート回路のタイミングチャート

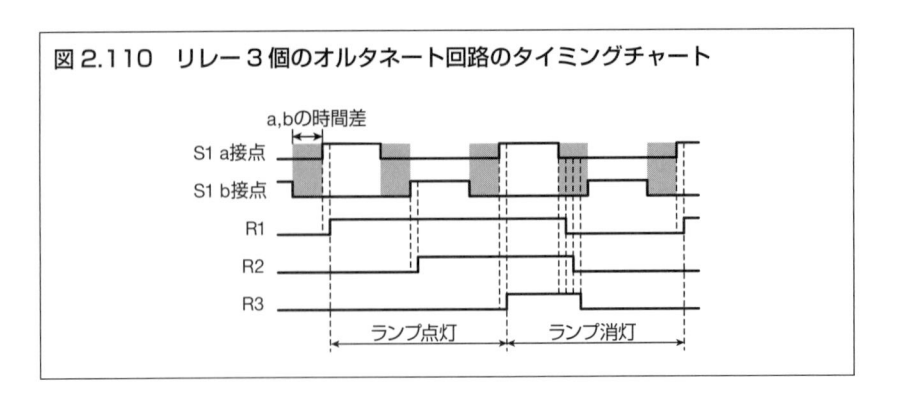

どちらにもつながっていない時間があり，自己保持が解除されてしまうのである．そこで，1つのリレーコイルの駆動回路内にa接点とb接点が混在しないようにすればよい．しかし，それはリレー2個ではできず，**図2.109(b)** のように3個使って実現できる．各リレーは，S1のa接点またはb接点でセットされ自己保持されるが，R2以下は1つ上のリレーがONになっていないとONにならない．最後に，R3がONの状態でS1がOFFになると，R1がOFFになり，そのあと連鎖動作でR2，R3が順にOFFになり，始めの状態に戻る．これをタイミングチャートにすると **図2.110** のようになる[※1]．

※1 図2.110は，S1のa接点とb接点が切り替わる時間差を大きくし，各リレーがコイル電流より若干遅れてONになるように描いている．

このように，一瞬の動作の前後順が問題となるような回路では，順序が確実になるように，ある接点1で駆動されるリレーの接点2，さらにその接点2で駆動されるリレーの接点3というようにすれば，必ず1，2，3の順で動作するものをつくることができる．

2.6.4 電源投入時にリレーを複数動作させない

電源投入は，多くの機械にとって特別なイベントである．PLCではない本物のリレーがいくつもある場合は，どのリレーが先に入るかわからない．入る順序によっては，状態遷移表の設計で「使わない」つもりの状態になるかもしれない．だから本当は，電源投入時には1つもリレーがONにならないのがよい（あるいは，1つだけなら順序が関係ないのでよい）．

また，アナログ回路やセンサ信号が初めから安定しているとは限らない．インクリメンタル型のエンコーダ（☞ **8.2節**）の0の位置も合わせなければいけない．すべての部分の準備ができるまで，入力の操作を受け付けず，初期化に必要な動作以外は何も出力をしないようにすることが多い．

---

column　電源投入時にボタンを押しているとメンテナンスモードになる機械

自動車のイグニッションキーを回すときや，家電製品の電源プラグを入れるとき，普通のユーザーは他のスイッチには触れていないだろう．しかし，ここに仕掛けがある．ある特定のキーを押して電源をONにすると，通常動作とは違うメンテナンスモードに入るようになっていることがある．エラーチェックとかパラメータ調整ができるものが多い．パソコンのOSのスタート時にファンクションキーを押しておくとコマンドモードになるのも同様である．

2.6.5 立ち上がり入力接点や立ち上がり駆動リレーを使う

ユーザーが意地悪をして操作スイッチを押し続けた場合にも困った動作にならないように設計することは，大事なことで，これまでも多く説明してきたが，大変面倒なことである．そこでPLCのプログラミングでは，図2.111のような，入力信号の立ち上がり時だけONになる(エッジ検出型の)接点や，電流の流し始めにだけONになるリレーを使うとよい．PLCの1サイクルの間だけONになる．前回のサイクルではスイッチが押されていなかったが今回のサイクルで押されている場合に立ち上がりと判断してONになるので，押し続けても1サイクルの短いパルスしか出ないスイッチとして扱える．ただし，1サイクルで一連の動作が終了しない連鎖動作(☞2.3.8項(6))を起こす回路では，動作が終了しないうちにパルスが下がってしまうので注意が必要である．スイッチが入ったら自己保持して，対応動作が済んだら解除すればよい．また，スイッチ押し続け対策には，短い時間設定のワンショットタイマ(☞2.4.3項(2))を使うのもよい．

2.6.6 PLCの1サイクル分のパルスを発生させる

PLCでは，立ち上がり検出の入力がない場合でも，図2.112(a)の上2行のように，2つのリレーR1, R2をスイッチS1で駆動する回路で，一方のR1の駆動部だけ，もう一方のR2のb接点を介する回路をつくると，1サイクルだけのパルス発生をさせることができる[※2]．図2.112(b)のタイミングチャートの2，3行目のように，R1とR2は同時にONになるが，次のサイクルでR1がOFFになる．

この1サイクルのみのパルスを使うと，オルタネート回路をつくることができる．図2.112(a)下のように，R1とR3のa, b接点を組み合わせてR3を駆動する回路は，通常なら安定せずに発振してしまう．しかし，R1が1サイクルのみONになる限定があれば，R1のONパルスのたびにR3のON/OFFが反転する．図2.112(b)のように，R1がONになったためにR3のリレーがONになると，次のサイクルでR1はもうOFFになる．R3の駆動にR3の接点の変化が反映されるときには，すでにR1の接点はOFFの状態になっている[※3]．

※2 R1のコイルをR2のコイルより前にプログラムする必要がある．

※3 図2.95のタイマ1個の発振器と類似している．

図2.111 立ち上がり検出型の接点とコイル

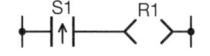

(a) 1サイクルだけONになる接点
(b) 1サイクルだけONになるコイル

図2.112 PLCで1サイクルだけONになるパルスをつくる

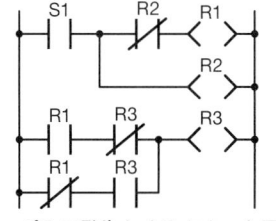

(a) パルス発生とオルタネート回路
(b) オルタネート動作のタイミングチャート

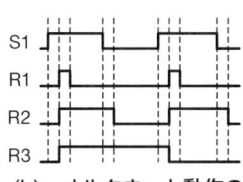

2.6.7 実はPLCよりリレーの方が難しい

　回路設計で難しいのは，複数の信号が同時に近いけれども微妙にずれて切り替わったり，同時に駆動したはずの複数のリレーの接点が微妙にずれてON/OFFしたりするのを考慮することである．例えば，信号機だったら，赤信号から青信号に切り替わる際に0.01秒だけ同時に点灯しても問題ではないだろう．しかし，鉄道の踏み切りに電車が来ていることを知らせる信号が，上り下り両方来ている状態から，上り電車が通過して下りだけを待っている状態に移行する際に，信号が一瞬途切れたらどうなるだろう．踏み切りは開く動作をしてしまい，その後ふたたび初めて電車が来たときの手順で，まず警報器を鳴らし，少し間をおいて遮断機を下げる動作になるだろう．このような瞬断（一瞬のOFF）やパルス状のONによって，自己保持が解除されたり，タイマがスタートしたりしては困る．c接点の瞬断もその例である（☞ 2.6.3項）．

　しかし，PLCの内部では，プログラムの記述順にしかON/OFFが起きないから，微妙なタイミングだと思ってもプログラムをよく見れば，すべて正確に動作順を確定できるのである．この点で，リレー回路は，実はPLCよりもずっと難しい，奥が深いものなのである．

2.6.8 ステップラダー図

　全自動洗濯機は，シーケンス制御ではあるけれど「洗い」「すすぎ」「脱水」のように手順が分かれている．こういう場合には，**図2.113**のような**ステップラダー図（STL図）**で設計するとよい．この例では，回路が3つのブロックに分かれていて，

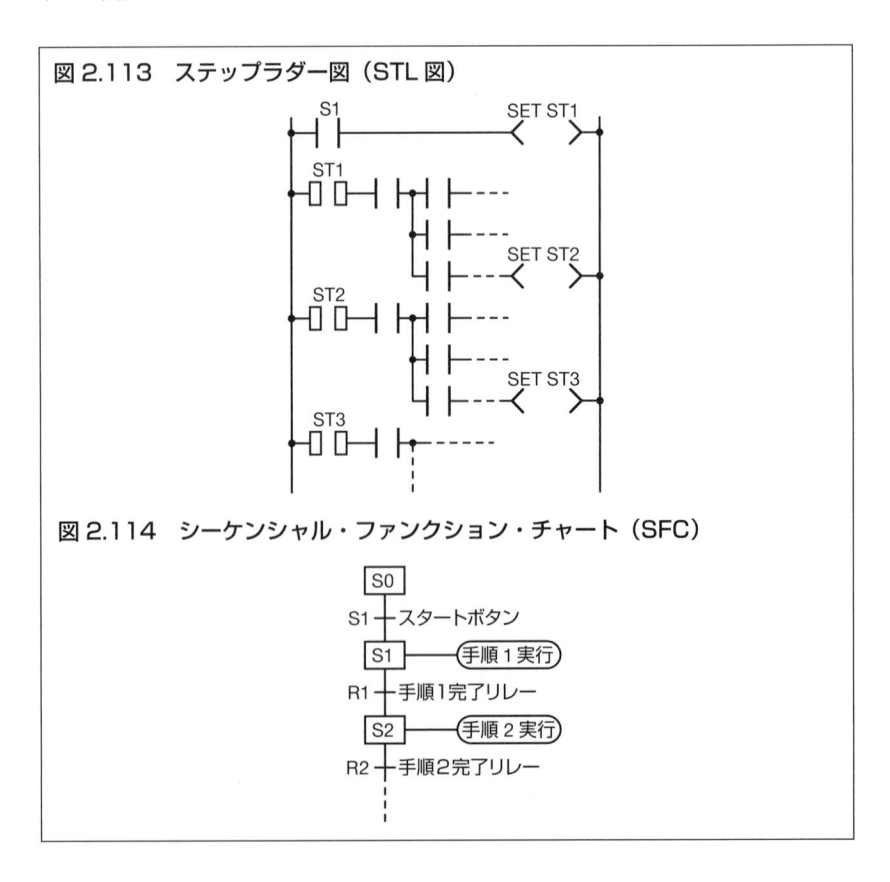

図2.113　ステップラダー図（STL図）

図2.114　シーケンシャル・ファンクション・チャート（SFC）

一度に実行するのは1つである．はじめはS1によってSST1（SET ST1）をONにするとST1の接点がONになって，それにつながるブロック（ステップ）の回路だけが電源を与えられた状態になる．その中のSST2（SET ST2）のコイルがONになると，接点ST1はOFFになって接点ST2がONになり，ST2につながる回路だけが動作する．第3のブロックへの移行も同様である．もし，第3ブロック内で再びST1をONにすれば[※1]，第1ステップから繰り返すことになる．このステップ移行コイルは，同一コイルを何ヵ所でも書けるのであるが，乱用するとちょうどパソコンのプログラムのGOTO文のようになって，流れがつかめなくなる．

※1 このときのコイルの表記は1回目と異なり，SETと書かない．PLCの機種による．

なお，このようなステップ動作を**図2.114**のような**シーケンシャル・ファンクション・チャート（SFC）**にするのが一般的である．これはフローチャートに相当するものであり，GOTO文の乱発のような混乱が生じにくい．このステップラダー図による設計法は，例えばいくつか並んだ操作ボタンの役割が一斉に変わるようなモード切り替えにもよい．この場合は，ステップを順番に実行するというよりは，プログラムのサブルーチンのように，あるステップに行って処理が済んだら戻ってくるような考えでつくればよい．また，2.6.4項で書いた「初期化」の段階と「本動作」の段階を別ステップにしてもよい．

2.7 PLCプログラミングの実際

実際の作業手順はこのようにやる

ここでは，ラダー図を設計した後，それをPLCに入れるにはどうしたらよいかを説明する．ラダー図で表す回路は，PLCの内部ではCPUが実行する機械語形式のプログラムとして扱われる．プログラムを入力する第一の方法は，PLCのメーカーなどが売っているパソコン用の専用ソフトを用いる方法である．パソコンの画面を見ながら回路をつくる．そしてパソコンとPLCをRS422（☞**1.5.6項(2)**）などの通信線でつなぎ，回路の内容をプログラムに変換してPLCに転送するという手順になる．大規模な回路の場合や，工場でプログラムを入れる場合にはこの方法がよい．

一方，小規模な回路や，現場での手直しなどにおいては，第二の方法として，PLCに図2.21のようなプログラミングコンソールをつないで入力する方法がある．このとき入力するのはプログラムそのものの書式である．ここではそれを解説しよう．

図2.115は代表的な命令（三菱電機(株)の例）である．命令には，接点やコイル

図2.115 PLCプログラムの命令（三菱電機（株）の例）

接点とコイルを配置する命令		配線の結合とメモリの命令	
LD	新たにa接点を配置	ORB	前ブロックを並列結合
LDI	新たにb接点を配置	ANB	前ブロックを直列結合
OR	並列にa接点を追加	MPS	現在値をメモリに入れる
ORI	並列にb接点を追加	MRD	メモリの値を読み出す（メモリ内はそのまま）
AND	直列にa接点を追加	MPP	メモリの中身を取り出す（メモリは空になる）
ANI	直列にb接点を追加		
OUT	コイルを追加		

を配置するものと,配線を接続するものがある.接点を配置する命令は,「命令」「目的物」「パラメータ(タイマやカウンタの場合)」の順でプログラムする.LD(ロード)は左端に接点を配置する命令,ANDやORはその先に接点を直列あるいは並列に追加する命令である.Iの文字付きはインバースの意味で,b接点になる.右端のコイルを配置する命令はOUTである.それぞれ,何を配置するのかという目的物(接点やコイル)を次に書く.例えば,**図2.116(a)** の回路は **(b)** のプログラムになる.接点とコイルの記号は,入力がX,出力がYで,その番号は図では1桁だが,実際は01あるいは001のように2桁か3桁になる.なお,OUTを続けて書くとコイルが並列に入る(図2.116(b)5行目).また,タイマの時間設定パラメータは10 ms単位など,そのPLCの設定可能最小時間を単位とした数字で記述する(図2.116(b)5行目).高速と低速の2種類のタイマがあることが多い.Kの文字は定数であることを表している.

接続の命令は,**図2.117** のように2つ以上の接点を含むかたまりを接続するときに必要になる.あらかじめつくっておいたものを現在地点に結合するもので,ちょうど電卓のメモリ機能のようなものである.(3+1)×(2+2)のような計算をメモリ機能のある電卓でやる手順と似ている.(電卓にはカッコの機能がないとする)電卓でメモリキーを押した後に新たに計算を始める場合と同じように,LDは左端とは限らず,今までとは別に新しく始めるという場合に使う(図2.117(b)3行目,(d)3行目).この方法で表しきれない回路の場合は,明示的なメモリ出し入れの命令を使う.MPS:メモリに入れる,MRD:メモリ読み出し(中はそのまま),MPP:メ

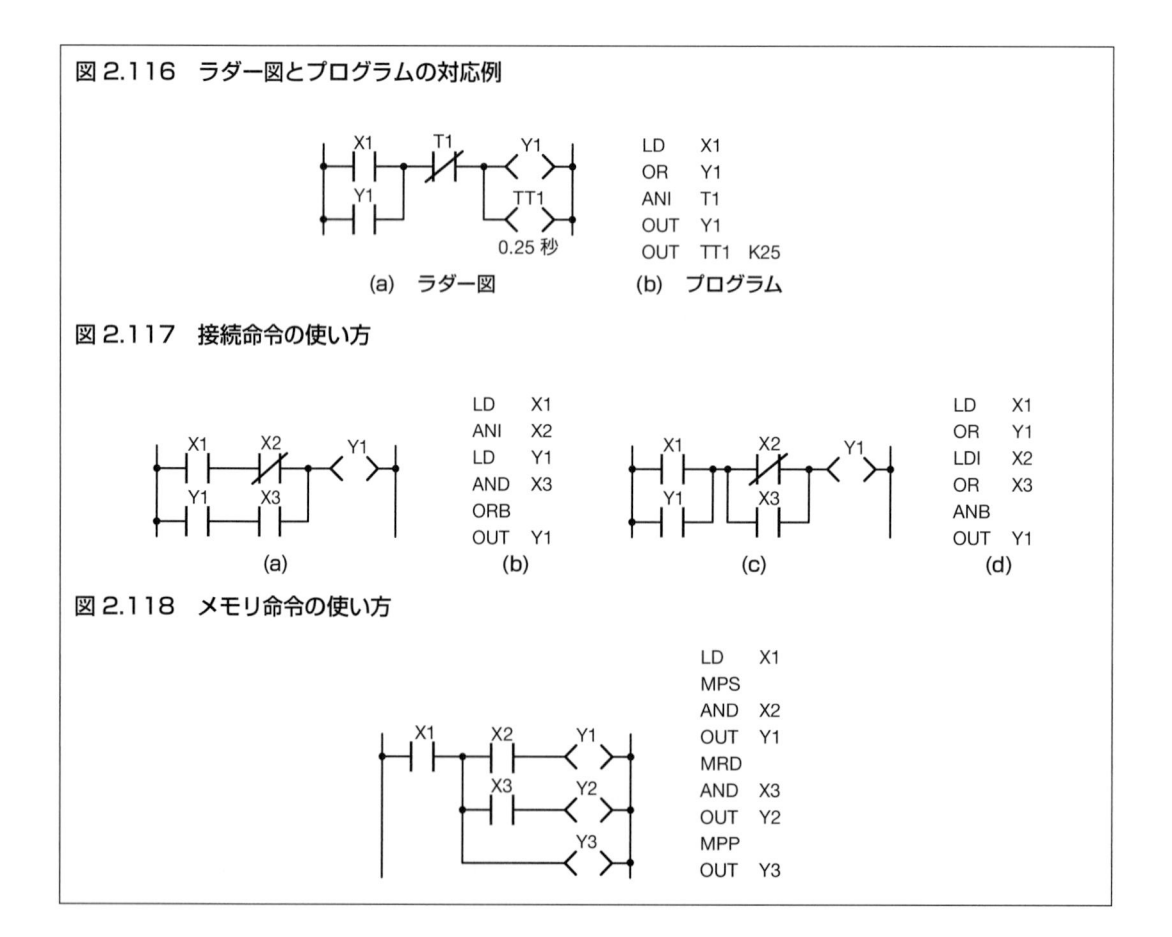

図2.116 ラダー図とプログラムの対応例

```
LD    X1
OR    Y1
ANI   T1
OUT   Y1
OUT   TT1   K25
```
(a) ラダー図   (b) プログラム

図2.117 接続命令の使い方

```
LD    X1
ANI   X2
LD    Y1
AND   X3
ORB
OUT   Y1
```
(a)   (b)

```
LD    X1
OR    Y1
LDI   X2
OR    X3
ANB
OUT   Y1
```
(c)   (d)

図2.118 メモリ命令の使い方

```
LD    X1
MPS
AND   X2
OUT   Y1
MRD
AND   X3
OUT   Y2
MPP
OUT   Y3
```

モリから取り出し（中は空になる）があり，図 2.118 のように使う．

なお，ラダー図やプログラミングに使う接点とコイルの記号は，PLC のメーカーによって異なる．本書では接点は S としたが，メーカーによって X だったり，無記号で番号のみだったりする．リレーコイルの表記は本書では R だが，Y あるいは無記号（番号のみ）のものもある．

2.8 PLC のハードウェア

配線はこのようにする

PLC はシーケンス制御を行う頭脳部分であり，シーケンサと呼ぶこともある．図 2.119 のような小さな一体型のものから，CPU，電源，入出力部などが別筐体（ケース）で，並べてシステムを組んでいく大きなものまである．

PLC には入力端子と出力端子があり，入力にはスイッチやセンサ，あるいは他の機器の出力をつなぐ．出力には LED やソレノイドバルブ（☞ 5.3 節）を直接つないだり，外部リレーをつないで大電力のモータなどを ON/OFF したりする．入出力の個数は，小規模なシステムの制御に用いる一番小さいもので 6 入力 4 出力程度，少し大きめのものは 36 入力 24 出力などがあり，本体に拡張ユニットを加えてさらに入出力点数を増やせるものが多い．

図 2.119　小型 PLC の内部（三菱電機（株）FX2N-16MR）

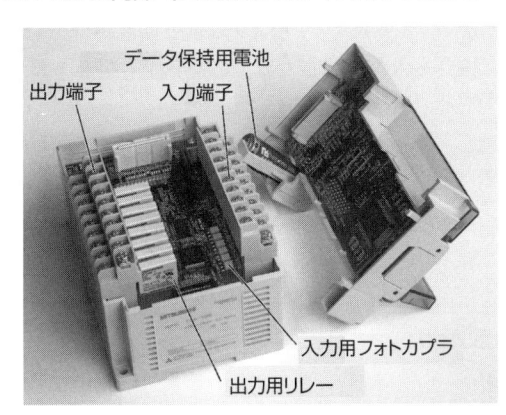

図 2.120　PLC 入力接続法（内部電源接続済み型）

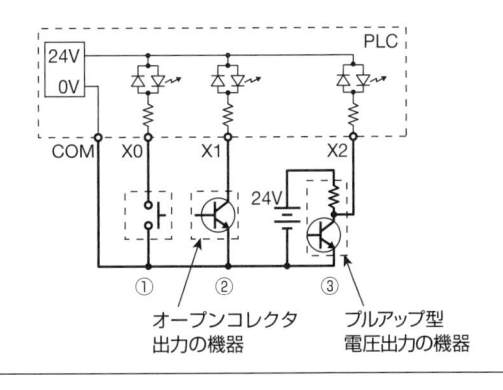

・入力端子

　PLCのディジタル入力はX0，X1，X2，…などの個別の入力端子と，それらに共通のCOM端子がある．入力端子はフォトカプラ（☞ **1.5.1.3(2)**）によって内部の回路と絶縁されている．そのフォトカプラのLEDに電流を流すと入力がONになることは全機種共通である．しかし，電流を流すために入力端子にスイッチやセンサなどをつなぐ方法はPLCの機種によって異なる．大きく分けて，内部電源が接続済みのタイプと外部電源を接続するタイプとがある．

　内部電源接続済みのタイプは，図 2.120のように，フォトカプラのLEDの一端が内部の電源のプラス側につながっていて，もう一端が電流制限抵抗を介して入力端子Xにつながっている[※1]．また，内部電源のマイナス側がCOM端子につながっている．電流を流すには，COM端子と入力端子Xを導通させればよい．スイッチの場合には図2.120の①のようにCOM端子と入力端子X0の間にスイッチを入れる．センサなどの機器出力をつなぐ場合，センサの出力がオープンコレクタ型なら②のようにする．電圧出力型のセンサをつなげたい場合には③のようにし，センサの電源をPLCと共通にするか，ほぼ同じ電圧とする．電圧が異なると，センサ電源とPLC電源との電位差でフォトカプラのLEDに電流が流れてONになってしまうからである．

　一方，外部電源を接続するタイプは，図 **2.121(a)**や**(b)**のように，フォトカプラのLEDの一端が電流制限抵抗を介して入力端子Xにつながっていて，もう一端が共通でCOM端子となっている．図2.120(a)はCOM端子を外部電源のプラス側につないで，入力端子Xから電流を吸い出す方法（ソース型），図2.120(b)は，COM端子を外部電源のマイナス側につないで，入力端子Xに電流を流し込む方法（シンク型）である．内部のフォトカプラのLEDは両方向に付いているので，入力端子から電流を出した場合も入れた場合もONになる[※2]．接続するものがスイッチの場合には，図2.121(a)，(b)の①のようにすればよい．オープンコレクタ出力のセンサなどは，図2.121(a)の吸い出し型しかできず，②のようにする．電圧出力型のセンサでも，内部がオープンコレクタにプルアップ抵抗が付いたタイプのものは，センサ出力から吐き出せる電流が小さく，PLC内部のLEDを駆動するのに十分でないため，(a)の吸い出し型で接続しなければいけない．③のようになる．

※1　実際にはLEDに並列に抵抗も付いている．

※3　三菱電機の製品ではプラスコモンタイプまたはシンク入力と呼ぶ．

※4　三菱電機の製品ではマイナスコモンタイプまたはソース入力と呼ぶ．

※2　図2.120のような内部電源接続済み型でもLEDが双方向で，内部のジャンパ線を替えて吸い出し/流し込みの両方に対応できる基板になっているものもある．

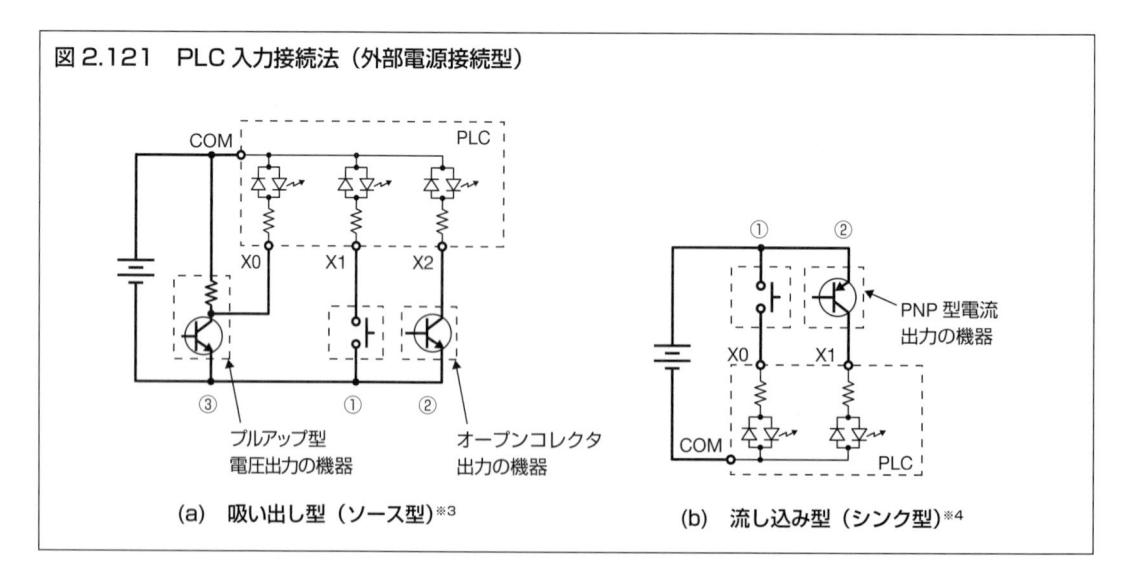

図 2.121　PLC入力接続法（外部電源接続型）

(a) 吸い出し型（ソース型）[※3]

(b) 流し込み型（シンク型）[※4]

なお，COM 端子の表記が S/S（sink/source）となっているものもある．これを 24V につなげば図 2.121(a) の吸い出し型，0 V につなげば (b) の流し込み型になる．外部電源を接続するタイプでは，PLC 自身の 24 V 電源を使用してもよい．AC 電源の PLC では 24 V の出力端子があるので，これを使用し，DC 電源の PLC では，同じ電源を使用すればよい[※3]．

※3 機種によっては，入力端子に AC 100 V を加える仕様になっているものもある．

上記のように，PLC のディジタル入力端子は，内部の LED を点灯させる電流を流すため，ON のときには数 mA の電流が流れる．入力インピーダンスは 3〜10 kΩ ほどである．テスター（10 MΩ）やオシロスコープ（1 MΩ）のようなハイインピーダンスではないから，アンプの付いていないセンサ素子の単体のものを直接つなぐことは通常しない方がよい．ハイインピーダンス入力が必要な場合はアナログ入力端子を使うとよい．

・出力端子

出力はリレー出力のものとトランジスタ出力のものがある．リレー出力は通常 a 接点のみである．a 接点のみで b 接点がないのは，プログラム次第で ON/OFF を逆転させられるからである．なお，通常は外部リレーの接点を内部で使用することもでき，その場合は b 接点もある．つまり外部リレーと同じ動作の仮想リレーが内部にある．むしろ，すべてが仮想リレーで作られ，そのうちのいくつかは外部に接続するために実際のリレーもあると思えばよい．

リレー出力型は通常，DC なら 30 V，AC なら 250 V[※4] まで ON/OFF できる．また，スイッチと同様の接点であるからアナログ信号を切ったりつないだりすることもできる．

※4 直流の高電圧の場合は，切ろうとすると離れた接点間にアーク放電が続くが，交流は電流が切れる瞬間があるので，そこで放電が終わる．そのため，交流の方が直流より耐電圧が高い．

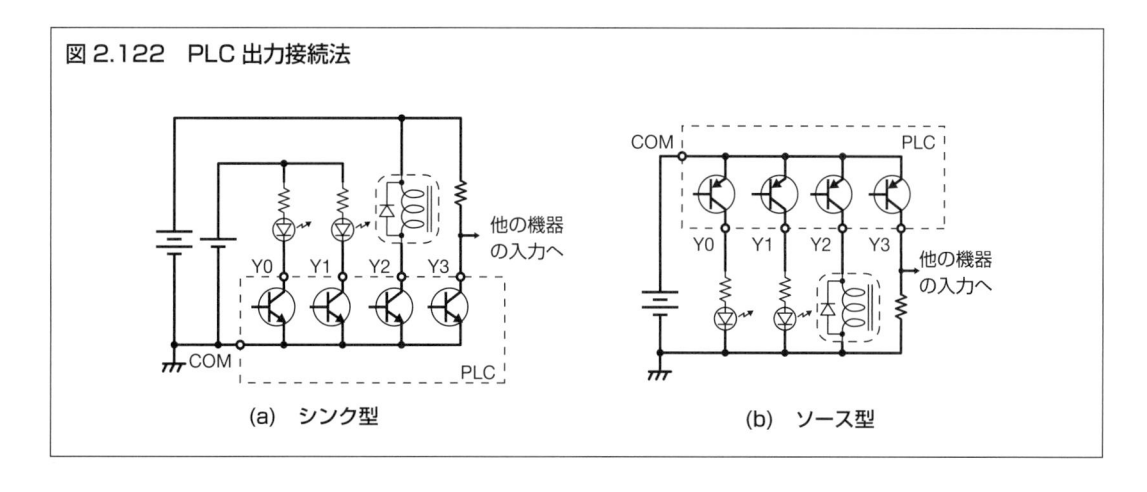

リレー出力型は，リレーの動作時間（5〜10 ms 程度）の関係で速い切り替えには向いていない．それほど速くなくても，2〜3 秒の周期で連続して ON/OFF するような頻繁な動作をさせると，接点の寿命（10 万回程度，ちなみに一日は 86400 秒）が早く来てしまうので，そのような用途にはトランジスタ出力型を用いたい．

トランジスタ出力型の耐圧は 30 V 程度で，一方向の電流しか流れないから AC 電源回路やアナログ信号の ON/OFF はできない．AC 電源回路を ON/OFF したいときは，トライアック出力のタイプがある．また，特に高速のパルス信号を出力する端子は MOS 型 FET を使用したものもある．

トランジスタ出力型は，トランジスタのエミッタとコレクタが外部出力端子にな

図 2.122　PLC 出力接続法

(a)　シンク型

(b)　ソース型

2.8　PLC のハードウェア

っていて，図 2.122(a) あるいは (b) のようにつなぐ．1 つの PLC で (a) と (b) どちらでもできるとは限らない．多くのものは出力のマイナス側が共通（複数出力で 1 つの COM 端子）のシンク型である．図 2.122(a) のように電流吸い込み源として接続する．この図のように異なる電源でも 0 V 側が共通であればよい．出力をつなぐ先がロジック機器の入力端子である場合には，図のようにプルアップ抵抗が必要である．一方，プラス側が共通の場合は (b) のように電流吐き出し源（ソース型）とする．なお，出力部分は，フォトトランジスタによって内部電源とは絶縁されている．また，出力 4 つ程度に 1 つの COM 端子があるので，別の COM 端子のところは電源をアース（0 V の線）も含めて別系統にすることができる．

・サイクルタイム（スキャンタイム）

シーケンス制御は，本章の初め（2.1 節）で説明した通り，あたかも電気回路で組まれた制御装置のように，すべての部分が同時に進行するような概念である．PLC は CPU の動作でこれを実現するため，回路の各部分を順にスキャンしていくようになっている（☞ 2.2.4 項，2.6.1 項）．通常，1 命令（回路の接点 1 つ分）を 1 μs 程度で実行するから，1000 命令のプログラムは 1 kHz 程度で繰り返すことになる．高速なものは，これの 10 倍ほど速いものもある．

・タイマ

タイマには 1 ms 単位，10 ms 単位，100 ms 単位などの種類がある．高分解能のタイマは個数が限られる．

・カウンタ

通常のカウンタのほかに高速カウンタと称する対応周波数の高いカウンタがある．内部の仮想接点で動作させる場合はスキャンに同期して信号が来るから問題ないが，いつ来るかわからない外部入力のパルスをカウントする用途には高速カウンタを使うとよい．それでも数 10 kHz の応答周波数なので，例えば毎秒 100 回転のモータに直結したエンコーダの場合には，16 パルス / 回転のようなものはよいが，ロボットなどに用いる 1000 パルス / 回転の場合には PLC 入力につながない方がよいだろう．そのようなエンコーダ出力はサーボドライバ（☞ 4.3 節）につなぐとよい．

・パルス発生

サーボモータを使うとき，通常は PLC に位置決めユニットとかモーションコントローラと呼ぶパルス発生機器をつないで，その先にサーボドライバ（☞ 4.3 節）をつなぐ．モーションコントローラは，多軸の同期制御や加減速パターンの生成をする．PLC は目標地点だけを生成し，それを受けてモーションコントローラが途中のなめらかな運動パターンを生成するイメージである．

一方，PLC からサーボドライバに直接指令を送りたい場合には，PLC のパルス発生命令を使うとよい．サーボドライバはパルスを送るとその数だけ角度指令が変化する使い方のものが多い．通常，1 回転で 4000 パルス程度であるから，数 kHz 〜 数十 kHz 程度のパルスを送ることになる．このような高速パルス発生のための出力が少数だけ（出力 0 番と 1 番のみなど）用意されている．パルス発生のための専用命令も用意されている．基本命令（リレーやタイマ・カウンタなど）に対して，

このような便利機能的なものを応用命令と呼んでいる．

・カレンダー（リアルタイムクロック）

通常のタイマはスタートのコイルがあるが，それとは別に絶対時間を計時するカレンダー・時計の機能がある．目覚まし時計のように設定時刻に ON になるなどができる．

・電源入力と電源出力

PLC の内部で使う電源は DC 24 V である．しかし，電源の端子に供給するのは DC 24 V のものと，AC 100 〜 240 V のものがある．後者は単に AC を DC 24 V にする電源を内蔵しているにすぎない．また，DC 24 V の出力端子があり，入力につなぐスイッチの電源側に接続したり，アンプ付きセンサの電源として使用したりできる．

・メモリ保持

PLC のプログラムは，電源につないでいなくてもずっと保持される．比較的低速の PLC では，EEPROM にたくわえられ，まったく電源なしで保持される．高速のものでは，読み出し速度の速い RAM にたくわえられ，そのバックアップ電源としてリチウム電池を内蔵している．

この他に，タイマやカウンタの値が保持されるものもある．通常，すべての番号のタイマ・カウンタではなく，一部の限定された番号のものだけが保持される．メンテナンスのために運転時間や動作回数を積算しておくのに使用したりする．なお，バッテリのないタイプでは，内部時計は大容量コンデンサによって数日間だけバックアップされる．

第3章 サーボ制御の実践設計

第1章で制御コントローラについて，また，第2章でシーケンス制御について解説したが，実際に個々の機器の制御手法については触れていなかった．第3章では，対象となる機器を時間に応じて目標値に制御する方法として**サーボ制御**を説明する．サーボ制御では，制御対象の状態量を目標値に一致させることを目的とする．例えば，モータでは回転角度や回転速度，回転トルクなどが状態量に対応する．シーケンス制御が，各機器の動作や手続きの順序を記述するのに対して，サーボ制御はそれらの具体的な動作を制御するために使用される．

本章では，サーボ制御を解説するにあたり，実際のロボットハンドを例題とする．制御の理論を厳密に展開すると数式が多くなってしまい，初学者には敷居が高くなるので，本章では厳密な理論展開よりも，現場で実際に使う場合に役立つような設計法や実装のコツを重視する．実機を用いた実例を多くのせるので，まずは3.1節と3.2節で制御の実際を感覚的につかんでほしい．詳しい設計方法は3.3節以降に回すので，感覚的につかめるようになった後で理解を深めてもらいたい．

まずはイメージをつかもう

3.1 サーボ制御とは何だろう

サーボ（servo）という言葉は日常ではあまりなじみがないが，もともとはラテン語のservus（サーバス：奴隷）が語源であり，英語のslave（奴隷）やservant（召し使い），service（サービス）などと同じ語源を持っている．召し使いが使用主のいうとおりに働くように，与えた目標値にしたがって機械などの制御対象を作動させることをいう．サーボ制御は，制御対象の動きをセンサによって読み取り，制御演算を行うコントローラに**フィードバック**[※1]することで実現される．そのため，サーボ制御の性能はコントローラでの演算性能だけでなく，センサのフィードバック信号の正確さや時間の遅れにも依存する．

サーボ制御を**図3.1**のイメージ図で説明してみよう．図3.1では，王様が組み立てる積み木の動きをなぞって，家来たちが家を組み立てている．王様と家来の間には執事がいて，王様の動きを見て，それと一致するように家来たちの一挙一動を指揮している．これをロボットのサーボ制御として考えると，王様は，ロボットの動作設計者または設計者の作ったロボットの目標の動きそのものを意味している．一方，家来たちはロボットを構成するモータである．最後に，家来たちの動きを観察し，王様の動きに合わせて適切な指令を与える役目を果たしている執事がサーボコントローラを表している．また，フィードバックは，執事が家来の動きを監視していることに対応している．執事が有能でないと，個々の家来の動きはバラバラとなって協調した作業は達成できない．このように，サーボコントローラは機械を適切

図 3.1 サーボ制御を例えると…

に動かすための重要な技術の 1 つなのである．

　サーボ制御は現実の世界でも多くの場面で使用されている．ロボットはサーボ制御の応用例として代表的なものであり，ロボットの動作のほとんどがサーボ制御で実現されている．特に，自動車や半導体などのさまざまな分野の工場で働く産業用ロボットでは，非常に精密なサーボ制御が実装されており，高速かつ高精度な動作が可能となっている．また，身近なところでは，パソコンなどで使用されるハードディスクでもサーボ制御が使われている．ハードディスクでは，高速回転する磁気ディスクの上で，磁気ヘッドを高速に動作させることで，読み取りと書き込みを行っているが，これらはすべてサーボ制御によって実現されている．他にも，さまざまな場面でサーボ制御は活用されているが，どの場合においても，時々刻々と変化する目標値に対して，現在の値をセンサによって読み取り，フィードバック※1 によって機械を制御するというしくみは同じである．

3.2　ロボットハンドをサーボ制御してみよう

サーボ制御の全体像をつかもう

　図 3.2 は筆者らが人間の手のように器用な作業をさせること目指して開発しているロボットハンドである．このロボットハンドは 3 本の指を持っており，さまざまな形状のものを把持したり操作したりすることができる．図 3.2 では棒状の物体を把持しているが，他の形の対象物体を把持するときには，その形に合わせて手の形状を変える必要がある．これは，指の関節の角度をサーボ制御することで実現される．また，持っているものを壊さないように握力を適切に調整する必要もある．これは，指が対象に加える力をサーボ制御することで実現される．本節ではロボットハンドを例にしてサーボ制御を説明する．

3.2.1　ロボットハンドの制御システムの構造を知ろう

　図 3.3 はロボットハンドの指モジュールの 1 本の構造を表している．指は 2 つの

※1　フィードバックとは制御対象の出力から入力に信号を戻す操作のことをいう．

図3.2　ロボットハンド

※1　薄肉歯車の弾性変形を利用した減速機．**サーキュラスプライン，フレクスプライン，ウェーブジェネレータ**の3点の部品からなる．バックラッシュ（歯車のガタ）がなく，高い減速比を実現することが可能であるので，ロボットなどの精密機械で多用されている．

曲げ方向の関節を持っており，それぞれの関節には，ACサーボモータと角度センサ（光学式エンコーダ），減速機（波動歯車減速機[※1]（図3.4））の3つを一体化したアクチュエータ（指先：RSF-3B，指付け根：RSF-5A，(株)ハーモニック・ドラ

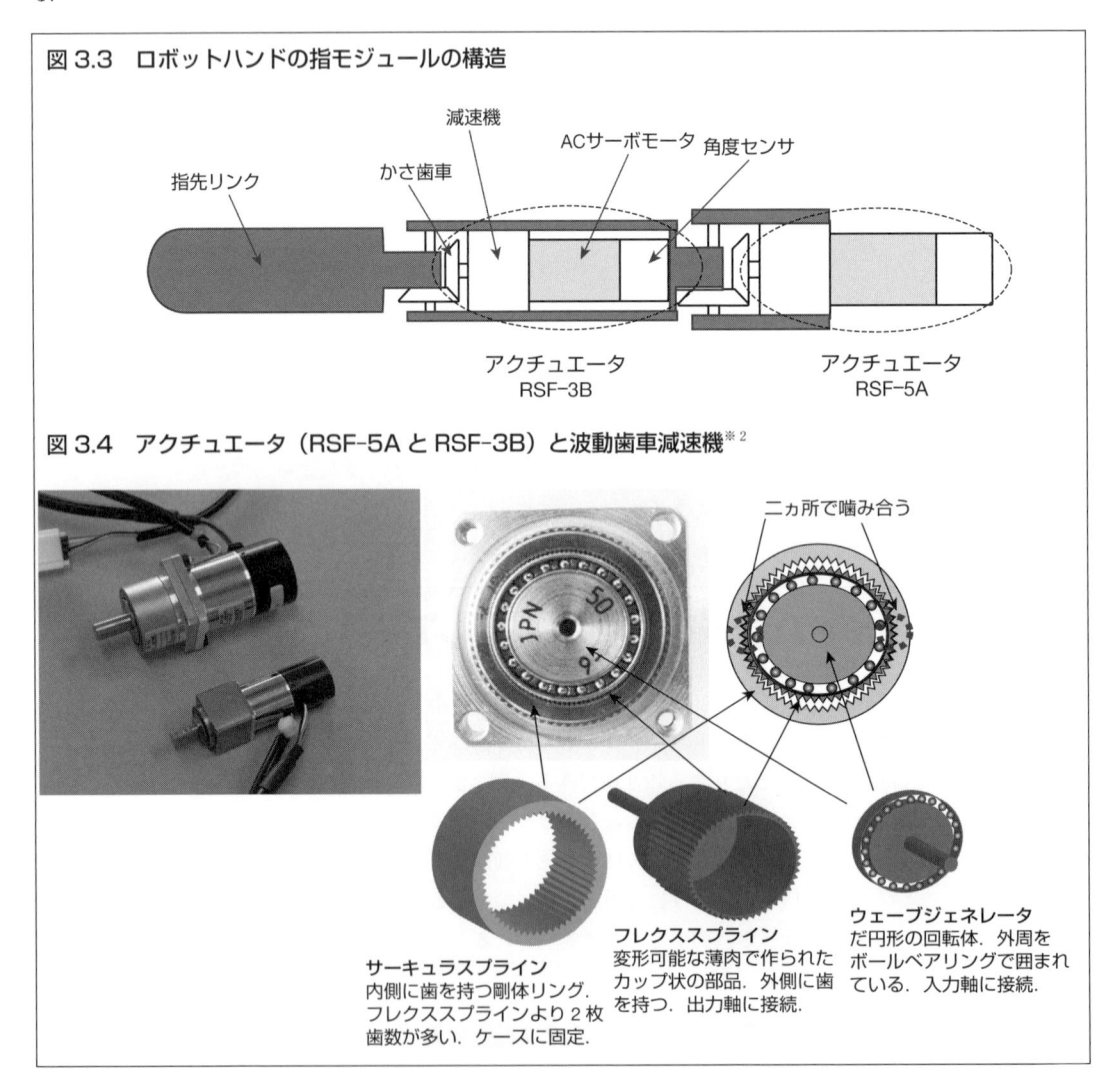

図3.3　ロボットハンドの指モジュールの構造

指先リンク　かさ歯車　減速機　ACサーボモータ　角度センサ

アクチュエータ RSF-3B　　アクチュエータ RSF-5A

図3.4　アクチュエータ（RSF-5AとRSF-3B）と波動歯車減速機[※2]

二ヵ所で噛み合う

サーキュラスプライン
内側に歯を持つ剛体リング．フレクススプラインより2枚歯数が多い．ケースに固定．

フレクススプライン
変形可能な薄肉で作られたカップ状の部品．外側に歯を持つ．出力軸に接続．

ウェーブジェネレータ
だ円形の回転体．外周をボールベアリングで囲まれている．入力軸に接続．

※2　ウェーブジェネレータが1回転すると，サーキュラスプラインとフレクススプラインの噛み合いが歯数2枚分だけずれて，フレクススプラインが回転する．

イブ・システムズ製（図3.4））が取り付けられている．減速機の出力軸にはかさ歯車が付いており，回転軸の方向を90°回転させることで，指の屈曲関節を曲げる構造になっている．

実際に動作させるには，各関節の角度を計測し，それに応じてモータに適切な大きさの電流を流すサーボ制御を行う必要がある．このサーボ制御を実行する装置は**サーボドライバ**と呼ばれる[※3]．現在，多くのメーカーからさまざまな種類のサーボドライバが市販されており，機器によって搭載している機能はさまざまである．**図3.5**に今回の実験で使用するサーボドライバ（HA-680,（株）ハーモニック・ドライブ・システムズ製）の写真を示す．安価なサーボドライバでは，モータに流れる電流を制御する電流制御の機能のみであるが，高機能サーボドライバでは，電流制御（またはトルク制御），速度制御，位置制御の3つの機能を持つことが多い．**図3.6**に示すように，各制御は階層的な関係にある．

電流制御では，サーボモータに流れる電流を制御する．サーボモータは，理想的には流れる電流に比例したトルク[※4]を出力して回転するように設計されており，実機においても理想値に近い挙動をする．そのため，電流制御はトルク制御を行っているのと同等と考えてよい．通常，サーボドライバは電流指令値（またはトルク指令値）の入力と駆動電源の入力を持っており，駆動電源から得た電力に基づいて，電流指令値に対応した大きさの駆動電流を出力する．また，モータでは回転速度が上がるにしたがって駆動電流とは逆の向きに電位差が生じる（**逆起電力**と呼ばれる）ので，モータ内部を流れる電流値を電流センサによってモニタしながら，電流の大きさを適切に制御している．図3.6では，トルク指令値を入力としている場合を示している．この場合，内部で定数（トルク定数 K_T の逆数）をかけることで，電流指令値に変換している（☞ 3.3.1項）．

速度制御は，サーボモータに取り付けられたセンサから得た角速度の値をフィードバックすることにより，目標速度指令値に追従するように，サーボモータの角速度を制御する機能である．速度制御モジュールの出力は目標トルク指令値であり，電流制御モジュールの入力となる．図3.3の指モジュールでは，角度センサを用いているので，角度情報を微分して角速度にしてからフィードバックされる[※5]．位置

図3.5 サーボドライバ（（株）ハーモニック・ドライブ・システムズ HA-680）

※5 角度センサがエンコーダの場合，単位時間あたりのパルス数が速度，積算パルス数が角度となる．

※3 サーボコントローラ，サーボアンプとも呼ばれる．本来は，ドライバはモータ駆動装置，コントローラは制御演算装置，アンプは電流増幅装置を意味している．製造メーカーによって使用される名称は異なっていても，機能については大差はない．
※4 トルクとは，回転駆動機構における回転軸まわりのモーメント（＝力×回転半径）である．

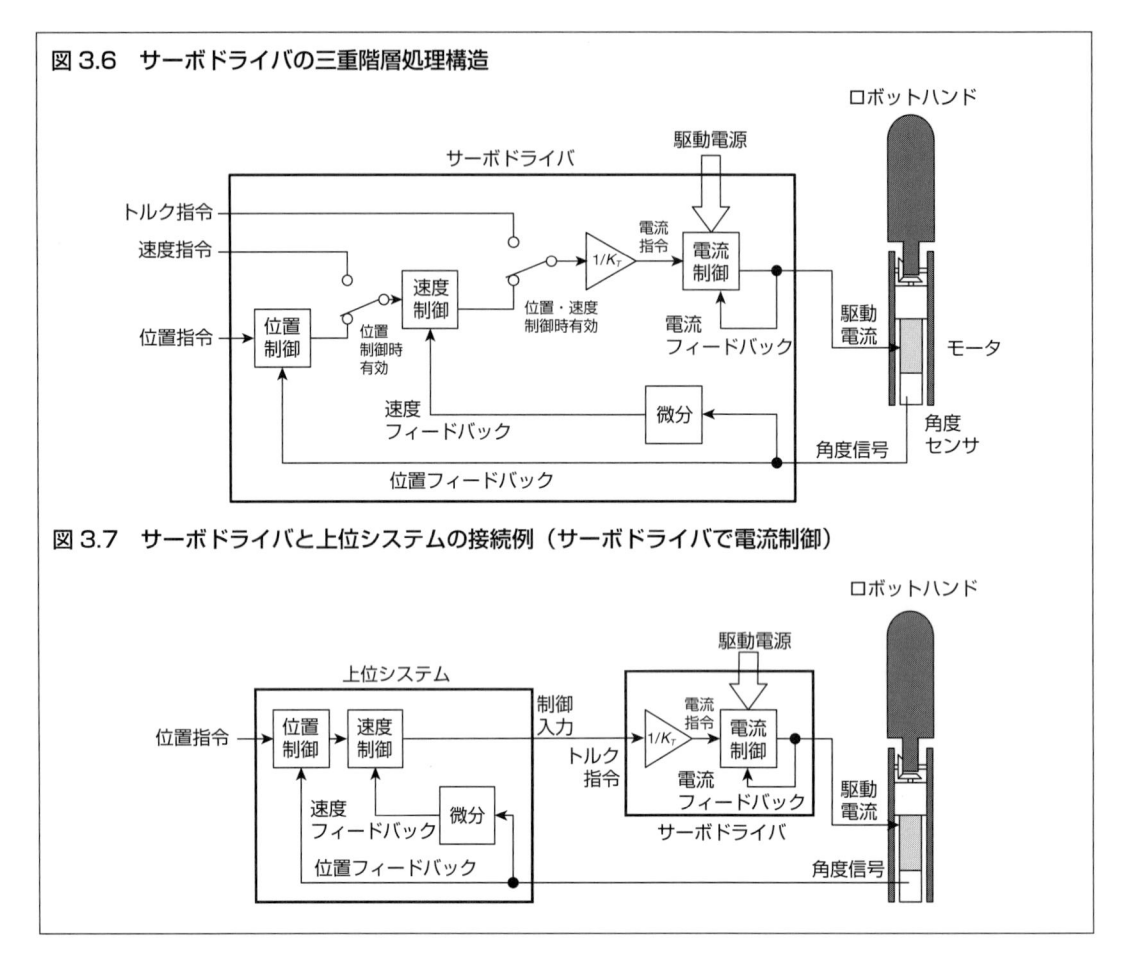

図 3.6 サーボドライバの三重階層処理構造

図 3.7 サーボドライバと上位システムの接続例（サーボドライバで電流制御）

制御は，角度センサからの角度情報をフィードバックして，目標角度指令値に追従するように角度を制御する機能である．位置制御モジュールの出力は目標速度指令値であり，速度制御モジュールの入力となる．

このような三重階層処理構造に分けている理由は，用途によって必要とされる制御機能が異なるためである．図 3.6 に示すように，通常スイッチにより電流制御，速度制御，位置制御が切り替えられるようになっている．これは，サーボドライバに指令を与える上位のシステムの構成にも依存している．また，それぞれの階層に対して必要とされる**帯域**[※1]が異なることもある．例えば，通常の産業用の機器では電流制御は 1 kHz ～ 10 kHz 程度，速度制御は 100 Hz ～ 1 kHz 程度，位置制御は 10 ～ 100 Hz 程度であり，下層の制御ほど高い帯域が要求される．さらに，モータには通常，最大速度の制限と最大電流の制限があるが，制御系の内部にこれらの制限を直接組み込みやすいという点もあげられる．

産業用のシステムでは，サーボドライバで位置制御を組み，上位システムからは位置目標値を与えることが多いが，本章では，**図 3.7** に示すように，サーボドライバでは電流制御のみを実行し，位置・速度制御については上位システムで実行する．上位システムとしては，第 1 章で解説したマイコンや，パソコンを使うこともできるが，ここでは，専用の実時間計算機を用いる．サーボドライバと上位システムの

※1 帯域とは周波数の範囲のことであり，単位は Hz で表される．サーボ制御における帯域では，入力に正弦波信号を与えたときに，追従可能な周波数の範囲を表す．

接続方法については，3.5節において解説する．

3.2.2 PID制御を使ってみよう

ロボットハンドの関節角度を目標の値になるように位置制御してみよう．そのためには，目標角度と実際の角度のずれ（**偏差**と呼ばれる）を検出して，適切な関節トルクを出力する必要がある．3.2.1項では，位置制御ループと速度制御ループを階層的に構成していたが，ここからは，**図3.8**に示すように，位置制御・速度制御の機能をPID制御でまとめて実現する．

PIDとは，**比例制御**（P制御，proportional control：偏差に比例したフィードバック制御），**微分制御**（D制御，differential control：偏差の微分のフィードバック制御），**積分制御**（I制御，integral control：偏差の積分のフィードバック制御）の3種類のフィードバック信号を足し合わせて指令値を生成する方法である．直感的に理解しやすいため，現在でも多くの分野で使われている方法である．

時間を t で表すと，時間によって変化する目標関節角度 $\theta_d(t)$ と実際の関節角度 $\theta(t)$ の偏差 $e(t)$ は

$$e(t) = \theta_d(t) - \theta(t) \qquad \cdots (1)$$

となる．制御入力（この場合はトルク指令値）$u(t)$ は，偏差 $e(t)$ に比例する項，偏差の時間微分 $\frac{d}{dt}e(t)$ に比例する項，偏差の積分 $\int_0^t e(\tau)d\tau$ に比例する項の和として表される[※2]．

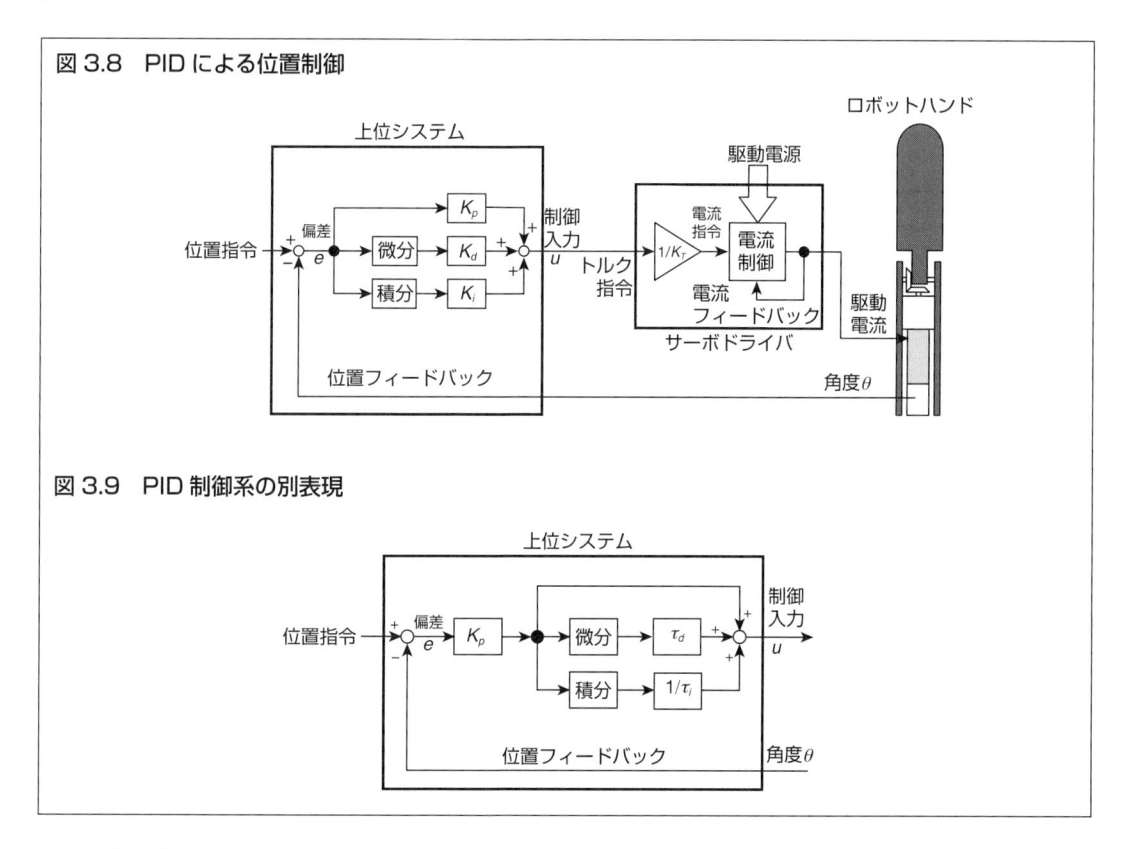

図3.8 PIDによる位置制御

図3.9 PID制御系の別表現

※2 偏差，偏差の微分，偏差の積分の次元はそれぞれ[角度]，[角度/時間]，[角度×時間]であり，まったく異なっている．PID制御ではこれらの異なる次元量を足し合わせているが，物理的な関係式を表しているのではなく，計算式であるので問題はない．それぞれのフィードバックゲインで次元の調整をしているものとして解釈してもよい．

$$u(t) = K_p e(t) + K_d \frac{\mathrm{d}}{\mathrm{d}t} e(t) + K_i \int_0^t e(\tau)\mathrm{d}\tau \qquad \cdots (2)$$

ここで，K_p, K_d, K_i は比例と微分と積分の重みを決める**ゲイン**[※1]である．この表し方の他にも，**図3.9**に示すように，制御入力を

$$u(t) = K_p \left(e(t) + \tau_d \frac{\mathrm{d}}{\mathrm{d}t} e(t) + \frac{1}{\tau_i} \int_0^t e(\tau)\mathrm{d}\tau \right) \qquad \cdots (3)$$

として，K_p, τ_d, τ_i を用いて表現する方法も用いられる．この場合，

$$\tau_d = \frac{K_d}{K_p}, \quad \tau_i = \frac{K_p}{K_i}$$

の関係が成立する．この表記方法は，3.4.2項で説明するボード線図を用いてパラメータを設計する場合に適した表現である．

※1 ゲインとは増幅率のことで利得とも呼ばれる．ここでは，フィードバック信号を増幅する係数という意味でゲインと呼ばれる．

(1) 比例制御（P制御）の意味

P制御は，偏差 $e(t)$ が小さくなるように復元させる力をかけることに対応する．これは，**図3.10(a)**に示すように，関節に目標角度で平衡するような仮想的なばねを取り付けるのと同じである．また，比例ゲイン K_p を大きくすることは，仮想ばねの剛性を高めることに対応する．そのため，比例ゲイン K_p を大きくすればするほど復元力が大きくなり，目標角度に近づく速さが高まる．一方，比例ゲイン K_p が大きすぎると，目標角度を中心とした振動が生じてしまう．

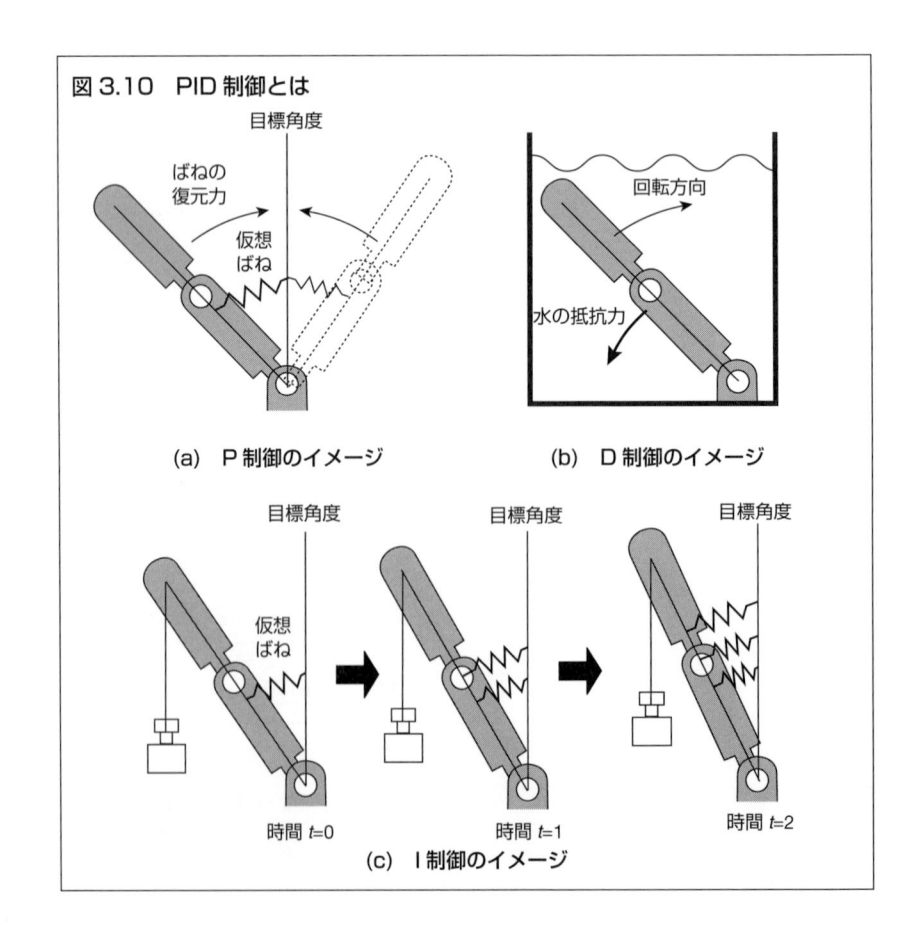

図3.10 PID制御とは

(a) P制御のイメージ

(b) D制御のイメージ

(c) I制御のイメージ

(2) 微分制御（D制御）の意味

偏差 $e(t)$ の時間変化 $\frac{d}{dt}e(t)$ が大きくなるのは，ロボットの関節角度が高速に運動している場合である．そのため，D制御をかけると，偏差 $e(t)$ の時間変化 $\frac{d}{dt}e(t)$ が小さくなるように作用する．また，結果として振動を抑制する効果も生じる．これは，関節に仮想的なダンパまたは仮想的なショックアブソーバを付けているのと同じ効果を意味している．目標値 $\theta_d(t)$ が動かない場合では，例えば，**図3.10(b)** に示すようにロボットハンドを水のような粘性の高い液体内で作業させることに等しい．粘度の高い液体の中では高速な動作が抑えられ，振動も抑制される．また，あくまで偏差の時間変化 $\frac{d}{dt}e(t)$ に応じて制御するのであって，偏差 $e(t)$ 自体を小さくする効果はないことに注意しよう．

(3) 積分制御（I制御）の意味

図3.10(c) の左の図に描くように，P制御をかけているときに，指におもりを取り付けるなどして外力を加えると，P制御による仮想ばねの復元力とおもりの外力のつり合う位置で平衡して止まってしまい，目標角度まで到達せず，偏差 $e(t)$ は0にならない．このように十分な時間が経った後に残る偏差のことを**定常偏差**という．ロボットの制御においては，指リンクの重力や，関節の摩擦力によっても定常偏差は生じてしまう．

I制御には定常偏差を0にする効果がある．なぜならば，偏差 $e(t)$ を時間積分するので，偏差 $e(t)$ が0でない場合には時間に比例して復元力が強くなるためである．直感的には，図3.10(c) に示すように，仮想ばねが時間に比例して増えていくような状況で表される．この例でもわかるように，I制御のゲインを大きくしすぎると，仮想ばねの復元力が強くかかりすぎるために不安定になりやすい．また，目標角度の時間変化が高速な場合にも適さない．定常偏差を0にする速度よりも速く目標角度が変化してしまうためである．

表3.1 にPID制御の各制御と制御特性の関係をまとめる．**立ち上がり時間**とは目標値まで到達するまでの時間であり，P制御，I制御が立ち上がり時間を短縮させるのに対して，D制御には立ち上がり時間を長くする影響がある．一方，P制御，I制御を強くかけすぎると，目標値を行き過ぎて振動的な動きをする．目標値を超えてしまうことを**オーバーシュート**と呼ぶが，P制御，I制御のゲインの大きさに応じてオーバーシュートは大きくなる．D制御はこの振動を抑制して安定性を高める効果があり，適切に決めることでオーバーシュートを抑えることができる．また，P制御はゲイン K_p を大きくすることで定常偏差の大きさを小さくするが，完全に0にすることはできない．これに対して，I制御には定常偏差を除去する効果がある．

以上のように，P制御，I制御で速い運動を実現し，I制御で定常偏差を除去し，D制御で安定化するというのが基本的な方針となる．ただし，それぞれの制御の効果は独立しているわけではなく，お互いに影響し合う．厳密に設計する場合には，す

表3.1 PID制御の特性

	P（比例）制御	D（微分）制御	I（積分）制御
立ち上がり時間	短縮	増長	短縮
振動	増大	抑制	増大
定常偏差	軽減	−	除去

べてを合わせた時の特性を解析する必要が出てくるが，上記の定性的な効果がわかっていれば，大まかにパラメータの調整を行うことは可能である．

3.2.3 PID制御を計算機に実装してみよう

近年では制御演算はほとんどの場合，ディジタル計算機で行われる．サーボドライバの多くの機種は，DSP（ディジタルシグナルプロセッサ）を内蔵しており，位置制御・速度制御演算はDSP内部で行っている．また，マイコンやパソコンなどの上位システムで制御演算を行う場合は，マイクロプロセッサを使用することになる．これらの演算装置内では，3.2.2項で解説したような連続時間での計算式そのままでは実装できず，離散時間での計算式に書き換えて実装する必要がある．

(1) 離散時間PID制御

通常，制御演算は一定のサイクルで計算を行うように実装する．各サイクルの時間は**サイクル時間**と呼ばれる．ここではサイクル時間を Δt で表す．また，各サイクルの番号を k ($k = 1, 2, \cdots$) で表し，サイクル番号 k での偏差を e_k，制御入力を u_k として，式(2)を以下のように変形する．

$$u_k = K_p e_k + K_d \omega_k + K_i \sum_{i=1}^{k} e_i \Delta t \qquad \cdots (4)$$

ここでは，積分は各サイクルでの偏差 e_i の総和 $\sum_{i=1}^{k} e_i \Delta t$ によって近似している．

一方，微分 ω_k は差分近似する．差分近似には，次の3種類の微分の形式が考えられる．

$$\omega_k = \frac{e_k - e_{k-1}}{\Delta t} \qquad \text{後退差分を用いた場合} \qquad \cdots (5)$$

$$\omega_k = \frac{e_{k+1} - e_k}{\Delta t} \qquad \text{前進差分を用いた場合} \qquad \cdots (6)$$

$$\omega_k = \frac{e_{k+1} - e_{k-1}}{2\Delta t} \qquad \text{中心差分を用いた場合} \qquad \cdots (7)$$

計算精度の面では，後退差分と前進差分では，誤差がサイクル時間 Δt に比例するのに対して，中心差分ではサイクル時間の2乗 Δt^2 に比例するので比較的高精度である．ただし，前進差分と中心差分は未来の偏差 e_{k+1} が必要なので，制御演算では用いることはできない．そのため，**実際の制御演算では後退差分が用いられる**．

(2) 数値微分のノイズ

このように差分近似によって微分を計算するような方法は**数値微分**と呼ばれ，計算によるノイズの影響が大きいことが知られている．ノイズの大きさを減らす方法の1つは，差分のステップの幅を広げることである．例えば，後退差分において，nサイクル分の偏差を用いて，

$$\omega_k = \frac{e_k - e_{k-n}}{n\Delta t} \qquad \cdots (8)$$

を用いて計算すれば，ノイズを抑えて精度を上げられる．一方で，信号が n サイクル分時間遅れすることになる．フィードバック信号の遅れが大きいほど，振動が生じ制御が不安定化しやすいことが知られており，注意が必要である．また，ローパスフィルタを用いて高周波ノイズを除去する方法もある．市販のサーボドライバの多くは，

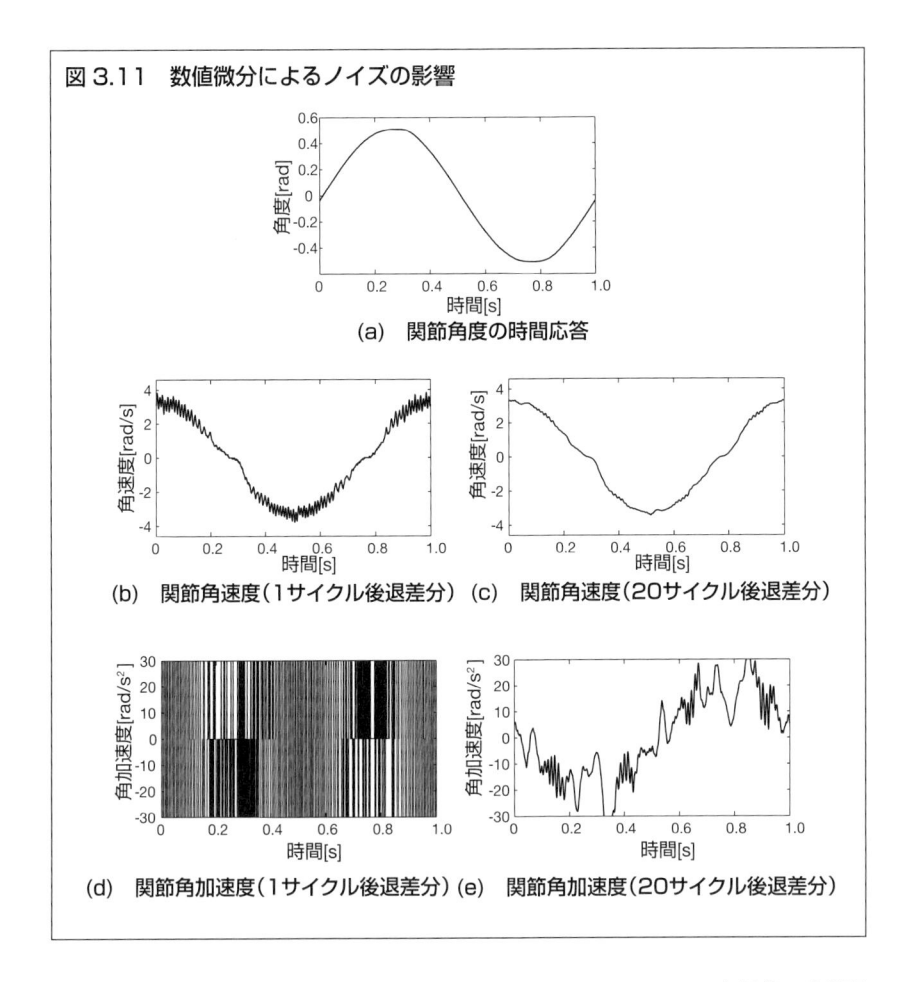

図3.11 数値微分によるノイズの影響

(a) 関節角度の時間応答

(b) 関節角速度（1サイクル後退差分）　(c) 関節角速度（20サイクル後退差分）

(d) 関節角加速度（1サイクル後退差分）　(e) 関節角加速度（20サイクル後退差分）

速度ノイズフィルタの機能を持っている．ただし，ローパスフィルタも信号の時間遅れを生じるので，フィルタを強くかけすぎると制御が不安定化してしまう．

それでは，どの程度のノイズが生じるのであろうか．実際の実験の結果で見てみよう．サイクル時間 $\Delta t = 0.001$ s とした．**図3.11** は，振幅 $\pi / 6$ rad = 30°の正弦波に1 Hzで追従するように制御された指の関節角と，それから数値微分で計算した角速度と角加速度を表したものである．**(b)(d)** は1サイクル分の後退差分 $\frac{e_k - e_{k-1}}{\Delta t}$ で計算した結果であり，**(c)(e)** は20サイクル分の後退差分 $\frac{e_k - e_{k-20}}{20\Delta t}$ で計算した場合である．1サイクル後退差分の場合には，角速度も大きくノイズが生じ，角加速度に至ってはノイズが大きすぎて，信号がまったく分からなくなっている．20サイクル後退差分の場合にはノイズがかなり小さくなっているのがわかる．それでも角加速度の信号波形は辛うじて認識できる程度である[※1]．このように，制御に速度

※1 この関節は1回転800パルスのエンコーダを装備しており，減速比が50：1であるので，関節軸では1回転40,000パルスとなる．そのため，関節角の精度は

$$\Delta\theta = \frac{2\pi}{40000} \approx 0.00016 \text{ rad} \approx 0.009°$$

である．1サイクル後退差分の場合は，角速度の誤差は $\frac{2\Delta\theta}{\Delta t} \approx 0.314$ rad/s であり，角加速度の誤差は $\frac{4\Delta\theta}{\Delta t^2} \approx 314$ rad/s² である．一方，20サイクル後退差分の場合は，角速度の誤差は 0.0079 rad/s，角加速度の誤差は 0.79 rad/s² である．これらの結果から，数値微分を1回行うごとに精度が3桁ほど悪化することと，20サイクル差分では改善することがわかる．ただし，これはサイクルタイム Δt の大きさに依存しており，サイクルタイムを小さくするほど誤差が大きくなる．

や加速度を使用する場合には，関節角センサの解像度が十分である必要がある．一般に出力軸において数万パルス以上必要といわれている[※1]．

(3) リアルタイム性

決められた一定時間内に処理を実現する能力は**リアルタイム性**と呼ばれており，制御システムには与えられたサイクル時間内で処理を終えるリアルタイム性が必要とされる．サーボドライバ，組み込みシステムなどでは，通常一定周期で制御演算を実行するようになっているので気にする必要はないが，通常の PC 上で一般向けの OS（オペレーティングシステム）を搭載したようなシステムを上位システムとして使用する場合には注意が必要である．例えば，Windows のようなマルチタスク OS ではバックグラウンドで働くタスクによる割り込みによって，処理時間が大きく乱されることがあり，厳密な制御演算を行う場合には向かない．

それでは，どの程度のリアルタイム性が必要となるのであろうか．これは目標としている制御演算の性能に依存する．例えば，サイクル時間 Δt で制御演算を行っているところで，あるサイクルのときのみ，サイクル時間が $N\Delta t$ といったように N 倍になってしまった場合を考えてみよう．この場合 $N-1$ サイクルの間，フィードバック制御を行わず，前のサイクルで計算した制御入力をそのまま加え続けられることに対応する．そのため，このような状況下でのオーバーシュートの量を見積もれば，サイクル時間にどの程度の厳密性が必要であるか大まかではあるが見積もれる．例えば $\Delta t = 1$ ms といったようにサイクルタイムが十分に小さい場合で，2 倍程度であれば影響は小さいが，100 倍となった場合は，100 ms もの間，制御不能状態になるので大きく影響が出る可能性が高い．

3.2.4　ロボットハンドに PID 制御を適用してみよう

PID 制御を実際のロボットハンドに適用してみよう．具体的には，指モジュールの付根関節の角度を目標の角度に一致させる．その際には，指先関節は一定角度の

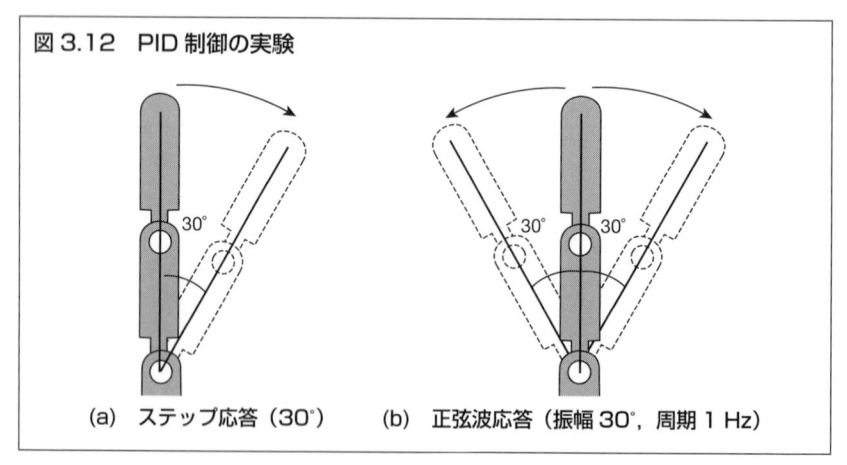

図 3.12　PID 制御の実験

(a) ステップ応答（30°）　　(b) 正弦波応答（振幅 30°，周期 1 Hz）

[※1] 数値微分の誤差ノイズを減少させるための方法として，前に述べたステップ幅を増やす方法，ローパスフィルタを用いる方法の他に，対象の動特性のモデルより速度を推定する**速度オブザーバ**を用いる方法があり，一部のサーボドライバには実装されている．遅れなしにノイズ除去が可能であるが，負荷変動に対応しづらいという問題点がある．

[※2] ある時点まで値が 0 で，それ以降の大きさが一定の信号を**ステップ信号**と呼ぶ．特に，大きさが 1 の時には**単位ステップ信号**と呼ぶ．ステップ応答とは，入力がステップ信号のときの時間応答である．

ままとなるように別に制御しておく．P制御，D制御，I制御の各効果を確かめるために，P制御のみ，PD制御（P制御＋D制御），PID制御（P制御＋D制御＋I制御）の各応答を見てみよう（**図 3.12**）．

(1) ステップ応答

まず，**ステップ応答**[※2]を示そう．目標の角度は $\pi/6$ rad $= 30°$ とする．ここでは，重力の影響を無視するために，水平方向の運動とした．PIDのゲインについては，**表 3.2** のように決めた．このゲインの決め方については次節以降で解説する．なお，PD制御については，後述する臨界減衰（最も立ち上がりが速く，かつ，振動が生じない応答）となるように設定している．

図 3.13 に，P制御，PD制御，PID制御のそれぞれのステップ応答を示す．**(a)** はステップ応答の全体図であり，**(b)** は定常偏差を見るために **(a)** の点線部分を拡大したものである．それぞれグラフの縦軸が角度を，横軸が経過時間を示している．

表 3.2 実験に使用した PID 制御のゲイン

ゲイン	$K_p \left[\dfrac{\text{Nm}}{\text{rad}}\right]$	$K_d \left[\dfrac{\text{Nm}\cdot\text{s}}{\text{rad}}\right]$	$K_i \left[\dfrac{\text{Nm}}{\text{rad}\cdot\text{s}}\right]$
値	2.73	0.0451	0.751

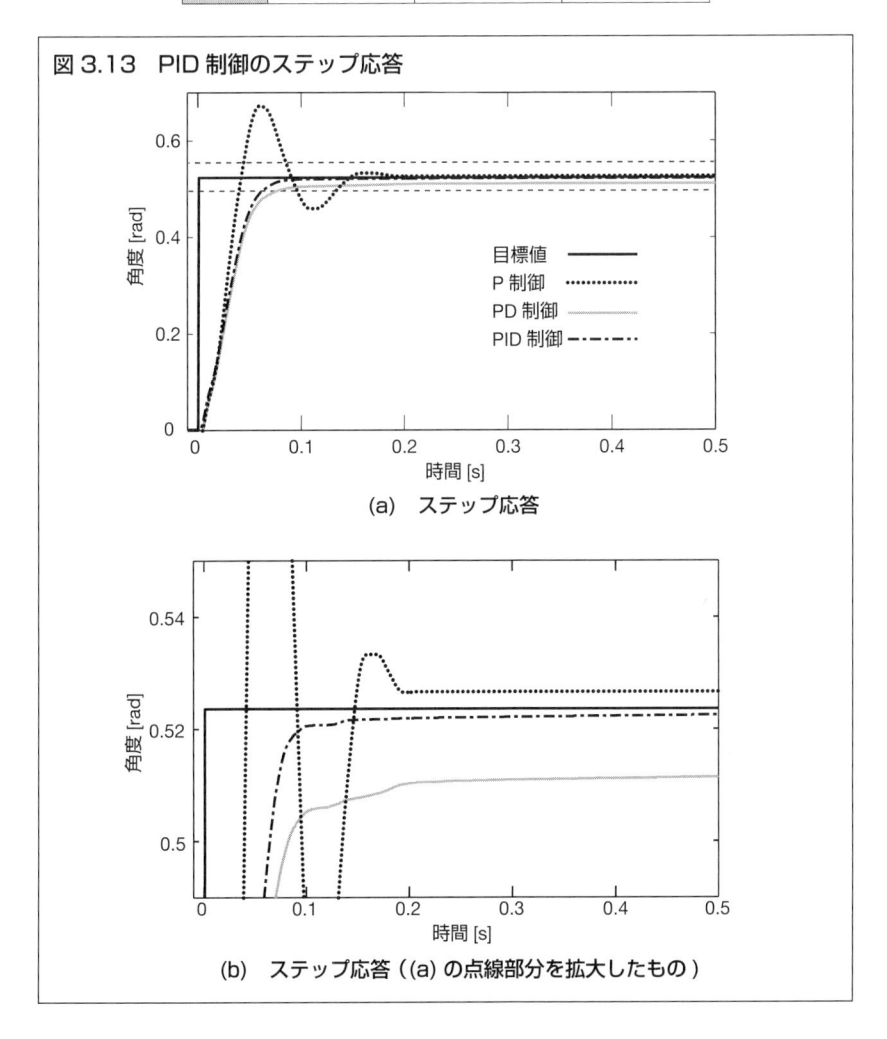

図 3.13 PID 制御のステップ応答

(a) ステップ応答

(b) ステップ応答（(a) の点線部分を拡大したもの）

目標角度は時間 $t=0$ でのステップ信号であり，実線で描かれている．

P 制御では，関節角度は目標角度を行き過ぎてしまいオーバーシュートが生じており，その後も目標角度まわりで振動している．産業用ロボットでは，このようなオーバーシュートは起こらないように制御系が設計されている．例えば，机上のものを把持するような場合，腕の位置決めにオーバーシュートが生じると，机を破壊してしまう可能性があるためである．

また，PD 制御では，制御の振動抑制によりオーバーシュートがなくなっている．このように，D 制御には振動を抑制し，安定化する効果がある．一方，目標値と実際の角度の間に定常偏差が生じており，時間が経過しても減少しない様子もわかる．定常偏差の原因としては，減速機の摩擦が大きく影響していると考えられる．最後に，PID 制御では，I 制御により定常偏差が十分小さくなっていることがわかる．

(2) 正弦波応答

以上の実験では，ステップ入力に適切なゲインとなるように決めている．しかし，目標値の軌道によっては，このようなゲイン設定が最適とは限らない．

そこで，目標値を正弦波で与えた場合の実験例を示す．振幅を 30°，周期を 1 Hz としたときの，応答を**図 3.14** に示す．先ほど同様に，(a) は全体図，(b) は (a) の点線で示した頂点付近を拡大した図である．見やすくするために，(a) と (b) では時間のスケールが異なるので注意してほしい．

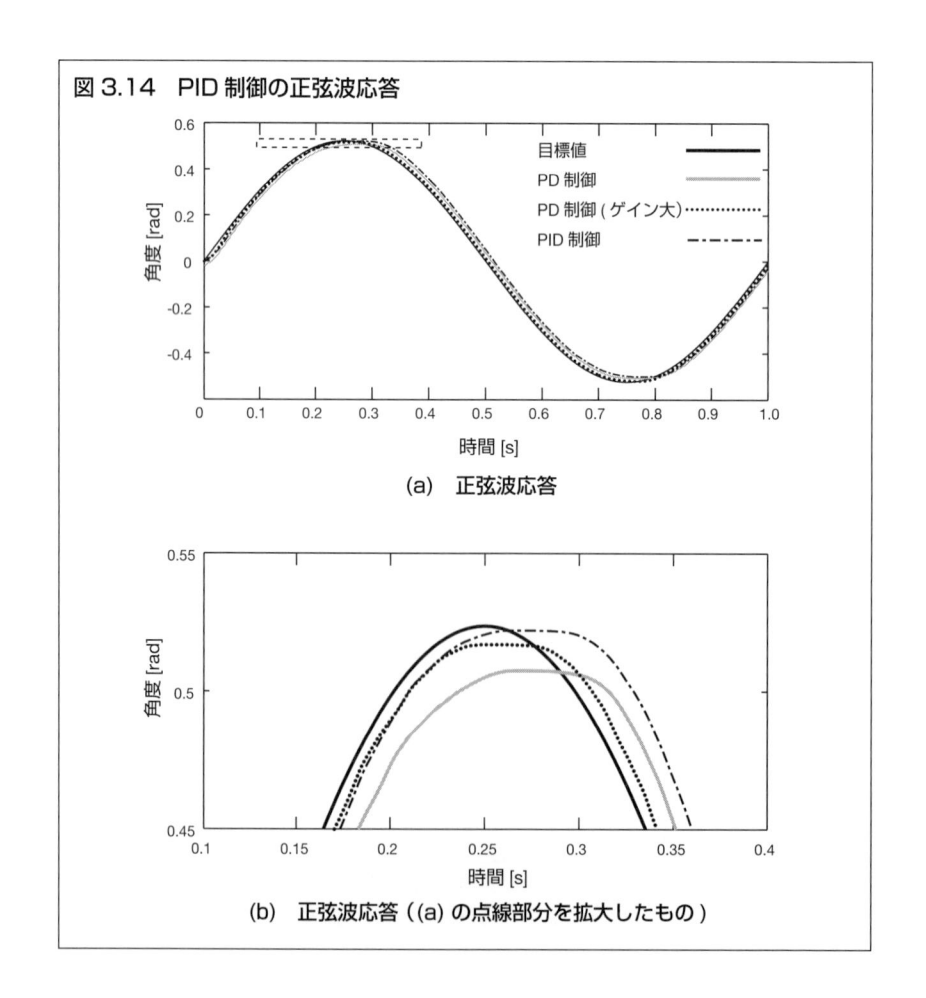

図 3.14 PID 制御の正弦波応答

(a) 正弦波応答

(b) 正弦波応答（(a) の点線部分を拡大したもの）

図3.14では，ステップ応答と同じゲインにしたときのPD制御，PID制御の時間応答を示している．P制御はオーバーシュートが大きく危険であるために省いている．これらに加えて，PD制御であるが，ステップ応答において10%のオーバーシュートを許容するように比例ゲインを高めた時の正弦波応答についても示している．これを見ると先ほどでは適切な設定であったPID制御が，必ずしも適切ではないことがわかる．これは，目標軌道の変化に対応したゲイン設定としていないためである．また，比例ゲインを高めたPD制御の応答が比較的良好なのもわかる．

> **column ステップ応答に適したゲイン設定でよいか？**
>
> 　ステップ信号は不連続な信号であり，ある時点でその大きさが急激に変化する．その変化速度は無限大であるので，どのような制御系でもその不連続な変化に完全に追従することはできない．また，ゲインの設定次第ではオーバーシュートが生じやすく，目標軌道としては危険で扱いにくいものである．そのため，ロボットの制御では，通常，ステップ状に変化しない連続な目標軌道を生成する．一般的には，角度だけでなく角速度，角加速度まで連続であるなめらかな目標軌道にする．
>
> 　目標軌道が連続かつなめらかであり，その最大変化速度が既知であれば，そのときのオーバーシュートの値を見積もることができる．そこで，1つの方策としては，オーバーシュートが許容範囲内に収まるようにゲインを設定することが考えられる．上記の実験では，目標軌道が連続かつなめらかな正弦波である．そのため，ステップ応答では10%のオーバーシュートが生じるような高い比例ゲインにしているが，正弦波応答の時はかえって良い性能となっている．このように，ゲインの設定は目標軌道の性質にも依存する．そのため，ステップ応答に最適なゲイン設定が必ずしも良いとは限らない．

3.3 サーボ制御の基礎を学ぼう

　前節では，直感的に理解できるように数学的な部分の解説は省いていた．本節では数学的な手法を取り入れることで，サーボ制御の基礎について学ぼう．

3.3.1 ロボットハンドをモデルで表してみよう

　精密なサーボ制御を実現するためには，制御対象であるロボットハンドの**動特性**（**ダイナミクス**）が既知であるのが望ましい．動特性とは入力と出力の時間を考慮した特性を意味しており，ロボットハンドの動特性は，運動方程式で表される機械的な動特性と，回路方程式で表される電気的な動特性からなる．そこで，ロボットハンドの指モジュールの1つの関節とサーボドライバの駆動回路をまとめてモデル化[※1]してみよう．実機の指モジュールはブラシレスDCモータ（ACサーボモータ）を使用しているが，モデルが複雑になることを防ぐため，同じ特性を持つDCモータとしてモデル化する．

　まず，①駆動回路に駆動電圧が加わると電流が流れる．そして，②モータがその電流に比例したトルクを発生する．さらに，③そのトルクに応じてモータ軸が回転

※1　ここでのモデル化とは，対象の特性を数式などで表すことである．対象のすべての特性を表す必要はなく，制御に関係する重要な部分のみを表せばよい．

する．最後に，④モータ軸が回転すると減速機を通じて直結している指の関節が回転する．図3.15の破線囲みで表した部分が，それぞれ上記の①〜④に対応している．次にそれぞれについてモデル化してみよう．

(1) 駆動回路のモデル化

駆動電圧をVとし，巻線の**電気抵抗**をRとする．また，モータ部分は巻線がコイル状になっているので，流れる電流の時間変化に応じた誘導起電力が生じる．その**自己インダクタンス**[※1]をLで表す．また，モータの回転速度に比例して，**逆起電力**と呼ばれる駆動電圧とは逆方向の起電力が生じる．モータ軸の角度をθ_mで表すと，逆起電力は$K_\omega \dot\theta_m$で表される．ここで，K_ωは**逆起電力定数**と呼ばれるモータ固有のパラメータである．電流をIとすると駆動回路の回路方程式は，

$$L\dot I + RI = V - K_\omega \dot\theta_m \qquad \cdots (9)$$

となる．これは駆動電圧Vが，逆起電力$K_\omega \dot\theta_m$，自己誘導起電力$L\dot I$，電気抵抗による電圧降下RIに配分されることを意味している（**図 3.16**）．

(2) 電流−トルク変換のモデル化

電流Iに比例したトルクτ_mがモータに発生するので，

$$\tau_m = K_T I \qquad \cdots (10)$$

と表すことができる．ここで，K_Tは**トルク定数**と呼ばれるモータ固有のパラメータである（**図 3.17**）．

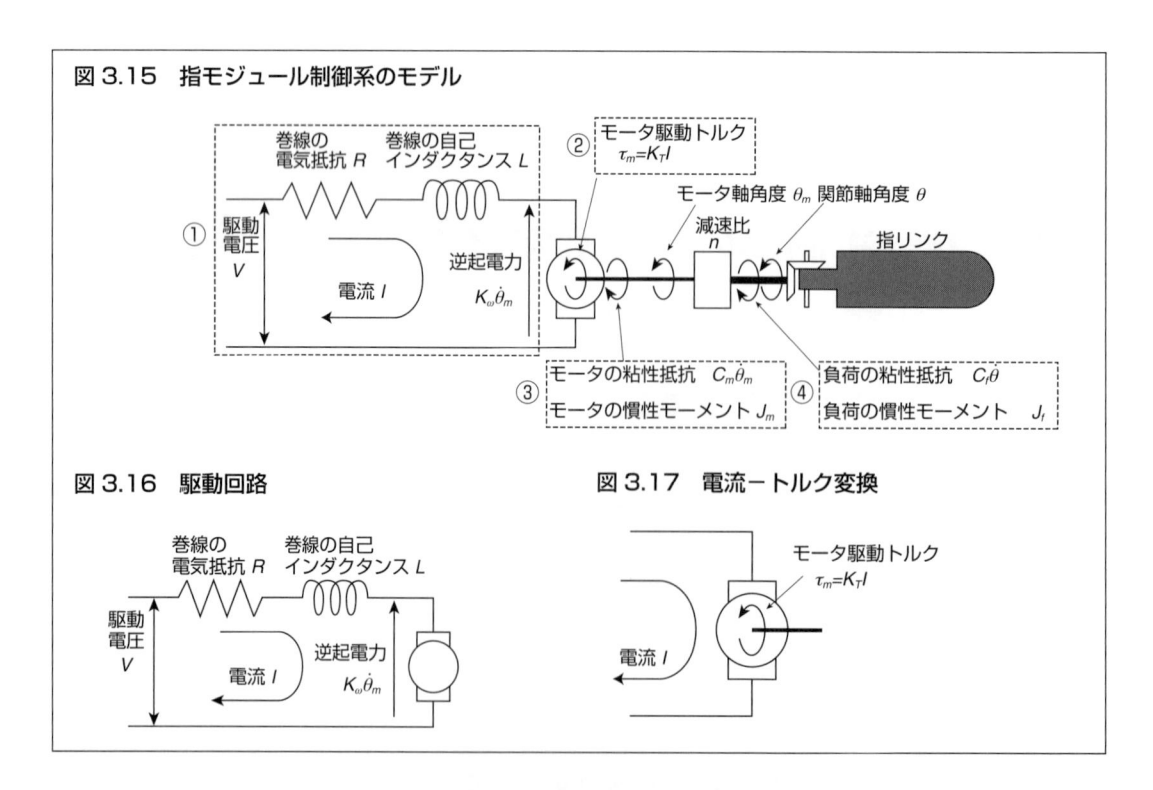

図 3.15 指モジュール制御系のモデル

図 3.16 駆動回路

図 3.17 電流−トルク変換

※1 自己インダクタンスとは自己誘導起電力の係数である．自己誘導起電力とは，電流の変化に基づく巻線コイルを貫く磁束の変化によって生じる起電力である．

(3) モータの回転運動のモデル化

実際のモータではさまざまな要素が複雑に絡み合ってくるが，モータが自ら生み出すトルク τ_m に対して，回転速度に比例して生じる**粘性摩擦力（粘性抵抗）**，モータ軸とつながる指リンクによる負荷トルクが加わるものとすると，運動方程式は，

$$J_m \ddot{\theta}_m + C_m \dot{\theta}_m + \frac{\tau}{n} = \tau_m \qquad \cdots (11)$$

となる．第一項 $J_m \ddot{\theta}_m$ は慣性力を表し，J_m は**慣性モーメント**[※2]である．第二項 $C_m \dot{\theta}_m$ は粘性摩擦力を表し，C_m は粘性摩擦係数である[※3]．第三項 $\frac{\tau}{n}$ は，関節トルクが τ のときの，モータ軸での負荷トルクを表している（**図3.18**）．n は減速機の減速比であり，この指モジュールの場合は $n = 50$ である．減速機によって関節軸での負荷トルクが $\frac{1}{n}$ になっている．

(4) 指関節の回転運動のモデル化

指関節の運動方程式は，

$$J_f \ddot{\theta} + C_f \dot{\theta} = \tau \qquad \cdots (12)$$

となる．指リンク・減速機の慣性モーメント J_f，粘性摩擦係数 C_f は，モータの慣性モーメント J_m，粘性摩擦係数 C_m とは別のものであることに注意してほしい．どちらも指の運動に大きく影響する（**図3.19**）．

以上に基づき，全体の動特性を考えよう．これまでに述べた①駆動回路の回路方程式，②入力電流とトルクの関係，③モータの運動方程式，④指関節の運動方程式，の4つの式(9)～(12)をまとめる．減速機によって関節軸角度 θ はモータ軸角度 θ_m の $\frac{1}{n}$ になるので，$\theta = \frac{1}{n} \theta_m$ が成り立つことを用いると，駆動電圧 V とモータ軸角度 θ_m の関係は次のように書くことができ，

$$J \frac{L}{R} \theta_m^{(3)} + \left(J + \frac{LC}{R} \right) \ddot{\theta}_m + \left(C + \frac{K_T K_\omega}{R} \right) \dot{\theta}_m = \frac{K_T}{R} V \qquad \cdots (13)$$

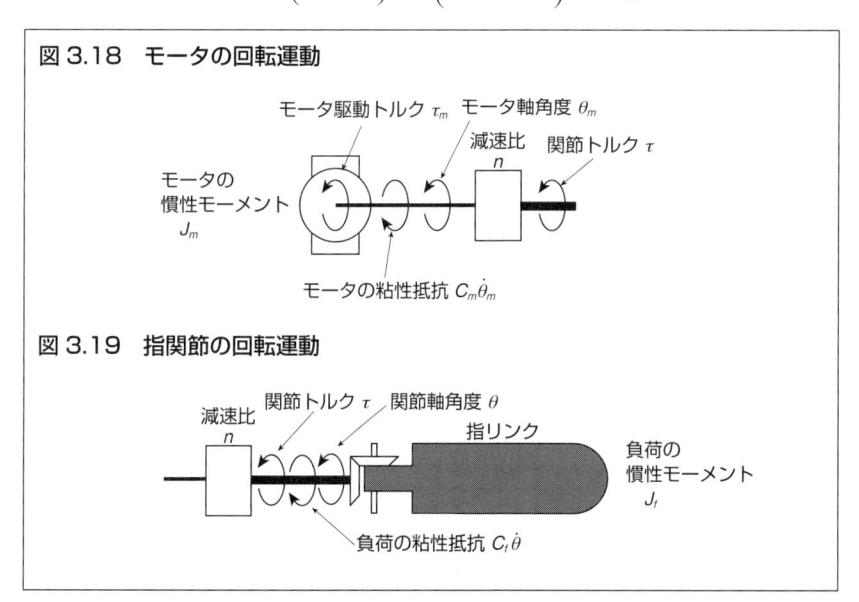

図3.18 モータの回転運動

図3.19 指関節の回転運動

※2 物体の密度に回転軸からの距離の2乗をかけ合わせて総和をとったものである．重心が回転軸から離れた位置にあるほど強く影響する．
※3 粘性摩擦力はD制御（微分制御）と同様な効果を及ぼすが，D制御が設計者によって加えられた人為的な力なのに対して，こちらはモータや減速機，関節などの機構に起因する固有の特性である．

となる．ただし，J, Cは，それぞれ，モータ軸から見たモータ，減速機，指リンクなどの負荷のすべてをまとめて換算した慣性モーメント，粘性摩擦係数であり，

$$J \equiv J_m + \frac{J_f}{n^2} \quad \cdots (14)$$

$$C \equiv C_m + \frac{C_f}{n^2} \quad \cdots (15)$$

である．また，$\theta_m^{(3)}$はθ_mの時間の3階微分を表している．

次に，このモデルの注目すべき特性をあげよう．

- 式(14)のモータ軸換算の全慣性モーメントJ，式(15)のモータ軸換算の全粘性摩擦係数Cを見ると，指リンクの慣性モーメントJ_f, 粘性摩擦係数C_fは$\frac{1}{n^2}$倍されていることがわかる[※1]．例えば，減速比が$n=100$の場合には，指リンクの実質的な影響は$\frac{1}{10000}$倍されることになる．この値は非常に小さいので，モータの慣性モーメントJ_mや粘性摩擦係数C_mに対して無視することができる．実際の産業用ロボットでは減速比nを大きくとることで，姿勢や手先の接触などによる負荷の影響を小さくしている．ただし，減速比が大きすぎるとロボットの動きが遅くなるという問題もある．なお，今回の指モジュールでは減速比が$n=50$なので，外部の負荷の影響は$\frac{1}{2500}$倍となる．

- モータの特性に大きく影響するパラメータとして，トルク定数K_Tと逆起電力定数K_ωがあるが，この2つのパラメータは同じ値をとり，$K_T = K_\omega$となる[※2]．トルク定数K_Tの大きいモータは少ない電流で大きなトルクを生み出すが，逆起電力定数K_ωも大きくなるので，高速回転時の抵抗力が大きくなる．これらのパラメータは巻線の構成，巻線数などから決まるモータ固有のパラメータであり，用途によって必要とされる値は異なってくる．

- 式(10)の入力電流とトルクが比例関係にあるという特性は，DCモータの優れた特性の1つであり，このおかげで制御が容易となっている．これは，構造の異なるブラシレスDCモータにおいても近似的に成立する．

3.3.2 ロボットハンドのモデルをブロック線図で表そう

前項では，駆動電圧，電流，関節角度，関節トルクなどの物理変数の関係を微分方程式で表したが，式の関係が煩雑で見通しが悪いといった問題があった．本項では，ラプラス変換と伝達関数，ブロック線図を導入することで，視覚的に扱いやすい表記方法を導入する．

※1 実際の減速機では，歯車が噛み合わされるときに滑り摩擦が生じて伝達する負荷トルクτに損失が生じる．式(11)では，負荷からモータ軸に伝わる外力トルクを第三項$\frac{\tau}{n}$としているが，実際にモータ軸に加えられる外力トルクをτ_eとおき，その間の損失を考えよう．滑り摩擦モーメントが外力トルクτ_eに比例すると仮定して，損失分を$-c\tau_e$と考えると

$$\frac{\tau}{n} = \tau_e - c\tau_e = (1-c)\tau_e \quad \cdots (16)$$

となる．ここで，$\eta = 1-c$を**伝達効率**と呼ぶ．結果として，

$$\tau_e = \frac{\tau}{n\eta} \quad \cdots (17)$$

となり，減速比nに伝達効率ηをかけた分が実際の増幅率となる．一般$\eta < 1.0$であり，伝達効率ηの値が小さいほどモータのトルクが関節軸に伝わりにくくなる．伝達効率は減速機の種類や大きさによって異なるが，平歯車で0.9程度であり，今回使用している波動減速機では0.7程度である．本節では伝達効率はモデルを簡略化するために省略している．

(1) ブロック線図

一般に，微分方程式は解を求めるのに手間がかかるが，**ラプラス変換**を用いると，線形微分方程式を代数方程式に置き換えることができるので楽に求まる．ラプラス変換の物理的な意味と正確な定義は付録に書くことにして，ここでは便宜上の道具として扱う．特に，線形微分方程式の場合には，微分と積分の変換式

$$x(t)\text{の微分} \xrightarrow{\text{ラプラス変換}} sx(s) - x(0) \quad \cdots (20)$$

$$x(t)\text{の積分} \xrightarrow{\text{ラプラス変換}} \frac{x(s)}{s} \quad \cdots (21)$$

の2つを覚えておけば，ほとんどの場合をカバーできる．特に伝達関数を計算するときには，初期値について $x(0) = 0$ とするのでより簡単である[※3]．

例として，指関節の動特性である式(12)をラプラス変換すると，

$$J_f s^2 \theta(s) + C_f s \theta(s) = \tau(s) \quad \cdots (22)$$

となる．関節軸角度 $\theta(s)$，関節トルク $\tau(s)$ はともに時間関数ではなく，s の関数となっていることに注意しよう．ラプラス変換の s は微分演算に対応しているが，変換後は四則演算できる単なる変数として扱ってしまって構わない．そこで $\theta(s)$ のみ抜き出すように書きなおすと，

$$\theta(s) = \frac{1}{J_f s^2 + C_f s} \tau(s) \quad \cdots (23)$$

となる．これは，関節トルク τ から関節軸角度 θ までの変換を表していると見なせる．$\frac{1}{J_f s^2 + C_f s}$ は入力と出力の間の変換係数を表しており，信号伝達のための関数という意味で**伝達関数**と呼ばれる．この関係は，**図3.20(d)** のような入力と出力を持つようなブロックとして表すことができる．このような図を**ブロック線図**と呼ぶ．

ブロック線図には時間に関する情報が含まれていないということに注意してほしい．矢印は信号の流れと処理の順番を表しているだけである．例えば，**図3.20(e)** は，図3.20(d)とは逆に，入力を角度，出力をトルクとしたときの伝達関数である．これは，角度からトルクを計算する手順を意味しており，伝達関数の中身が (d) の分母と分子を入れ替えた逆関数となっている．このように時間の情報を含まないので，ブロック線図は入出力や順番を入れ替えることも，四則演算でまとめたり分解することも可能となる．

(2) モータモデルのブロック線図

ブロック線図を用いて，3.3.1項のDCモータの動特性の各要素を表してみよう．駆動回路の式(9)をラプラス変換すると，

[※2] トルク定数 K_T と逆起電力定数 K_ω が等しいことは，モータの行う仕事とモータで損失するエネルギが等しいことから証明できる．モータの行う仕事 W の時間変化 $\dot{W}$ は，トルク τ_m と回転速度 $\dot{\theta}_m$ の積であるので，式(10)を用いると，

$$\dot{W} = \tau_m \dot{\theta}_m = K_T I \dot{\theta}_m \quad \cdots (18)$$

となる．一方，モータで損失するエネルギー E の時間変化 $\dot{E}$ は，逆起電力 $V = K_\omega \dot{\theta}_m$ と電流 I の積であるので，

$$\dot{E} = VI = K_\omega \dot{\theta}_m I \quad \cdots (19)$$

となる．モータの行う仕事＝損失エネルギー，すなわち $\dot{W} = \dot{E}$ であるので，$K_T = K_\omega$ である．

[※3] 伝達関数は十分時間が経過した後の定常的な状態を扱うためである．十分時間が経過した後の定常状態では，初期値 $x(0)$ の影響は小さくなっており無視できる．

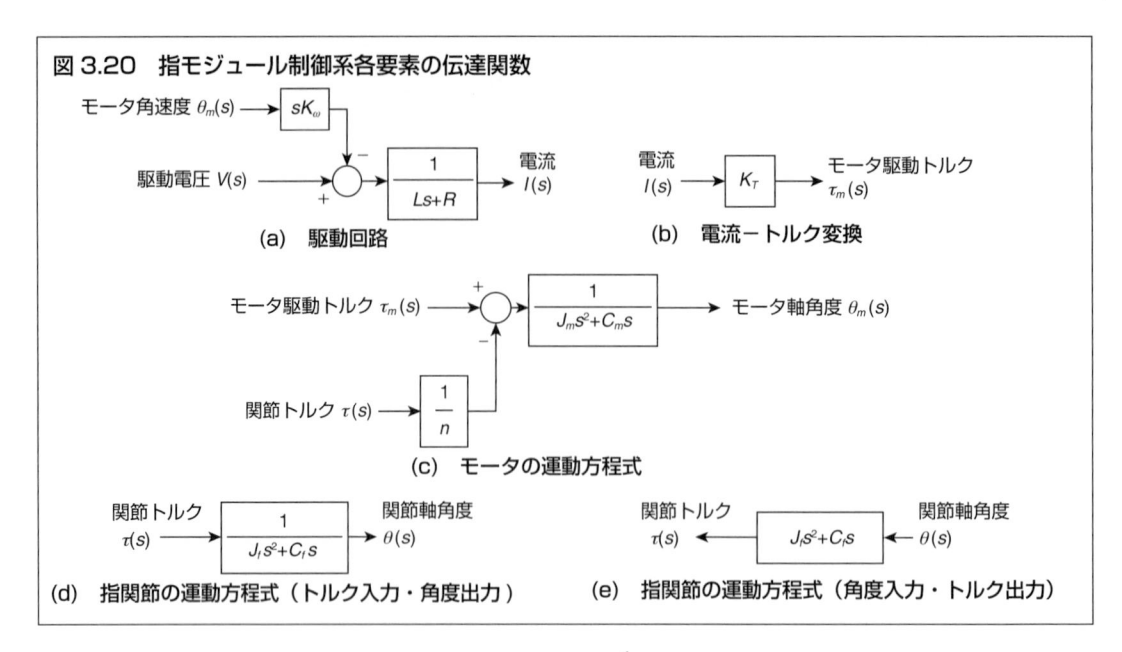

```
図 3.20  指モジュール制御系各要素の伝達関数
```

(a) 駆動回路
(b) 電流－トルク変換
(c) モータの運動方程式
(d) 指関節の運動方程式（トルク入力・角度出力）
(e) 指関節の運動方程式（角度入力・トルク出力）

$$I(s) = \frac{1}{Ls+R}(V(s) - sK_\omega \theta_m(s)) \quad \cdots (24)$$

となり，ブロック線図は**図 3.20(a)** のようになる．入力は駆動電圧 $V(s)$ から逆起電力 $sK_\omega \theta_m(s)$ を引いたものであり，出力は電流 $I(s)$，伝達関数は $\frac{1}{Ls+R}$ となっている．

電流－トルク変換の式(10)は定数倍の式なのでラプラス変換しても形に変わりはなく，

$$\tau_m(s) = K_T I(s) \quad \cdots (25)$$

となり，ブロック線図は**図 3.20(b)** のようになる．入力は電流 $I(s)$，出力はモータ駆動トルク $\tau_m(s)$，伝達関数はトルク定数 K_T となっている．

モータの運動方程式(11)をラプラス変換すると，

$$\theta_m(s) = \frac{1}{J_m s^2 + C_m s}\left(\tau_m(s) - \frac{1}{n}\tau(s)\right) \quad \cdots (26)$$

となり，ブロック線図は**図 3.20(c)** のようになる．入力はモータ駆動トルク $\tau_m(s)$ から外部トルク $\frac{\tau(s)}{n}$ を引いたもの，出力はモータ軸角度 $\theta_m(s)$ である．

関節の運動方程式(12)については，すでに説明したようにラプラス変換の式が

$$\theta(s) = \frac{1}{J_f s^2 + C_f s}\tau(s) \quad \cdots (27)$$

であるので，ブロック線図は図 3.20(d) または (e) のようになる．

これらの4つのブロック線図を組み合わせて，指モジュール全体のブロック線図を作ってみよう．**図 3.21** は，これらすべての要素を組み合わせて表した例である．4つの要素の入出力をつないだだけであるが，関節のモデルについては図 3.20(e) を用いて表している．

一方，**図 3.22** は，これらのブロックをすべてまとめて1つのブロックで表記した場合である．図 3.21 がシステム全体の信号の流れを見通すのに適しているのに対して，図 3.22 は全体の動特性を調べるのに適している．このように，伝達関数の表し方は一意ではなく，目的に応じた形式で記述する．伝達関数の s の分母多項式の次数が n のとき，そのシステムは n 次系と呼ばれる．図 3.22 のブロック線図

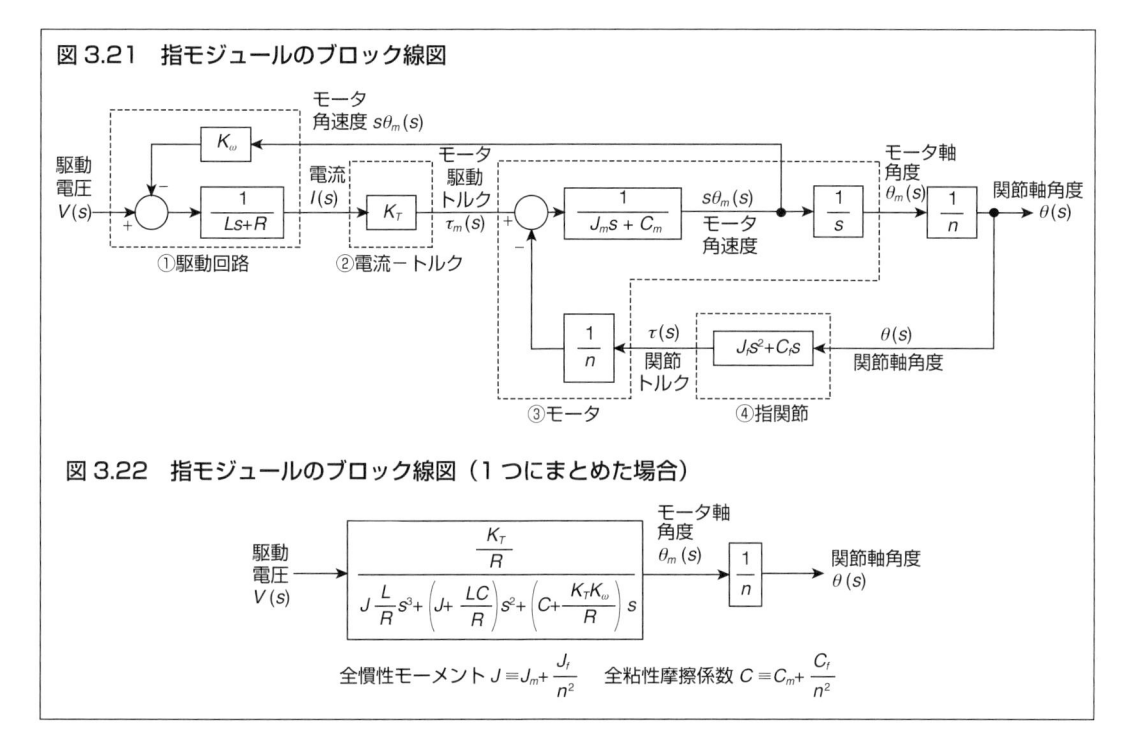

図 3.21　指モジュールのブロック線図

①駆動回路　②電流-トルク　③モータ　④指関節

図 3.22　指モジュールのブロック線図（1つにまとめた場合）

$$\frac{\frac{K_T}{R}}{J\frac{L}{R}s^3 + \left(J + \frac{LC}{R}\right)s^2 + \left(C + \frac{K_T K_\omega}{R}\right)s}$$

全慣性モーメント $J \equiv J_m + \frac{J_f}{n^2}$　　全粘性摩擦係数 $C \equiv C_m + \frac{C_f}{n^2}$

は分母多項式が3次なので3次系である．

それでは，図3.21から図3.22への変換はどうしたらよいのであろうか．1つの方法としては，伝達関数の基本的な変換則（☞**付録**）を繰り返すことでまとめる方法がある．もう1つの方法として代数的解法がある．これは，①図3.21のブロック線図を分解して図3.20のような小さいブロック線図に分ける，②それぞれの小さいブロック線図のラプラス変換の式(24)～(27)を求める，③4つの連立方程式だと考えて，変数 $\theta_m(s)$，$\tau_m(s)$，$\tau(s)$，$I(s)$ を消去する，④入力 $V(s)$，出力 $\theta(s)$ のブロック線図として書く，という手順で計算する．どちらの方法で計算しても結果は同じになる．

(3) 電流制御系を加えた場合のブロック線図

3.2.1項で説明したように電流制御を行った場合には，電流値が目標値に追従する（モータ軸トルクがトルク指令値に追従する）ように制御される．電流制御が理想的に実現されているものとしてモデル化してみよう．**図3.23**の上のブロック線図に示すように，電流制御によってトルク指令値 u と実際のトルク τ_m が一致するように制御されているものとすれば，破線で囲んだ部分の動特性を無視することができて，入出力のブロック線図は近似的に図3.23下のように近似できる．また，これらをまとめると，**図3.24**に示すように，全慣性モーメント J，全粘性摩擦係数 C だけから決まる簡略な2次系（☞**3.3.3項**）で表される[※1]．一般に電流制御の応答は高速であるので，制御対象をこのように近似することで十分な場合が多い．なお，電流制御器は，PI制御で制御系を組むのが一般的である．

[※1] 導出したモデルを活用するためには全慣性モーメントと全粘性摩擦係数の値を知る必要がある．これは，あるトルク指令値のときの関節角速度と角加速度を実測して，最小2乗法によって推定可能である．詳細は省略するが，指モジュールの例では，全慣性モーメント $J = 5.56 \times 10^{-4}\,\mathrm{kgm^2}$，全粘性摩擦係数 $C = 0.0278\,\mathrm{Nms/rad}$ である．

図 3.23　指モジュールに電流制御器を加えた場合

電流制御が理想的に動作したとして，その動作性を省いた場合

図 3.24　指モジュールに電流制御器を加えた場合（1 つのブロックで表現）

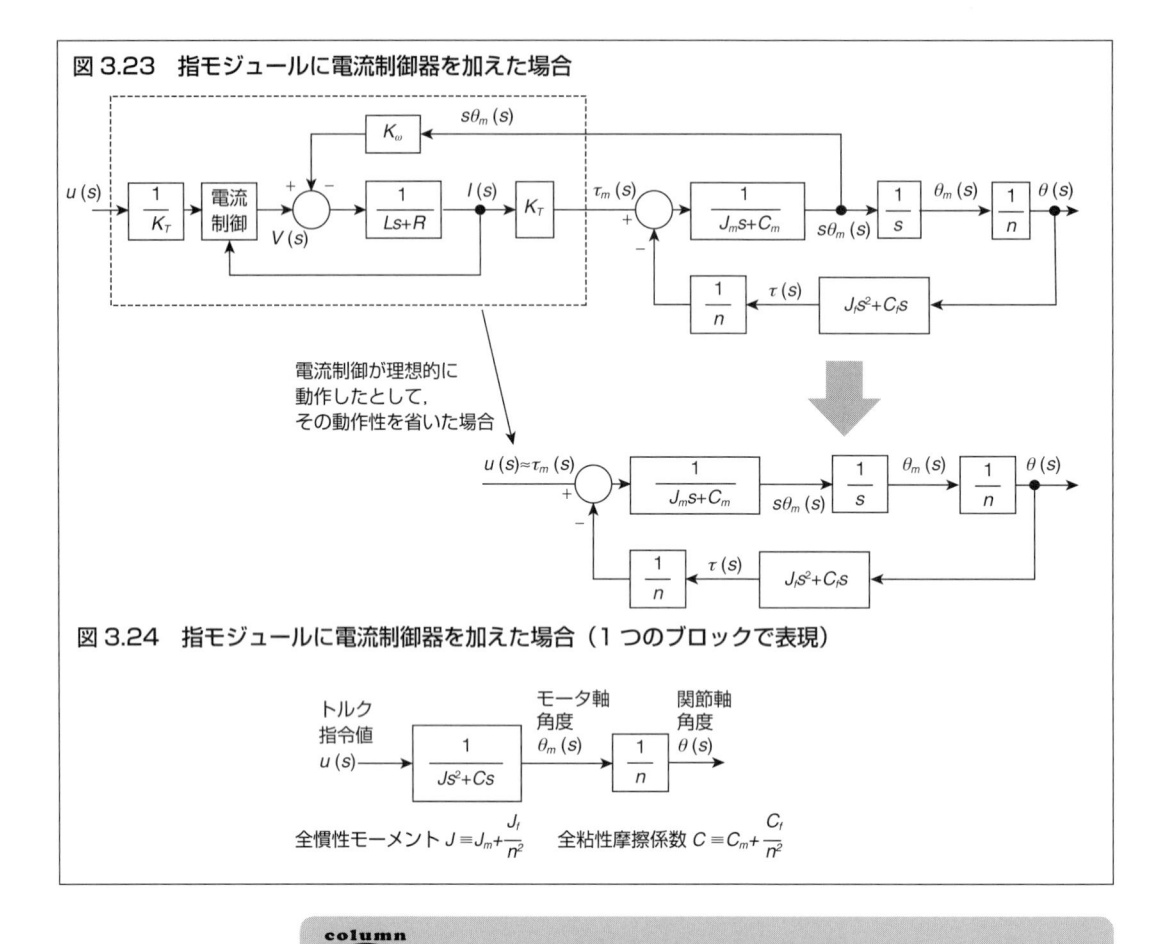

全慣性モーメント $J \equiv J_m + \dfrac{J_f}{n^2}$　　全粘性摩擦係数 $C \equiv C_m + \dfrac{C_f}{n^2}$

> **column**
>
> ### むだ時間遅れを含むモデル
>
> 　例えば，上位システムで非力な計算機を使っていて，センサの情報処理や制御演算に 1 秒かかる場合，制御サイクルタイムが 1 ミリ秒あっても，制御対象に入力される情報は常に 1 秒遅れとなってしまう．このような時間の遅れを**むだ時間遅れ**と呼ぶ．この場合のブロック線図を**図 3.25**に表そう．むだ時間遅れの特徴は，後で説明する 1 次遅れや 2 次遅れと異なり，入力する信号の周波数には関係なく，一定時間遅れるという点である．今回のロボットハンドの例では，遅れ時間が 1 ms であるので，無視してしまって問題ないが，10 〜 100 ms レベルになると大きく影響してくる．特に，むだ時間遅れは制御システムを不安定化し，発振しやすくするので注意が必要である[※1]．なお，ここでは計算時間の遅れによるむだ時間遅れについて考えたが，歯車のバックラッシュのような機械的な要因によるむだ時間遅れもある．

※1　むだ時間遅れを含む系は，含まない系に比べると不安定化しやすく，むだ時間を無視して PID ゲインを設定すると発振しやすい．安定化するための最も簡単な方法はゲインを下げることである．むだ時間遅れについては各種の設計法が提案されているが，十分な制御性能を得るのは容易ではない．ハードウェアなどのシステムを見直し，むだ時間遅れの原因を取り除くことも重要である．

図 3.25 むだ時間遅れを含む場合

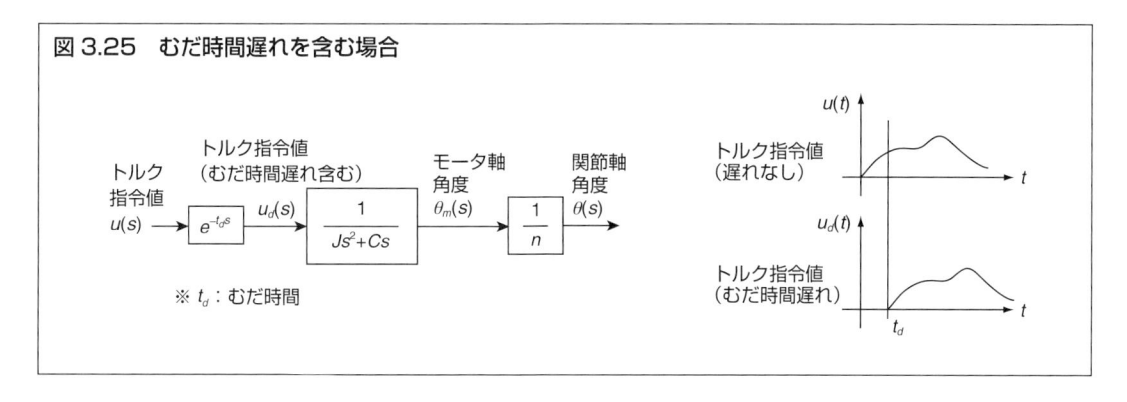

3.3.3 システムの応答を理解しよう

一般に伝達関数は複雑な形をとることが多いが、より細かい部分に分けることで、その挙動がわかりやすくなる。その最も細かい単位が **1 次系（1 次遅れ）** と **2 次系（2 次遅れ）** であり、ほとんどの伝達関数はこれらの組み合わせとして解析できる。本項では、1 次系と 2 次系について、サーボ制御における実例と合わせて説明する。

(1) 1 次系

1 次系とは伝達関数の分母が 1 次多項式で表される系であり、正規化された基本的な形式は、入力を $u(s)$、出力を $y(s)$ としたときに、

$$y(s) = \frac{1}{Ts+1} u(s) \qquad \cdots (28)$$

と表される。ここで、T は**時定数**と呼ばれ、1 次系の特性を決めるパラメータである。ブロック線図は**図 3.26** のように表される。時間が時定数と等しくなるときの出力は 0.632 となる。一方、時間が無限大のときの出力は 1 である。よって、時定数 T は時間応答が目標値の約 63.2% に到達した時の時間であるといえる。

図 3.27 は、1 次系に単位ステップ入力を与えたときの時間応答である。1 次系の例として、ⓐ時定数 $T = 2$、ⓑ時定数 $T = 1$、ⓒ時定数 $T = 0.5$ の 3 つの場合の応答を示す。それぞれ、時定数の時間に、出力が 0.632 となっていることがわかる。また、この図を見ると 1 次系には、①ステップ目標値に指数関数的に近づく、②オーバー

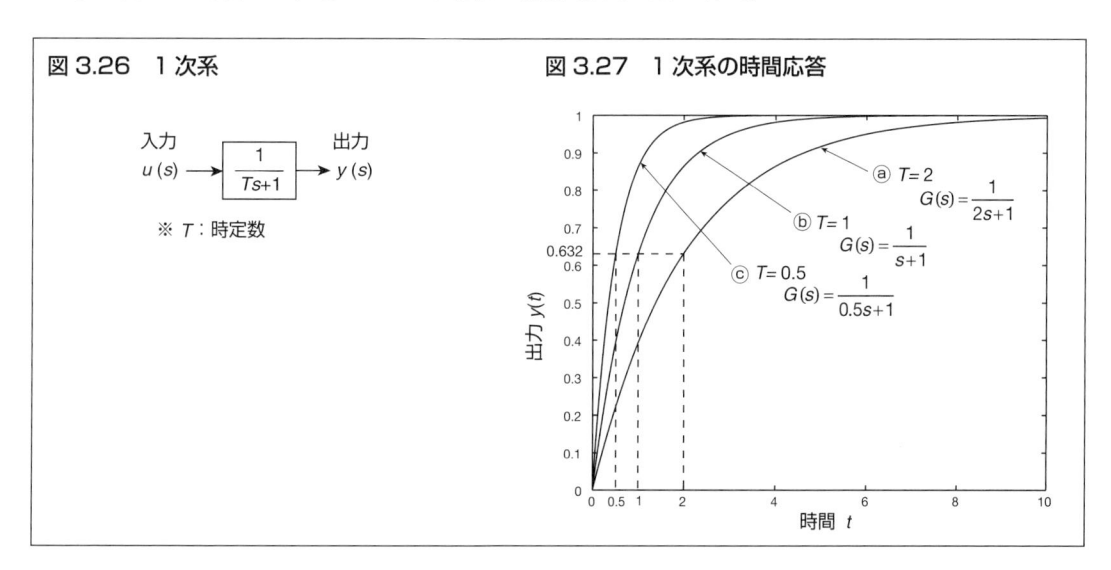

図 3.26 1 次系

図 3.27 1 次系の時間応答

図 3.28　1 次系の例（自由落下運動）

(a)　ボールの落下運動
(b)　ブロック線図
(c)　ブロック線図（変形後）

時定数　$T = \dfrac{m}{c}$

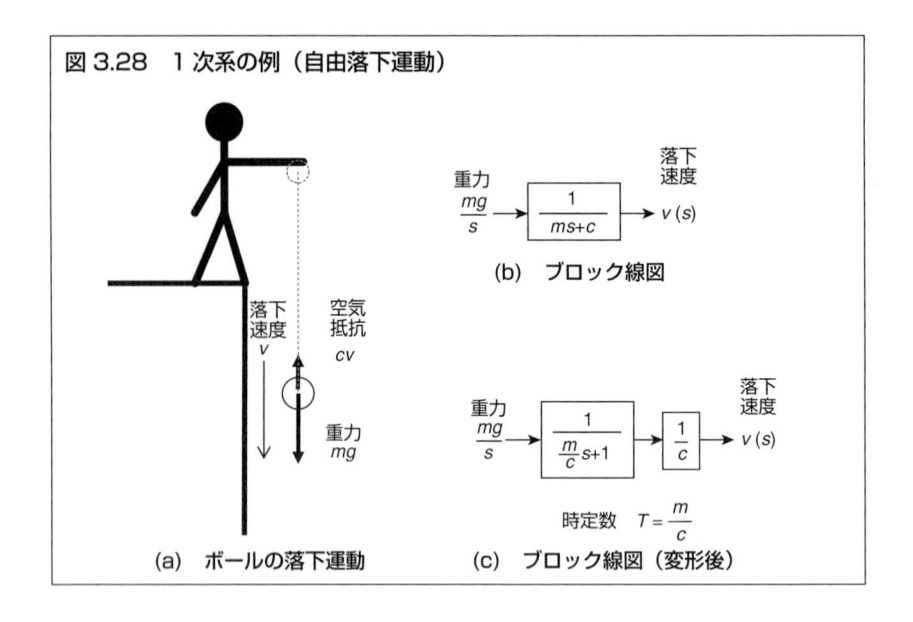

シュートしない，③振動しない，といった特徴を持つことがわかる．

1 次系の例として，**図 3.28(a)** に示すような空気抵抗がある場合の自由落下運動を考えてみよう．多くの人がボール投げなどで経験していると思うが，ボールは最初は重力によって加速するが，時間がたつにつれ空気抵抗により一定の速度になるはずである．この様子を 1 次系でモデル化してみよう．

ボールの質量を m，ボールの落下速度を v，重力加速度を g とする．ボールには重力と空気抵抗による速度に比例した抵抗力 $-cv$ が働くものとする．c は空気抵抗の係数（粘性摩擦係数）である．このとき運動方程式は，

$$m\dot{v} = mg - cv \qquad \cdots (29)$$

と表される．これに対して，入力を大きさが重力 mg のステップ入力，出力を速度 v とした場合の伝達関数表現は，

$$v(s) = \frac{1}{ms+c}\frac{mg}{s} \qquad \cdots (30)$$

となる．ブロック線図は**図 3.28(b)** のようになる．**図 3.28(c)** のように正規化することで，時定数は $T = \dfrac{m}{c}$ となる．

(2)　DC モータの 1 次系による表現

もう 1 つの例として，DC モータのブロック線図を 1 次系で表してみよう．減速機や指リンクなどの負荷がない状態でのモータ自体の動特性を考えることにして，外部負荷は考えず，モータ自体の粘性摩擦力も無視する．また，自己インダクタンス L が十分小さいとした時には，ブロック線図は 2 つの 1 次系と 1 つの積分で近似できる[※1]．**図 3.29** にその結果を示す．このうち，最初の 1 次系の時定数 $T_e = \dfrac{L}{R}$ は**電気的時定数**と呼ばれ，2 番目の 1 次系の時定数 $T_m = \dfrac{J_m R}{K_T K_\omega}$ は**機械的時定数**と呼ばれるものである．電気的時定数は駆動回路に一定電圧が加えられた時に電流目標値の約 63.2% に達するまでの時間である．一方，機械的時定数は目標回転速度の約 63.2% に達するまでの時間である．電気的時定数は機械的時定数に比べて小さい．

図 3.29 DC モータのブロック線図

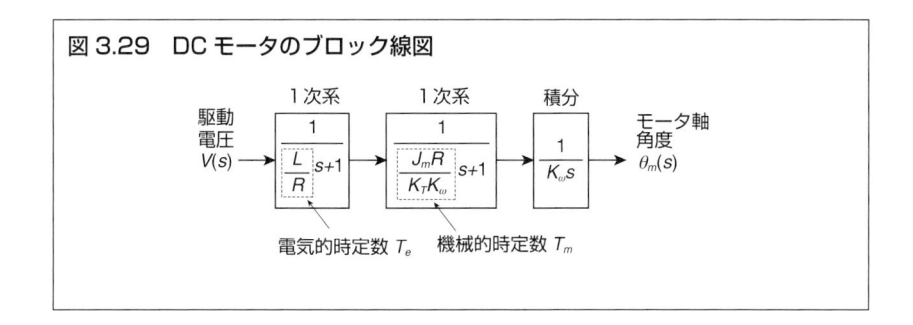

駆動電圧 $V(s)$ → [1次系 $\dfrac{1}{\dfrac{L}{R}s+1}$] → [1次系 $\dfrac{1}{\dfrac{J_m R}{K_T K_\omega}s+1}$] → [積分 $\dfrac{1}{K_\omega s}$] → モータ軸角度 $\theta_m(s)$

電気的時定数 T_e　機械的時定数 T_m

これらのパラメータはモータのカタログに掲載されていることが多く，モータ選定のための有効な情報となる．

(3) 2次系

2次系とは伝達関数の分母が2次多項式で表される系であり，正規化された基本的な形式は，入力を $u(s)$，出力を $y(s)$ としたときに，

$$y(s) = \frac{1}{\dfrac{1}{\omega_n^2}s^2 + 2\dfrac{\zeta}{\omega_n}s + 1} u(s) \qquad \cdots (32)$$

と表される．ここで，ω_n は**固有角振動数**，ζ は**減衰比**と呼ばれ，2次系の特性を決めるパラメータである．ブロック線図は**図 3.30** のように表される．

図 3.31 は2次系に単位ステップ入力を与えたときの時間応答である．ここでは，ⓐ減衰比 $\zeta = 0.25$，固有角振動数 $\omega_n = 1$，ⓑ減衰比 $\zeta = 1$，固有角振動数 $\omega_n = 1$，ⓒ減衰比 $\zeta = 2$，固有角振動数 $\omega_n = 1$ の3つの場合の応答を示した．この図を見てわかるように，ⓐではオーバーシュートが生じ，かつ振動しながら収束しているのに対して，残りの2つではオーバーシュートは生じていない．オーバーシュートと振動が起こるかどうかは減衰比の値によって以下のように判定できる．

① 減衰比が $\zeta = 1$ のときには，オーバーシュートが生じず（つまり振動することなく），かつ，最も立ち上がりが速い応答となる．このような応答は**臨界減衰（臨界制動）**と呼ばれる（**図 3.31** ⓑ）．

図 3.30　2次系

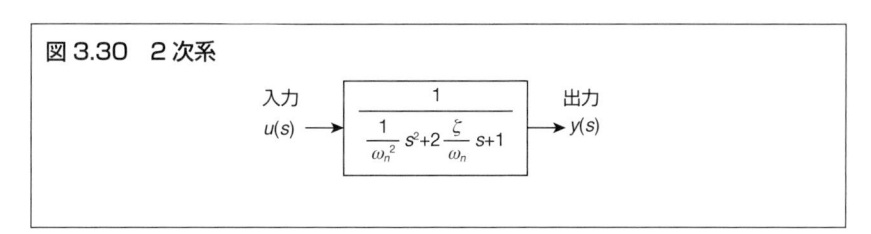

入力 $u(s)$ → [$\dfrac{1}{\dfrac{1}{\omega_n^2}s^2 + 2\dfrac{\zeta}{\omega_n}s + 1}$] → 出力 $y(s)$

※1　図 3.22 において，外部負荷とモータの粘性摩擦を無視するので，$J_f = C_f = C_m = 0$ とすると，（分母多項式 $\times \dfrac{R}{K_T K_\omega}$）は

$$\frac{J_m L}{K_T K_\omega}s^3 + \frac{J_m R}{K_T K_\omega}s^2 + s \approx \frac{J_m L}{K_T K_\omega}s^3 + \left(\frac{J_m R}{K_T K_\omega} + \frac{L}{R}\right)s^2 + s = \left(\frac{L}{R}s+1\right)\left(\frac{J_m R}{K_T K_\omega}s+1\right)s \cdots (31)$$

となる．ただし，自己インダクタンス L が十分小さいことから，$\dfrac{J_m R}{K_T K_\omega} \gg \dfrac{L}{R}$ となることを利用して，$\dfrac{L}{R}s^2$ を付加している．

②減衰比が$\zeta<1$のときには，振動しながら目標値に近づいていくことになる．このような応答は**減衰振動**（**不足制動**）と呼ばれる．これは，文字通りに減衰が不足して振動が生じていることがわかる（**図 3.31 ⓐ**）．

③減衰比が$\zeta>1$のときには，振動はしないが，目標値に収束するまで多くの時間がかかるような応答となる．このような応答は**過減衰**（**過制動**）と呼ばれる（**図 3.31 ⓒ**）．

これらの判定は，伝達関数の分母多項式の判別式によっても行うことができる．判別式 D は

$$D = \left(2\frac{\zeta}{\omega_n}\right)^2 - 4\frac{1}{\omega_n^2} = 4\frac{1}{\omega_n^2}(\zeta^2 - 1) \quad \cdots (33)$$

となり，その正負を調べることで減衰比ζの1に対する大きさを調べることができる[※1]．

2次系の例としてばね・マス・ダンパ系を考えてみよう．**図 3.32(a)** は，質量 m の台車にばねとダンパを接続したばね・マス・ダンパ系である．これに外力 f を加

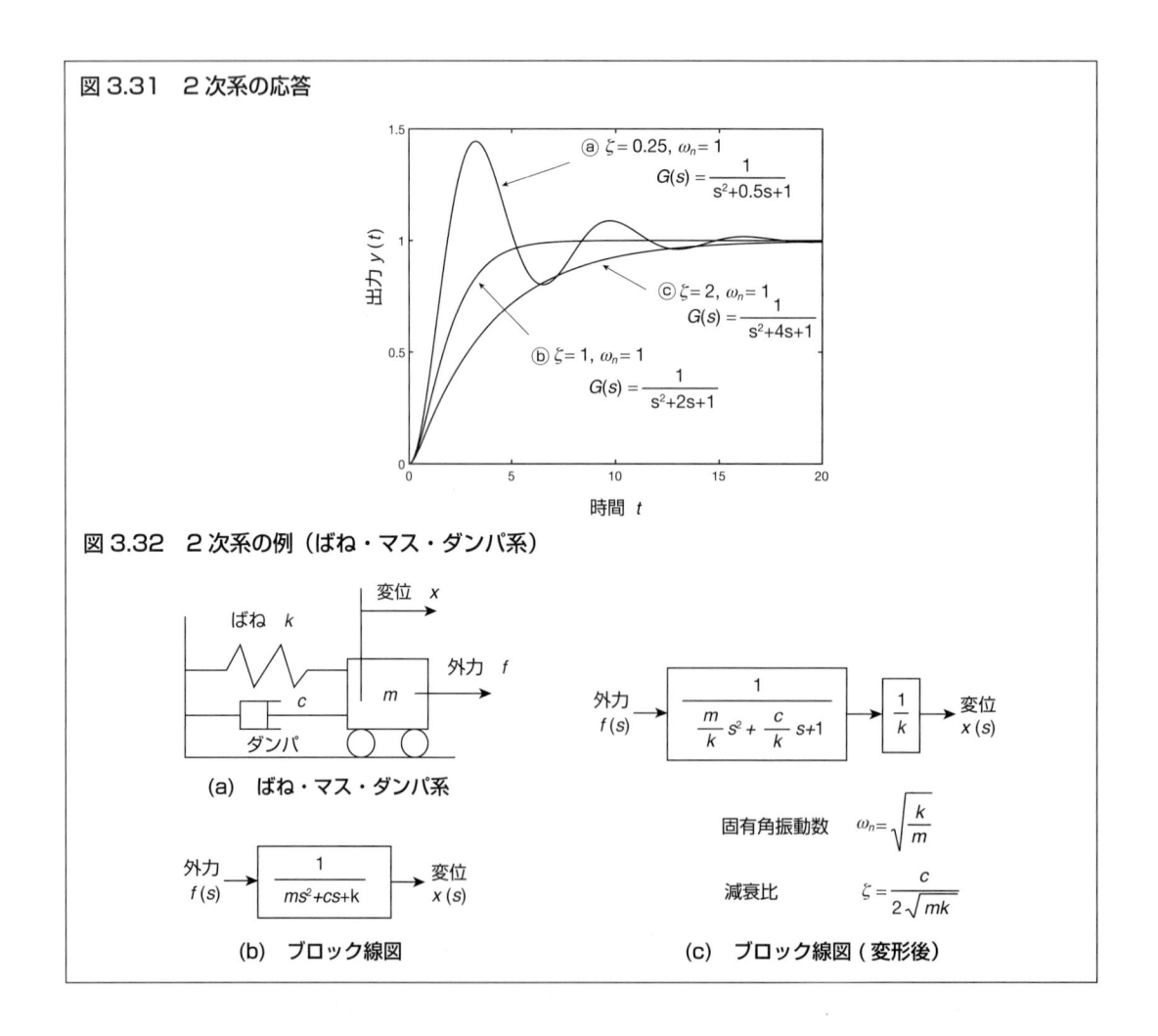

図 3.31　2次系の応答

ⓐ $\zeta = 0.25, \omega_n = 1$
$G(s) = \dfrac{1}{s^2+0.5s+1}$

ⓒ $\zeta = 2, \omega_n = 1$
$G(s) = \dfrac{1}{s^2+4s+1}$

ⓑ $\zeta = 1, \omega_n = 1$
$G(s) = \dfrac{1}{s^2+2s+1}$

図 3.32　2次系の例（ばね・マス・ダンパ系）

(a)　ばね・マス・ダンパ系

(b)　ブロック線図

外力 $f(s) \rightarrow \dfrac{1}{ms^2+cs+k} \rightarrow$ 変位 $x(s)$

(c)　ブロック線図（変形後）

外力 $f(s) \rightarrow \dfrac{1}{\frac{m}{k}s^2 + \frac{c}{k}s+1} \rightarrow \dfrac{1}{k} \rightarrow$ 変位 $x(s)$

固有角振動数　$\omega_n = \sqrt{\dfrac{k}{m}}$

減衰比　$\zeta = \dfrac{c}{2\sqrt{mk}}$

※1　このようになるように減衰比ζを定義しているのである．

えて操作することを考える．この運動方程式は，

$$m\ddot{x} = f - kx - c\dot{x} \quad \cdots (34)$$

となる．入力を f，出力を x とした場合の伝達関数表現は

$$x(s) = \frac{1}{ms^2 + cs + k} f(s) \quad \cdots (35)$$

となる．ブロック線図は**図 3.32(b)**のように表される．**図 3.32(c)**のように正規化することで，固有角振動数，減衰比が求まる．ばねが強く質量が小さければ，振動の周波数が高くなり，また，粘性摩擦が質量やばね定数に対して相対的に大きければ，減衰が大きくなる．これは直感的な理解とも合致する．

(4) PD 制御系の2次系による解析

もう1つの2次系の例としてPD制御系を考えてみよう．**図 3.33(a)**は，図 3.24で示した電流制御された指モジュールシステムに，目標角度 r に追従するようにPD制御系を加えた場合のブロック線図である．これをまとめると**図 3.33(b)**のブロック線図になる．**図 3.33(c)**のように正規化することで，固有角振動数，減衰比が求まる．これを先ほどの結果と比較すると，比例ゲイン K_p がばね係数 k，微分ゲイン K_d が粘性摩擦係数 c の役割を果たしていることがわかる．これは，3.2.2 項で解説したPID制御系の定性的な解説内容と合致している．

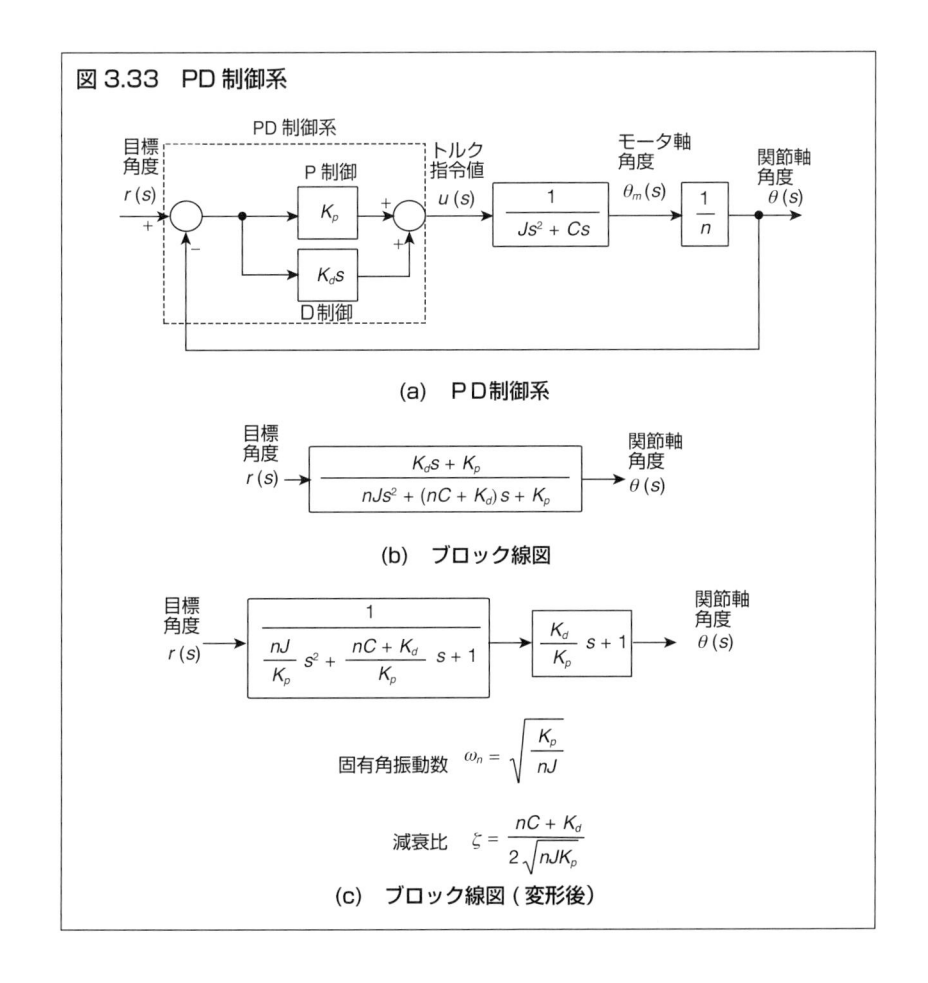

図 3.33 PD 制御系

(a) PD制御系

(b) ブロック線図

伝達関数: $\dfrac{K_d s + K_p}{nJs^2 + (nC + K_d)s + K_p}$

(c) ブロック線図（変形後）

$$\frac{1}{\dfrac{nJ}{K_p}s^2 + \dfrac{nC + K_d}{K_p}s + 1} \cdot \left(\frac{K_d}{K_p}s + 1\right)$$

固有角振動数　$\omega_n = \sqrt{\dfrac{K_p}{nJ}}$

減衰比　$\zeta = \dfrac{nC + K_d}{2\sqrt{nJK_p}}$

3.3.4 ボード線図を理解しよう

(1) 周波数特性とボード線図

今回の例のような線形システムでは，入力に一定の周波数の正弦波を与えたとき，出力も同じの周波数の正弦波となる．ただし，出力の正弦波は**図3.34**に示すように振幅と位相が異なった信号となる．振幅比は増幅率すなわち**ゲイン**であり，**位相差**は信号の進み遅れを表す．このゲインと位相差がシステムの特徴を表す重要なパラメータであり，**周波数特性**と呼ばれる．

システムの伝達関数が $G(s)$ で表されるものとしよう．周波数特性は $s = j\omega$（j は虚数，ω は角周波数である）を代入した $G(j\omega)$ で表される．$G(j\omega)$ は複素数であるので，その実部を a，虚部を b として，$G(j\omega) = a + jb$ で表すとき，ゲインと位相差は以下のように計算される．

$$|G(j\omega)| = \sqrt{a^2 + b^2} \quad (\textbf{ゲイン}) \qquad \cdots (36)$$

$$\angle G(j\omega) = \tan^{-1}\frac{b}{a} \quad (\textbf{位相差}) \qquad \cdots (37)$$

ゲインも位相差も角周波数の関数であるので，その関係をプロットすることを考えよう．ゲインと角周波数，位相差と角周波数の関係をそれぞれグラフにプロットした図は**ボード線図**と呼ばれる．ただし，信号の高周波成分の多くがノイズであり，重要な信号は低周波に多く含まれる．そこで，低周波成分を広げて見れるように，角周波数の対数 $\log_{10}$ に対してプロットする．また，ゲイン $|G(j\omega)|$ についても，対数をとって $20\log_{10}|G(j\omega)|$[dB] で表す[※1]．

1次系のボード線図を**図3.35**で説明する．1次系の特徴は，低周波では一定値，高周波では直線的にゲインが下がることである．低周波での直線と高周波での直線の交点を**折点**と呼び，その時の角周波数を**折点角周波数**と呼ぶ．折点角周波数は時定数 T の逆数となる．折点近くまではゲインは一定であるのが，折点を過ぎると急激にゲインが下がる（すなわち出力の信号が減衰する）．一方，位相は折点で 45° 遅れ，高周波においては最大 90° 遅れる．

2次系のボード線図を**図3.36**で説明する．2次系の特徴は，減衰比 ζ が 1 より小さいとき（図3.36(a)），ゲインが 1 以上（デシベル表記では 0 dB 以上）になるこ

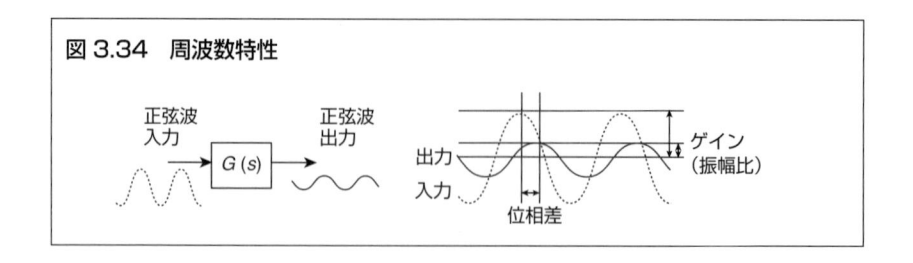

図3.34 周波数特性

[※1] dB（デシベル）は信号処理で多用される単位であり，ある信号 A を dB で表記するには，$10\log_{10}A^2 = 20\log_{10}A$ として計算する．A の 2 乗に対して $\log_{10}$ をとるのは，信号 A のパワーを評価するためである．実用上は 0 dB のときゲインが 1，dB が 20 増えるごとにゲインが 10 倍，20 減るごとに 0.1 倍と覚えておけばよい．

[※2] 入力信号の周波数とシステムの固有角振動数が一致したときに生じる現象である．実際にはシステム内部で出力の限界があるので，ゲインが無限大となることはないが，出力が最大となり，最悪の場合システムが破壊されてしまうことがある．

図 3.35 1次系のボード線図

図 3.36 2次系のボード線図

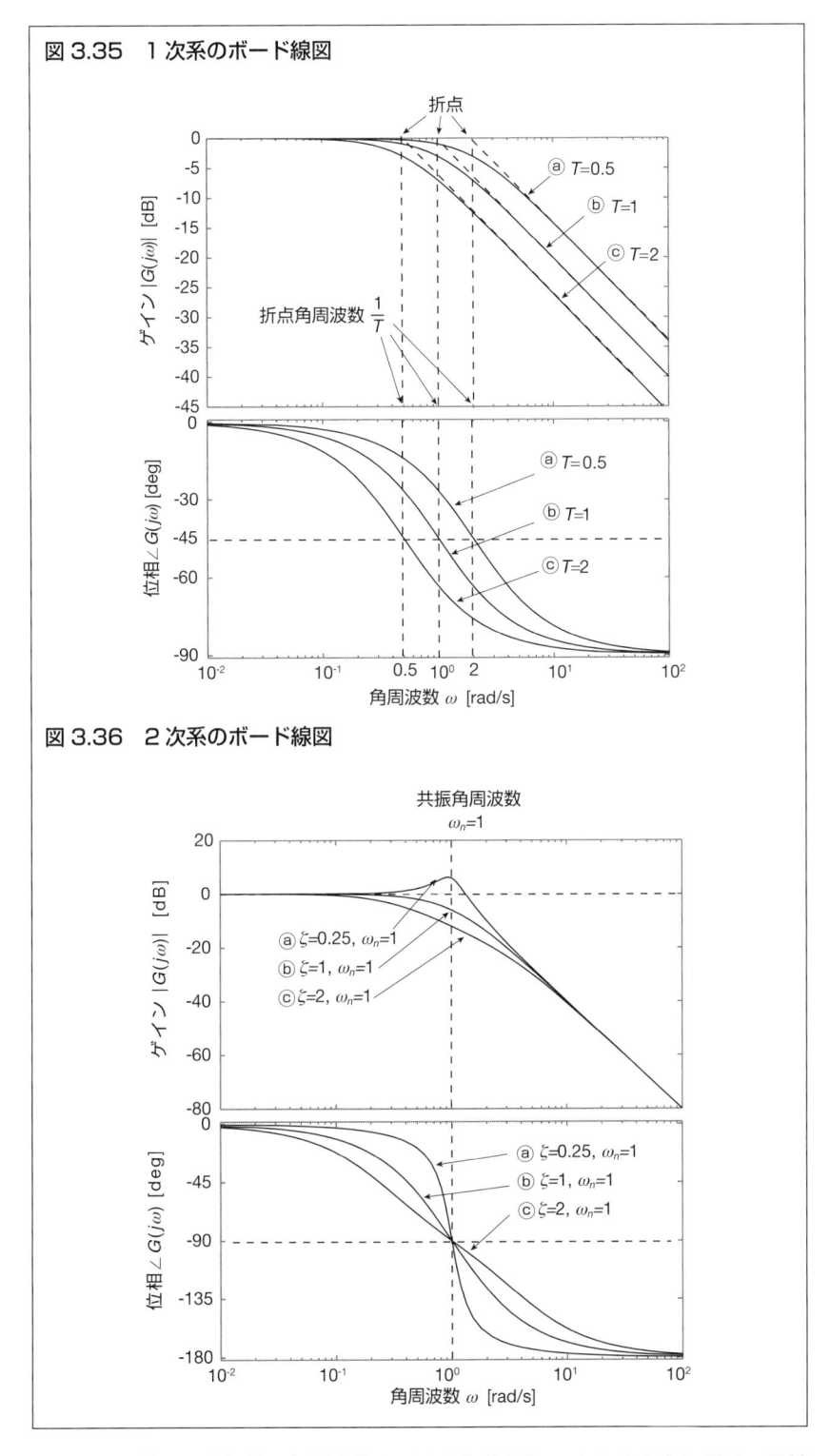

とである.特に入力信号の角周波数が,固有角振動数 ω_n となるときにゲインは最大となる.さらに,減衰比 ζ が 0 のとき,ゲインは無限大となる.このような現象は**共振**と呼ばれる[※2].このことから,固有角振動数 ω_n は**共振角周波数**または**共振角振動数**とも呼ばれる.

先ほどの例で示した PD 制御系のように 2 次系の特性を決める場合には,システ

ムの固有角振動数が入力信号の角振動数と近い値にならないように，注意して設計しなければならない．位相に関しては，固有角振動数で 90° 遅れ，高周波では最大 180° 遅れることがわかる．位相が 180° 遅れた場合が信号が完全に裏返った場合であり，フィードバックに悪影響を及ぼす[※1]．

(2) ゲイン余裕と位相余裕

ボード線図で，ゲインが 0 dB のときの（180 + 位相）を**位相余裕**，位相が −180° のときの（0−ゲイン）を**ゲイン余裕**という．また，ゲインが 0 dB となるときの角周波数を**ゲイン交差角周波数**，位相が −180° となるときの角周波数を**位相交差角周波数**と呼ぶ（**図 3.37**）．

通常フィードバック制御は偏差を減らす方向に働く（負のフィードバック）が，フィードバック信号の位相が 180° 遅れているときは逆位相であり，加えてゲインが 1 より大きいと，フィードバックは偏差を増やす方向に働いてしまう（正のフィードバック）．このような状況では制御対象は発振してしまうので必ず回避しなければならない．ゲイン余裕，位相余裕は，どちらもこのような不安定な状況になるまでに，どの程度の余裕があるかを知らせる情報である．

例として，図 3.24 の電流制御が行われているロボットハンド制御系におけるゲイン余裕と位相余裕を求めてみよう．理想的には 2 次系であるが，ここではむだ時間遅れを含めて考える．むだ時間がない場合は理想的な 2 次系であり，図 3.36 で示したように位相が −180° を下回ることはないので，ゲイン余裕が存在しない．

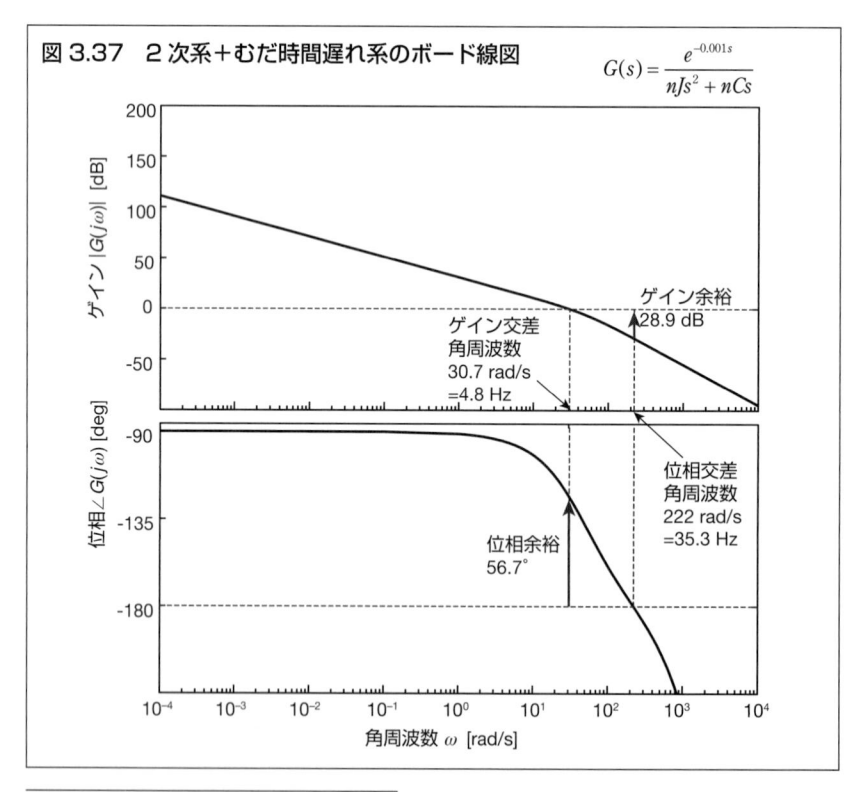

図 3.37　2 次系＋むだ時間遅れ系のボード線図

$$G(s) = \frac{e^{-0.001s}}{nJs^2 + nCs}$$

ゲイン交差角周波数 30.7 rad/s = 4.8 Hz

ゲイン余裕 28.9 dB

位相交差角周波数 222 rad/s = 35.3 Hz

位相余裕 56.7°

[※1] 例えば，車の運転でハンドルとステアリングの動きに遅れがある場合を考えよう．位相が 180° 遅れることは，ハンドルを右左右左…と周期的に回した場合に，ステアリングの動きが遅れてちょうど逆の動き左右左右になることに相当する．ハンドルを右に切った瞬間にはステアリングが遅れて左に向いてしまうので，あわてて運転すると大事故につながる．

これに対して，0.001 秒のむだ時間遅れを加えたときのボード線図を**図 3.37** に示す．むだ時間遅れを加えたことによって位相は $-180°$ を超えて変化している．この場合の位相余裕はゲイン交差角周波数が 4.8 Hz のときに 56.7° であり，ゲイン余裕は位相交差角周波数が 35.3 Hz のときに 28.9 dB すなわち 0.036 倍となる．ゲイン交差角周波数が 5 Hz 程度なので，このままフィードバックしても速い応答にはついていけない．また，位相余裕は 56.7° であるので，十分大きくこのままでも安定性が高いことを示している．これは，関節の粘性摩擦のためである．

3.4 サーボ制御系を設計してみよう

実際に設計できるようになろう

3.3 節ではサーボ制御系を設計するために必要な知識について説明したので，本節ではサーボ制御を実際に設計してみよう．

3.4.1 PD 制御のゲインを設定してみよう

PID 制御はパラメータが P ゲイン，D ゲイン，I ゲインの 3 つもあるので調整が大変だが，PD または PI 制御ならば，パラメータが 2 つになるので多少簡単になる．ここでは，筆者らがロボットハンド制御で用いる簡易的な PD 制御のパラメータの決め方を説明する[※2]．**図 3.38** に手順を示す．

① P ゲイン K_p を 0 または小さい値に設定し，振動が生じない限界近くまで D ゲイン K_d を上げる[※3]．

② 振動またはオーバーシュートが生じない限界近くまで P ゲイン K_p を上げる．

指モジュールでは対象が 2 次系でモデル化でき，PD 制御をかけた場合は図 3.33 のように全体も 2 次系になる．そこで，②の代わりに

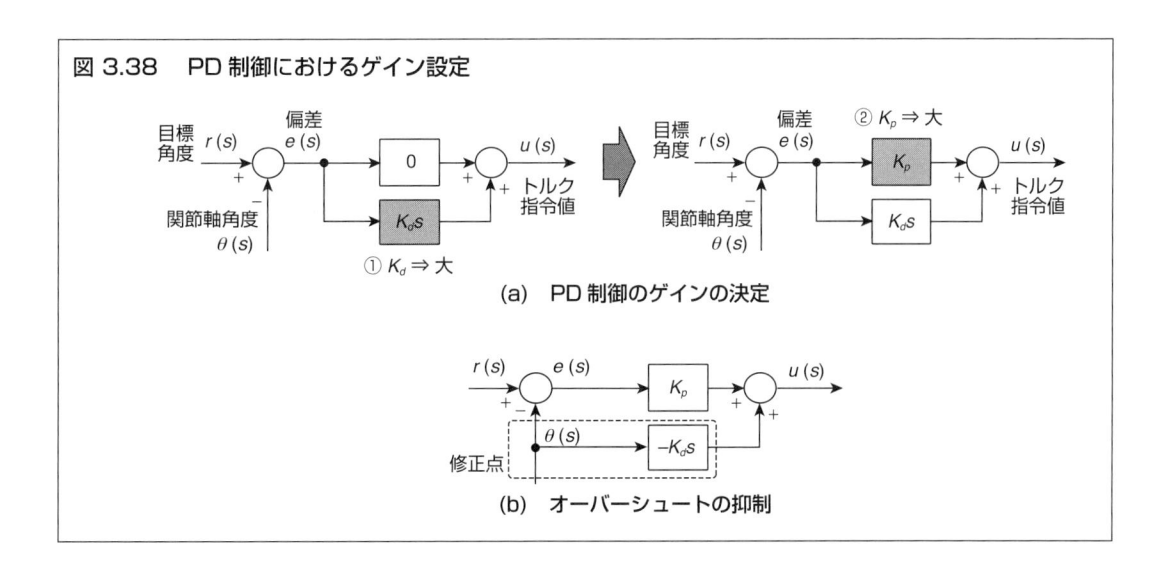

図 3.38　PD 制御におけるゲイン設定

(a) PD 制御のゲインの決定

(b) オーバーシュートの抑制

[※2] モデルがわからないときの設定方法として**限界感度法**がよく知られている．プロセス制御でよく使われるが，制御対象を「むだ時間＋１次系」と近似するので，サーボ制御には向かないことが多い．

[※3] 今回の例では D ゲインを大きくしたときの振動は主に角度センサのノイズによるので，ノイズの影響が少なくなるように D ゲインを決めている．

③減衰比が1すなわち$\zeta = \dfrac{nC+K_d}{2\sqrt{nJK_p}} = 1$を満たすようにPゲイン$K_p$を決める.

としてもよい.これは3.3.3項(3)で解説した臨界減衰の条件であり,ステップ入力に対して振動を起こさずに最も立ち上がりの速い応答になる.

この方法では,DゲインK_d,PゲインK_pの順番で決めているが,ロボットのような機械系では振動を抑えることが大切であり,Dゲインを十分大きくする必要があるからである[※1].なお,Dゲインが大きすぎて立ち上がりが遅くなった場合には,Dゲインを少し小さく設定してから,Pゲインを決め直せばよい.3.2.4項の実験ではこのようにして減衰比が1となるように決めている.また,オーバーシュートが生じないようにしたい場合には,**図3.38(b)** に示すように,D制御において偏差の速度$\dot{e}$ではなく,関節角速度$\dot{\theta}$のフィードバックを使うとよい[※2].

3.4.2 ボード線図を用いて設計してみよう

より体系的な方法として,ボード線図を用いたパラメータ設定法を説明する.ここでは**図3.39**に示すように,制御対象の入力からPID制御器の出力までの**開ループ伝達関数**を調べる.開ループとは,文字通りフィードバックループを切り開いてループに沿って流れる信号だけを調べることであり,その伝達関数は,制御対象の伝達関数とPID制御器の伝達関数のかけ算となる[※3].

なぜ開ループで考える必要があるのだろうか? 開ループ伝達関数のボード線図の波形は,制御器と制御対象の波形を足し合わせたものになる.そのため制御器の

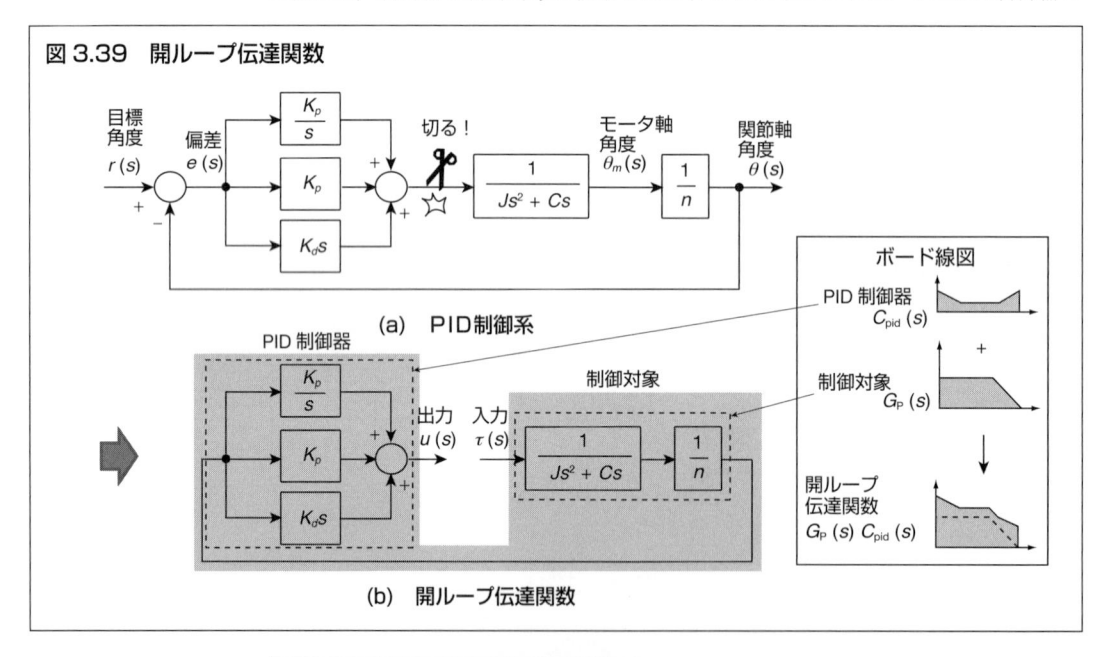

図3.39 開ループ伝達関数

(a) PID制御系

(b) 開ループ伝達関数

※1 通常ロボットの関節軸には減速機が使われ,機械的な粘性摩擦が生じるので,D制御がなくても振動は抑制される.一方,動作を高速にするために減速比を小さくしたロボットや,減速機を使わずモータ軸とリンク機構を直接つないだ場合(**ダイレクトドライブ**と呼ばれる)には,機械的な粘性摩擦が小さいので,D制御を強く加えないと振動して不安定になる.
※2 もとのPD制御では,偏差の速度$\dot{e}$に目標値の速度$\dot{r}$が含まれるので,目標値が急激に変化する場合(ステップ目標値では目標値の速度は∞となる)にはオーバーシュートの原因となる.
※3 目標値から出力までをまとめた伝達関数は**閉ループ伝達関数**と呼ばれる.両者の違いに注意しよう.この例では,開ループ伝達関数が$G_p(s)C_{pid}(s)$であるのに対して,閉ループ伝達関数は$\dfrac{G_p(s)C_{pid}(s)}{1+G_p(s)C_{pid}(s)}$になる.

効果が直接的によくわかるのである．

(1) PID 制御器のボード線図

PID 制御器のボード線図は**図 3.40** になる．ゲイン図は傾きが -20 dB/dec の右下がり直線，水平線，傾きが 20 dB/dec の右上がり直線の 3 つの直線に沿った曲線で表される．一方，位相図では高周波帯域では位相が 90° 進んでおり，低周波帯域では位相が $-90°$ 遅れている．PID ゲインの変化とグラフの変化の対応をみてみよう．なお，以下の項目の番号は図 3.40 中の矢印の番号と対応している．

① P ゲイン K_p を大きくすると，ゲイン図で水平直線が上がる，すなわち中心付近のゲインが上がる．

② D ゲイン K_d を大きくすると，ゲイン図で右側の右上がり直線が左側に移動する，すなわち高周波帯域でのゲインが上がる．また，高周波帯域での位相が進む範囲が広くなる[※4]．

③ I ゲイン K_i を大きくすると，ゲイン図で左側の右下がり直線が右側に移動する，すなわち低周波帯域でのゲインが上がる．また，低周波帯域で位相が遅れる範囲が広くなる．

(2) 開ループ伝達関数のボード線図

開ループ伝達関数で望まれるのは，3.3.4 項で説明したように，不安定になる「位相が 180° 遅れた時にゲインが正になる」状態を避けることである．そのためには，ゲイン余裕と位相余裕を大きくとればよい．さらに応答性能を上げるには，次のようにすればよい．

ⓐ ゲイン余裕・位相余裕を十分大きくする（⇒ 安定限界までの余裕が大きい，

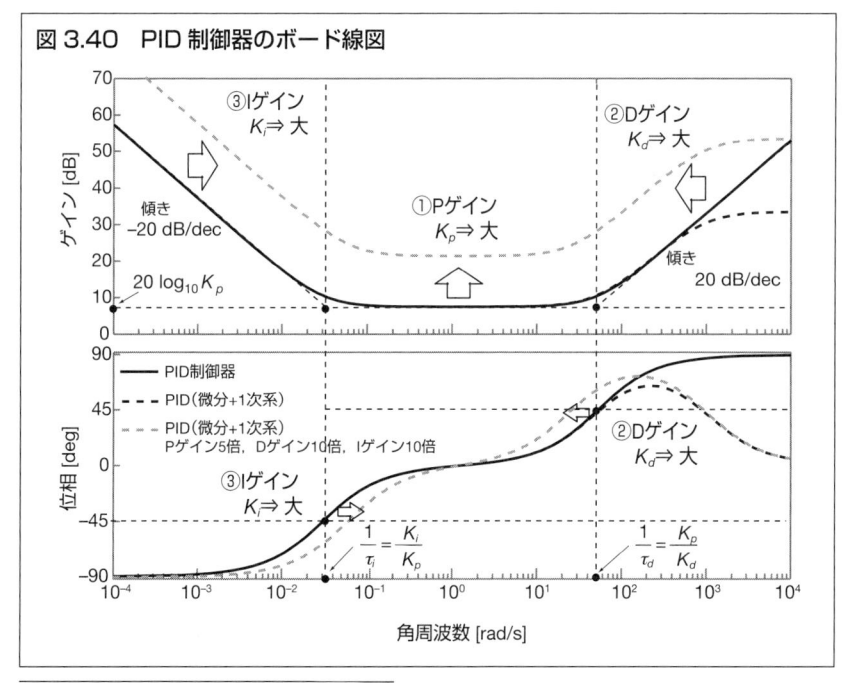

図 3.40 PID 制御器のボード線図

[※4] 純粋な D 制御では高周波のノイズを増幅しすぎるので，適当な時定数 T を持つ 1 次系を加えて $\frac{K_d s}{Ts+1}$ を代わりに用いてノイズ除去をすることが多い．その場合のボード線図は図 3.40 の破線のようになり，高周波では一定ゲインとなる．

すなわち振動を抑制し安定性を向上させる）．

ⓑゲイン交差角周波数を上げる（⇒ 高周波帯域でもゲインが0にならない，すなわち応答速度を向上させる）．ただし，高周波帯域でのノイズも増幅してしまうので，必要以上に上げられない．

ⓒ直流に近い低周波帯域のゲインを十分大きくする（⇒ 定常偏差を短時間で除去する）．

ⓐに関しては，高周波で位相をなるべく進めれば，位相余裕，ゲイン余裕がともに大きくなるので，Dゲインを大きくすればよい．ⓑに関しては，ゲインを大きくすればよいので，Pゲイン，Dゲインを大きくすればよい．ⓒに関しては，Iゲインを大きくする必要があるが，低周波での位相が遅れるので大きくしすぎると不安定になる．ただし，実際にはPゲイン，Dゲイン，Iゲインの影響は独立ではなく波形全体に影響するので，パラメータを変えて結果の波形を見ながら調整し直す必要がある．

図3.41では3.2.4項で実験したPID制御について，制御対象の伝達関数 $G_p(s)$ のボード線図（図3.37で書いたものと同じ）と開ループ伝達関数 $G_p(s)C_{pid}(s)$ のボード線図を並べ，どの程度改善したかを調べている．$G_p(s)C_{pid}(s)$ の波形は $G_p(s)$ と図3.40の $C_{pid}(s)$ を足し合わせたものになる．これより，PID制御器によって，①ゲイン交差角周波数は4.8 Hzから13.5 Hzに上がり，10 Hz程度の速い変化にも応答できるようになった，②位相余裕は80.3°になり，ゲイン余裕は22.5 dBであり，

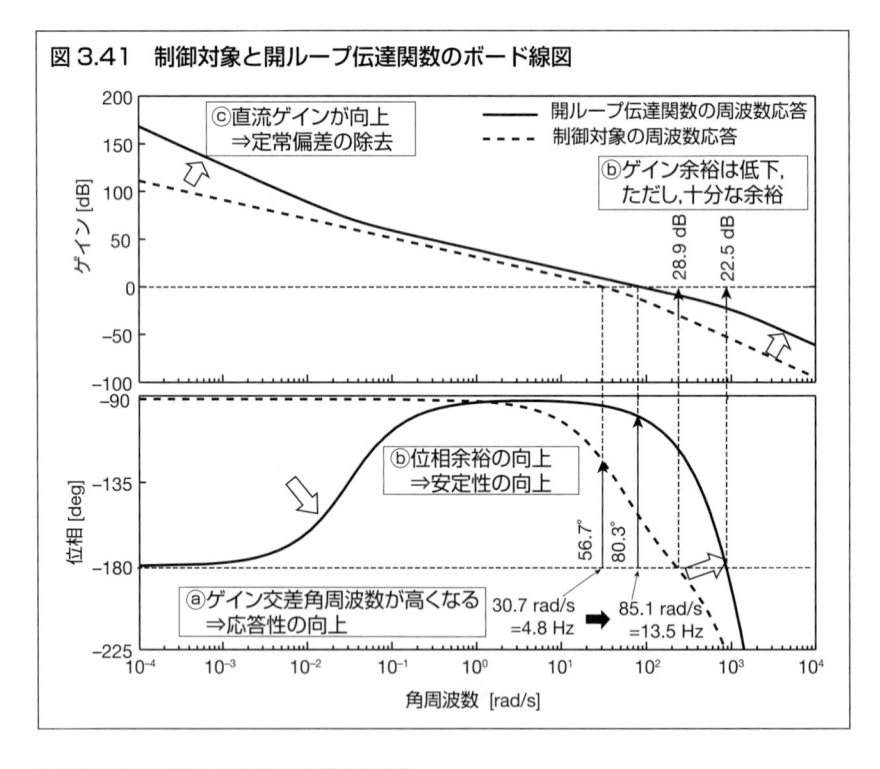

図3.41　制御対象と開ループ伝達関数のボード線図

※1　本手法を適用するためには制御対象の周波数特性をあらかじめ知る必要がある．本章では対象モデルを使ったが，より精密に制御をするには実機の周波数特性がわかった方がよい．そのためには，①入力に正弦波信号を与える，②出力波形をフーリエ変換する，③入力と同じ周波数の出力信号のゲインと位相を求める，④入力周波数を変えて①から繰り返す，といった手順で制御対象を調べればよい．フーリエ変換を行う理由は，実際の対象は非線形要素が含まれるために，出力が理想的な正弦波にならないことが多いためである．

安定性が増している，③直流ゲインは積分を入れているので明らかに∞であり，定常偏差が0である，ということがわかる[※1]．

3.4.3 外乱オブザーバを導入してみよう

PID制御は直感的にわかりやすい制御系であるが，パラメータの設定が難しく性能を上げるのは難しい．ここでは，より高度な制御方法として実際の産業用機器で使用されることが多い**外乱オブザーバ**を導入してみよう[※2]．

> **column**
>
> **外乱とは？**
>
> 実際のロボットでは，さまざまな好ましくない外部からの影響が及ぼされる．指モジュールでは，指の姿勢による重力の変化，関節における動摩擦（動作方向と反対方向に働く一定値の摩擦）や静止摩擦，他の関節が動くことによる干渉力，ロボットの信号ケーブルの曲げ弾性力などがある．これらは3.3.1項のモデル化では含まれないが，実際には無視できない．そこで，制御対象に加わる意図しない入力である**外乱**として扱うことで何とかしよう．

(1) 外乱オブザーバの基本

図3.42を用いて外乱オブザーバを説明する．制御対象には駆動トルク$\tau(s)$に加えて外乱$d(s)$も加わるので，出力のモータ軸角度$\theta_m(s)$も外乱の影響を受ける．逆に考えると，モータ軸角度$\theta_m(s)$から外乱の大きさも推定できるはずである．これは制御対象の**逆モデル**があれば可能となる．逆モデルとは対象モデルの入力と出力が入れ替わったモデルであり，伝達関数形式では分母と分子を入れ替えたもので表される．逆モデルを用いれば

（推定外乱$\hat{d}(s)$）＝（逆モデル）×（モータ軸角度$\theta_m(s)$）−（駆動トルク$\tau(s)$）
··· (38)

となる．推定外乱$\hat{d}(s)$をフィードバックして，トルク指令値$u(s)$から引いてしまえば，外乱$d(s)$の影響は相殺されるはずである．

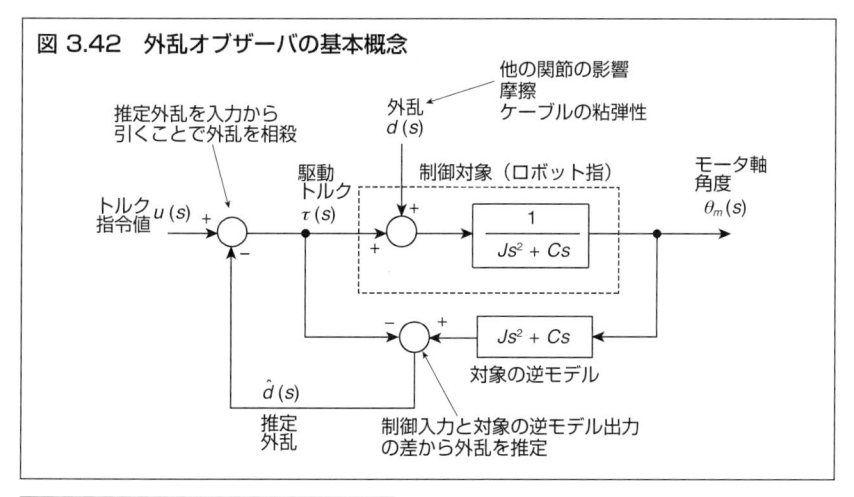

図3.42 外乱オブザーバの基本概念

[※2 厳密な導出には，状態オブザーバの設計理論が必要であるが，ここでは，直感的にわかりやすい方法で解説する．]

(2) 外乱オブザーバの実際

(1)の方法にはいくつか問題点がある．1つは，逆モデルの分子の次数が分母の次数より大きいと，実際には実現できないことである[※1]．もう1つは，推定した外乱にノイズが含まれると不安定になることである．

そこで，図 3.43 に示すように，推定外乱 $\hat{d}(s)$ に2次遅れ要素を加えてノイズを除去する．図 3.44(a) では，2次遅れ要素の位置を変えて，2次遅れ要素と逆モデルを合わせたブロックを使っている．こうすれば分母分子の次数が同じになるので実

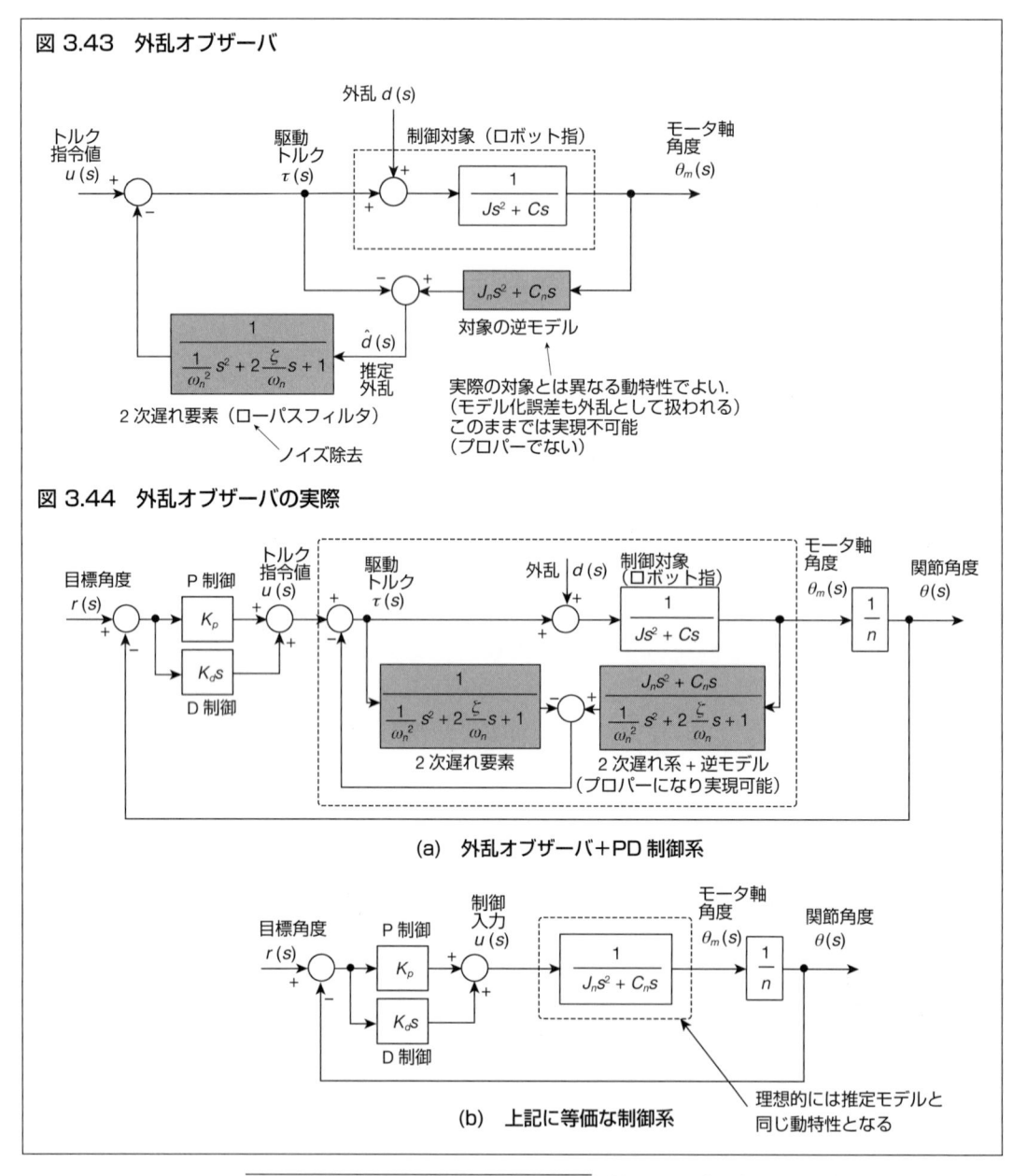

図 3.43 外乱オブザーバ

図 3.44 外乱オブザーバの実際

(a) 外乱オブザーバ＋PD 制御系

(b) 上記に等価な制御系

※1 （分母多項式の次数）≧（分子多項式の次数）のとき**プロパー**という（等号が成立しないときは"厳密にプロパー"という）．今回は，分子の次数が2，分母の次数が0なのでプロパーではない．実現できない理由は，計算に未来の制御入力の情報が必要になってしまうためである．

※2 フィルタの次数を2としているのはこのためである．もし対象モデルが1次系であれば1次遅れフィルタでよい．

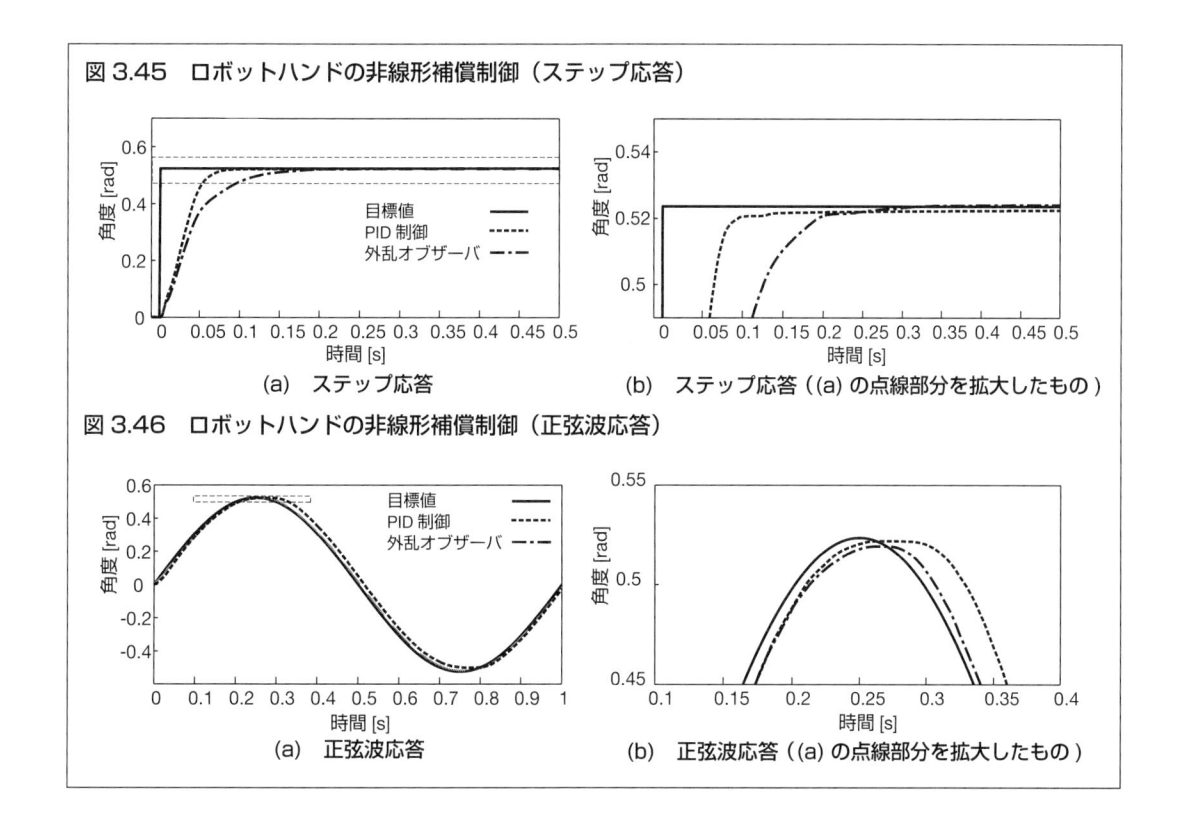

図 3.45 ロボットハンドの非線形補償制御（ステップ応答）

(a) ステップ応答

(b) ステップ応答（(a)の点線部分を拡大したもの）

図 3.46 ロボットハンドの非線形補償制御（正弦波応答）

(a) 正弦波応答

(b) 正弦波応答（(a)の点線部分を拡大したもの）

現可能となる[※2].

図3.44(a)では，外乱オブザーバによって外乱を補償した後でPD制御系を組んでいる．外乱がうまく補償されれば，**図3.44(b)** のような理想的な対象モデルにPD制御をかけているとみなせる．また，制御対象のモデルは実際の制御対象と完全に一致している必要はなく，理想的なモデルを与えればよい．理想的なモデルと実際の制御対象の間のモデル化誤差も外乱として扱われる．

それでは実際に「外乱オブザーバ＋PD制御」を実装した結果を示そう．比較のために3.2.4項のPID制御の結果も並べて示す．2次遅れ要素は減衰比 $\zeta=1$, 固有角振動数 $\omega_n = 100$ rad/s とした．**図3.45** はステップ応答，**図3.46** は正弦波応答である．どちらも良好な追従特性となっていることがわかる．

ステップ応答では立ち上がりが遅れているが，これは2次遅れ要素のためである．立ち上がりを速くするためには2次遅れの帯域を広げればよい．これは固有角振動数の値を大きくすることで実現できるが，一方で，ノイズの影響で不安定化しやすくなってしまう．実際には，今回のように固有角振動数が100 rad/s以下にしないと安定化は難しいことが多い．

3.5 制御システムの実際

システムに実装できるようになろう

3.5.1 サーボドライバで位置制御を行う場合

一般的に，上位システムからサーボドライバへの指令は，アナログ信号またはパルス信号で与えられる．**図3.47** はサーボドライバで位置制御を構成した例である．

上位システムからの指令値はディジタルのパルス信号として送られ，1パルスを位置の1ステップと対応させることで，精密な位置決め動作を実現する．上位システムとしては，第2章で解説したシーケンス制御を実行するPLCが使用されることが多い．

3.5.2　上位システムで位置制御を行う場合

一方，上位システムにおいて高度な制御演算を行う場合がある．図3.48は上位システムで位置制御と速度制御を構成し，アナログ電圧値として電流指令値をサーボドライバに渡している例である．上位システムとしては，第1章で解説したマイコンを使う場合や，パソコン，専用の実時間計算機を用いる場合もある．ロボットのように多数の関節があり，その相互作用力が大きい場合には，このように上位システムで一括して計算した方が性能を向上させやすい．

図3.49は筆者の使用しているロボットハンドの開発環境である．これは，図3.48と同様に，電流制御以外の制御系は上位システムで計算している．

3.5.3　制御系の実装方法

伝達関数の計算機への実装はどのようにしたらいいのだろうか？　まず，計算機上では連続時間は扱えないことに注意しよう．3.2.3項ではPID制御を離散化した

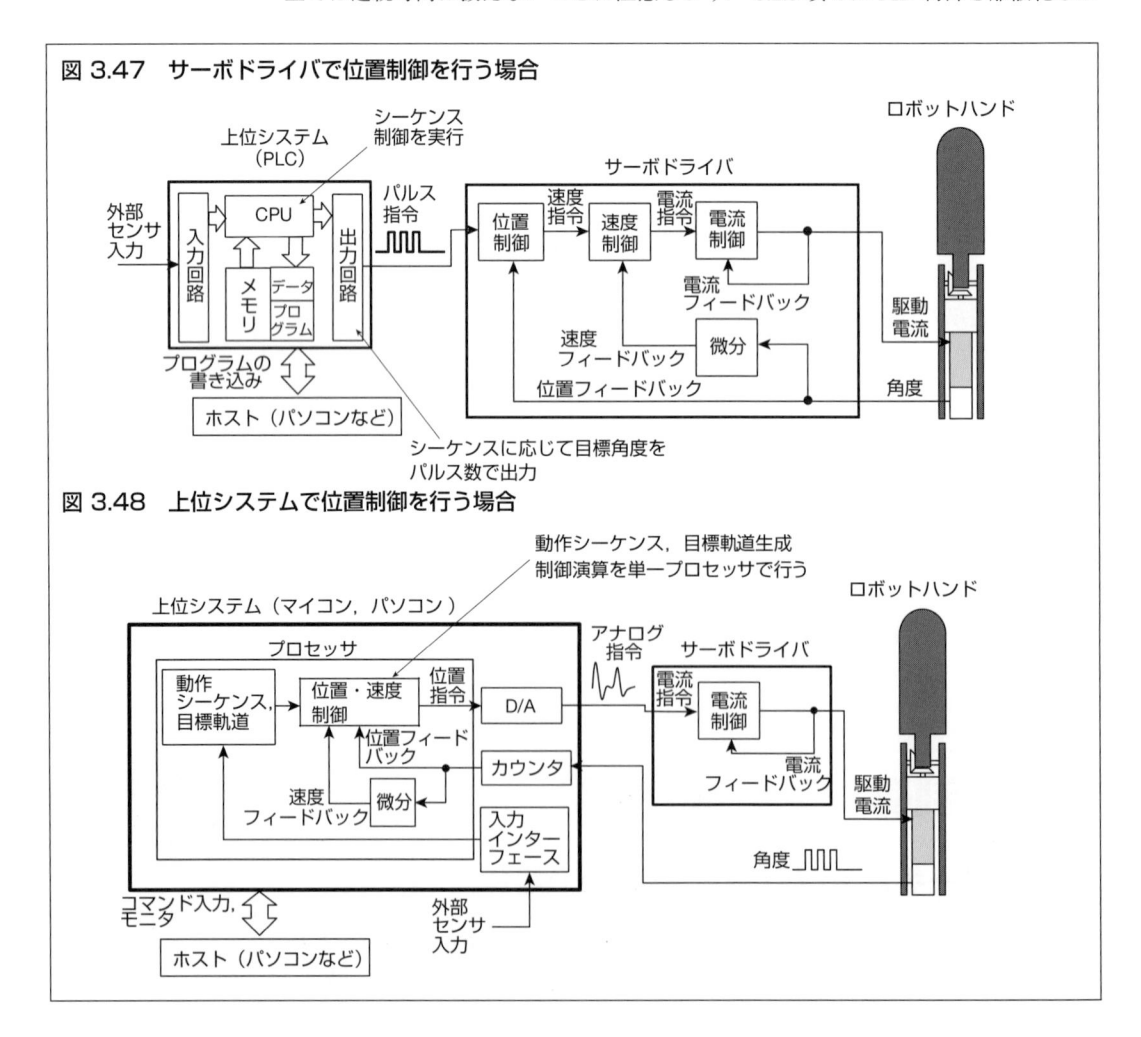

図3.47　サーボドライバで位置制御を行う場合

図3.48　上位システムで位置制御を行う場合

図 3.49 実験システムの例

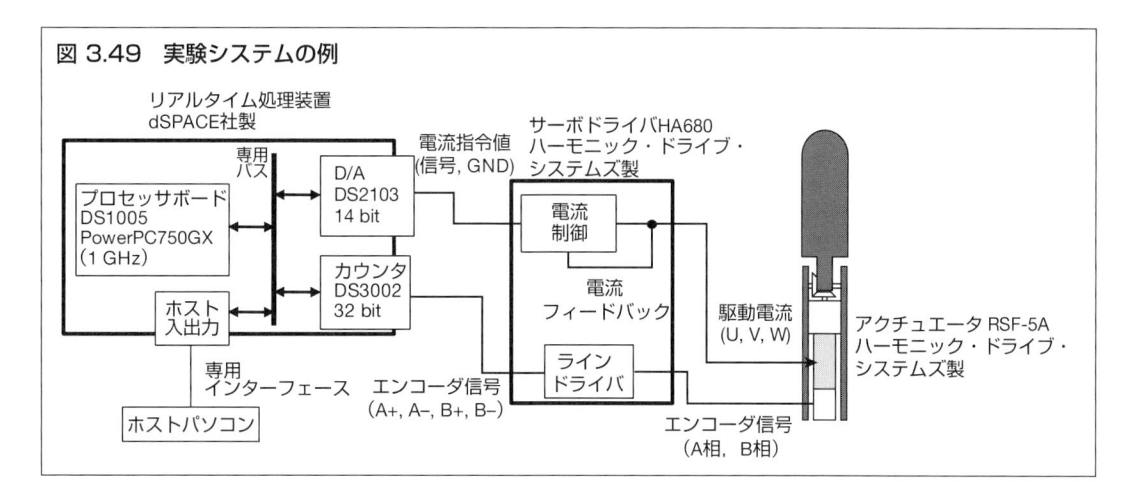

が，このように一定時間ごとに計算を行うように書き換えねばならない．毎ステップの番号を n としたときに，n ステップの制御演算が $n-1$ ステップ以前の情報から計算できればよい．

(1) 差分近似

図 3.50(a) では，①伝達関数を微分方程式に変形，②離散化して差分方程式に変形，という手順で実装している．伝達関数は時間の微分方程式をわかりやすくするための表現法なので，逆ラプラス変換で簡単に微分方程式に戻せる．逆ラプラス変換は表1（☞**付録 A**）を使えばよい．

一方，離散化は，サイクル時間を Δt として，n ステップ時の入力と出力をそれぞれ $u_n = u(n\Delta t)$，$y_n = y(n\Delta t)$ に置き換えればよい．微分 $\dot{y}(t)$ に関しては，差分 $(y_{n+1} - y_n)/\Delta t$ で近似する．最終的に $n+1$ ステップの出力 y_{n+1} が n ステップの入力 u_n と出力 y_n から計算する形にすればよい．

(2) 双一次変換

(1)の方法では微分を差分で近似しており，その誤差が悪影響を及ぼすことがある．そこで実用上は**図 3.50(b)** の手順で行うことが多い．**双一次変換**とは

$$s = \frac{2}{\Delta t} \frac{1-z^{-1}}{1+z^{-1}} \qquad \cdots (39)$$

により変数 s を z に変換する式である[※1]．これより，①双一次変換により離散形式の伝達関数 $G(z)$ に変形，②差分方程式に変形，という手順で実装する．変数 z はステップを1つ進めることに対応しており，$n+1$ ステップの信号は，$y_{n+1} = z y_n$ のように n ステップの信号に z をかけることで求まる．逆に1ステップ前の信号は z^{-1} をかけることで計算でき，$y_{n-1} = z^{-1} y_n$ である．

(3) 外乱オブザーバ +PD 制御の実装

図 3.51 は図 3.44 のブロック線図に対して，重要な処理のみ抜き出して C 言語風

※1 z は s の離散化に対応しており，サイクル時間 Δt のとき $z = e^{s\Delta t}$ である．双一次変換は

$$z = e^{s\Delta t} = \frac{e^{s\Delta t/2}}{e^{-s\Delta t/2}} \simeq \frac{1+s\Delta t/2}{1-s\Delta t/2} \qquad \cdots (40)$$

のように近似したものである．これを s について解き直すと式 (40) が得られる．この方が伝達関数の周波数特性がよく近似できるのである．なお，差分近似は $z \simeq 1+s\Delta t$ と近似したときに対応する．

図 3.50　制御系の実装方法

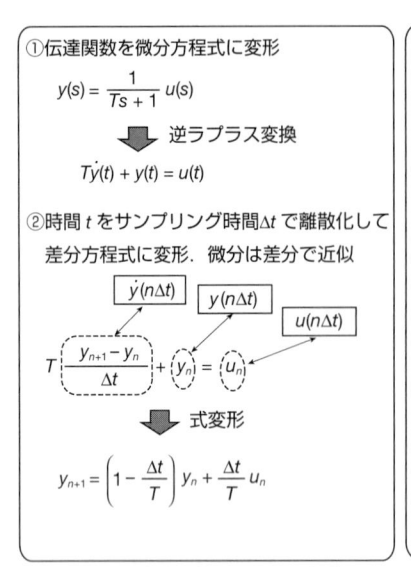

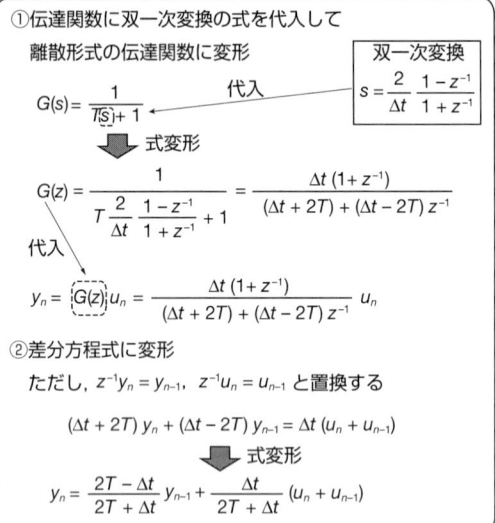

(a) 差分近似を用いた方法

① 伝達関数を微分方程式に変形

$$y(s) = \frac{1}{Ts+1} u(s)$$

逆ラプラス変換

$$T\dot{y}(t) + y(t) = u(t)$$

② 時間 t をサンプリング時間 Δt で離散化して差分方程式に変形．微分は差分で近似

$$T \frac{y_{n+1} - y_n}{\Delta t} + y_n = u_n$$

（$\dot{y}(n\Delta t)$、$y(n\Delta t)$、$u(n\Delta t)$）

式変形

$$y_{n+1} = \left(1 - \frac{\Delta t}{T}\right) y_n + \frac{\Delta t}{T} u_n$$

(b) 双一次変換を用いた方法

① 伝達関数に双一次変換の式を代入して離散形式の伝達関数に変形

双一次変換： $s = \frac{2}{\Delta t} \frac{1 - z^{-1}}{1 + z^{-1}}$

$$G(s) = \frac{1}{Ts + 1} \xrightarrow{代入}$$

式変形

$$G(z) = \frac{1}{T \frac{2}{\Delta t} \frac{1 - z^{-1}}{1 + z^{-1}} + 1} = \frac{\Delta t (1 + z^{-1})}{(\Delta t + 2T) + (\Delta t - 2T) z^{-1}}$$

代入

$$y_n = G(z) u_n = \frac{\Delta t (1 + z^{-1})}{(\Delta t + 2T) + (\Delta t - 2T) z^{-1}} u_n$$

② 差分方程式に変形

ただし，$z^{-1} y_n = y_{n-1}$，$z^{-1} u_n = u_{n-1}$ と置換する

$$(\Delta t + 2T) y_n + (\Delta t - 2T) y_{n-1} = \Delta t (u_n + u_{n-1})$$

式変形

$$y_n = \frac{2T - \Delta t}{2T + \Delta t} y_{n-1} + \frac{\Delta t}{2T + \Delta t} (u_n + u_{n-1})$$

図 3.51　ブロック線図の実装例

```
int n, N=100;
double K_p=2.73, K_d=0.0451;
double θ[N], u[N], d[N], τ[N], e[N], r[N];

for (n = 0; n < N; n++)     // 100 回繰り返し
{
  r[n] = trajectory_generation( );    // ①目標軌道の計算
  θ[n] = sensor_input( );             // ②角度センサからの読み込み


  e[n] = r[n] - θ[n];                 // ③偏差 = 目標角度 - 角度
  if (n >= 1)   u[n] = K_p e[n] + K_d (e[n] - e[n-1]) / Δt;  // ④PD制御の計算
                                      //   n=0 のときは過去の値が使えないので 0
  else          u[n] = 0.0;
  // ⑤外乱の推定，n=0 と n=1 のときは過去の値が使えないので 0
  if (n >= 2)   d[n] = f_1 (d[n-1], d[n-2], θ[n], θ[n-1], θ[n-2]) - f_2 (d[n-1], d[n-2], τ[n-1]);
  else          d[n] = 0.0;

  τ[n] = u[n] - d[n];                 // ⑥トルク指令値の計算
  output (τ[n]);                      // ⑦トルク出力
}
```

（逆モデル×2次系）×関節角度

2次系 × トルク指令値（1ステップ前）

に書いたプログラム例である．見やすくするために，ギリシャ文字や下付き添字を用いて表記しているが，実際のプログラムでは英数字のみで書く必要がある．この例では，①目標軌道，②センサによる角度計測，③偏差，④PD制御，⑤外乱推定，⑥トルク計算，⑦トルク出力，の順で100回繰り返し処理している．関数 f_1 と f_2 は，式が複雑になるので記述を省略しているが，図3.50(b)で説明した手順をなぞって，伝達関数に双一次変換を代入してから差分方程式に直し，最終的に $y_n = \cdots$ の形に変形できれば，そのまま関数として書くことができる．

なお，PD制御における速度の計算では1ステップ前，2次系の計算では2ステップ前の情報が必要となるので，それらの情報が得られた後に計算が始まるようにしている．また，⑤のd[n]内のf_2の引数のトルク指令値としては$\tau[n]$ではなく$\tau[n-1]$を用いている．これは，⑥の$\tau[n]$の計算にd[n]が必要なためであり，⑤で$\tau[n]$を用いると矛盾してしまうからである．

付録A フーリエ変換とラプラス変換

・フーリエ変換

周期的に同じ波形が繰り返し現れる信号（**定常信号**と呼ばれる）の性質を調べてみよう．複雑な繰り返しからなる定常信号でも，単純な波形の重ね合わせとして表せれば，信号の性質がわかりやすくなる．**図1(a)**では，波形3は波形1の1倍と波形2の0.5倍を重ね合わせて作られている．波形3は複雑な波形であるが，もとの2つの波形に分解すると理解しやすい．これを一般化しよう．

基準波形としては正弦波を使う．ただし，計算を楽にするために複素指数関数$e^{j\omega t}$を使うことにする．これは，**オイラーの式** $e^{j\omega t} = \cos \omega t + j \sin \omega t$ で定義され，実数部分と虚数部分がそれぞれcos, sinで表される[※1]．ωは角周波数である[※2]．

角周波数ωに対応した波形の強度を$F(j\omega)$とし，定常信号$f(t)$を$F(j\omega)e^{j\omega t}$の重ね合わせで表そう．角周波数ωは連続的に変化するので，重ね合わせは積分となり，

$$f(t) = \frac{1}{2\pi} \int_{-\infty}^{\infty} F(j\omega) e^{j\omega t} d\omega \qquad \cdots (1)$$

となる．積分の範囲は$-\infty$から$+\infty$である．負の角周波数まで計算しているのは不思議に思うかもしれないが，計算の都合上でこのままとする．また，2πで割っているのは信号を正規化するためである．

上式の逆変換を計算すると$f(t)$から$F(j\omega)$を計算でき，

$$F(j\omega) = \int_{-\infty}^{\infty} f(t) e^{-j\omega t} dt \qquad \cdots (2)$$

となる．これが**フーリエ変換**であり，定常信号$f(t)$を角周波数の成分によって分解

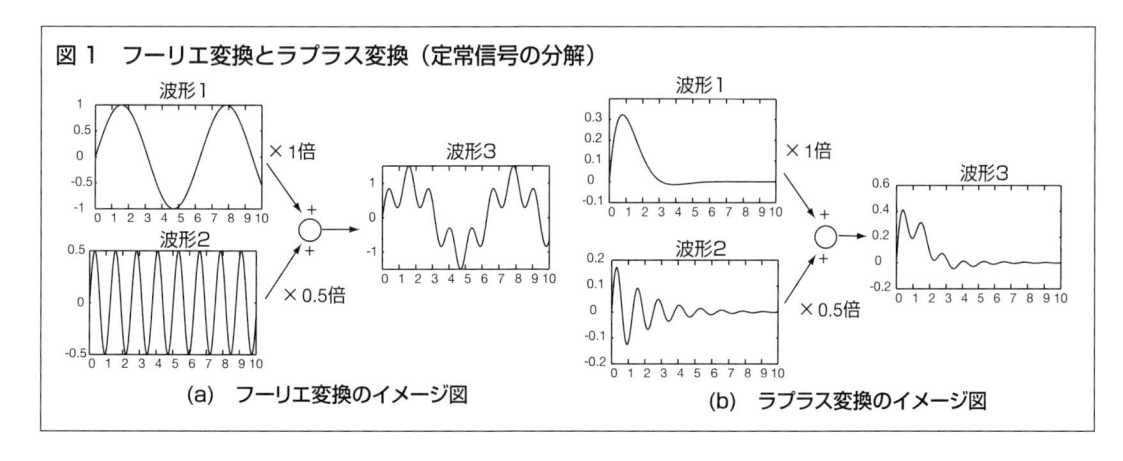

図1 フーリエ変換とラプラス変換（定常信号の分解）

(a) フーリエ変換のイメージ図

(b) ラプラス変換のイメージ図

[※1] $\sin \omega t$の時間微分は$\omega \cos \omega t$, $\cos \omega t$の時間微分は$-\omega \sin \omega t$となり，微積分によって関数が入れ替わってしまうのに対して，複素指数関数$e^{j\omega t}$の時間微分は$j\omega e^{j\omega t}$であり，$j\omega$という係数が付くだけで指数関数部分には変化がなく，計算が簡略になる．

[※2] （角周波数）= 2π × （周波数）の関係がある．単位時間当たりの波の数を表す周波数の方が物理的にわかりやすいが，計算上は2πを省くことができる角周波数の方がよく使われる．

している．$F(j\omega)$ は一般的には複素数であり，そのノルム $|F(j\omega)|$ は各周波数成分の強度を表し，実部と虚部の比が位相のずれを意味している．

・ラプラス変換

時間が経つにつれ小さくなる信号（**過渡信号**）を調べる場合は周期的な正弦波では表現しづらい．そこで，時間的に減衰する指数関数 $e^{-\sigma t}$（σ は正の実数）をかけ合わせて $e^{-(\sigma+j\omega)t}$ の重ね合わせで表現しよう．新しい変数 $s = \sigma + j\omega$ を導入して，

$$F(s) = \int_0^\infty f(t)e^{-st}\mathrm{d}t \qquad \cdots (3)$$

とする．これが**ラプラス変換**である．**図1(b)** では，波形3は波形1の1倍と波形2の0.5倍を重ね合わせて作られたものである．フーリエ変換のときと同様であるが，時間が経つにつれて減衰する波形で考えている点が異なる．減衰係数と周波数の2つのパラメータで波形を解析することができるので便利である．

・フーリエ変換とラプラス変換の関係

ラプラス変換とフーリエ変換では積分範囲が異なり，フーリエ変換では $-\infty$ から ∞ なのが，ラプラス変換では 0 から ∞ となっている．これは，$t<0$ では指数部 $e^{-\sigma t}$ が発散してしまい，積分演算ができなくなってしまうためである．ただし，時間関数 $f(t)$ が $t>0$ のみ値を持つ**因果関数**であれば，積分範囲を $-\infty$ まで広げても問題にならない．制御信号はある時点（例えばスイッチを入れた瞬間）から始まる因果関数である場合が多いので，この問題は考えなくてよい．そのため，ラプラス変換とフーリエ変換の間の変換は，形式的には s と $j\omega$ を入れ替えるだけでよい．どちらかが求まれば，もう片方も簡単に得ることができる[※1]．

一方，積分範囲を変えてしまったことで，ラプラス逆変換の計算は複雑である．実際にはあらかじめ求めたラプラス変換表にしたがって計算することが多い．代表

表1 ラプラス変換表

説明	時間関数	ラプラス変換
(1) ステップ信号	1	$\dfrac{1}{s}$
(2) ランプ信号	t	$\dfrac{1}{s^2}$
(3) 減衰指数関数	e^{-at}	$\dfrac{1}{s+a}$
(4) 正弦波	$\sin \omega t$	$\dfrac{\omega}{s^2+\omega^2}$
(5) 正弦波	$\cos \omega t$	$\dfrac{s}{s^2+\omega^2}$
(6) 微分	$\dfrac{\mathrm{d}x}{\mathrm{d}t}(t)$	$sX(s) - x(0)$
(7) 積分	$\int_0^t x(\tau)\,\mathrm{d}\tau$	$\dfrac{1}{s}X(s)$
(8) 平行移動	$e^{-at}f(t)$	$F(s+a)$
(9) むだ時間	$f(t-T)$	$e^{-sT}F(s)$
(10) (4)+(8)	$e^{-at}\sin \omega t$	$\dfrac{\omega}{(s+a)^2+\omega^2}$
(11) (5)+(8)	$e^{-at}\cos \omega t$	$\dfrac{s+a}{(s+a)^2+\omega^2}$

※1 厳密には，ラプラス変換は存在してもフーリエ変換が存在しないケースもある．

的なラプラス変換を**表1**に示す．多くの逆ラプラス変換は，これらの組み合わせで計算可能である．

付録B　ブロック線図

ブロック線図の構成要素を**図2**で示す．伝達要素，加算点，引出点の3種類の構成要素からなる，信号処理の流れを表すグラフである．複雑なシステムであっても，基本的な伝達要素すなわち伝達関数に分解して，表現することでシステムの理解を助けるものである．

信号の処理の流れは一意ではないので，ブロック線図の書き方も対象は同じでもいろいろな表現方法がありうる．本文中では，ブロック線図を最終的に1つのブロックにまとめていたが，そこに至るまでの過程ではさまざまなブロックの変換の作業を経ている．**図3**はブロック線図の基本的な変換の例である．**(a)** は2つの伝達関数を直列につないだ場合であり，まとめると2つの伝達関数の積となる．同様に **(b)** は並列につないだ場合であるが，まとめると2つの伝達関数の和で表される．**(c)** は信号をフィードバックした場合である．これら3つが代表的な基本要素である．その他に，**(d)** 加算点の前後での移動，**(e)** 引出点の前後での移動，**(f)** 入出力の反転，についても図3に示す．

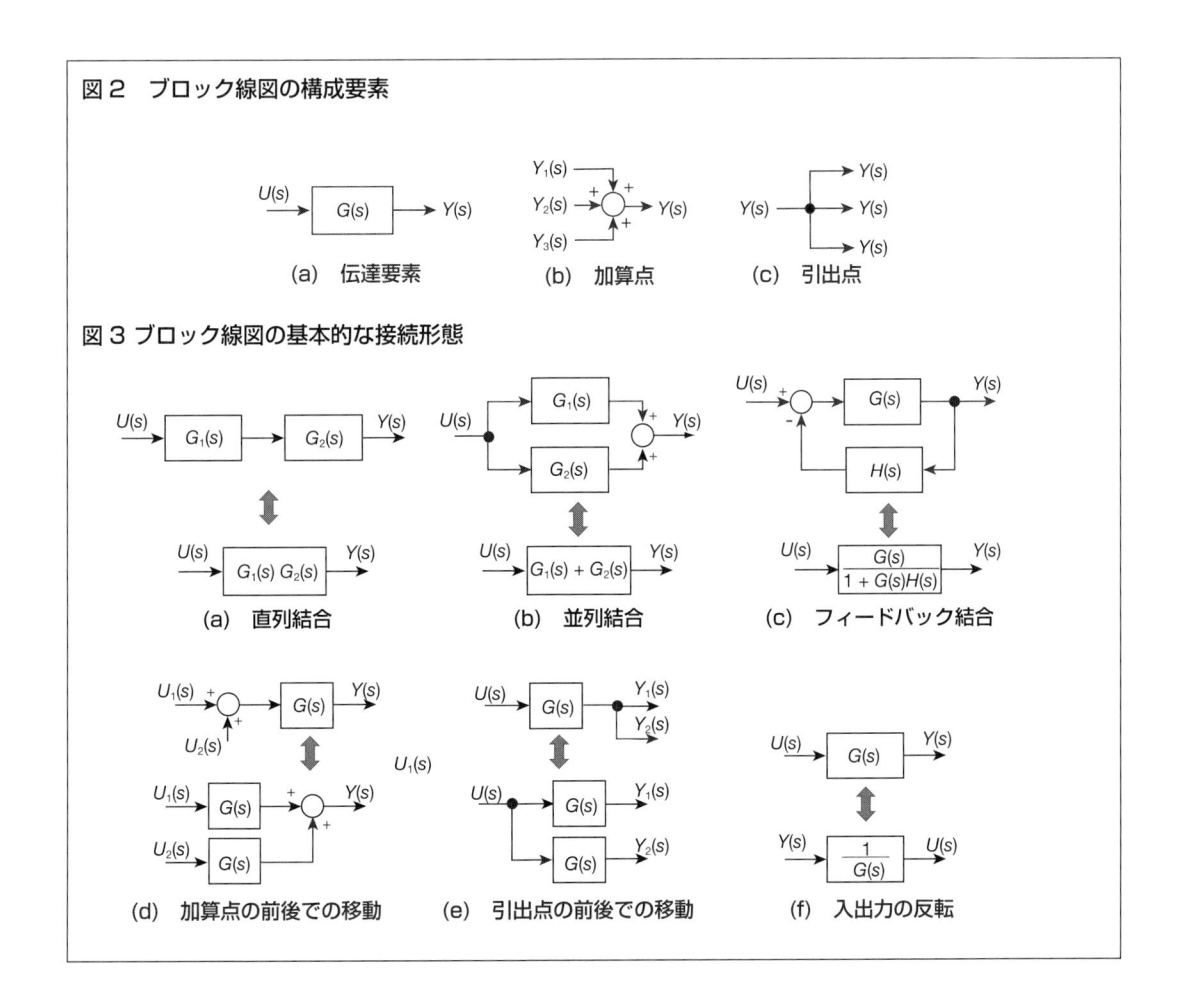

図2　ブロック線図の構成要素

(a)　伝達要素
(b)　加算点
(c)　引出点

図3　ブロック線図の基本的な接続形態

(a)　直列結合
(b)　並列結合
(c)　フィードバック結合
(d)　加算点の前後での移動
(e)　引出点の前後での移動
(f)　入出力の反転

第2部

メカトロニクス機器のしくみと使い方

第2部では，モータ，空気圧機器，機械要素，電気部品，センサの動作原理と使い方を解説する．これらは，辞書のように知りたいものだけを読んでもよい．また，一通り読んでおけば，設計の際に，こういうときはこの部品を使うのがよいと頭に浮かんでくるだろう．さらに，これらをよく読んでから，各メーカーのカタログやマニュアルを見れば，それらの内容を理解するのが断然速くなるはずである．各項目は，いずれも基本からかなり高度な事項まで詳細に解説しているので，頑張って読んでほしい．

第4章 モータのしくみと使い方

4.1 DCモータと制御回路

●ブラシ付きDCモータ

　直流の電源をつなぐだけでも回転する，最も簡単に制御できるモータである．ホビー用の安価なモータや，ラジコンのサーボ内部のモータもこの**ブラシ付きDCモータ**である．自動車の内部（ワイパやパワーウインドウなど，電気自動車の駆動用ではない）にも多く使われている．**図4.1**のように，内部は固定した磁石によって磁界がつくられ，電流が流れるコイルが力（ローレンツ力という）を受ける構造である．この電流はコイルの角度が変わると切り替わるようになっていて，常に一定方向に回転する．この切り替え機構はコミュテータ（整流子）とブラシでできている．図4.1はコイルが1個しかないが，実際のものはトルクの変動を小さくするために3～数十個あって，**図4.2**のように鉄芯の溝に巻いてある．また，**図4.3**のように鉄芯のない**コアレスモータ**もある．これはコイルが外側で磁石が内側にあり，細い外径の割にトルクが出るようになっている．

　DCモータは，**図4.4**のように，一定の電圧ではトルクが小さいときは回転が速く，トルクが大きいときは回転が遅くなり，その関係は直線的（一次関数）である．この関係のもととなるのは，「トルクが電流に比例する」と「起電力が回転角速度に比例する」というDCモータの特性である．前者の比例定数を**トルク定数**（＝トルク／電流），後者の比例定数を**起電力定数**（＝電圧／回転数）と呼び，モータの仕様に書いてある．

　さて，図4.4の範囲のどこでも使えるかというと，制限がある．右の方はトルクが大きく，つまり電流が大きいので，モータの発熱量が大きい．発熱量はほぼ，（電流）×（コイルの抵抗）である．連続して使い続けるとモータが熱くなって損傷する．

図4.1　DCモータの原理

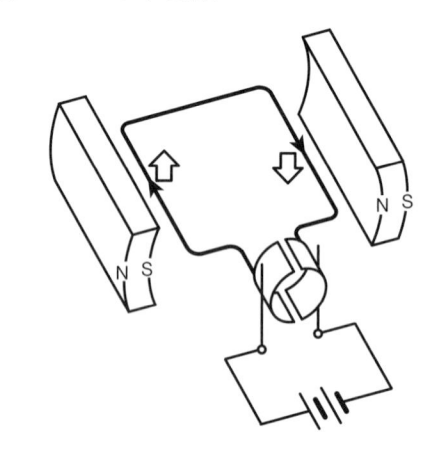

図4.2　ブラシ付きDCモータの内部

図4.3　コアレスモータ

　そのため，トルクが大きい領域は短い時間だけ使うことを許される．ずっと連続して使ってよいトルクの限度を**定格トルク**と呼び，そのときの電流が**定格電流**である．また，基準の電圧（**定格電圧**）を加えたとき定格トルクを発生する回転数を**定格回転数**という．つまり，DCモータを使った設計では，この

図 4.4　DC モータの特性

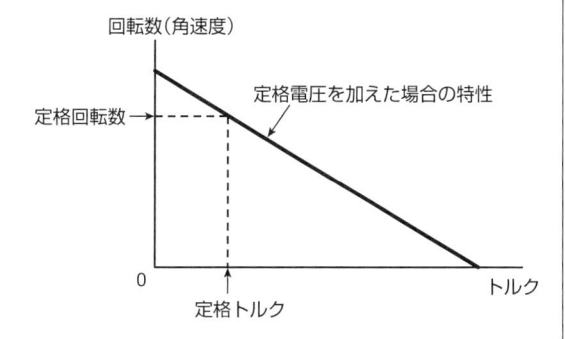

定格トルクと定格回転数で使用するようにすればよい．もし，モータに余裕があるなら，定格回転数を使用回転数に合わせ，トルクの余裕を持たせた方が，発熱が小さい．

● PWM サーボドライバ

DC モータをサーボ制御（☞第 3 章）するには，図 4.5 のような PWM サーボドライバを使う．位置や速度の指令値（マイコンや PLC からの信号）と現在値（センサによる測定値）によってモータの電圧あるいは電流を調整する．内部のフィードバックループは速度制御のみというものと，位置制御ループも持つものがある．位置制御機能のあるものは，モータに付けたエンコーダ（☞ 8.2 節）からのパルスをカウントして角度を算出する機能があるため，エンコーダのみで速度制御をしたり位置制御をしたりできる．なお，速度制御のみのドライバでも，さらに外に角度センサと角度指令値の差をつくる部分(回路でもマイコン内のプログラムでもよい)があれば，角度（位置）制御ができる．

図 4.5　PWM サーボドライバ（サーボランド(株)）

ドライバへの指令値は，アナログ電圧によるものもあるが，多くがシリアル通信（RS232C や USB）である．

ドライバの出力は図 4.6 の実線のような PWM（pulse width modulation）波形になっているものがほとんどである．この細かい波形通りにモータが動くわけではない．この波形を少し長い目で見て平均すると，図 4.6 の破線のように直流の電圧が変化しているものになる．パルスが太い部分ほど電圧が高い．このパルスの周波数は数十 kHz 以上と高いため，モータはそれをならして平均化したものが入力されたように動くのである．なぜこのような波形にするのかというと，これが ON/OFF のみでつくられるからである．ON/OFF のみを行うスイッチング素子は発熱が少ない．内部で電圧降下を起こすアナログ素子でモータの電圧を調整すると，素子が発熱し，ドライバ全体が熱くなってしまう．

ブラシ付き DC モータの制御に用いるドライバは，最大電圧と最大電流が足りていて，エンコーダのインターフェースなどが合致すれば，専用のものに限定することはない．ただし，大きなドライバには大きなモータをつなぐことを想定しているため，小さなモータをつなぐとインダクタンス（コイルとしての誘導抵抗）が不足して PWM の波形を十分に平均化することができず，波形通りのパルス状の電流が流れてモータが発熱することがある．この場合はチョークコイルを付加すればよい．なお，図 4.5 のような，ブラシ付き DC モータとブラシレス DC モータのどちらでも駆動できるドライバもある．基本の PID 制御（☞第 3 章）をする部分は共通で，ホールセンサ（☞ 8.4 節）によるモータ角度検出信号に対応し，三相交流の PWM 出力もできるという機能が付いたものである．

図 4.6　PWM 波形と平均化された電流

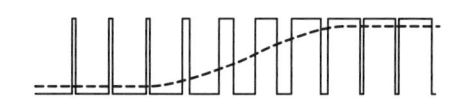

4.1　DC モータと制御回路

4.2 ACモータと制御回路

●誘導モータ（インダクションモータ）

　交流電源につなぐと回転するモータは，大きく分けて誘導モータ，同期モータ，整流子電動機がある．このうち，**誘導モータ**は，ポンプ，コンプレッサ，工作機械のような，ほぼ一定回転で使う用途に用いられる．**図4.7**のように，その構造は固定された電磁石（ステータ）と，回転するコイル（ロータ）からなる．コイルといっても，太い銅やアルミの棒と円盤が組み立てられているもので，一巻きだけのコイルである．**かご型誘導電動機**と呼ぶ．実際には，かごの中は空気ではなく磁束をよく通すために鉄芯になっている．鉄芯はトランスと同じように絶縁被膜のある鉄板を重ねたもので，電流が流れないようになっている．**図4.8**のように，見た目はかごと鉄芯が一体になった円筒形で，放熱用のフィンが付いていたりする．

　かご型のコイルには外の磁界の変化によって誘導起電力が生じ，コイルは回路的に閉じているので電流が流れ，その結果，コイルが外の磁界と反対向きの磁石のようになる．外の磁界は120°ずつ位相のずれたU，V，Wの三相の交流によって回転するように変化をする．そのため，中のコイルは外の回転磁界につられて回転する．図の場合は，同じ端子間につながるコイルが2つずつあり，N極2つとS極2つ，計4極の磁石が回転しているのに等しいため，4極という．磁界が回転する速度は，4極のものは，電源の1周期で半周する．つまり，50 Hzで毎秒25回転（1500 rpm），60 Hzで毎秒30回転（1800 rpm）である．

　誘導モータの特徴は，この磁界の回転より少し遅

図4.7　誘導モータの構造

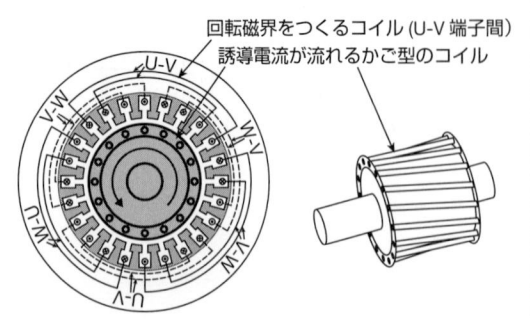

図4.8　誘導モータの内部

図4.9　三相交流モータの正逆転回路

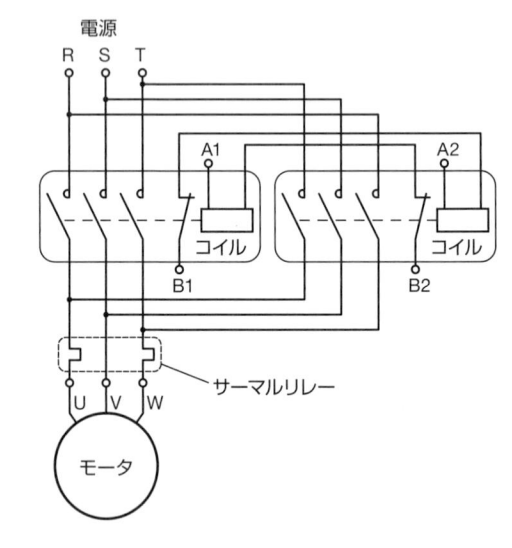

く回るということである．内部コイルから見て磁界が移動していると誘導電流が流れるのである．どのくらい遅いか（すべり率という）にほぼ比例してトルクを発生する．少し古い機械で，うなり音がするのは，電源の周波数で振動する電磁石と，モータの回転数で振動する機械系との周波数の差が聞こえているのである．だから，ブーンブーンとゆっくりうなっているときは遅れが少ない低負荷のときで，ブンブンブンと速くうなっているときは高負荷で回転が遅くなっているときである．

　なお，三相交流でなく家電製品などの単相（線が2本）の交流で回る誘導モータは，コンデンサによって位相を進めたり，小型のものでは磁極に銅のリングをつけて位相を遅らせたりして，回転磁界をつくっている．前者はコンデンサ進相型，後者はくまどりコイル型と呼ばれる．

　三相交流用のモータを正逆転させて使うときに

図 4.10 電磁接触器とサーマルリレー（富士電機(株) SW-03RM）

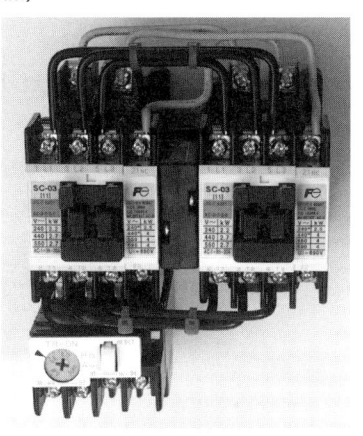

図 4.11 同期モータの構造

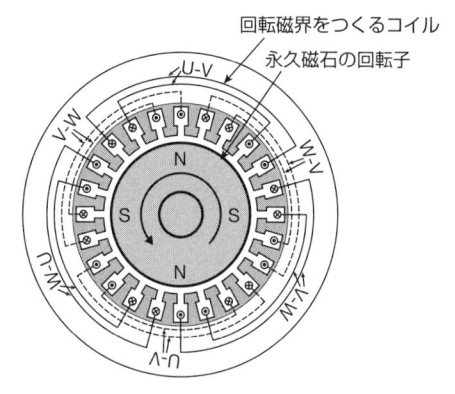

は，**図 4.9** のような回路にする．A1 と B2 の間に電流を流せば左側のリレーが ON になってモータが正転し，A2 と B1 の間に流せば右側が ON になり逆転する．逆転させるときには，3 本の線のうち 2 本を入れ替えて，磁界の回転方向を逆にするのである．ここで用いるリレーは**図 4.10** のような外観で，**電磁接触器（コンタクタ）**と呼ばれる．この 2 つのリレーは絶対に同時に ON になってはいけない（電源がショートする）ので，それぞれのリレーに入っている補助の b 接点（ON になると離れる接点）によって，もう一方のリレーのコイル電流を切るようにしている．これを**インターロック**という．さらに，図 4.10 のものは，左右のリレーが機械的にも同時に入らないようになっている．なお，図 4.9 および図 4.10 の左下の部分は，**サーマルリレー**と呼ばれ，過電流が続くと温度が上昇して接点を切る保護装置である．

● 同期モータ（シンクロナスモータ）

同期モータは図 4.11 のように固定したコイルと回転する永久磁石でできている．外側のコイルで回転磁界をつくるところは誘導モータと同じで，中の永久磁石がその磁界の回転につられて回る．誘導モータとの違いは，回転磁界に同期して遅れなく回るという点である．つまり回転数は電源周波数に同期して，例えば 2 極の（2 pole と銘板に書いてある）モータなら 50 Hz では 3000 rpm（毎分 3000 回転）になる．回転数を求める式は，

回転数（毎分）＝ 120 ×電源周波数／極数

である．なお，回転速度の遅れがなくても，角度が少し遅れる．磁界と磁石の向きが少しずれれば磁石が引き合う力でトルクが出るのである．

● インバータ

誘導モータや同期モータは，近年は**図 4.12** のような**インバータ**で駆動するものが多い．インバータとは，交流の周波数を速くしたり遅くしたりするものである．速度を変えて出力（ポンプの流量など）を調整したり，起動や停止の速度変化をなめらかにしたりできる．後で説明する AC サーボモータ用ドライバとの違いは，インバータというのは速度を可変にするという程度のもので，精密な角度の制御は考えていないことである．最高速度の 1/10 くらいまで遅くできるが，静止させて位置決めをしたりするのには向いていない．また頻繁な回転方向の切り替えも苦手である．だからコンプレッサなどに用いられ，ロボットなどには向いていない．

図 4.13(a) のように，インバータの内部構造は入力部で交流を整流して直流にし，出力部は U，V，

図 4.12 インバータ（東芝シュネデール・インバータ(株) VF-nC3）

4.2 AC モータと制御回路　183

図 4.13 インバータの構造

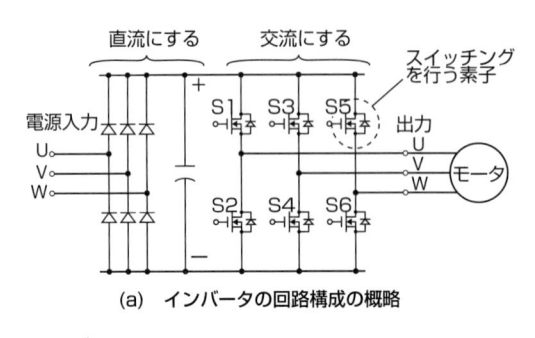

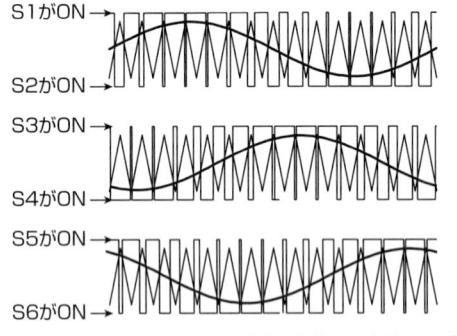

(a) インバータの回路構成の概略

(b) 出力したい三相の正弦波と比較用三角波およびスイッチングのタイミング

W の 3 つがそれぞれスイッチング素子でプラス側とマイナス側につながっている．アナログ素子（内部電圧降下によって中間の電圧を出す回路）では発熱が大きいので，ほとんど発熱のない ON/OFF だけを行う素子で構成している．それぞれの素子の ON/OFF は，図 4.13(b) のように，出力したい周波数の三相の正弦波とキャリア（搬送波）周波数の三角波を比較して正弦波が大きいときに上を ON，三角波が大きいときに下を ON にする．ただし，この図は見やすくするためにキャリア周波数を低くしている．通常は数 kHz ～十数 kHz であるから，正弦波の周波数のおよそ 100 ～ 300 倍である．こうしてスイッチングされた 3 つの出力端子のうちの 2 つの電位差を見ると，図 4.14 のようにプラスマイナスに振れるものとなる．細かいパルス列の PWM 波形になっている．この図は正弦波周波数 50 Hz に対してキャリア周波数 6 kHz である．灰色の帯の幅の太い（ON の割合の大きい）ところは高い電圧に相当し，細いところは低い電圧に相当する（DC モータの PWM 駆動と同じ）．これをモータのコイルに印加すれば電流は平滑化されてほぼ正弦波のようになる．

4.3 AC サーボモータ・ブラシレス DC モータと制御回路

AC サーボモータ（図 4.15）とは，誘導モータや同期モータの電流を精密にコントロールして，速度や位置を指令通りに（サーボ制御）するためのモータである．産業用ロボットや自動の工作機械などに使われる．エンコーダ（☞ 8.2 節）やホールセンサ（☞ 8.4 節）が付いていて，回転角度がわかるようになっている．現在の角度と目標の角度の差に応じて電流を加減するため，専用のサーボドライバと組み合わせて使う．誘導モータを使うのは，永久磁石が重すぎたり，回転の遠心力に耐えられなかったりするような大きなものの場合で，小さいものは同期モータが多い．どちらもブラシがないのでモータ単体では手で軽く回るが，コイルの線をショートさせて手で回したとき，ブルブルと重いのが永久磁石入りの同期モータである．

同期モータは，磁石が回転してコイルが固定であるが，これを逆にして整流ブラシを付けたものが DC モータであるので，同期型の AC サーボモータを**ブラシレス DC モータ**と呼ぶこともある．

ブラシレス DC モータといっているものの多くは，三ヵ所のホールセンサで磁石の角度を検出し，それに応じて望みの方向に回るように電流を流している（☞ 1.5.5.4）．直流で回る冷却用のファンもブラシレス DC モータである．

AC サーボモータといっているものの多くは，磁石の角度をエンコーダで検出し，細かい電流制御をしている．エンコーダの分解能は非常に高く，一回転で数千～数十万パルスである．また角度の絶対値がわかるアブソリュート型が多く，インクリメンタル型の場合にもバッテリやスーパーキャパシタ（大容量コンデンサ）でカウント数を保持するものが多い．なお，エンコーダの出力はそのままサーボドライバへの線として出ているわけではなく，シリアル通信になっているものが多い．線の数が少なくでき，長距離伝送でもノイズに強い．

AC サーボモータは，商用周波数で使う同期モータよりも精密に角度を制御したいため，コイルや磁石の極数が多い．しかしそれは同じ電流が流れるコ

図 4.14 インバータ出力波形のイメージ

図 4.15 AC サーボモータの内部

イルが何ヵ所もあるというだけで，基本は三相であるから，U，V，W の三相の線（とアース）をサーボドライバに接続する．なお，AC サーボモータは急にある周波数の電源につなぐことは考えられていないので，U，V，W の線を交流電源に直接つないではいけない．同期していない状態なので過大な電流が流れる．また，電源が 200 V のサーボドライバであっても，モータへの出力はもっと低い電圧のことが多い．

● AC サーボドライバ

AC サーボモータはほとんど専用の AC サーボドライバと組み合わせて使う（図 4.16）．ドライバへの指令はパルス列で与えるものが多い．外から 1 パルス与えると，モータのエンコーダ 1 パルス分の角度だけ回る．正転パルスの線と逆転パルスの線がある．ただし，ドライバの設定を変えればエンコーダと同じ A と B の 2 相の指令入力や，パルス列による移動量指令と方向を表す指令の組み合わせにもできる．また，アナログ電圧指令で速度制御を行うことができるものもある．

図 4.16 AC サーボドライバ（三菱電機(株) MR-C10A1）とモータ（同 HC-PQ053）

サーボドライバへの指令は，マイコンや PLC が直接生成してもよいが，PLC にモーションコントローラと呼ばれる多軸の動作パターンを生成する装置をつないで，その先にサーボドライバをつなぐ構成とすることが多い．

4.4 その他のモータ

● ステッピングモータ

ステッピングモータ（図 4.17）は同期モータの一種である．ただし，極数が非常に多く，ゆっくり回すことができる．また，コイルと永久磁石が近づいたときだけ，引き合う力が急激に大きくなるように，コイルの中の鉄芯の形をつくり，同期がはずれにくくしている．このため，角度検出なしで，各コイルの電流を切り替えるだけで望みの角度の回転をさせることができる．ただし，同期がはずれないようにする必要があるため，大きな負荷変動には適さない．プリンタなどに使われる．

図 4.17 ステッピングモータ

● 整流子電動機

整流子電動機（図 4.18）はブラシ付き DC モータの永久磁石の部分を電磁石にしたもので，掃除機や電気ドリルなどに使われる．誘導モータや同期モータよりも高速回転が必要な場合に適している．高速回転のため，小型でも出力（トルク×回転速度）が大きい．

以前は電車のモータも整流子電動機であった．ただし電源は直流である．これは電源とモータの間に抵抗を入れるだけで速度が変えられたためである．

基本特性は，トルクが電機子（回転するコイル）

4.4 その他のモータ

電流と界磁（外のコイル）電流の積に比例することである．だから，外と中のコイルを直列にした直巻整流子電動機は，トルクが電流の2乗に比例する．

整流子電動機はDCモータと似ているのになぜ交流で回るのかというと，交流の電圧が逆転するのに伴い，固定側のコイルと回転側のコイルの電流が両方同時に逆になって，引き合い押し合いの関係が変わらないからである．なお，電気ドリルなどは交流100 Vの代わりに直流数十Vでも回る．ただし，モータ単体でなく速度制御回路が入っているものも多いから，その場合は破損の恐れがある．

図4.18 小型の整流子電動機の内部

第5章 空気圧機器のしくみと使い方

空気圧駆動は，中程度以上の規模のメカトロニクス機器・装置でよく使われる．エアシリンダはモータに比べて小型・軽量で力を出しやすい．特に減速機構がなくてもダイレクト駆動で適度な速度と力を出せる，そのままで直動運動が得られる，力の制御がしやすく，スムーズでやわらかい駆動ができる，といった特徴があり，それを生かした場面で使用するとよい．ここでは，空気圧駆動装置の設計の基本を解説する．

5.1 空気圧駆動の基本接続

コンプレッサから供給される空気を電磁弁で切り替えてエアシリンダを往復運動させる基本の接続を図 5.1 に示す．図の左側がコンプレッサにつながり，供給された空気は，レギュレータで圧力調整（減圧）した後に電磁弁（バルブ）で流路を切り替える（ここでは途中に空気を遮断するハンドバルブも使っている）．この図でエアシリンダのロッドを縮ませるときには電磁弁のPからAに空気を通し，BからR2に排出する．ロッドを伸ばすときには電磁弁でPをBにつなぎ，AをR1につなぐ．R1とR2の排気口には，シュッっという音を軽減するためにマフラーを付けるとよい．エアシリンダの2つの空気口（ポート）には動作速度を調整するために流路を絞るスピードコントローラ（スピコン）をつける．

5.2 エアシリンダ

エアシリンダには図 5.2 と図 5.3 のようにいろいろな形がある．機能的には単動型と複動型がある．後ろ側（ヘッド側[※1]）だけに空気を入れてロッドを出し，引き込みはばねの力で行う（逆のものもある）のが単動型，両側に空気を出し入れして動かすのが複動型である．通常は複動型を用い，単動型は引き込みには力が不要な場合で配管やバルブを減らしたい場合によい．

形としては片ロッド型と両ロッド型がある．両側のロッドを使いたい場合の他，両方の空気室を同じ圧力にしたときに力がつり合うようにしたい場合にも使う．また，エアシリンダの後部に軸受（クレビス）があるもの，前側（ロッド側）あるいは後側（ヘッド側）に軸（トラニオン）が付いたものもある．ロッドの先端には別部品で軸受（ナックルジョイント）

図 5.1　エアシリンダの駆動方法

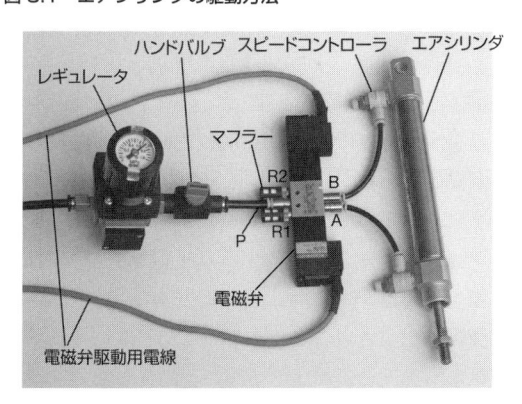

図 5.2　一般的なエアシリンダ

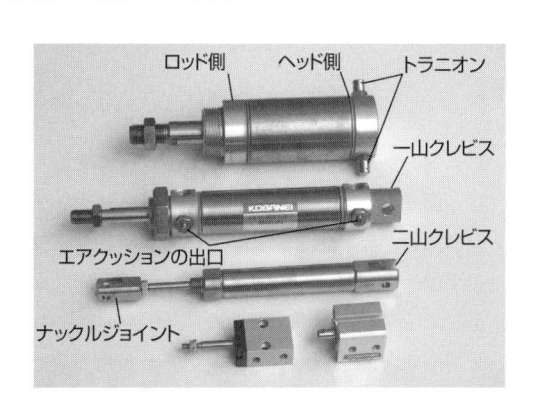

※1　エンジンのようにエアシリンダを立てた状態で頭部（最上部）のイメージでヘッド側という．

図5.3 ガイド付きエアシリンダ

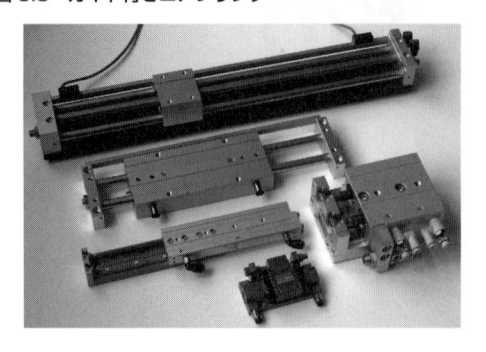

図5.4 ピストン位置を検出するオートスイッチ

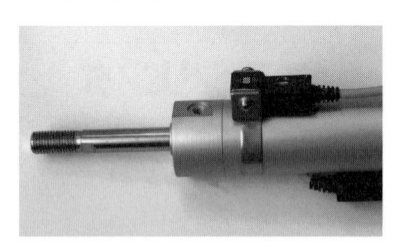

が付けられる．単体のエアシリンダには基本的に横方向の力やロッドを曲げようとするモーメントをかけてはいけないから，図5.2上から3つ目のようにエアシリンダ本体とロッド先端の両方の接続部を回転自在にするのがよい．大きな横方向の力を受ける用途には，図5.3のようなガイド付きのエアシリンダがよい．エアシリンダが出す力は，

力 ＝ 断面積×圧力

で計算できる．例えば，シリンダ内径が20 mmなら断面積は314 mm^{2}で，これに通常よく使用する程度の0.7 MPa（メガパスカル）（MPa ＝ 百万ニュートン／平方ミリメートル ＝ N/mm^2）をかけると，219.8 Nの推力となる．ただし，ピストンのロッド側はロッドの分だけ受圧面積が小さいから，通常のエアシリンダは押し出し力より引き込み力が小さい．

ピストンが端まで到達したかどうか確認するためには，図5.4のようなオートスイッチを使う．ピストンに磁石が組み込まれていて，エアシリンダ外に付けたリードスイッチ（有接点）（☞図7.7）や磁気抵抗素子（無接点）（☞8.4節）で磁界を検出する．

ピストンが端に着くときにガツンと当たらないようにするため，通常はラバークッションが入っているが，よりソフトにするためにエアクッション型というのもある（図5.2上から2つ目）．ピストンが端近くに来ると小さな密閉空気室をつくるようになっていて，そこから出る空気を絞りによって徐々に出すことでダンパのような機能を持たせている．

5.3 電磁弁

図5.1中央の電気信号で空気の流路を切り替えているところが**電磁弁**（ソレノイドバルブ）である．図5.5のような複数の電磁弁をまとめて配管できるようにしたものもある．

図5.5 集合型電磁弁

● ポート数

電磁弁を出入口（ポート）の数で分類すると2，3，5個のものがあり，それぞれ**2ポート弁**，**3ポート弁**，**5ポート弁**と呼ぶ．2ポート弁は単純に2つの口の間を開閉するものである．3ポート弁は**図5.6(a)**のようにAのポートをPにつないだりRにつないだりする．これをJIS記号で**図5.7(a)**のように書く．ソレノイド（電磁石）に電流を流したときにソレノイド側の枠内の接続となり，電流を切ったときはスプリング側の枠内の接続になる．5ポート弁は**図5.6(b)**のようにエアシリンダの両側の空気を出し入れするのに使えるようになっている．JIS記号では**図5.7(b)(c)**のように書く．枠の両側の記号については後で説明する．なお，R1とR2をまとめた**4ポート弁**というのもある．

● 直動型とパイロット型

ごく小型の電磁弁は開閉部分を電磁石で直接動かす**直動型**であるが，多くの電磁弁は電磁石で小さな弁を動かして流路を開閉し，そこを流れる空気でメイン流路の開閉弁を駆動する**パイロット型**である．パイロット型の利点は，電磁石が小型ですむため，消費電力が小さいことである．ただし，パイロット型はある程度の供給圧力がないと動作しない（パイ

図5.6 バルブのポート数と接続

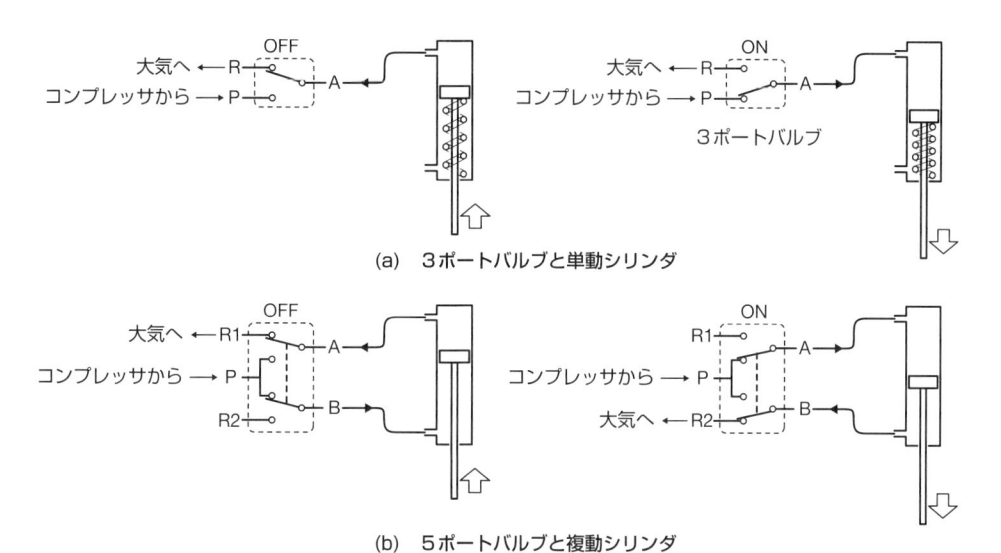

(a) 3ポートバルブと単動シリンダ

(b) 5ポートバルブと複動シリンダ

図5.7 バルブのJIS記号

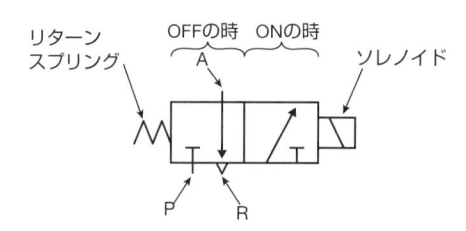

(a) 2位置シングルソレノイド・直動型・3ポートバルブ

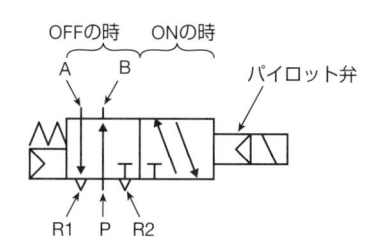

(b) 2位置シングルソレノイド・パイロット型・5ポートバルブ

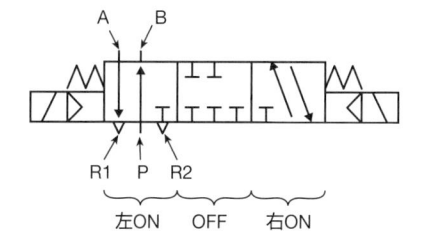

(c) 3位置クローズドセンタ・ダブルソレノイド・パイロット型・5ポートバルブ

ロット入力が別になっている外部パイロット型を除く).パイロット型であることはJIS記号では図5.7(b)(c)のように三角記号で表す.

●シングルソレノイドとダブルソレノイド

弁を動かす電磁石が1つで,戻る力はばねが発生する**シングルソレノイド型**と,電磁石が2つで弁を両方向に動かす**ダブルソレノイド型**とがある.シングルソレノイド型は一方に動作中にずっと電流を流す必要があるのに対して,ダブルソレノイド型は切り替え動作の瞬間だけ電流を流せばよい.

●2位置と3位置

ダブルソレノイド型には,3位置(3ポジション)の切り替えができるものもある.両方の電磁石とも電流を流さないときは中間位置になる.JIS記号で図5.7(c)のように書く.中間位置のつながり方は3種類あって,導通なしのものを**クローズドセンタ**(またはオールポートブロック),A,BポートともPポートにつながるものを**プレッシャセンタ**(またはPAB接続),A,BポートがそれぞれR1,R2につながるものを**エキゾーストセンタ**(またはABR接続)と呼ぶ.

●省電力型

電磁石は離れたものを吸い寄せるには大きな電流

5.3 電磁弁

がいるが，くっついた状態を維持するだけなら小さな電流でよい．そこで初めだけ電流を多く流してそのあと電流を減らして節電するタイプのものもある．

● サージ吸収

電磁石の電流を急に OFF にすると誘導起電力といってコイル両端に高い電圧が生じる．これによって他の回路をこわしてしまわないように**サージ吸収素子**が付いているものが多い（オプションで選択できる）．また，通電を示す LED 付きをオプションで選べる．

● バルブの大きさ

バルブの流路の大きさ（太さ）は，音速コンダクタンス C で表す[※1]．$C=1$ ならばバルブの前後で 1 気圧の差がある状態で 1 L/s（大気圧状態に換算して）流れる大きさとなる[※2]．これは内径 40 mm のエアシリンダを 5 気圧（ゲージ圧 0.5 MPa = 大気が 1/6 に圧縮された状態）で約 133 mm/s で動かす流量である．バルブ前後の圧力差が 3 気圧ならば 400 mm/s となる．加減速の時間やその他の影響もあるが大体の目安で，内径 40 mm ならば $C=1$ ぐらいのバルブでよい．シリンダ径の 2 乗に比例して C を変え，例えば 20 mm なら $C=0.25$ でよい．

5.4 ワンタッチ継手

配管の接続には**図 5.8** のような**ワンタッチ継手**を使うことが多い．つなぐときにはチューブをグッと手ごたえがあるまで押し込むだけでよい．はずすときにはリング状の部分をしっかり押し込んでおいてチューブを引き抜く．継手には L 型，T 型，Y 型などのバリエーションがあるから，チューブの分岐数や引き出し方向に合わせて使用する．チューブの外

[※1] 以前は有効断面積 S で示した．$S = 5.0\,C$ と換算できる．
[※2] 音速コンダクタンスの単位は [dm³/s·bar]（立方デシメートル／秒・バール）で表す．立法デシメートルというのは 10 cm 立法すなわち 1 L で，バールというのは 0.1 MPa でほぼ 1 気圧である．なお，実際に流れが音速に達する臨界圧力比 $b =$ 下流圧力／上流圧力（どちらも絶対圧＝ゲージ圧＋1 気圧）は 0.2 ～ 0.3 ぐらいのバルブが多い（大きいバルブほど b は大きい）．つまり，ゲージ圧 4 気圧から大気に放出するくらいで音速に達する．音速に達したらそれ以上は速くならない．

図 5.8　ワンタッチ継手

径は 2，4，6，8，10，12，16 mm と市販されているので，次節で説明するように流量に応じて選ぶ．細いチューブを太い穴に接続するレデューサや，両端が異径の継手もある．

継ぎ手に使うねじは，小さいものは普通のねじ M3，M5 で，気密を保つためにパッキンを使用している．それより太いものは管用ねじ（テーパーねじ）で，小さい順に 1/8，1/4，3/8，1/2 という呼び名の種類がある．それぞれ雄ねじ外径が約 9.7，13.2，16.7，21.0 mm の大きさである．雄ねじには R，雌ねじは Rc の記号をつけ，R1/8 のように記述する．気密性を出すためには，ねじ部にシール材が必要である．雄ねじに白いシール塗料のあるものはそのまま，そうでないものはシールテープを巻きつけてから閉める．

5.5 チューブ

ワンタッチ継手と組み合わせる**チューブ**は，主にナイロン製とポリウレタン製があり，使用圧力と，どのくらい柔軟性が必要かによって選ぶ．硬めのナイロン製は 1 ～ 1.5 MPa まで使え，やわらかいポリウレタン製は 0.8 MPa 程度までが普通である．柔軟性は硬い方から順にナイロン，ソフトナイロン，ポリウレタン，ソフトポリウレタン，シリコーンのようになっている．この中でやわらかいソフトポリウレタンやシリコーンのチューブは，そのままワンタッチ継手には差し込めず，インサートと呼ぶ金属管をチューブ内に入れる．

チューブの外径（内径）は，4 (2.5)，6 (4)，8 (5)，10 (6.5)，12 (8) mm のものがある．これらの外径は決まっているが内径は材質により異なり，これはポリウレタンの場合である．硬いナイロンチューブは若干肉薄で，内径が大きくなる．さらに細い外径 2 mm あるいは 1.8 mm，太いものは 16 mm のも

のもある．なお，このようなメートル系のほかインチ系のものもある．

チューブの径を決めるには流量を考える．流量はピストンの速度から計算し，その流れでチューブでの圧力損失があまり生じないようにすればよい．ここでは簡単に目安として次のように考えよう．例えば，ピストンの速度が 300 mm/s でチューブ内の流速が 10 m/s（音速の 1/30）になるには，チューブの断面積がシリンダの 1/33，すなわちチューブ内径がシリンダ内径の 1/5 ～ 1/6 くらいでよい．目安としてシリンダ径 16 mm まで内径 2.5 mm（外径 4 mm）のチューブを使用し，それ以上はシリンダ径に比例してチューブ径を増せばよい．もちろん，ピストンが低速の場合はもっと細くてもよいし，チューブが長い場合は太めにする必要がある．長いチューブの有効断面積は実際の断面積に比べて，長さ 1 m で約半分（内径 2 mm で有効断面積 1.5 mm^2），長さ 10 m では約 1/5 となる．1 m なら 1 段階，10 m では 2 ～ 3 段階太いものにしないとチューブの部分で圧力が下がってしまうことになる．

5.6 スピードコントローラ

エアシリンダの動作速度は，空気が出入りするスピードで決まるが，負荷荷重によって変わるし，途中の配管の具合，あるいは他で空気を使うと元の供給圧が変わるなどして安定しない．だいたい普通は負荷荷重に対して十分な力が出る圧力にし，必要な流量に対して十分な空気が供給されるように配管をするから，そのままでは動作が速すぎる．そこで配管の途中に**スピードコントローラ（スピコン）**と呼ぶ絞りを入れて流量を制限する．通常は図 5.1 のようにエアシリンダに配管をつなぐ部分に入れる．スピコンは単なる絞りではなく，**図 5.9** のように一方向弁（チェックバルブ）と絞りの組み合わせで，一方向の流れだけを制限する．ゆっくり動かすときにも負荷によらずにできるだけ一定速度にするには，エアシリンダから出るほうの空気を制限するとよい．どうしてなのか，次のように流入空気を制限した場合（メーターイン）と流出空気を制限した場合（メーターアウト）について**図 5.10** を見ながら考えよう．ロッドを出す方向に駆動するとき，ロッドへの外部負荷が大きいと，P_3 が大きくならないとピ

ストンが動かない．右側（ヘッド側）空気室への流入速度は，エアシリンダ内外の圧力の差 $P_1 - P_3$ が小さいときは遅くなる．供給圧 P_1 は一定なので，つまり，大きな力を出すときほど空気が入るのが遅くなり，ピストンの動きが遅くなってしまう．この変化を小さくするためには，右側の入り口は絞らずに大きく開けたほうがよい．つまり，流入する側を絞ると外部負荷によって速度の違いが大きくなる．

次に，エアシリンダ内の空気をばねだと考えてみ

図 5.9 スピードコントローラ

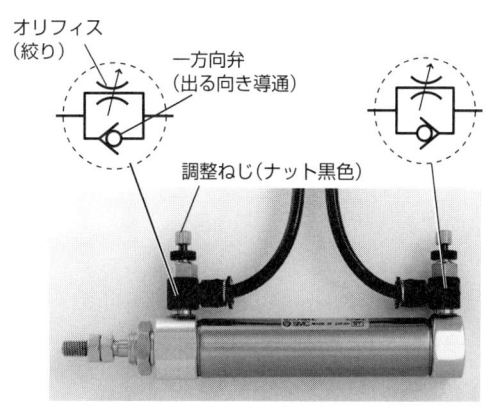

(a) メーターイン（入る空気を流量制限）

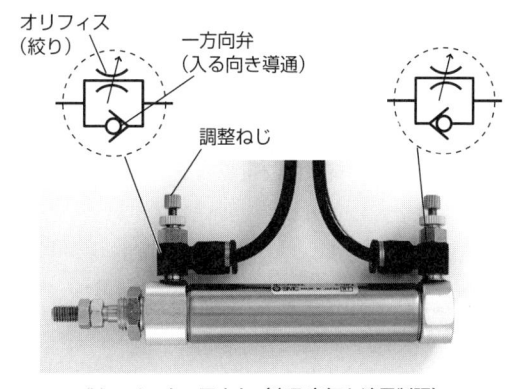

(b) メーターアウト（出る空気を流量制限）

図 5.10 圧力の変わり方

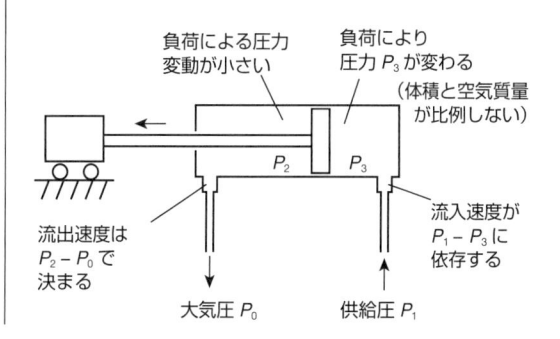

図 5.11 速度制御法の違い

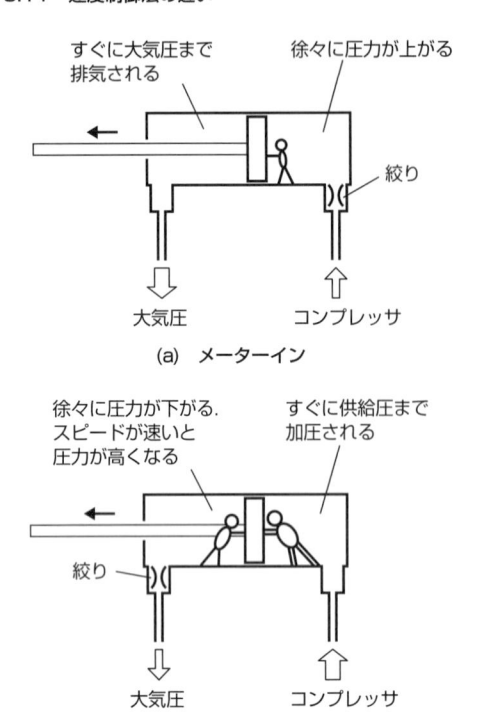

すぐに大気圧まで排気される／徐々に圧力が上がる／絞り／大気圧／コンプレッサ
(a) メーターイン

徐々に圧力が下がる．スピードが速いと圧力が高くなる／すぐに供給圧まで加圧される／絞り／大気圧／コンプレッサ
(b) メーターアウト

よう．上記と同様にピストンを左に動かそうとするとき，メーターインでは図 5.10 の左側（ロッド側）の絞りがないので流出側圧力 P_2 はすぐに大気圧に近くなる．一方，流入側圧力 P_3 は絞りのため大気圧から徐々に高くなる．つまりピストンが動いているとき，両側の空気はどちらも圧力が低めの状態である．低圧の空気はばね定数の小さい弱いスプリングのようなものである[※1]．弱いスプリングで両側から支えられたピストンは力がかかると位置がずれやすい．一方，メーターアウトではエアシリンダが前回縮んだときに充填された左側（ロッド側）の空気が絞りのためにすぐには出ない．そのため P_2 が高く，それに対抗するために P_3 が高くならないと動かない．つまりピストンが動いているとき，両側の空気は圧力が高い状態である．高圧の空気はばね定数の大きい強いスプリングのようなもので，ピストンの位置は力がかかってもずれにくい．図 5.11 のように，メーターインは弱いばね（小人）が右側から押しているだけなのに対して，メーターアウトでは両側から強いばね（大男）が押し合って，その差でピストンを動かしているようなものなのである．少々の負荷変動では動じない大男による駆動のほうが一定に近い速度で動かせるのである．

ただし，メーターアウトには注意点がある．流出側の圧力が高まるには前回充填した圧力の高い空気があることが必要だが，初回だけは大気圧からスタートなので P_2 が高くならずにピストンがフルスピードで動いてしまう．大男が 1 人で片側から押しているようなものである．流入側もある程度絞るとか，初期位置が決まっているならピストンを動かすためでなく，空気を充填するためにバルブを一回動作させるなど，対策が必要である．

5.7 レギュレータ

図 5.1 の左端にある**レギュレータ**は，入口側の圧力が高くても出口側の圧力を設定値まで下げることができる．設定値はノブを右に回すと高く，左に回すと低くなる．ノブを押し込むと回転がロックされる．

5.8 ハンドバルブ

図 5.1 のレギュレータの右にある**ハンドバルブ**は，手動操作で流路を開閉するものである．単純に導通と遮断をする 2 方弁と，閉じたときに下流側を大気に開放して圧力を抜く 3 方弁がある．3 方弁は接続の方向性があるから目的に合わせて適切な向きにつなぐ．

※1 ばね定数は圧力だけでなく，閉じられた空間の体積にも依存する．広い空間内の空気はばね定数が小さい．絞りの部分は急激な空気通過に対してはほとんど閉じたようなものだから，メーターアウトでは流出側の空気室体積がエアシリンダ内の容積だけになって小さく，ばね定数が大きくなるのである．一方，絞らずに太い管でつながっている部分はエアシリンダ内の空気室の延長のようなものである．だから，ばね定数を大きくするためにスピコンはエアシリンダのすぐ近くに付けるのがよい．

第6章 機械要素のしくみと使い方

6.1 ベアリング

●ラジアル型ベアリング

ボール（球）やローラ（円筒）の入ったベアリングは，摩擦係数がおよそ 0.001 と小さく，大きな荷重がかかったものでも小さな力で動かすことができる．1 トンの荷重でも 1 kgf の力である[※1]．ただし，1 トンのものに 1 kgf の力を加えると動くのかといえば，そうではない．動かし始めだけはもっと大きな力が必要になる．動き始めたものは 1 kgf の力でその速度を維持できるのである．

ボールベアリングのもっとも一般的なものは図 6.1 のような**深溝玉軸受**である．ラジアル方向（半径方向）の荷重とほぼ同程度のスラスト方向（軸方向）の荷重を受けることができる．ただし，軸を傾けるような力を受けることはほとんどできないため，**図 6.2(a)** のような 1 個のベアリングで片持ち支持をするのはよくない．**(b)** のような両端支持や，**(c)** のような間隔をあけた 2 点で支持しなければならない．

ベアリングに加えてよい荷重は仕様などに記されている．**静荷重**というのは，ボールの変形が弾性限度内とされる応力（単位面積あたりの荷重．玉軸受では 4200 MPa）になる荷重である．このときのボールの直径の変化量は約 1 万分の 1 になる．

一方，**動荷重**というのは 100 万回転の耐久性がある荷重である．ベアリングは，許容荷重いっぱいで使うより，余裕がある方が長持ちする．許容荷重で 100 万回転，その K 倍（$K<1$）で使えば 100 万 × $(1/K)^3$ 回転の耐久性がある（ローラベアリングの場合は 100 万 × $(1/K)^{10/3}$ 回転）．内径が同じでも外径の大きい，厚みのあるベアリングは，中のボールが大きく，許容荷重が大きい．同じ条件で使うならば厚いベアリングの方が薄いベアリングより耐久性が高いのである．

大きな荷重を支えるときにはボールでなくローラのベアリングを使った方がコンパクトに（外径が小さく）できる．だいたい 1 トン以上のときにはローラ型も検討するとよい．

ベアリングの外輪と内輪はともに呼び寸法ぴったりか，それよりわずかに小さくつくられている．その誤差の許容限度（**公差**という）は普通の精度（0 級）のもので直径 10 mm のときに 0.008 mm 程度である．6.9 節の「軸と穴のはめあい」の h6 や H6（あるいはもう少し高精度）に相当する．ただし，H6

図 6.2 ベアリングによる支持方法

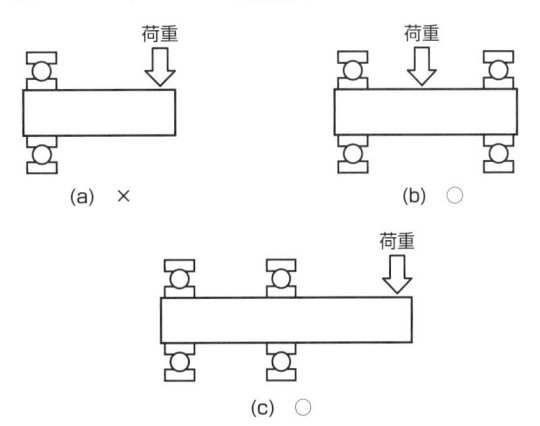

図 6.1 深溝玉軸受

(a) 開放型　　(b) シールド型

[※1] これは軸の半径の位置での値だから，大きな半径の車輪などを付ければ，その外周での力は半径に反比例して小さくなる．

の穴は，ぴったりよりプラス側に公差があるのだが，ベアリングの穴はマイナス側である．一方，多くの場合，シャフトはマイナス側の公差，穴はプラス側の公差につくることが多い．このため，ベアリングを挿入すると，内輪がきつめ（**しまりばめ**という☞6.9節）で外輪がゆるめ（**すきまばめ**という）になる．回転する軸と固定フレームの間にベアリングを入れるときはこのように内側をきつく，外側をゆるくする．例えばモータはそうなっている．これによって内輪の中で軸が動いてしまう（**クリープ**という）のを防ぐ．外輪側は一方向に押しつけられるのでガタガタ動くことはない．ただし，バランスの悪い脱水機のように荷重が変動する場合は別である．

　ベアリングを穴に挿入する際に，きついからといって万力で押しこむほどの力で入れると，回転がゴリゴリ（引っかかってかたい）になってしまう．外輪が変形してしまったのである．内輪の方が多少丈夫であるが，軸に入れる際にはベアリングの外側をたたいて入れるようなことをしてはいけない．内部の溝にボールの圧痕ができてゴロゴロとした（軽いけれどもなめらかでない）回転になる．必ず内輪だけに力がかかるようなパイプ状の治具などを使う．

　ところで，ベアリングのボールはどうやって組み込んであるのか考えたことがあるだろうか？　内輪と外輪の間に外からボールを入れるだけのすきまはない．カギとなるのは，ボールは内外輪の間を密着してうめる数の半分ほどしか入っていないということである．**図6.3**のように内輪をずらしておいてボールを入れ，内輪を中央に戻し，ボールを均等にし，リテーナで間隔を固定するのである．なお，ボールが密接して入っている総ボールタイプのものは，外

図6.3　深溝玉軸受の組み立て方

輪あるいは内輪が表裏分割式になっている．分割になっている方の輪は，精度が高くないので，しまりばめにはしない．

●スラスト型ベアリング

　図6.4のような**スラストベアリング**は，ちょうどターンテーブルの上に荷重をかけたような，軸方向の荷重を支えるものである．一方のリングだけ穴が大きくなっているので，軸と共に動くフレーム側を小さい穴とする．

図6.4　スラストベアリング

●アンギュラコンタクトベアリング

　深溝玉軸受よりさらに大きなスラスト荷重を受けながら，ラジアル方向にも支えようというときには，**図6.5**のような**アンギュラコンタクトベアリング**を使う．表裏が非対称形で一方向だけ大きなスラスト荷重を支えることができる．通常は2個のベアリングを背中合わせにして，双方向のスラスト荷重に耐えるようにする（☞6.4節）．

図6.5　アンギュラコンタクトベアリングを分解したところ

●クロスローラベアリング

　大きなベアリング1個で軸を傾ける力も受けようとする場合には，**図6.6**のような**クロスローラベアリング**を使う．中にはローラ（円筒）が90°交互に入っていて，ローラ間には樹脂のスペーサ（リテー

ナ）が入っている．

図 6.6　クロスローラベアリング

●ニードルベアリング

ラジアル型ベアリングの内径と外径の差を極小にしたいが荷重も大きいというときには，図 6.7 のような**ニードルベアリング**を使う．内輪がセットになったものと，シャフトそのものを内輪の代わりにするものがある．

図 6.7　ニードルベアリング

6.2　直動ガイド

横荷重の大きい直動運動を支えるには，図 6.8 のようなレールと台車を組み合わせた**直動ガイド**を使うとよい（製品としては，THK(株) の LM ガイド，日本トムソン(株)(IKO) のリニアウェイ，日本精工(株) の NSK リニアガイドなどがある）．ボールがレールと台車の間を転がり，台車内で循環するようになっている．レールの溝は図 6.9 のように種類がある．(a) のものは台車に上下等しく荷重をかけられるが，耐荷重は比較的小さい．(b) は台車を上から押す力には強いが，上に引き上げる力には弱い．

(c) は (b) よりさらに大きな上からの荷重で使うことができる．(d) は縦横どの方向にも大きな荷重が受けられる．

直動ガイドは，1 つの台車では回転のモーメントを支えることはほとんどできない．そのため，2 本のレールに合計 4 つの台車という組み合わせで用いることが多い．その際の組み付けには微調整が必要となり，動力装置などを付けて動きが重くなる前に，手で軽く動くように調整しなければならない．

図 6.8　直動ガイド

図 6.9　直動ガイドのボールの入り方

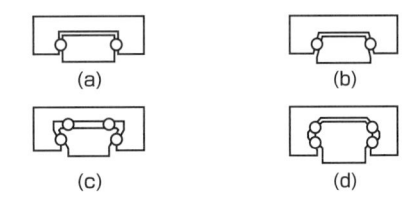

6.3　スプラインとリニアブッシュ

図 6.10 の**スプライン**と図 6.11 の**リニアブッシュ**は，ともに直動運動を支えるものであり，軸まわりの回転はできない．違いは，スプラインは大きな軸トルク（回転力）を伝えることができ，リニアブッシュはトルクがかけられないという点である．スプラインはシャフトにボールの転がる溝があるが，リニアブッシュのシャフトは溝のない真円である．

図 6.10　溝のあるボールスプライン

図 6.11 丸シャフトとリニアブッシュ

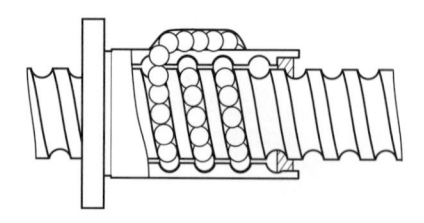

図 6.14 ボールねじと固定具（左：支持側，右：固定側）

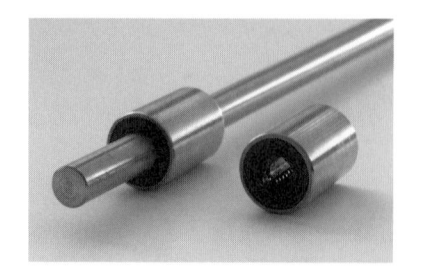

図 6.12 中身だけのリニアブッシュ

図 6.12 は，ボールとリテーナのみのリニアブッシュで，中にシャフト，外にパイプをかぶせて使う．

6.4 ボールねじ

ボールねじは，図 6.13 のようにボルトとナットの間にボールが循環しているものである．回転を効率よく直動に変えることができる．また，逆に直動の方向に力を加えて回転を生じさせることもできる．精度が高くて高価な研削加工のものと，比較的安価な転造加工のものがある．研削とは回転砥石で磨き仕上げしたものである．一方，転造というのは転がしながら両側から押しつぶして変形させたものである．このため，転造のボールねじには溝と溝の間に両側から寄せられてできた細い筋がある．なお，切削（バイトで削る）ではボールが軽く転がるほどの表面のなめらかさを出すのは難しい．

ボールねじを使う設計では，その支持方法に気をつけなければならない．基本としては，図 6.14 のように片側（通常は回転を伝えるプーリーなどがある方）を「固定」といって軸方向（スラスト方向）に動かないようにする．もう一方の端は「支持」といって，軸方向の力や軸を傾ける力を受けないようにする．軸がぶれないように支えるだけと思えばよい．図 6.14 の右側はアンギュラコンタクトベアリング（☞ 194 ページ）が 2 個背中合わせになっていて，軸端のねじを締めて軸方向に動かないようにしている．一方，左側は深溝玉軸受が 1 個だけで，支持するブロックの穴には段はなく，スラスト方向には支えていない．

なお，ボールねじのトルクと推力の関係は，

推力 = $2\pi \times$ トルク／リード

である（摩擦は無視した場合）．リードとは一回転で進む距離である．

図 6.13 ボールねじの構造

6.5 歯車

図 6.15 のような歯車は，その組み合わせで減速を行うときによく用いられる．図 6.15 〜 図 6.21 のように色々な種類がある．2 つの歯車をかみ合わせるには，同じ**モジュール**でなければならない．モジュールとは歯の大きさを示すもので，円形の歯車では，

モジュール = ピッチ円直径 [mm]／歯数

である．**ピッチ円直径**とは，図 6.22 のように，かみ合わせる歯車どうしが接するようになる円の直径で，通常は歯先円（最大径）と歯底円のちょうど中間の径である．このピッチ円直径を用いて軸間距離を決めると，以下のようになる．

軸間距離 [mm] = 2 つの歯数の和 × モジュール／2

図 6.15　平歯車

図 6.16　すぐ歯かさ歯車

図 6.17　曲がり歯かさ歯車

図 6.18　ウォームギヤ

図 6.19　はすば歯車

図 6.20　ねじ歯車

図 6.21　ラックとピニオン

図 6.22　ピッチ円と軸間距離

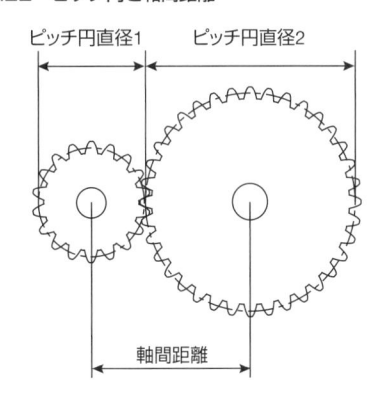

減速して遅くなった分，トルクは大きくなる．摩擦によるロスを無視すれば，$1/n$ に減速すると，トルクは n 倍になる．しかし，摩擦のため，通常の平歯車1段の伝達効率は90%程度であるから，トルクは $0.9n$ 倍程度になる．段数を増やすと効率は下がり，例えば3段では $0.9^3 ≒ 0.7$ 倍程度のトルクとなる．

6.6　タイミングベルト

図 6.23 のような**タイミングベルト**と**タイミングプーリー**による駆動は，平ベルトやVベルトのようなすべりがない．すべりといっても，空回りするような話ではない．例えば2つの軸に同じ径のプー

図 6.23 タイミングベルトとタイミングプーリー

リーを付け，平ベルトをかけた場合，回転速度はほぼ同じになるが，角度がいつも同じになるわけではない．ベルトの伸びやわずかなすべりが積算されて角度がずれてくる．角度関係まで正確に伝えることができるのがタイミングベルトである．同じように角度まで同期して伝えられる駆動方法である歯車やチェーンと比較すると，歯車より低騒音で，チェーンのような注油は必要ないという長所がある．

タイミングベルトは，同期が必要でなくても，比較的小スペースで高トルクのベルト伝導を行いたい場合に用いられることが多い．歯の形が台形の従来のタイプと，半円や，へこみのある山形で大きな伝達力を持つ比較的新しいタイプがある．ピッチが大きい，つまり歯が大きなものほど大きな力を伝えられる．もちろんベルト幅にほぼ比例して力が伝えられる．伝達したい動力からベルトを選定するための表がカタログなどに載っているから，それによって設計すればよい．しかし，ほぼ一定回転を続ける用途ならよいが，ロボットのように，ほぼ静止した状態で力を伝えることもある用途では，伝達ワット数による選定では決められない．そのようなときは，表の中の最低の回転数（100 rpm など）から，伝達できるトルクを算出して設計すればよい．計算式は，

伝達動力 [W]

= トルク [Nm] × 回転数 [rpm] × $(2\pi/60)$

である．

タイミングベルト駆動の軸間距離は，歯車の場合と異なり，正確に作れば調整不要とはいかないことが多い．軸受を取り付けるねじ穴を大きめに，あるいは長穴にして，その動かせる範囲でベルトの張り具合を調整する方法でも，できないことはない．しかし，ねじがゆるむなどして軸間距離がずれてしまう可能性がある．ベルトを外側から押しつけるローラ（アイドラ，テンショナー）を別途つけて張力

調整をするとよい．ただし，軸間距離がごく小さい，つまり 2 つのプーリーが近いときには難しい．また，フランジのあるプーリーを軸に組み付けてしまってからではベルトがかけられないが，これもアイドラーを移動させることで容易にすることができる．

6.7 カップリング

図 6.24 のような**カップリング**は，モータなどの動力源と駆動される軸とを少しフレキシブルにつなぐものである．機械の組み立て（あるいは加工）精度上，2 つの軸を完全に一直線とするのは難しい場合が多い．例え 0.05 mm でも，ずれた軸を強引につなぐと，軸受などに過大な力がかかって動きがかたくなってしまう．そこで，カップリングを使って 2 つの軸を結合する．

図 6.24(a) は，中間部品（中子）が縦横にスライドするもので，**オルダム型**と呼ばれる．軸の横ずれに有効である．すき間があるとバックラッシュが生じるが，中子の樹脂の弾性を利用して予圧をかけたノンバックラッシュのものが多い．(b) は中央部がスプリングのように変形できる構造で**スリット型**あるいは**ヘリカル型**と呼ぶ．軸の傾きに有効で，バックラッシュがない．(c) は**ユニバーサルジョイント**の構造で，軸の傾きに対応できるが，軸のずれは吸収できない．(d) は**ディスク型**と呼ばれ，薄いワッシャ型の弾性板を上下と左右で支持した構造である．この他，ベローズなどの弾性を利用したもの，ギアのような形の中子を使ったものなどがある．

なお，ユニバーサルジョイント型以外では，カップリングで結合する 2 つの軸は，それぞれが独立に，しっかりと（通常は離れた二ヵ所の軸受で）支持しておかなければいけない．

図 6.24 ずれを許容しながら軸をつなぐカップリング

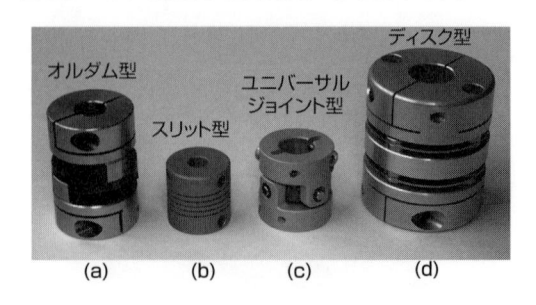

(a) オルダム型　(b) スリット型　(c) ユニバーサルジョイント型　(d) ディスク型

6.8 メカロック

図 6.25 のような**メカロック**は，モータなどの軸に，歯車やタイミングプーリーを強固に精度よく取り付けることができる．その構造は，図 6.26 のように，内輪と外輪がテーパー（円すい）面で接していて，端面のボルトを締めて両者を近づけると外輪が膨らみ，内輪が縮む．これを軸とプーリーの間に入れて，ボルトを締めていけば固定できる．内外輪にはスリットがあるので，ちょうどコレットチャックのように直径がわずかに変わる．ただし，その変化量は小さく，16 mm のものを締めて 15 mm にというわけにはいかない．4つか8つ（あるいはそれ以上）あるボルトを均等に締めていけば固定できる．一方，はずす際には，締め付け用のボルトをゆるめただけでは，はずれない．ゆるめ用のねじ穴にボルトを入れて内外輪を引き離す．なお，内輪につばが付いていて外側の部品の穴に接するようになっているものは，軸と穴の同心性が保たれる（**センタリング機能**という）．

図 6.25 ねじを締めると内外に膨らむメカロック

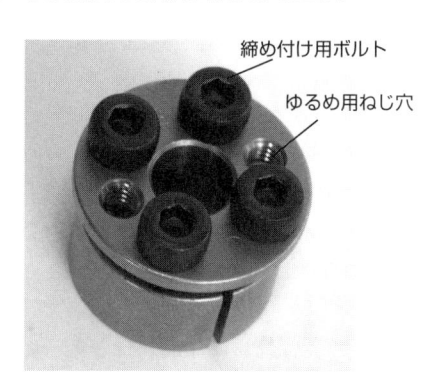

図 6.26 メカロックの構造

6.9 軸と穴のはめあい

直径 10 mm の穴に直径 10 mm の軸が入るかというと，ゆるいこともあり，きつくて入らないこともある．このような軸と穴がどのくらいきついか，ゆるいかを指定するのが「**はめあい**」の記号である．

例えば，φ20H6 という指定をした穴は 20.000 〜 20.013 mm の直径でつくられていなければならない．これ以外は不合格である．また，φ20h6 という軸は 19.987 〜 20.000 mm である．h や H などの記号は，直径の誤差として許される範囲（**公差域**という）の存在する位置を表している．h と H は 0.000 である（表 6.1 下）．穴には大文字を使い，軸には小文字を使う．その後の 6 などの数字は誤差の大きさの程度を表す．6 というのは元の寸法が 18 〜 30 mm の場合は 0.013 mm となる（表 6.1 上）．

さて，φ20H6 の穴に φ20h6 の軸を入れようとすると，たぶん入るが，もしかするとぎりぎりかもしれない．入れた軸が穴の中で回るようにしたいとか，もっと確実にゆるく入るようにしたいとしよう．多くの場合，穴の大きさを微調整するのは難しいので，そのままとし，軸を少し小さめにして，必ずゆるめに入るようにする．そのときには軸を h6 ではなく f6 とか g6 とする．図 6.27 のように公差域の大きさ 0.013 mm は同じだが，位置が小さい方にずれているから，必ずすきまがある．このような組み合わせを**すきまばめ**という．f6 なら 0.020 mm の，g6 なら 0.007 mm のすきまが保証される．逆に，一度入れたら抜けないような，圧入の状態にするには，軸をもっと太い n6 などにする（軸の先端や穴の入口は面取りする．場合によっては穴側を加熱して入れる必要がある）．**中間ばめ**というのは，きつめに押し込んで組み立てるが，その後は，可動する必要がなく，はめあい部分でトルクや力を伝達する必要もないという場合である．わずかな直径差を誇張して描くと図 6.28 のようなイメージである．

なお，基準にする穴が H6 以外の場合や，寸法が 18 〜 30 mm 以外の場合も，表 6.1 によって公差域が求められる．

誤差の程度を表す数字は，小さいほど高精度，大きいほど荒い精度である．ただし，誤差の絶対値は表 6.1 上のように，元の寸法によって違う．さて，

表 6.1 はめあいの数字と記号の意味するもの

寸法 D [mm]		等級（大きさ）IT [μm]				
を超え	以下	IT5	IT6	IT7	IT8	IT9
—	3	4	6	10	14	25
3	6	5	8	12	18	30
6	10	6	9	15	22	36
10	18	8	11	18	27	43
18	30	9	13	21	33	52
30	50	11	16	25	39	62

※1 等級により異なる（表の値は IT7 の軸の場合）
※2 穴の場合は等級により異なる（表の値は軸の場合）

寸法 D [mm]		許容差（シフト量）e [μm]								
を超え	以下	f, F	g, G	h, H	js, JS	j, J	k, K	m, M	n, N	p, P
—	3	-6	-2	0	IT/2	-4	0	+2	+4	+6
3	6	-10	-4	0	IT/2	-4	+1	+4	+8	+12
6	10	-13	-5	0	IT/2	-5	+1	+6	+10	+15
10	18	-16	-6	0	IT/2	-6	+1	+7	+12	+18
18	30	-20	-7	0	IT/2	-8	+2	+8	+15	+22
30	50	-25	-9	0	IT/2	-10	+2	+9	+17	+26
						※1		※2		

先の例の誤差の程度が 6 というのはかなり精度の高い加工である．ベアリングの外径程度と思えばよい．もっと精度の低い 7 とか 8 にすれば，加工は容易になり，安価にできる．また，軸は高精度にしやすく，穴は高精度にしにくいので，軸より穴の数字を大きくすることも多い（g6 と H7 の組み合わせなど）．

図 6.27 H6 穴基準のはめあい公差範囲（18～30 mm の場合）

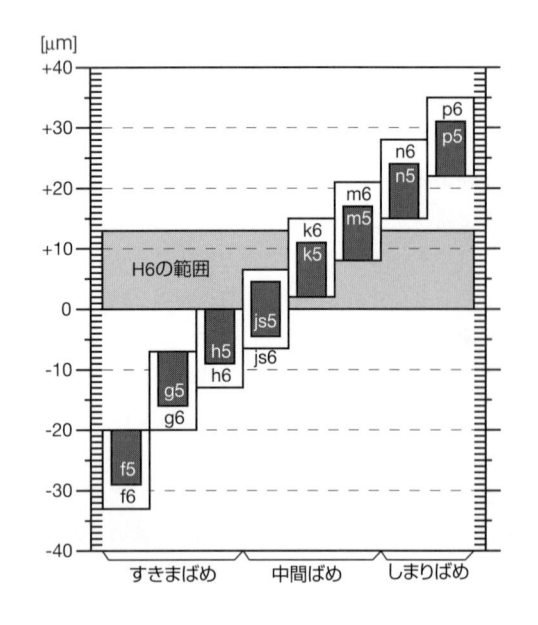

また，軸の方が決まっていて，すきまばめやしまりばめにしたい場合は，穴側を調整すればよい．

図 6.28 軸のはめあいのイメージ

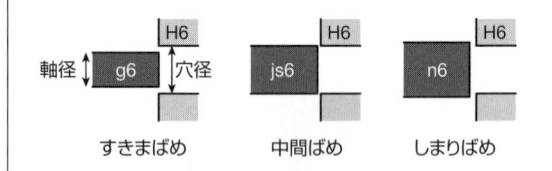

6.10 軸と軸受の収まり

メカトロニクス機器の設計において，簡単なようだが苦労することがある．それは，回転軸をベアリングで支持して，抜けたりガタついたりしないように固定方法を考えることである．さらに，組み立ての手順を考慮して組み付けやすくしたり，加工や組み立ての誤差によって軸の回転が渋くならないようにしたりするのが上手な設計法である．ここでは代表的な設計例を示して，それらを使い分ける方法を説明する．これをヒントにして，それぞれの状況に応じた上手な設計を見いだしてほしい．

●予圧の必要性

軸のスラスト方向（軸方向）のガタつきをまった

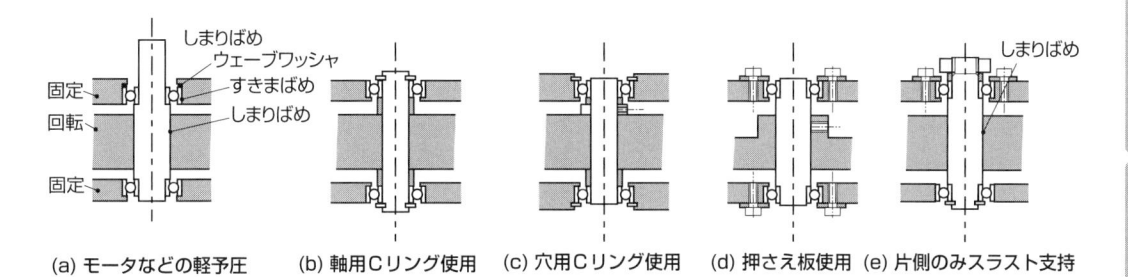

図6.29 厚い板やブロックの場合

(a) モータなどの軽予圧　(b) 軸用Cリング使用　(c) 穴用Cリング使用　(d) 押さえ板使用　(e) 片側のみスラスト支持

図6.30 予圧を与えるウェーブワッシャ

図6.31 Cリング

(a)（左）軸用 （右）穴用

(b) 両方使用した例

くなくしたいときには，ピッタリに組み立てればよいのではない．2つのベアリングをスラスト方向に押しつけるようにして予圧を与える．工作機械の主軸や，ボールねじの支持に用いられている方法である．大きなスラスト荷重がかかる場合には，テーパーローラベアリングやアンギュラコンタクトベアリング（☞ 6.1 節）を使う．ここではもっと小荷重の場合を考える．モータの軸受は図 6.29(a) のように，一般的な深溝玉軸受（☞ 6.1 節）を図 6.30 のようなウェーブワッシャを用いて弱い力で押しつけている．なお，図 6.29 の上下の固定部はねじ止めなどで一体となる部分である．

●厚板やブロックで支持する場合

ベアリングを保持する部材が厚板やブロックを機械加工（NC など高精度の加工）したものであれば，ベアリングのはまる穴を精度よくあけられる．その場合には，図 6.29(a)～(e) のような方法がある．図 6.29(b)(c) では，図 6.31 のような，軸用および穴用の C リングを使う．これらの方法は，スラスト方向のガタつきは 0 にはできず，わずかな動きが生じる．軸径が小さい場合には図 6.32 の E リングを用いる．だいたい 8 mm 以下の場合には，C リングを用いると，取り付ける際に広げ方に注意しないと開きすぎて変形したまま（塑性変形）になってし

図6.32 Eリング

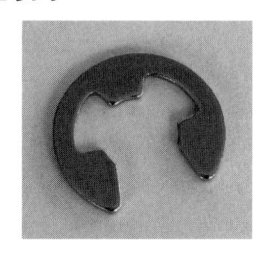

まうことがある．それに比較すれば，E リングの方が塑性変形を起こしにくい．両者は取り付け方に差があり，C リングは工具（スナップリングプライヤー）で広げて，軸端からかぶせるようにはめるが，E リングは側方から押し入れる．なお，C リングの呼び径は適合する軸の径であるが，E リングの呼び径は適合する溝の径である．例えば 10 mm の軸には 10 mm の C リングを使うが，6 mm の軸には

5 mm の E リングを使う．

また，図 6.29(d) の押さえ板は穴用 C リングと同じ効用である．回転部分のスラスト方向の固定には，図 6.29(b) はパイプ，図 6.29(c) は**図 6.33(a)** のような**セットカラー**，図 6.29(d) は止めねじを使用している．

一方，図 6.29(a)(d)(e) のように軸を段付きにする方法もよく用いられる．ただしいずれも，中の回転部分と軸との間はしまりばめ，接着，あるいは止めねじなどでスラスト方向に動かないようにする必要がある．機械が大きい場合には，図 6.29(b)(c)(d)(e) のように，ベアリングを外側から装着できる方が組み立てやすい．図 6.29(a) のような方法では，複数の軸がある場合には，それらをすべてセットしておいて，すべてがベアリングにはまるように微調整しながらふたをかぶせる組み立て方になるので，組み立てが難航する．図 6.29(a) のように軸がふたよりも大きく外に出ているような場合は比較的組み立てやすい．

また，板金加工品を組み立てたもののように，両側の軸受部の間隔が精度よくできない場合や，熱膨張などによって間隔が変わりうる場合には，図 6.29(e) のように一ヵ所のみで両方向のスラスト荷重を支えるのがよい．これを固定と呼び，もう一方（図 6.29(e) 下側）のようにスラスト荷重を支えずに回転中心を定めるだけのものを支持と呼ぶ．なお，図 6.29(e) 上側は，軸にねじを切ってナット型のセットカラー（**図 6.33(b)(c)**）を付けている．

● フランジ付きベアリングを使用

軸径 10 mm 以下の小径の場合には，フランジ付きのベアリングがあるので，それを使うのもよい方法である．**図 6.34(a)** のように段付きの軸にすれば，止め輪やセットカラーを使わないですむ．その反面，軸をベアリングに入れつつフレーム全体を組む必要があるので，組み立てはしにくい．

図 6.33　セットカラー

(a)（左）止めねじ付き
　　（右）すり割り型（ベアリング用段付き）

(b)(c) ねじ式で止めねじ付き

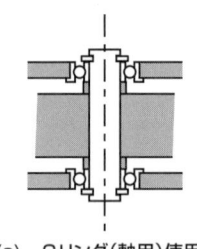

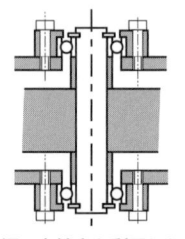

図 6.34　薄い板の場合

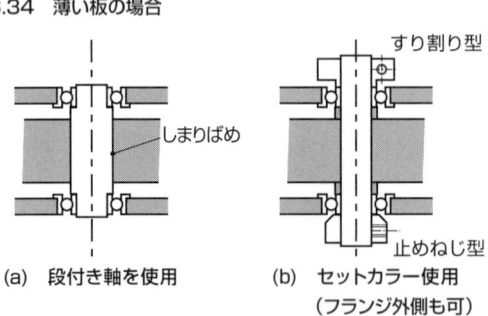

(a) 段付き軸を使用
(b) セットカラー使用（フランジ外側も可）
(c) C リング（軸用）使用（フランジ外側も可）
(d) 板の穴精度を利用しない

図 6.35　軸が回転しない場合

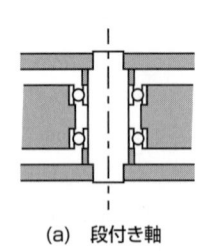

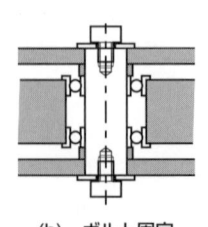

(a) 段付き軸
(b) ボルト固定
(c) 軸押さえ
(d) 片持ちの場合

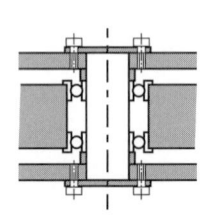

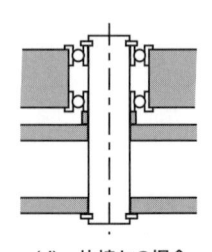

図 6.34(b) の方法は，図 6.33(a) のようなセットカラーを使う例である．この方法は軸端の出っ張りが大きくなる欠点があるが，軸そのものが単純なストレートのシャフトでよいという利点がある．

図 6.34(c) は軸用 C リングを使う方法である．

●フレームの穴を使用しない

フレームにあけた穴の精度が期待できないときには，その穴に直接ベアリングを入れず，図 6.34(d) のようにベアリングホルダをフレームにねじ止めするのがよい．軸位置はこのホルダの取り付け時に微調整することになる．ねじが少しでもゆるんでしまうと軸がずれてしまう欠点がある．

●軸が回転しない構造

軸がフレームに固定されて回転せず，中の回転子のみが回る構造にすることもできる．図 6.35(a) のように回転子に段を付ければ，フランジのないベアリングを保持できる．図 6.35(b)(c) はフランジ付きベアリングを使用する例である．図 6.35(b) は軸端にねじ穴があるものを使い，ボルトで固定する方法である．回転しない軸なので，回転軸の場合のようにボルトがゆるんでくることは少ない．図 6.35(c) は軸端にふたをかぶせるようにして押さえる方法である．これはストレートのシャフトでよいという利点がある．また，図 6.35(d) は片持ち軸構造の場合である．

●抜け止め方法のまとめ

以上の例に出てきたように，軸端の抜け止めには，軸用 C リングを用いる（☞図 6.29(b)），セットカラーを用いる（☞図 6.34(b)），ボルトを用いる（☞図 6.35(b)），ナットを用いる（☞図 6.29(e) 上側）という方法がある．一方，ベアリングの抜け止めには，穴用 C リングを用いる（☞図 6.29(c)），フランジ付きベアリングを用いる（☞図 6.34(a)(b)(c)），押さえ板を使用する（☞図 6.29(d)）という方法がある．

●しまりばめの必要性

6.1 節でも説明したように，高速で連続回転する軸は，ベアリングの内輪との間をしまりばめにした方がよい．しかし，往復運動するリンクの軸受や低速回転の軸の場合には，上記の例のように，軸とベアリング内輪，穴とベアリング外輪のすべてをすきまばめ（ただし精度は比較的高い必要がある）にした方が，組み立てが容易になる．

第7章 電気部品のしくみと使い方

7.1 ケーブル

ケーブルは，電線またはワイヤとも呼ばれ，電気を導く金属線の総称である．金属線の材料は主に銅である．ケーブルは，導体の太さ，導体の構成（単線，より線），被覆の有無（被覆の材料の違いも含む），または，単芯，多芯による分け方などがある．

メカトロニクス機器では，多くは制御信号を伝える，またはモータなどを動かす駆動電流を伝えるためにケーブルを使用する．モータ駆動電流などで大電流を流す際には，抵抗の小さい太いケーブルを使用しないと，電圧降下が大きくなり十分な出力を得ることができない．一方で，微小電流が流れる信号用に太いケーブルを使用してしまうと，ケーブルで場所が埋め尽くされてしまい，すっきりとした配線ができない．よって，ケーブルを使用する際には，用途に応じたケーブルを選択する必要がある．

●導体の太さと許容電流

ケーブルを選択する場合に一番重要なのは，**許容電流**である．例えば，制御信号用であれば1Aもあれば十分であるが，駆動電流用であれば数十A必要な場合もある．一例として，**表7.1**にケーブルの許容電流例を示す．導体の断面積や皮膜材料で許容電流が変化するので注意する．なお，一般的なケーブルで，AWG26の許容電流は1.5A程度，AWG30は0.5A程度である．

●規格

ケーブルを購入する際の線号としては，**AWG**（American Wire Gauge）（UL規格）と**SQ**（JIS規格）がある．AWGはゲージ，SQはスクエアとも呼ばれる．AWGとSQの対比は**表7.2**のようである．

表7.1 ケーブルの許容電流の例
[協和電線（株）ホームページ，コードの許容電流より]
（周囲温度30℃以下）

公称断面積 [mm²]	素線数／直径 [本/mm]	ビニル混合物（耐熱性を有するものを除く） 60℃ VSF, VFF, VCTF, VCTFK	耐熱ビニル混合物 75℃ HVSF, HVFF, HVCTF, HVCTFK	特殊耐熱ビニル混合物 105℃ SHVSF, SHVFF, SHVCTF, SHVCTFK
		許容電流 [A]		
0.3	12/0.18	3	3	4
0.5	20/0.18	5	6	8
0.75	30/0.18	7	8	11
1.25	50/0.18	12	14	19
2.0	37/0.26	17	20	27
3.5	45/0.32	23	28	36
5.5	70/0.32	35	42	55

表7.2 AWGとSQの線号比較表

AWGサイズ	SQ（断面積 mm²）
14	2.081
16	1.309
18	0.8226
20	0.5174
22	0.3256
24	0.2047
26	0.1288
28	0.08097
30	0.05097

↑モータなど動力用
↓信号用

●単線とより線

導体には**単線**と**より線**がある．単線は1本の導体を使用しており，曲げた形状を保持しやすい．より線は細い線を複数まとめたものであり，単線よりも柔軟性に富んでいる．単線は何回か曲げると，そこで断線してしまうことが多く，一般的にはより線を使用する．なお，産業用ロボットや自動工作機械などに使用されるケーブルとして産業ロボット用ケーブルがある．これは，例えば旋回部や手首部などの過酷な屈曲環境下での使用を想定したものであり，

信号回路用と電源回路用がある．

●被覆

汎用的な被覆用の材料は，PVC（ポリ塩化ビニル混合物）である．PVCレジンに可塑剤，安定剤，充填材，顔料を添加する．その添加の割合によって，柔軟性や耐候性などで違いが出る．通信用途では，温度依存性の少ないPE（ポリエチレン）が用いられる．ロボット用ケーブルなどのメカトロニクス向けでは，耐屈曲性などの機械的強度に優れたプラスチック材料である，フッ素樹脂を使用したものなどがある．PVC，PE，フッ素樹脂の耐熱温度は，それぞれ60℃程度，90℃程度，200℃程度である．

●単芯と多芯

単芯は導体が1本のケーブルであり，**多芯**は複数の導体がまとめられて1本のケーブルになっている（**図7.1**）．複数の信号をやり取りする場合には多芯ケーブルを使用するとすっきりした配線ができる．**フラットケーブル**は図7.2に示したものであり，フラットケーブル用のコネクタを用いると，コネクタの取り付け作業が一括して行うことができるため，作業性が向上する．

図7.1 多芯ケーブル

図7.2 フラットケーブル

●ノイズに強いケーブル

2つの回路間で信号の送受信を行う場合（**図7.3(a)**）に，空中から信号線にノイズが進入する．電線が長ければ長いほどノイズは混入しやすくなる．ノイズには誘導ノイズと静電ノイズがある．誘導ノイズは磁界の変化により発生する電磁誘導が原因であり，静電ノイズは電界の変化により発生する静電誘導が原因である．誘導ノイズを低減するため，**図7.3(b)**のような**ツイストペアケーブル**を用いる．これは2本の電線をより合わせたものである．より対線を貫通する磁束により，図のような方向に電流を流す起電力が発生するが，互いに打ち消し合うので，ノイズを受けにくい．また，静電誘導を低減するため，**図7.3(c)**のような**シールド線**を用いる．シールド線は，導体を金属網で覆い（シールド），シールドの片側を接地することで，静電誘導によるノイズを減らすものである．両方のノイズが発生する箇所では，シールド付きのツイストペアケーブルを用いるとよい．

図7.3 ツイストペアケーブルとシールド線

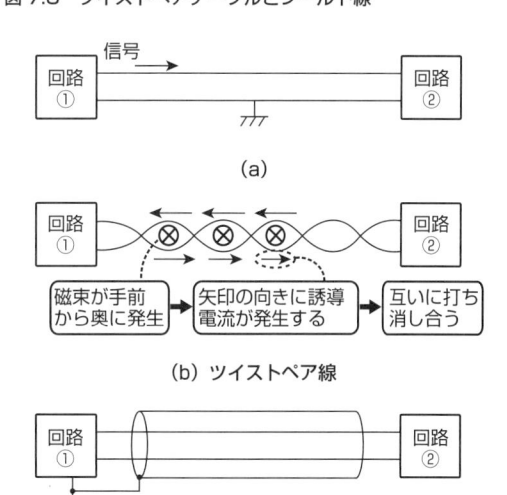

(a)

(b) ツイストペア線

(c) シールド線

7.2 スイッチ

スイッチの基本的な働きは電圧や電流をON/OFFすることである．駆動用の大きな電圧，電流に対するものから電子回路の小さな電圧，電流に対するも

のまであり，形，操作方法，取り付け方法によって多くの種類が存在する．スイッチを選択するときには，特に電圧と電流の定格に注意する．また，スイッチ情報をマイコンなどで読み込む場合には，チャタリング（☞ 32 ページ，図 1.26）に気をつける．

● 電圧と電流の定格

電圧の定格は，接点間の距離と形状によって決まる電極間の耐電圧のことである．つまり，スイッチの接点が開いている OFF 時の性能である．

一方，電流に関する定格は ON 時の性能であり，許容電流のことである．スイッチの接点部には，小さいながらも接触抵抗が存在する．そこに電流を流すと電流の 2 乗に比例したジュール熱が発生する．よって，スイッチが溶融するのを防ぐため電流に関する定格を守る必要がある．

● 直流電源と交流電源

バッテリなどの直流電源と AC 100 V コンセントなどの交流電源では，同じスイッチでも電圧および電流に関する定格値が異なる．交流電源は周期的に電圧，電流が 0 になるため，そのタイミングで電流が遮断されやすい．それに対して直流電源は，常時電圧，電流とも発生し続けるため遮断されにくい．一度放電が始まると，その放電が続こうとする性質があるからである．上記の性質により交流電源の方が定格値が大きいので，使用する電源により許容値を確認することを忘れないようにする．

すでに書いたように，異なった理由から電圧および電流の定格値は許容値が決まっているので，「ワット数は同じだから，電圧が許容値よりも小さい分，電流を許容値より大きくする」というのはよくない．また，電流の定格値 1 A のスイッチが 2 回路分入ったスイッチを並列に配線して 2 A の電流を流そうとするのもよくない．2 つの回路に等しく電流が流れることはなく，どうしても偏って電流が流れるため定格を超えてしまうからである．

● 負荷による影響

スイッチにつながる負荷による影響も考える必要がある．例えば，コンデンサ成分が付いている負荷やモータの場合には，ON したタイミングで定常値と比較して大きな電流が流れる．また，リレーやソレノイド，モータなどコイル成分が付いている場合には，OFF したタイミングで大きな逆起電圧が発生する．よって，スイッチの定格値は負荷の影響も考えて選択する．モータでは流す電流の 5 〜 10 倍程度，与える電圧の 3 〜 5 倍程度の定格を持つスイッチを使用することが多い．

● スイッチ動作の種類

スイッチの動作による種類としては，**モメンタリ型**，**オルタネート型**の 2 つがある．モメンタリ型はスイッチを押している間だけ ON または OFF になるスイッチである．オルタネート型はスイッチを押すと ON または OFF になり，指を離してもその状態が保持され，再度スイッチを押すことで初期に戻るものである．

● スイッチ形状の種類

図 7.4(a) 〜 (h) に各種スイッチの例を示す．

(a) トグルスイッチ

トグル（toggle：小さい棒）を指先で ON/OFF するものである．接点が 1 回路のもののほか，複数回路のものもある．パネルに穴を 1 つ開けるだけで取り付けられる．

(b) ロータリスイッチ

多くの回路を 1 つのスイッチで切り替えるためのスイッチである．つまみを回すことで，共通端子と短絡する端子が変化するものである．

(c) ロッカスイッチ

操作部がどちらか一方に傾いて ON/OFF するも

図 7.4　各種スイッチ

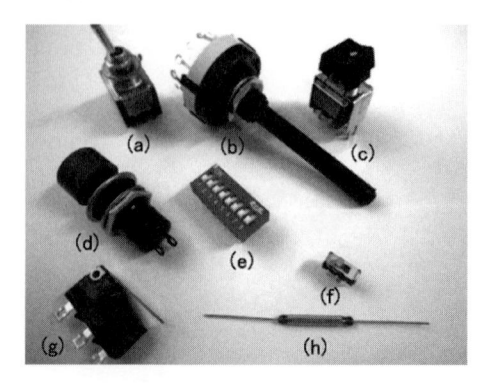

のである．

(d) プッシュスイッチ

小さなものから制御板に取り付けられる大きなもの（**図 7.5**）まである．押すとへこみ，離すとばねにより戻る．スイッチを押したときに ON になるタイプと OFF になるタイプがある．基板上に取り付ける小さなものは**タクトスイッチ**とも呼ばれる．

図 7.5　プッシュスイッチ（大）

(e) ディップスイッチ

基板上に付けて動作モードを選択するときなどに使用することが多い．後述のスライドスイッチが並列に付いたものと同じであり，各スイッチの ON/OFF をそれぞれのピンから出力する．

(f) スライドスイッチ

つまみを直線上に押したり引いたりして ON/OFF するものである．プリント基板に端子をはんだ付けして取り付けたり，または，ねじでパネルに取り付けたりする．スライドスイッチの利点としては，スイッチが作動することにより接点面が掃除され，異物などが取り除かれることで，接触不良になりにくいことである（ワイピング効果）．

(g) マイクロスイッチ

プラスチックケースにばねのついたスイッチが入っている．機械的な接触によりスイッチが ON/OFF するため，測定物の接触検知に用いられることが多い．レバー部の形状にはいくつかあり，また，てこの原理によりレバー部の操作力が小さく，ストロークが大きくとれる．**図 7.6** のような大きなマイクロスイッチもあり，工作機械の自動制御やドアスイッチなどで用いられる．図 7.6 のものはレバー部にローラが付いているため，カムなどと組み合わせても使用できる．

図 7.6　マイクロスイッチ（大）

(h) リードスイッチ

不活性ガスが封入されたガラス管の中に，2 本の強磁性体のリードが入っている．コイルまたは永久磁石により，リードに N または S 極が誘導され，この磁気吸引力により作動する．磁界がなくなるとリードの弾性により回路が開く（**図 7.7**）．

図 7.7　リードスイッチの原理
[(株)沖センサデバイスホームページ，リードスイッチの概要より]

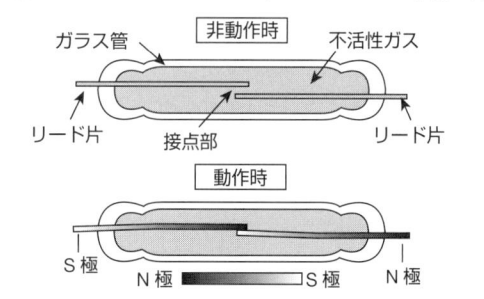

7.3　リレー

図 7.8 のように，**リレー**は電磁石と連動したばね構造のスイッチである．動作原理としては，スイッ

図 7.8　リレーの構造

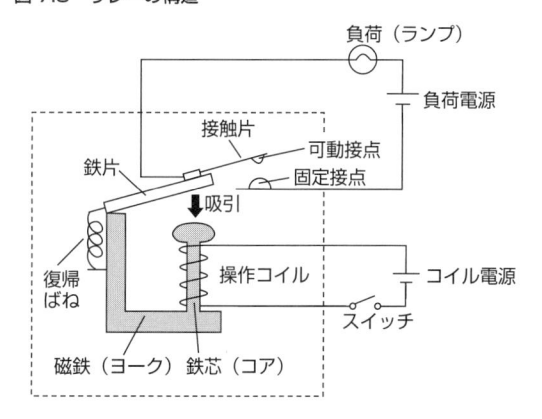

図7.9 ヒンジ型リレーの動作例
［アールエスコンポーネンツ(株)ホームページ，RSエレクトロニクスセンター／技術情報／テック君の豆知識／小型リレー編(その1)より］

チをONにすると操作コイルに電気が流れ，電磁石となる．そして，鉄片が鉄芯に引きよせられた結果，可動接点が固定接点に接触し負荷（ランプ）に電流が流れてランプが点灯する．一方，操作コイルのスイッチをOFFにすると，復帰ばねにより接点が開く．図7.9は，リレーが動作して鉄片が吸引されているところ（左）とOFF時（右）を示したものである．負荷をつなぐリレーの接点回路側（2次側）には直流でも交流でも流すことが可能である．

●リレーの特徴

リレーはスイッチングデバイスの一種である．そのためディジタル回路などにおいては，高速化や小型化で有利なFETなどの半導体スイッチングデバイスに置き換わっている．一方で，大きな電流の開閉で，駆動電源のようにスピードが比較的遅くてもよい場合のスイッチング用途としてはリレーが多く使われている．リレーが使用される理由は以下である．

1. **安価であること**：定格電流が3〜10 A以上になると半導体スイッチよりもリレーの方が安価である．
2. **絶縁できること**：リレーを用いると，図7.8の構造からわかるように，1次側（操作コイル側）と2次側（負荷側）で電気的に絶縁することができる．
3. **故障する際に安全側に壊れる**：リレーが故障するとほとんどの場合，図7.9（右）のように接点がオープンとなる．つまり，負荷に電流が流れない状態となるので安全である．一方でFETなどの半導体スイッチングデバイスでは，許容電流を超えた電流が流れて故障する場合などにはショートした状態で故障することが多い．この場合，負荷に電流が流れっぱなしとなって暴走することとなり危険である．

●リレー選択時の注意点

選択する際のポイントは以下である．
・2次側（負荷側）の許容電流
・2次側の許容電圧
・動作時間
・接点抵抗
・回路数（接点数）
・1次側の許容電圧，許容電流
・リレーの大きさ

最重要なのは，2次側で開閉したい電流と電圧が許容範囲内であるかである．交流と直流では，許容値が異なるので注意する．異なる理由は，7.2節と同じように交流では電圧，電流とも0になる（ゼロクロス）タイミングがあるのに対し，直流ではゼロクロスしないことによる．ゼロクロスするタイミングでは遮断しやすいため，通常，交流の方が許容値が大きい．また，2次側の許容電流に関しては負荷に応じた突入電流を，そして2次側の許容電圧に関しては負荷に応じた遮断時逆起電圧について考慮する必要がある．例えば，コンデンサの場合には10倍前後，許容電流に対して余裕を見ることが多い．

●ラッチングリレー

操作コイルに電流を流して接点をONにすると，操作コイルの電流を切ってもそのまま接点がONになっているタイプのリレーである．図7.8の鉄芯（コア），磁鉄（ヨーク），鉄片に半硬質磁性材料を用いることで，一度操作コイルに電流を流すと電流を切っても残留磁束により接点がONのままとなる．接点をOFFにするには，鉄芯に操作コイルと逆巻きのコイルを準備しそれに通電する．通電すると残留磁束が減少し，その結果復帰ばねによりOFFとなる．

●ソリッドステートリレー（SSR）

接点開閉部に半導体素子を使用して無接点化したデバイスである．回路内のフォトカプラにより1次側から2次側を絶縁した状態でON/OFFする．半導体素子のため，小型化，高速化，無音化，信頼性の向上などのメリットがあるが，扱える電力は小さい．

7.4 LED

LED（Light Emitting Diode）は電流を流すと発光する半導体素子であり，**発光ダイオード**とも呼ばれている．LED には，赤，青，緑，黄，白など各種の色があり，以下のような種類がある．

●砲弾型 LED

一般的に LED というとこれを指す場合が多い．砲弾の形をしており，3 mm, 5 mm, 10 mm などの大きさがある（**図 7.10**）．単色の LED では長い方の端子がアノードである．フルカラー LED は，赤，緑，青の 3 原色が 1 つのパッケージに入っているものである．1 本の端子が共通であり，残りがそれぞれ赤，緑，青の端子となる．共通端子がアノードのものもカソードのものもある．3 つの色を混ぜ合わせてさまざまな色を発光する．

図 7.10 砲弾型 LED（左：単色，右：フルカラー）

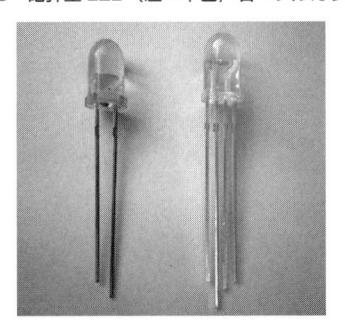

●チップ型 LED

表面実装用の LED である．非常に小さい．

●セグメント型 LED

図 7.11 は 7 セグメント LED であり，数字を表すために 7 つのセグメント（それに加えてドット部分に 1 つのセグメントが割り当てられている）に分かれている．16 セグメントのものもある．各セグメントに 1 つの LED が配置され，1 つのパッケージに入っていると考えればよい．共通端子がアノードのものもカソードのものも存在する．マイコンとの接続は，単純には 1 つのセグメントに対して 1 つのピンをつなげばよいが使用するマイコンのピンが多くなる．そこで 7 セグメント LED 点灯用 IC も市販されており，使用するマイコンのピンを節約するこ

図 7.11 7 セグメント LED

とができる．

1 桁の数字ではなく多桁の数字を表示する場合，すべての桁を独立に制御しようとするとかなりの数のマイコンの出力ピンが必要になる．そこでダイナミック点灯制御という方法を用いることが多い．これは，7 セグメントの制御は全桁共通にしてどの桁を点灯させるかを通電する共通端子を切り替えることで制御する方法である．10 ms 程度の速さで表示桁を切り替えて点灯させると，人の目の残像現象により各桁が連続して点灯しているように見える．これにより少ないピン数で多桁の 7 セグメント LED を表示できる．

●ドットマトリクス型 LED

7 セグメント LED では数字しか表示できないが，任意の図形など表示したいときに使用する LED である．LED が 1 つのパッケージに整列して配置してある．**図 7.12** の 5 × 7 ドットのものの他，8 × 8 ドットや 16 × 16 ドットなど多種類ある．

図 7.12 ドットマトリクス型 LED

●使用上の注意

LED の色が異なるのは使用する半導体が異なるためである．そのため，各色により点灯に必要な電圧（順電圧）も異なる．同じ色でも製品によって順電圧は異なるため正確にはデータシートを見ても

図 7.13 LED 点灯回路

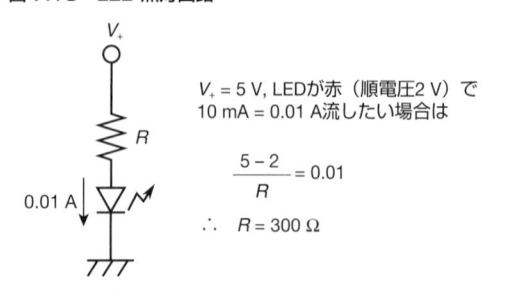

$V_+ = 5\,\mathrm{V}$, LED が赤（順電圧 2 V）で 10 mA = 0.01 A 流したい場合は

$$\frac{5-2}{R} = 0.01$$

$$\therefore R = 300\,\Omega$$

らいたいが，赤色 LED の順電圧は 2 V 程度，緑色 LED および青色 LED は 3 V 程度の場合が多い．なお，逆耐電圧（逆方向にかけられる電圧）は −5 V 程度と小さく，これより負側に大きな逆電圧をかけると壊れるので注意する．

LED を点灯させる場合には，例えば，赤色 LED では 10 mA 程度の電流が流れるように抵抗を選択する（図 7.13，☞図 1.14）．

● LED 照明

LED で白い光を作る方法としては，光の 3 原色（赤，緑，青）の LED を組み合わせる方法や，青色 LED と補色である黄色蛍光体を組み合わせる方法などがある．1990 年代後半に白色 LED が実用化され，照明用の光源として LED 照明が使われるようになった．従来の電球と比較すると省エネルギーかつ長寿命であり，熱線や紫外線が少ないといった特徴がある．

7.5 圧着端子とコネクタ

● 圧着端子

圧着とは，端子と電線を機械的負荷によって電気的，機械的に接続する技法のことである．電気的な接続性に優れるうえに引っ張りや曲げに対しての機械的なストレスにも強い．また，はんだを使わず非加熱であり作業性がよい．圧着により配線材と結合する端子が**圧着端子**（図 7.14）である．

図 7.14 は代表的な圧着端子の形状である．ねじで端子台にとめる部分である舌部の形状が丸型（図 7.14 (a)）のものや Y 型（図 7.14 (b)）のものがある．Y 型はねじをはずさない状態でも端子台との取り付け・取り外しが可能であり作業性がよい．一方で，取り付け不十分だと外れてしまう場合もある．配線材を差し込む側が裸状態の裸圧着端子（図 7.14(a)）と，絶縁被膜が付いた絶縁被覆付圧着端子（図 7.14(b)）とがある．

(a) 呼び方

図 7.14 に示すように，例えば R2-5 の圧着端子は，端子台にとめる部分（舌部）の形状が丸型（R），適用電線の断面積が 2（mm^2），M5 のねじで端子台にとめる，というものである．

(b) 選び方と取り付け方

R2-5 の圧着端子を例にとって説明する．実際には，まずどの程度の電流を流したいのかということから電線の太さを決める（R2-5 の端子の場合，AWG14 または AWG16 の電線を使おうとしている，ということ）．使用する電線に対して，表 7.3 に示すように適応端子を決める（メーカーによって推奨する適合対象が若干異なる）．AWG14 の電線の場合には端子呼びが 2 のものとなる．端子台のねじ穴が M5 用だとすると使用する圧着端子は R2-5 となる．電線太さに適した圧着端子を使用しないと，圧着が不安定となるので注意する．

端子が決まったら電線の被膜をはぐ．被膜をはぐ長さはおおよそ表 7.4 である．R2-5 の場合には，6 mm の長さの被膜をはぐ．その後，図 7.15(a) に示す圧着工具を用いて端子と電線を圧着する．圧着工具には，端子のサイズや形状に適したものがあるのでそれを用いる．なお，図 7.15(b) は後述するコネクタのコンタクト用の圧着工具の一例である．図 7.16 には，圧着状態の良し悪しを示した．

ここで圧着する際に気をつけることを列挙する．

- 電線は接続後に引っ張ったり曲げたりしない．
- 端子台に取り付ける際，舌部を折り曲げすぎない．
- 電線サイズの合わない端子を使用しない．
- サイズの合った工具を用いる．

図 7.14 圧着端子

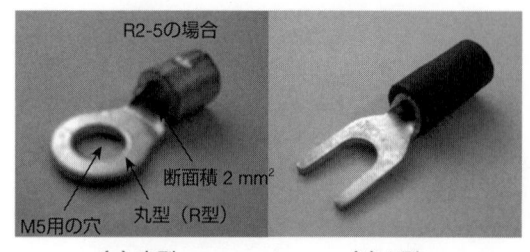

(a) 丸型 — R2-5 の場合，断面積 2 mm^2，丸型（R 型），M5 用の穴

(b) Y 型

・「サイズが合わないからはんだ付け」はしない．

表7.3 端子に対する適応電線サイズ（参考）

端子呼び （配線側の断面積）	配線材（電線）	
	断面積（より線） [mm^2]	電線サイズ
0.5	0.2～0.5	AWG24～22
1.25	0.25～1.65	AWG22～16
2	1.04～2.63	AWG16～14
5.5	2.63～6.64	AWG12～10

表7.4 電線の被膜のはぎ長さ

端子呼び	はぎ長さ [mm]
0.5	5
1.25	6
2	6
5.5	8

図7.15 圧着工具

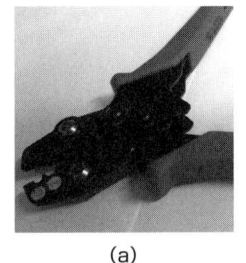

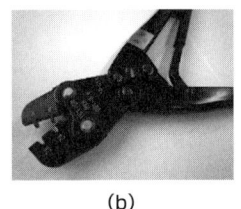

(a)　　　　(b)

図7.16 圧着状態の良し悪し
［(株)ニチフホームページ，参考資料(圧着作業の基本)より］

裸圧着端子	絶縁被覆付 圧着端子	判定
		○ 正しい圧着
		× 後端圧着
		× 前端圧着
		× 被覆ムキ寸法不良
		× 電線挿入不良

●コネクタ

コネクタは配線をつなげるためのものなので，コネクタを使用せず直接はんだ付けして配線してしまう場合もある．ただし，コネクタを使用すると配線の取り付け・取り外しが格段に楽になる．メンテナンス性を考慮すると必要な箇所には省略せずに取り付けるのがよい．図7.17(a)に基板対電線用のコネクタ，(b)に電線対電線用のコネクタ例を示す．

コネクタの各部の呼び名はおおまかに，電流が流れる端子部分の「**コンタクト**」とそれを納めるカバー部分の「**ハウジング**」に分かれる．コンタクトは，図7.18に示すソケットコンタクト（受け側）とピンコンタクト（挿入側）（メーカーにより名称は異なる）がある．図7.18に示すようにハウジングとコンタクトの受け側と挿入側は互い違いになることがほとんどである．電線とコンタクトを圧着してハウジングに取り付ける場合が多いが，圧接方式で電線をハウジングに取り付ける方式もある．圧接方式とは，電線の皮膜を突き破って端子と芯線を接続する技法であり，被覆されたままの電線を挟み込むだけのため作業性でメリットが高い（図7.19）．ただし，圧接は低電流の信号用途で使用され，強度では圧着方式に劣る．

図7.17 コネクタ
［写真提供：日本圧着端子製造(株)］

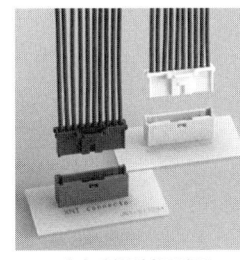

(a) 基板対電線用　　(b) 電線対電線用
　（XNIシリーズ）　　（ACH（中継用）シリーズ）

図7.18 コネクタの各部名称（PNI（中継用）シリーズ）
［コネクタカタログ，p.625-626，日本圧着端子製造(株)より］

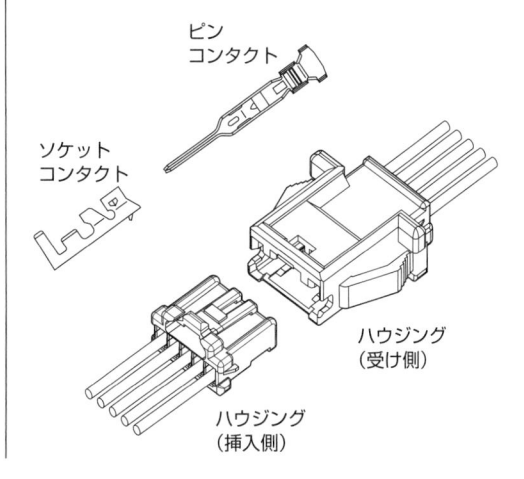

ピンコンタクト
ソケットコンタクト
ハウジング（受け側）
ハウジング（挿入側）

7.5 圧着端子とコネクタ

図 7.19　基板対電線接続用圧接コネクタ（ZR シリーズ）
［写真提供：日本圧着端子製造(株)］

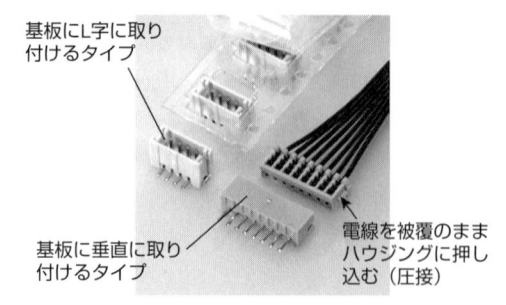

- 基板にL字に取り付けるタイプ
- 基板に垂直に取り付けるタイプ
- 電線を被覆のままハウジングに押し込む（圧接）

(a) 選択方法

　流せる電流とサイズ，形に注意する．流す電流により電線の太さが決まり，その電線に合うコネクタサイズを選ぶ．コンタクト選択の際には電線導体のサイズだけではなく，被膜のサイズにも気をつける．コンタクトには金めっきまたはスズめっきがされている．金めっきの方が信頼性は高いので，低電圧・低電流の箇所では金めっきコンタクトを使用するのがよい．それ以外では低コストのスズめっきコンタクトが用いられる．注意することは，金めっきのコンタクトとスズめっきのコンタクトを組み合わせないことである．組み合わせて使用すると腐食してしまう．

　コネクタの形状にはさまざまなものがあるので，所望のものを選ぶ．図 7.19 のように，同じシリーズのコネクタにも，基板に垂直に取り付けるハウジングやL字型に取り付けるハウジングがある．基板取り付け箇所のスペース事情を考慮し選択する．このときに忘れがちなのが作業スペースである．コネクタの取り付け・取り外しをする際に手を入れるスペースを忘れてしまうと作業性が格段に悪くなる．

(b) 作成時の注意点

　以下に実作業における注意点を列挙する．

- コンタクトに適合した専用圧着工具を使うこと．確実な圧着をするには専用工具がないと信頼性の高いコネクタはできないと思ってもよい．ラジオペンチを用いてかしめるのは，強度などの面で信頼性が確保できない．
- コネクタ作成に失敗してコンタクトをハウジングから引き抜くときは，専用の引き抜き工具を用いる．引き抜き工具は，コンタクトに付いている抜け防止用の爪に負荷をかけることなく外せるようにするものである．
- コネクタの根元近くで電線を急激に曲げないようにする．また，電線を結束バンドなどで縛るときにも，コネクタの根元で電線が急に曲がらないように注意する．コンタクトや配線に負荷がかかり接触不良につながるからである．
- コネクタ作成時に完全な作業を心がける．コンタクトの圧着が不十分だったり，ピンコンタクトとソケットコンタクトの接触が不十分だったりすると，後で苦労することがしばしばある．不十分な完成度のコネクタは，製作直後は導通するがしばらく経つと接触不良になる場合があるのである．こうなるとバグ取りに多大な労力を要する．
- ユニバーサル基板を使用するときは穴が 2.54 mm ピッチであることに注意する．コネクタは作ったがいざ基板に付けようと思ったら入らなかったという落ちもある．一例として RS232C 通信でよく用いる D サブ 9 ピン用のコネクタは，ユニバーサル基板に入らない場合が多い．
- 電線をコンタクトに付けたときに金属部分が出ている場合には，熱収縮チューブで被覆し絶縁する．
- コネクタを接続する際にはまっすぐに挿入する．コネクタ部の作業場所が狭い，見えにくいなどの理由で見えない状況下で感覚的にコネクタを指す場合がある．ピンをまげてコネクタを挿してしまう危険性があり最悪の場合ピンが折れるので注意する．

7.6　ヒューズとブレーカとポリスイッチ

　電子回路が何かしらの原因でショートし大電流が流れると，回路上の素子の破壊をまねく．ショートが起こる原因には，電子回路の配線不良によるものから素子への過電流が原因で発生するものまでさまざまある．そのような場合に電子部品の破壊を最小限に防ぐためのものが**ブレーカ**（サーキットブレーカ，サーキットプロテクタ，ノーフューズブレーカなどとも呼ばれる）や**ヒューズ**である．

●ブレーカ

　図 7.20 のようなものであり内部にはコイルが入っているものが多い．一定以上の電流が流れるとコイルに磁力が発生し，その磁力で接点を切る．接点

が切れることで電流が遮断され回路を保護する．大きな電流が流れなくなるとブレーカを復帰することができる．ブレーカを選択する際に気をつける点は，定格電流と遮断タイプの2つである．定格電流は「これ以上流れたらブレーカに動作してもらいたい」という電流である．遮断タイプは，どの程度の時間，定格電流を超える電流が流れたらブレーカが動作するかの種類である．瞬時形，中速形，低速形などがある．流れる電流に対する遮断時間が各製品のデータシートに記載してあるので必ず確認する．筆者も経験があるのだが，遮断したい電流以上流れたらすぐに回路を保護したい場合に瞬時形以外のブレーカを使用していると，部品がすべて壊れたころにしか遮断されない状況になる．

例として，図7.21にIDEC（株）製のNC1V形サーキットプロテクタの中速形と瞬時形の特性の違いを示した．図中に示した矢印は，定格電流の2倍（200%）の電流が流れたときの遮断時間幅である．瞬時形と中速形とで遮断時間に100倍以上の差があることがわかる．

●ヒューズ

図7.22のようなものであり，一定以上の電流が流れるとヒューズ内の線が焼き切れる．線が焼き切れることにより電流が流れなくなり，回路を保護する．**ヒューズホルダ**には，図7.22に示すように電線の途中に設置する中継用（図左下）とプリント基板上に付けるタイプ（図右下），そして機器のパネル面に取り付けるタイプもある．定格電流は各種あり，ブレーカと同様に一定以上の電流が流れたときにどの程度の時間で切断するかによる違いもある．長い間使っているとヒューズが自然に切れてしまう場合がまれにあるので，回路が動かない場合にはヒューズを確認する癖を付けておくとよい．

図7.20 サーキットプロテクタ（NC1V形）
［写真提供：IDEC（株）］

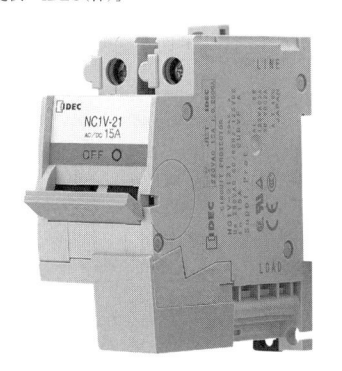

図7.21 中速形と瞬時形における動作速度
［IDEC（株）NC1V形サーキットプロテクタ データシート，p.7，2009より］

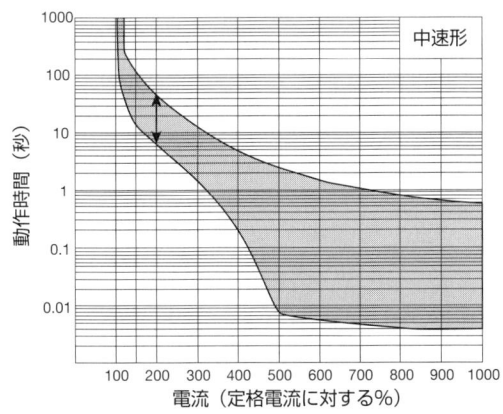

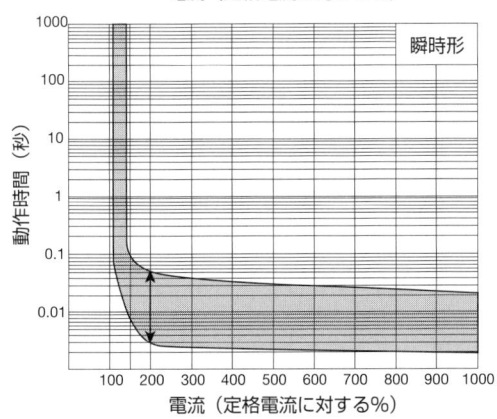

図7.22 ヒューズとヒューズホルダ

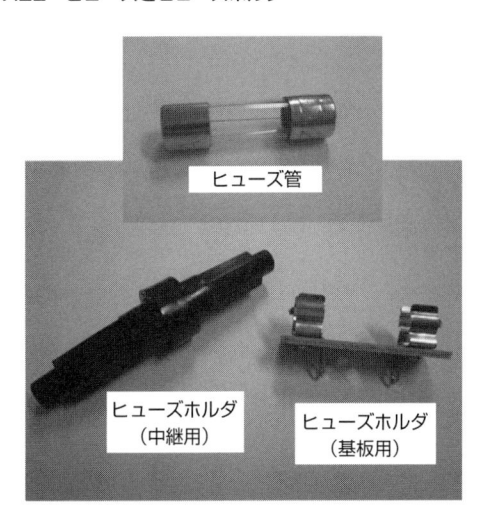

● ポリスイッチ

基板上に実装し，ヒューズと同様な働きをするものである．これはポリマーというプラスチックからできたものであり，繰り返し使えるヒューズである．外形の一例としては図 7.23 に示すものがあり，**リセッタブルヒューズ**と呼ばれることもある．温度変化に応じて抵抗値が大きく変化する素子である．過電流が流れると温度が上昇し，その結果ポリスイッチの抵抗値が大きくなることで電流を遮断する．ヒューズのように物理的に配線が切れるわけではないため，ポリスイッチが動作しても完全に電流を遮断するわけではない．過電流が収まるとしばらくして温度が下がり抵抗値も小さくなる．その結果，再び回路に電流が流れる．

図 7.23　ポリスイッチ

7.7　電源

メカトロニクス機器へ所望の電圧と電流を供給しようとするとき，図 7.24 のような電源構成が考えられる．エネルギー源としては，一次電池，二次電池，そして，AC 100 V または AC 200 V のコンセントがある．可搬型メカトロニクス機器の場合には，エネルギー源も可搬可能な一次電池または二次電池を使用する．一方で据付型の場合には，AC 100 V または AC 200 V のコンセントから供給するのが便利である．エネルギー源そのままでは電圧や電流が回路の仕様に合致していない場合には，三端子レギュレータや DC/DC コンバータを用いて所望の電圧，電流に調整し，メカトロニクス機器の電源とする．

エネルギー源を選択するときには，どの程度の容量をもつのか，最大でどの程度の電流を流せるのか，の 2 つに注意する．電池メーカーは一般的に 5 時間で放電終了する電流値を 5 倍したものを公称容量として表記している（5 時間率）．つまり，1000 mAh と表記されている場合，200 mA の電流を 5 時間流せる電池だという意味である．単純に考えると 1000 mA を 1 時間流せることと同じと考えられるが，実際には 1000 mA を流した場合には 1 時間も流し続けられない．なお，容量が 1000 mAh

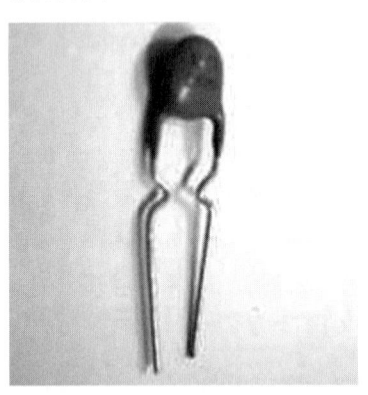

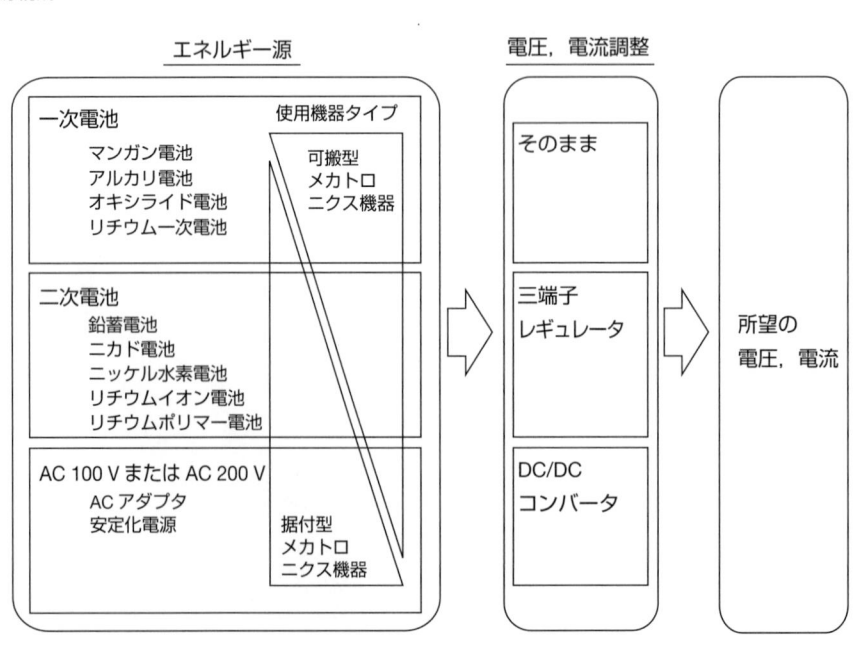

図 7.24　電源構成

の電池において 1000 mA の電流を 1 C と呼ぶ．以下，それぞれについて説明する．

●一次電池（充電できない）

(a) マンガン電池

使用後に休ませるとわずかながらパワーが回復する性質がある．安価でもあり，間欠使用する箇所での使用に向く．

(b) アルカリ電池

マンガン電池と比較して，容量が大きく，寿命が長い．マンガン電池より高価である．

(c) オキシライド電池

アルカリ電池よりもさらに容量が大きい．初期電圧が 1.7 V 程度である．大電流を流すことも可能である．アルカリ電池よりも高価である．

(d) リチウム一次電池

公称電圧が 3 V のものが主流で，容量も大きい．自己放電が少なく寒さにも強い．カメラやリモコンキーなどに使われ，円筒形型のほかコイン型もある．

●二次電池（繰り返し充電可能）

(a) 鉛蓄電池

自動車用のバッテリにも使われており，安価に入手できる．充電時に発生するガスを内部で吸収することで，無給水の密封型鉛蓄電池も市販されている．無停電電源装置（UPS など）や病院などの非常用電源などとしても利用されている．

(b) ニカド電池

鉛蓄電池よりも小型で，大きなパワーを取り出せる．ただしメモリ効果があるので，継ぎ足し充電ができず，使い切ってから充電する必要がある．メモリ効果とは，完全に放電しきらない状態で充電すると，満充電しても使用できる容量が減ってしまうことである．放電電流が大きく，ショートに近いほどの大放電も可能である．公称電圧は 1.2 V である．

(c) ニッケル水素電池

陽極に水酸化ニッケル，陰極に水素吸蔵合金を使用したものであり，公称電圧は 1.2 V である．ニカド電池の陰極に使用しているカドミウム化合物が有害物質であることと，ニカド電池に比較してエネルギー密度（同じ大きさでの容量）が大きいため，ニカド電池の置き換えが進んでいる．

(d) リチウムイオン電池

携帯電話やノートパソコンなどで用いられている電池である．メモリ効果が小さく継ぎ足し充電が可能である．また，ニッケル水素電池よりもエネルギー密度が高い．その一方で，過充電，過放電をすると発火することもあり，制御回路が入った専用の充電器が必要である．公称電圧は 3.7 V である．

(e) リチウムポリマー電池

リチウムイオン電池は電解質として液体の電解液を利用していたため，パッケージングや形状が制限されていた．そこで，電解質として導電性のポリマーを用い，フィルムの層状にすることで軽量化したものがリチウムポリマー電池である（図 7.25）．公称電圧は 3.7 V である．過充電，過放電には注意する必要があり専用充電器が必要である．

図 7.25 リチウムポリマー電池（ラジコン用）

●マッチドバッテリ

いくつかの電池を直列につないで使用する場合，各電池の特性が異なると，全体の特性が一番性能の低い電池の特性に引っ張られてしまう．そこでマッチドバッテリとして，組み合わせる電池の特性が均一になっているものが市販されている．

● AC アダプタ

AC 100 V から一定の直流電圧を作るものである．例えば図 7.26 のようなものがあり，出力電圧は 3, 5, 6, 9, 12, 15 V など各種そろっている．同じ出力

図 7.26 AC アダプタ

電圧でも最大出力電流が違うので，必要な電流を取り出せるか確認する．

● 安定化電源

AC 100 V または AC 200 V のコンセントにつなぎ，安定した直流電圧を作り出す装置である．入力や負荷にある程度の変動があっても出力が安定している．出力電圧は範囲内で自由に設定できる．図 7.27 と図 7.28 に据置型と組込型の安定化電源の例を示した．例えば，図 7.27 の PSF シリーズは出力電圧が 0〜80 V で設定でき，図 7.27 のように組み合わせて使用すると最大出力電力が 1200 W となる．80 V の電圧を出力すると，最大で電流は 1200[W]/80[V]=15[A] まで流すことができる．実際には図 7.29（PSF-400L 単独使用の場合）のように出力電圧と出力電流の関係は製品によって決まっているので，データシートを確認する．流せる電流の範囲であれば流せる電流の最大値を任意に設定できる．これにより，仮に回路がショートしている場合にも流れる電流が制限され，回路を保護してくれる．また，出力電流が表示されるため，モータの駆動電

図 7.27 安定化電源（据置型）（(株) ニッケテクノシステム PSF-400L(400 W) と同 PSF-800LS(800 W) を組み合わせて 1200 W として使用）

図 7.28 安定化電源（組込型）（ADA600F シリーズ）
[写真提供：コーセル(株)]

図 7.29 PSF-400L(400 W) の特性
[PSF シリーズ取扱説明書，p.26，(株) ニッケテクノシステムより]

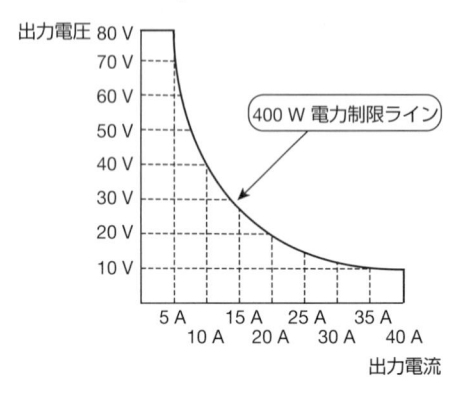

流などある程度把握もできる．ただし，据置型は高性能，高機能である一方で高価であり，また，定格出力に応じて大きさや重量も大きくなる．

● 三端子レギュレータ（図 7.30）

入力，出力，GND の 3 本の端子からなる電圧調整素子である．ある範囲の直流電圧を一定電圧に変圧する．負荷に直列に変圧回路が入ったシリーズレギュレータの一種であり降圧しかできない．出力電圧よりもある程度高い電圧を入力する必要があるの

図 7.30 三端子レギュレータ

でデータシートで確認する．降圧（ドロップアウト電圧）分を熱に変換して放出するため，大電流を流す際には放熱板が必要になる．ただし，放熱板を付けるパッケージ部分が，正電源用では GND 電位に，負電源用では入力電位になっている場合がある．その場合には，シリコーンゴムやマイカ板を使って絶縁する．ドロップアウト電圧は通常 2 V 程度であるが，0.5 V 程度の低損失型もある．78xx，79xx シリーズが普及しており，78xx シリーズは正電源用，79 xx シリーズは負電源用である．例えば，7805 は出力電圧が 5 V である．同じ出力電圧でも流せる電流が異なるので選択時には注意する．

● DC/DC コンバータ（図 7.31）

直流入力電圧を安定した直流出力電圧に変換する素子である．スイッチングレギュレータの一種であり，一度交流に変換してトランスで変圧するため，

図 7.31 DC/DC コンバータ（ZUS シリーズ）
［写真提供：コーセル㈱］

降圧，昇圧とも可能である．単電源から正負の両電源を出力できるものもある．スイッチングレギュレータということで，高速なスイッチング動作に伴う高周波ノイズの発生が欠点ではあるが通常用途ではそれほど気にならない．数 W～数百 W クラスまで広い範囲の製品がある．

第8章 センサのしくみと使い方

8.1 フォトインタラプタ

図8.1のようなフォトインタラプタは，スリットの間に物があるかどうかを検出するものである．メカトロニクス機器内部の可動部が所定の位置に来たかどうか検出するときに用いることが多い．リミットスイッチ（マイクロスイッチ）（☞図7.6）と比べて，非接触で検出できるところが長所である．また，リミットスイッチではONになる位置とOFFになる位置に差ができてしまう（ヒステリシスという）が，フォトインタラプタではそれがほとんどない．

図8.2のように，検出の原理は発光部であるLEDの光が受光部のフォトトランジスタに届くかどうかである．光が透過したときは出力に電流が流れ，遮蔽されたときはほとんど流れない．発光と受光の素子はフォトカプラ（☞1.5.1.3項）と同じもので，その間に遮蔽物が入るすきまがある構造である．図8.1のものは，LEDに20 mAを流して光を透過させたときに，フォトトランジスタには2 mA程度流れる．

フォトインタラプタを使用する際の注意点は，図8.1のように，発光部と受光部に細長い窓があるの

図8.1 フォトインタラプタ（シャープ（株）GP1S52VJ000F）

図8.2 フォトインタラプタの原理

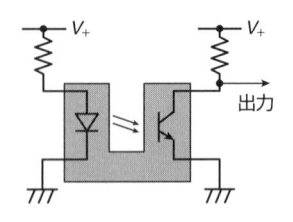

で，この窓の細い方に遮蔽物が移動する向きで使うことである．例えば，窓の横幅が0.5 mm，縦の長さが2 mmの場合，遮蔽物が0.5 mm移動すると全開から全閉まで変化するように使う．移動距離が2 mmになる向きで使うことは通常はしない．

フォトインタラプタには，出力回路としてフォトトランジスタのみが入ったものと，さらにコンパレータ（電圧を比較する回路）が入ったものがある．後者の方がON/OFFの中間的な出力が出ないとともに，配線を長くして遠くまで信号を伝えてもよい．

8.2 エンコーダ

エンコーダは回転部分の角度や回転数（角速度）を検出するセンサである．図8.3のような外観で，軸を回すとパルスを発生する．その数をカウントして，どのくらい回ったかを知る．1回転あたり100〜1000パルス程度のものが多い．図8.3のものは，

図8.3 エンコーダ（左からオムロン（株）E6C2-CWZ1X，日本電産コパル（株）RE30E-500-213-1，同RE12D-300-201-1）

図 8.4 インクリメンタルエンコーダの内部

1回転あたりのパルス数が左から 1000，500，300 である．パルス数を積算すれば角度がわかり，1秒（実際にはもっと短い規定値＝サンプリングタイム）当たりのパルス数から角速度を知ることができる．内部には図 8.4 のような円盤があり，細かいスリット（あるいは，透明な円盤に光が透過する部分と透過しない部分）が連続している．この円盤を挟むようにフォトインタラプタ（☞ 8.1 節）を付けて，光の断続を電流の断続（パルス）として取り出すのである．

さて，パルス数のみでは，右回りと左回りが判別できない．そこで図 8.5 ように，スリットの4分の1周期（実際には整数＋0.25周期）ずれた位置にAとBの2つのフォトインタラプタを付ける．Aから出るA相パルスとBから出るB相パルスの順序によって回転方向がわかる．図 8.5 のようにA相の立ち上がり時にB相が0であれば右回転，1であれば左回転である．このようなエンコーダは，**インクリメンタルエンコーダ**と呼ばれ，回転した角度がわかるだけで，使い始めの角度がわからないと，絶対的な角度は測れない．何か別のセンサ（フォトインタラプタなど）で原点を定める必要がある．その際に，原点用センサの位置検出誤差を補償するため，第三の出力が付いているものがある．これは1回転に1回だけパルスが出るもので，Z相と呼ぶ．原点用センサがONになった角度周辺でZ相がONになるところを原点とすればよい．（もともと1回転

図 8.5 インクリメンタルエンコーダの原理

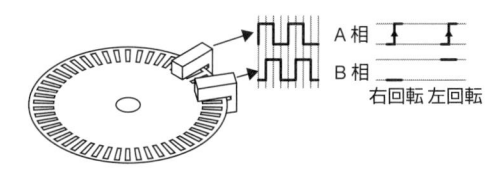

しかしない装置ならばZ相だけで原点を定めることができる．）A，B 2つの出力のみのものを2相，Z相の付いたものを3相と呼ぶ．また，回転方向を知る必要がない用途には，1相のエンコーダも用いられる．図 8.3 のものは，左と中央が3相，右が2相である．

なお，産業用ロボットなど，大きな機器では，メインの電源が OFF のときにもバックアップ電池で現在の角度を保持するものもある．それでも，電源が入っていない間に外部の力などで回ったことはわからない．角度の絶対値を知るには，図 8.6 のような**アブソリュートエンコーダ**を用いる．図 8.7 のように，1回転で1回のパルスが出るものから，1回転で2，4，8，16，…と2のべき乗回のパルスが出る端子がある．図 8.6 のものは 2^{10} 回まで11ビットである．（さらに細かい角度を知るためのサイン／コサインの信号を用いており，16ビットの分解能がある．）出力のパターンは，通常の2進数の順ではなく，**グレイコード**（☞ 2.3.3 項）と呼ぶ，一度に1ビットしか変化しない順に並んでいる．2ビット以上が一度に変化するようだと，どちらか一方だけが少し先に変化して，他方がまだの瞬間に，変化前，変化後のどちらでもない第三の出力パターンが出てしまうからである．わかりやすく10進数で

図 8.6 アブソリュートエンコーダ（Agilent Technologies 社 AEAS-7000）

図 8.7 アブソリュートエンコーダのパルス

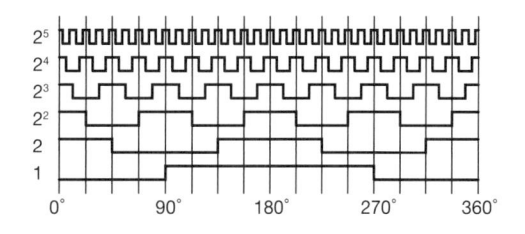

いえば，19から20に変わるときに，はじめに十の位を変えて2とし，一の位をまだ変えていないと，29が出力されてしまう．なお，実際の出力端子に出る信号としては，グレイコードを10進数に変換して出す（各桁に3本の出力端子がある）ものや，シリアル通信で出力するものもある．

エンコーダの出力部分は，フォトトランジスタのコレクタ端子が直接出ているもの（**オープンコレクタ出力**）と，バッファ回路が入ったもの（**ラインドライバ内蔵**）がある．オープンコレクタ出力のものをマイコンなどに接続する場合にはプルアップ抵抗（☞**1.5.4項(5)**）が必要である．図8.3のものは，左がラインドライバ内蔵，中央と右がオープンコレクタ出力である．

また，上記のような光学式でなく磁気式のエンコーダもある（☞**3ページ，図0.6**）．磁極（NとS）が多数ある円盤が回ると，磁気センサの電流が変化してパルスが得られるしくみである．

8.3 ポテンショメータ

ポテンショメータは，回転部の角度を測るアナログセンサである．その原理は**図8.8**のような可変抵抗である．両端に定電圧を加え，中央の可動片の端子の電圧を測れば，角度に比例した信号が得られる．インクリメンタルエンコーダ（☞**8.2節**）と異なり，絶対角度を測ることができる．アブソリュートエンコーダに比較すれば，小型で安価である．ただし，ポテンショメータの精度（電圧が角度に比例する直線性）は1%程度であるから，精度を要求する用途には向かない．また，この出力電圧は，電流をほとんど流さないような，入力インピーダンスの高い回路で測らなければならない．ポテンショメータの内部は抵抗体であるので，電流を流すと電圧が下がってしまう．

図8.8　ポテンショメータの原理

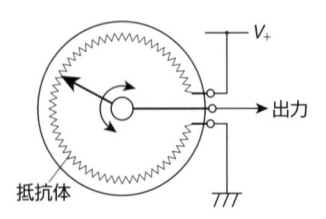

図8.9　ポテンショメータ（左：(株)緑測器 CPP-35，右：日本電産コパル(株) JC10）

図8.10　ポテンショメータの内部

外観を**図8.9**に示す．左のものは軸にベアリングが入っていて軽く回るとともに，横荷重に強い．機械の回転軸に取り付ける方法は，カップリング（☞**6.7節**）を介して付けたり，ギアやプーリーを付けて回転軸の回転をポテンショメータに伝えたりする．

抵抗体は，巻き線のものとコンダクティブプラスチック（導電性樹脂）のものがある．**図8.10**は後者の製品の内部である．巻き線型は構造上，細かい断続的な電圧変化になるが，コンダクティブプラスチック型はなめらかな変化である．ただし，巻き線型の方が若干精度が高い．

測定できる角度は，およそ300°で，全周ではない．通常の可変抵抗のように，ストッパがあって測れない角度にはいかないものと，ストッパなしで無限に回転できるものがある．なお，3回転とか10回転といった多回転型ポテンショメータもある．内部はらせん状の抵抗体が入っている．

8.4 磁気センサ

磁気センサは，磁界を検出するセンサである．検出原理は**ホール素子**によるもの（**ホールセンサ**と呼ばれる）や**半導体磁気抵抗素子**（**MR素子**）によるものがある．ホール素子は，素子に流れている電流

図 8.11 磁気識別センサ（BS05N シリーズ）
[写真提供：(株)村田製作所]

図 8.12 PSD センサの原理

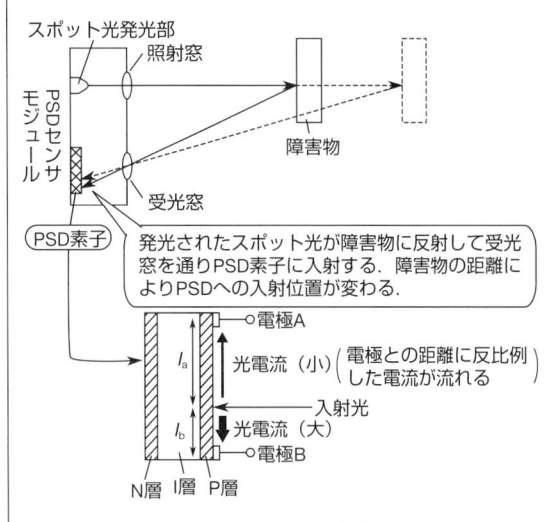

発光されたスポット光が障害物に反射して受光窓を通り PSD 素子に入射する．障害物の距離により PSD への入射位置が変わる．

図 8.13 PSD センサモジュールを内蔵した測距センサユニット（シャープ(株) GP2Y0A21YK0F）

図 8.14 PSD センサモジュールを内蔵した測距センサユニットの出力例
[GP2Y0A21YK0F データシート, p.5, (株)シャープ, 2006 より]

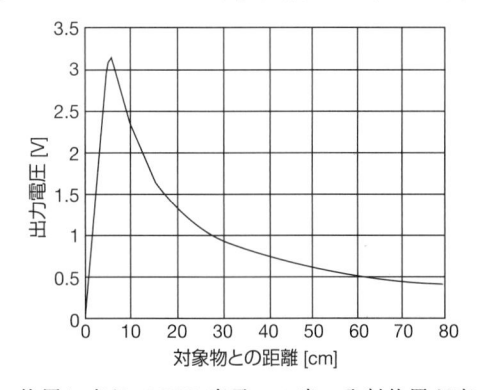

に対して垂直に磁界をかけると，電流と磁場の両方に垂直方向の電圧が発生するため，この電圧変化により磁界を検出する．MR 素子は，磁界を受けると電流ベクトルの向きが傾き，電流経路が変化する．この結果抵抗値が変化するため，抵抗値の変化により磁界を検出する．

製品例としては，ホール素子と増幅回路を 1 つにまとめ，磁束密度に比例したアナログ電圧を出力する**リニアホール IC**（例えば，旭化成エレクトロニクス(株) EQ-711L）や MR 素子を用いた**磁気識別センサ**（**図 8.11**）などがある．なお，図 8.11 の磁気識別センサの信号出力増幅回路は別途用意する必要がある．磁気センサの応用範囲は広く，例えばモータの多極着磁軸に対して使用することで磁気式パルスエンコーダとして使用されている．また，磁気識別センサは紙幣の金種や真贋検知でも使用されている．

8.5 PSD センサ

PSD（Position Sensitive Detector）**素子**は，半導体位置検出素子であり，スポット状の光の位置を検出するセンサである．PSD 素子にスポット光が入射すると，入射位置には光量に応じた電荷が発生する．**図 8.12** に示すように，この電荷は入射光の位置と電極との距離（l_a, l_b）に反比例した光電流として取り出される．それぞれの電極電流を計測することで光の入射位置を検出する．2 次元で位置を計測できるものもある．

PSD センサモジュールは，PSD 素子を図 8.12 のように内部に組み込んだものである．センサモジュールからスポット光を発し，障害物に当たった反射光が受光窓を通して PSD 素子に入射する．障害物の位置に応じて PSD 素子への光の入射位置が変化するため，障害物までの距離が測定できる．

図 8.13 はシャープ(株)の GP2Y0A21YK0F という PSD センサモジュールを内蔵した測距センサユニットである．動作電圧が 5 V であり，10 ～ 80 cm までの距離がアナログ電圧で出力される（**図 8.14**）．図 8.14 より，10 cm の距離に物体があるときには 2.3 V 程度の電圧が出力され，30 cm の距離に物体

があるときには 0.9 V 程度の電圧が出力されることがわかる．7 cm 程度より近づくと電圧が下がり，距離と電圧で一対一の対応がつかなくなるので使用しない．

● PSD センサモジュールの特徴

位置データに対応した電圧を出力するため，直接距離情報を取得することができる．また応答速度は，入射光により発生した光電流が電極から取り出される時間となるため速い．さらに周囲温度の変化で光電流値が変化しても，図 8.12 に示すように PSD 素子は両端の電極電流を相対的に比較して位置を計測するため温度による影響を受けにくい．一方で，外乱光には弱いという欠点もある．

● 高精度 PSD モジュール

図 8.15 は，精密測光用 PSD と低雑音アンプを内蔵した PSD モジュール（浜松ホトニクス(株)，C10443 シリーズ）であり，2 次元 PSD を内蔵している．信号処理ユニット（C10460）をつないで使用すると，パソコン上に計測結果を簡単に表示できる．この PSD モジュールは図 8.13 のモジュールのように発光部と受光部がセットになったものではなく，受光部のみである．そのため，光学系を含んだ発光部を使用者が準備する必要がある．その一方で，計測範囲を任意に設定できるなどのメリットがあり，ハイエンドユーザ向けである．

図 8.15 高精度 PSD モジュール（C10443 シリーズ）
[写真提供：浜松ホトニクス(株)]

8.6 超音波センサ

人が聞こえる音の周波数は 20 Hz 〜 20 kHz といわれている．これより高い周波数の音が超音波である．超音波は，一様な媒質中では直進し，異なる媒質との境界面では反射や透過する．媒質の種類や形状によりこの性質は変化するという特徴を持つ．超音波センサは，超音波を対象物に向けて発信し，その反射波を受信するまでの時間により対象物の距離を計測するものである．

● 超音波の発信・受信原理

圧電セラミックスは，素子に超音波がぶつかった力（変形量）に応じて電極間に起電力が発生する．図 8.16 には超音波受信の原理を示した．逆も成り立ち，圧電セラミックスに電圧を与えると，電圧の大きさに応じた機械的変位が生じ超音波が発生する．図 8.16 の圧電セラミックスの部分は，電圧に応じて変形するバイモルフ型振動子とコーン共振板を用いたものもある．周波数が高いと分解能が高い一方で，距離に対する減衰が大きいため，一般に 20, 30, 40 kHz の超音波が使用されることが多い．

図 8.16 超音波受信の原理
[オムロン(株)ホームページ テクニカルガイド / 技術解説 より]

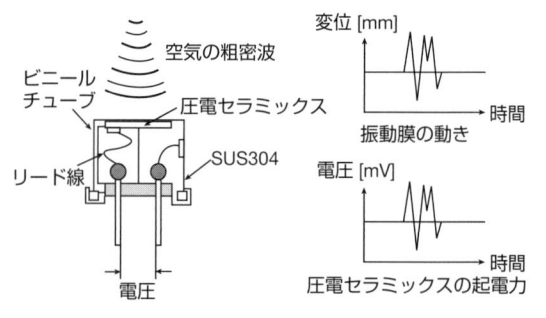

● 距離測定の原理

超音波を送信してから，対象物に反射した反射波を受信するまでの時間を計測すれば，対象物までの距離がわかる．空気中の音速 C は $C = 331.5 + 0.61T$ [m/s]（T は周囲温度）で表せる．よって，受信までの時間が Δt [s] であれば対象物までの往復距離は $2 \times l = C \times \Delta t$ [m] となる．

具体的には図 8.17 のようになる．送信側のセンサから一定時間（0.5 ms 程度）超音波を発信する．この信号が対象物に反射して戻ってくるので，受信側のセンサで受信する．送信から受信までの時間を計測し，超音波の伝播速度から対象物までの往復距離を求める．なお，実際には，受信する超音波は減衰しているため，受信側の超音波センサ信号はオペアンプなどで増幅して処理する．また，反射波には，センサケースなどを直接伝わった信号なども受信さ

図 8.17 超音波による距離測定の原理

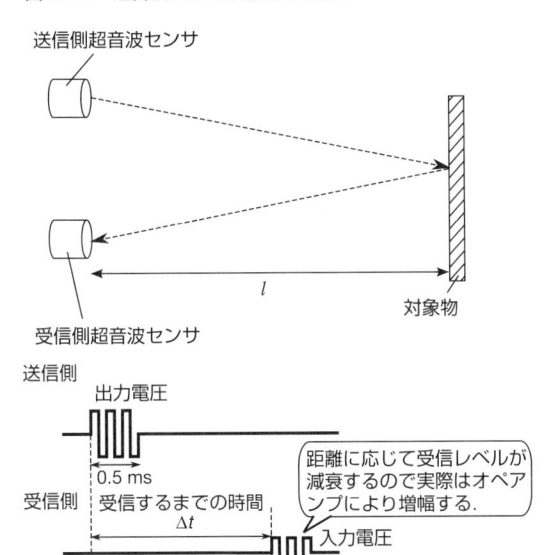

れるため，発信後ある程度（1 ms 程度）の時間は受信信号を無視するなどの処理も必要になる．

● 検出可能物体

超音波の反射は，色や透明度などには影響されないため，レーザ距離センサなどで検出できない透明なガラスや透明なフィルムなどの検出にも重宝される．超音波が反射すればよいので，平面状，円柱状，粒状のものいずれも検出が可能であるが，形状により反射率が変わる．また，平面状のものは，傾きに応じて反射する方向が変化する一方で，円柱状や粒状のものは，そもそもさまざまな方向に反射しているため入射角の変化に対する反射波の変化は小さい．

図 8.18 超音波センサ（オムロン(株) E4C-LS35）とアンプユニット（同 E4C-WH4L）

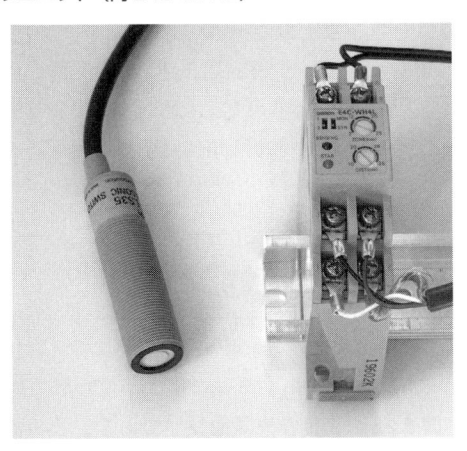

● センサモジュール

超音波センサ単体の出力を処理して使いやすくした超音波センサモジュールも市販されている．一例として，図 8.18 に超音波センサ（E4C-LS35）とアンプユニット（E4C-WH4L）を示す．これは反射形であり，調整つまみ位置に応じて 100 〜 350 mm の範囲の物体の有無を検出し，物体の有無に応じて H または L の信号を出力する．

8.7 カラーセンサ

カラーセンサは物体の色または光の色を検出するセンサである．物体の色の検出のためには，白色光を物体に照射しその反射光をセンサで測定する．光の色を検出する場合は，直接，光をセンサで測定する．カラーセンサの構造は，カラーフィルタとフォトダイオードを組み合わせたものである．カラーフィルタは特定の波長帯を通過させるフィルタであり，赤用のカラーフィルタであれば赤の波長帯の光だけフィルタを通過する．例えば，赤い物体に白色光を照射すると赤の波長帯の光が反射する．光の三原色である赤（R），緑（G），青（B）のフィルタを設置しておくと，上記の場合 R フィルタを通過する光の強度だけ強くなる．よって R フィルタと組み合わさったフォトダイオードに電流が流れ赤色が検出できる．

カラーセンサには，上記の RGB カラーセンサを使いやすくするために出力インターフェース回路を追加した，**ディジタルカラーセンサ**と呼ばれるものと**カラーセンサモジュール**と呼ばれるものがある．ディジタルカラーセンサは，RGB カラーセンサのフォトダイオードの出力信号をディジタル信号としてシリアル通信で出力するようにしたものであり，カラーセンサモジュールは RGB それぞれの出力をアナログ電圧で出力するものである．

● ディジタルカラーセンサ

図 8.19 が外観である．電源用 V_{dd} ピン，GND ピン，データ出力ピン D_{out}，データ出力用クロックピン CK，感度を指定する Range ピン，そして受光部の光量を積算する時間を決める Gate ピンの 6 端子からなる．図 8.20 のブロック図に示すように R, G, B 用それぞれのフォトダイオードからの出力を増幅

図8.19　ディジタルカラーセンサ（S9706）
［写真提供：浜松ホトニクス(株)］

図8.20　ブロック図
［S9706データシート，p1-2，浜松ホトニクス(株)，2011より］

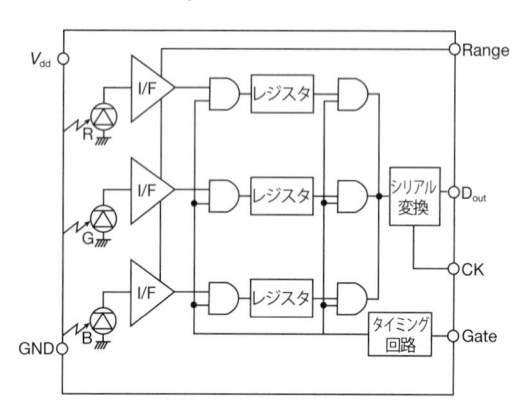

図8.21　感度特性
［S9706データシート，p1-2，浜松ホトニクス(株)，2011より］

図8.22　受光部拡大図
［S9706データシート，p1-2，浜松ホトニクス(株)，2011より］

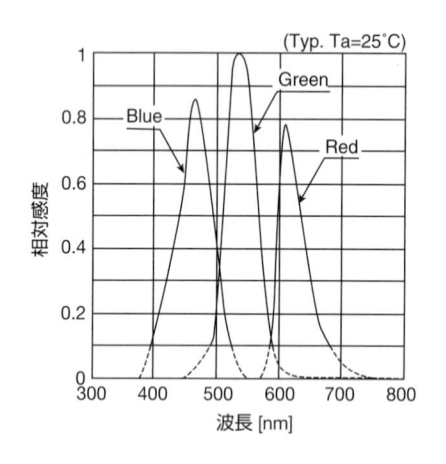

して12ビットのディジタル信号に変換し，シリアル出力する．**図8.21**は感度特性を示したものであり，R，G，Bそれぞれの波長で高い感度となっていることがわかる．

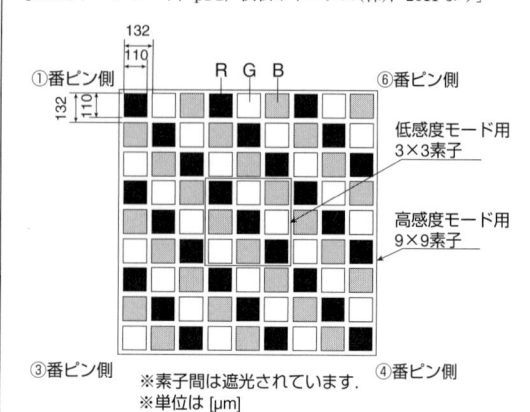

● 使用方法

出力データを得るためには，以下の順番で制御する．

① 広範囲の照度の測光を可能にするため，Rangeピンで高感度または低感度モードを設定する．**図8.22**はセンサの受光部であり，高感度モードではすべての受光素子（9×9）を使用し，低感度モードでは中心部の受光素子（3×3）のみ使用する．

② 必要な積算光量になるようにGateピンを必要な時間Highにして受光する．

③ CKピンにクロックを入力するとD_{out}に3色（1色分12ビット）の強度データが順番に出力される．クロックの立ち上がりエッジでD_{out}の出力ビットが切り替わるので，それを順に読み込む．

なお，①〜③において必要な各パルス幅はデータシートに記載してある．

● カラーセンサモジュール

RGBカラーセンサを内蔵し，R，G，Bそれぞれに対して入射光量に応じた電圧を出力する．カラーセンサモジュールの製品例としては，浜松ホトニクス(株)のC9303-03などが市販されている．

8.8　光電センサ

工場の生産ラインから駅の自動改札まで，物体の有無を非接触で検出するのに幅広く使われているのが**図8.23**のような**光電センサ**である．その種類

図 8.23 物体からの反射光を検知する拡散反射型光電センサのヘッド（左：(株) キーエンス PS-206）とアンプ（右：同 PS-T1）

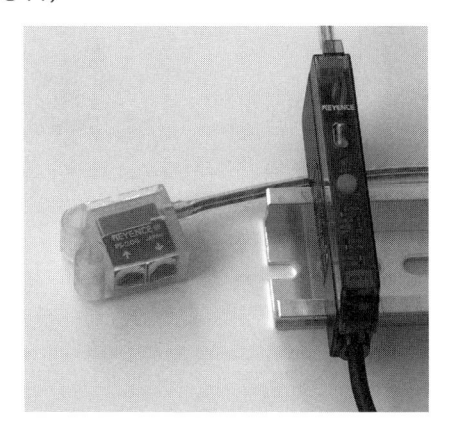

図 8.24 光電センサの種類

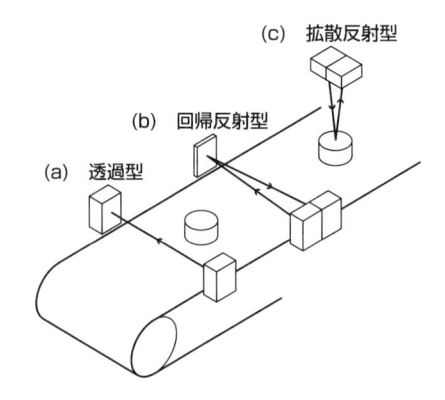

(a) 透過型
(b) 回帰反射型
(c) 拡散反射型

は図 8.24 のように，発光部からの光がさえぎられて受光部にとどかなくなるのを検出する**透過型**（図 8.24(a), (b)），物体によって反射した光を受光部でとらえる**反射型**（図 8.24(c)）がある．透過型のバリエーションとして，受光部を発光部の反対側に置くもの（図 8.24(a)），反射板を使って光を往復させ，発光部のすぐ隣に受光部を置くもの（図 8.24(b)）がある．図 8.24(b) を**回帰反射型**と呼ぶ．これと区別するために図 8.24(c) を**拡散反射型**という．

物体の有無検出が可能な領域は，強い光を直接受ける透過型は長く，発光部と受光部を 10 m ほど離して設置することもできる．回帰反射型では，受光部から反射板まで最大 1 m 程度である．拡散反射型は物体の色（反射率）にもよるが，センサから物体まで最大 50 cm 程度である．

なお，発光部や受光部のレンズで狭い指向性を持たせ，反射光の検出角度を限定することによって誤作動を減らす工夫をしたものもある．

使用する光の波長は，受光部の感度としては赤外線が有利だが，設置や調整のときに光路を見やすい赤色のものが多い．また市販の図 8.23 のようなものは，感度調整のボタンを押しながら実際の物体の有無を変化させると感度の設定ができるなど，便利にできている．

使用する際の注意点がいくつかある．透過型や回帰反射型では，すぐ横に壁がある場合には壁による反射で正面でなく脇から光が通ってしまうのをなくすこと，拡散反射型では，物体の背景になる壁や搬送ベルトで光が強く反射されないように，それらの反射率を低く（暗い色に）することである．また，ミラーのように拡散しない反射を起こす物体は要注意である．回帰反射型では物体が正面を向いていると物体でさえぎられるはずの光が帰ってきてしまう．また，拡散反射型の場合，斜めに向いた物体では，反射光が帰ってくるはずのところが斜めに反射して帰ってこない．

8.9 レーザ距離センサ

物体までの距離を非接触で測るには，**レーザ距離センサ**が便利である．レーザを使う距離センサには，**図 8.25(a)** のような，光が物体から反射して帰ってくるまでの時間を計測する**タイムオブフライト型**と，**図 8.25(b)** のような，帰ってくる光の角度を測って距離を算出する**レンジファインダ型**がある．**図 8.26** はレンジファインダ型の例である．

タイムオブフライト型は地形測量のような長距離の場合に使われ，数十 cm から 100 m 以上まで，1 mm 以下というような高精度で計測できる．

レンジファインダ型は数 cm から 1 m くらいまでのものがある．しかし，1 台でこの範囲を測れるわけではなく，機種によって長距離用，短距離用などがある．それぞれ，測定可能な最短距離と最長距離の比は 2 倍くらいしかない．精度は高く，距離の 1 万分の 1 程度の精度がある．受光素子の種類として，PSD, CCD, CMOS のものがある．PSD（☞ 8.5 節）は光の重心（光量の加重平均）しかわからないので，外乱光に弱いが，CCD と CMOS 型は光の分布からピークを判別できるので外乱光の影響が少ない．

距離センサで計測したデータをそのまま伝送することもあるが，2 つの基準距離 A, B を設定し，A

図 8.25 距離測定の原理

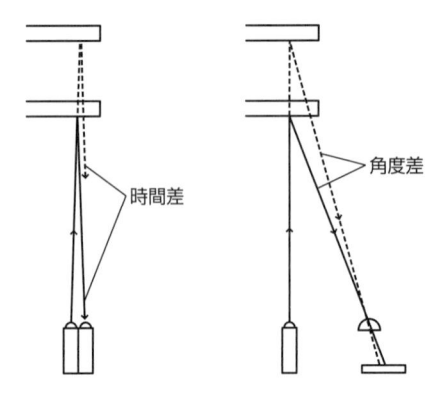

(a) タイムオブフライト型　(b) レンジファインダ型

図 8.26 反射光の視差で距離を測定するレーザ距離センサのヘッド（左：(株)キーエンス IL-300）とアンプ（右：同 IL-1000）

以下，A-B 間，B 以上と判定したディジタル信号が出力され，これを使うことが多い．

8.10 圧力センサ

圧力センサとは，気体や液体の圧力を電気信号に変えて出力するセンサである．メカトロニクス機器で使う圧力センサには，例えばパナソニック電工SUNX(株)のDP2シリーズ（図 8.27）のようなものがある．これは非腐食性の気体圧力を測るものであり，図 8.27 では上側に圧力空気（0.508 MPa）の配管をつないでいる．

圧力の種類には，大気圧を基準(0)にした圧力であるゲージ圧と真空を基準(0)にした絶対圧力がある．図 8.27 のセンサはゲージ圧を表示するタイプである．下に出ている配線は電源線や信号線であり，DP2 シリーズでは 3 本の信号線を持つ．圧力に比例した電圧出力線が 1 本と，設定した 1 つまたは 2 つの圧力値または圧力範囲をしきい値として H 信号または L 信号を出す出力線が 2 本である．設定

図 8.27 圧力センサ（パナソニック電工 SUNX(株) DP2-22）

図 8.28 圧力センサの構造

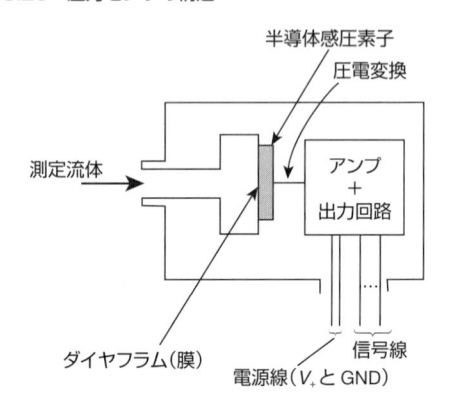

値の調整は，センサの正面についているボタンを使って簡単に行うことが可能である．

● 測定原理

圧力によって生じる変位などの物理的な変化を，抵抗値や静電容量などの電気的な変化として取り出している（図 8.28）．代表的な方式としては，半導体ピエゾ抵抗式や静電容量式がある．半導体ピエゾ抵抗式は，圧力がかかるダイヤフラム（膜）の表面に半導体ひずみゲージを備えておき，圧力がかかりダイヤフラムが変形した際にピエゾ抵抗効果で抵抗値が変わる現象を利用している．また，静電容量式は，半導体ひずみゲージの代わりに例えばガラスとシリコンを対向させてコンデンサを形作り，圧力によって変形した際の静電容量の変化を利用している．

● 選び方

圧力センサを選ぶ際には次の項目に関して検討す

る．各センサの仕様は，取り扱い説明書に記載されているので目を通してほしい．

(a) 測定対象
測定する流体が気体なのか，液体なのか，そして腐食性の有無を確認し，対応したセンサを選択する．

(b) 測定範囲
測定する流体の圧力変動範囲がセンサの定格圧力範囲内となるセンサを選択する．耐圧力以上の圧力を与えると，ダイヤフラム（膜）が異常に変形しセンサ故障の原因となる．

(c) 圧力の種類
測定した圧力をゲージ圧で表示するのか，絶対圧で表示するのかにより対応したセンサを選択する．

(d) 出力形式
圧力値に比例したアナログ電圧出力の場合は，出力電圧の範囲が読み取り機器側に対応しているかを確認する．また，設定値を境にしてH信号またはL信号を出力する比較出力の場合には，出力モードと出力信号タイプを確認する．出力モードには，LからHに変化する圧力値とHからLに変化する圧力値が異なるヒステリシスモードや，設定した圧力範囲内でH信号を出すウィンドコンパレータモードなどセンサにより各種ある．出力信号タイプはオープンコレクタ（☞ 43ページ，図1.39）のものが多い．

(e) 耐環境性
防水性の有無や使用可能な周囲温度範囲，周囲湿度範囲などにも注意する．

8.11 加速度センサ

測定対象物の加速度を計測するのが**加速度センサ**である．衝撃時の速度の変化を測れるため自動車のエアバッグに使われたり，異常な機械振動を検知して機械の故障診断に使われたり用途は広い．

ばねや振り子を内蔵し変位を圧電素子で電気信号に変える圧電型や，変位を生じないようにサーボ制御し，その際の電流値から加速度を計測するサーボ型などもあるが，現在では，半導体微細加工技術を応用して製造される **MEMS**(Micro Electro Mechanical System) **センサ**が多い．MEMSセンサの測定原理としては主に以下がある．

●ピエゾ抵抗型
図8.29のようにシリコンチップ中に片持ちはり部を構成し，おもり部分を薄肉支持部で支える．薄肉支持部にはMEMS技術でピエゾ抵抗を拡散する．加速度が発生するとおもり部分と本体の位置関係が慣性により変化し薄肉支持部が変形する．ピエゾ抵抗効果により変形に応じて抵抗値が変化するので，それを検出して加速度を計測する．

図8.29 ピエゾ抵抗型MEMS加速度センサの原理

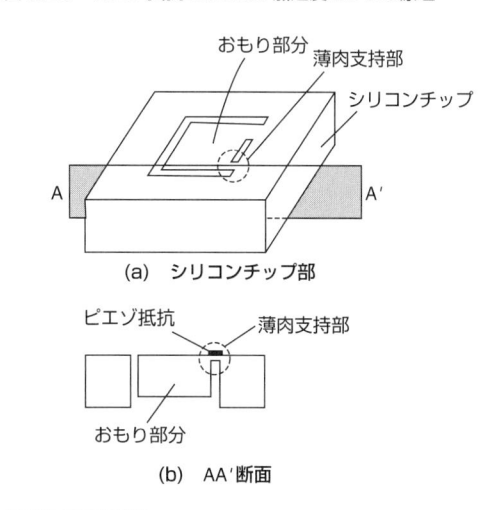

(a) シリコンチップ部

(b) AA'断面

●静電容量型
おもり部分とその周囲でコンデンサを形成しておき，加速度によるコンデンサの変形に応じた静電容量の変化を検出することで加速度を計測する．

●熱感知型
シリコン基板上にヒータと温度分布センサを持った空間を形成する．加速度を受けると，ヒータで熱せられた気体の相対位置が慣性により変化し，それを温度分布センサで検出することで加速度を計測する．

加速度センサを応用した製品例としては，図8.30に示す**姿勢センサ**（東京計器(株) VSAS-2GM）がある．これは，加速度センサのほか，角速度を計測するジャイロセンサや磁気方位センサ，GPSモジュール（外づけ）を組み合わせたものである．内部の信号処理をへて，物体の姿勢角度（方位，ピッチ，ロール）や3軸分の角速度と加速度，位置（経度と緯度）などを計測できる．

図 8.30　姿勢センサ（東京計器(株) VSAS-2GM）

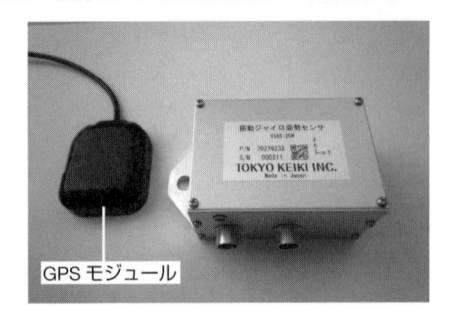

GPS モジュール

8.12　画像センサ

画像計測に用いられる**画像センサ**（☞図 8.31）について解説する．画像センサは，レンズなどの光学系や画像処理回路などと合わせてビデオカメラとして使われることが多いので，それらについても説明する．

画像センサとは，フォトダイオードをアレイ状に並べた光の空間的なパターンを検出するためのセンサである．**フォトダイオード**ではP型半導体とN型半導体の接合部に光が入ると，その強さに応じて起電力が生じる．フォトダイオードの感度特性は人間の眼の感度と似ているが，近赤外域まで感度があるので，近赤外光が不要な場合には帯域通過フィルタでカットする．また，熱雑音[※1]に弱いので，高精度の画像計測をするためには冷却装置を付けることがある．

● CCD センサと CMOS センサ

フォトダイオードの出力の転送方式の違いから，CCDセンサとCMOSセンサの2種類がある．

図 8.31　ビデオカメラ（Point Grey Research 社 GRAS-03K2，画像センサ:Kodak 社 1/3 型 CCD，転送方式：IEEE1394b）

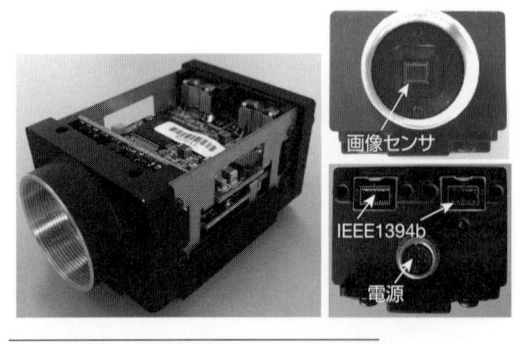

画像センサ
IEEE1394b
電源

※1　電子の不規則な熱振動によって生じる雑音．

CCD センサは，信号転送に電荷結合素子 CCD（Charge Coupled Device）を用いる．CCDは，酸化被膜を持つ半導体に多数の電極を配置したデバイスで，各電極に順番に電位を加えて電荷を転送する．転送効率がよく，微弱な信号を送るのに適している．そのためCCDセンサはCMOSセンサに比べて画質が高い場合が多い．一方，電極を駆動するための消費電力は大きくなる．CCDセンサでは，図 8.32(a)に示すようにCCDを各列に垂直CCDを1つ，それらをまとめる水平CCDを1つ配置して1画素ずつ順に信号を送る．信号増幅は最終端で行う．

CMOS センサは，図 8.32(b) に示すように各画素で信号増幅を行ってから信号転送する方式である．CCDセンサと比べて処理方式の自由度が高く，特別な機能を付加するのに向いており，高速撮像用のセンサなどはCMOSセンサが使われる．また，製造方法に通常の半導体と同じCMOSプロセスを使用できるので，製造コストが比較的低い．各画素の増幅器の性能のばらつきからCCDと比べて画質の悪さが目立っていたが，近年は技術革新により向上してきている．

● 画像センサの構造

CCDセンサでは，各画素の情報は左上から1画素ずつ順に読み込まれる（**走査**と呼ばれる）．1行が読み終わると次の行の先頭に移動する．CMOSセンサでも同じ場合が多い．

走査の方式として，図 8.32(c) に示すように1行ずつ走査する方法は**プログレッシブスキャン**（また

図 8.32　画像センサの種類と構造

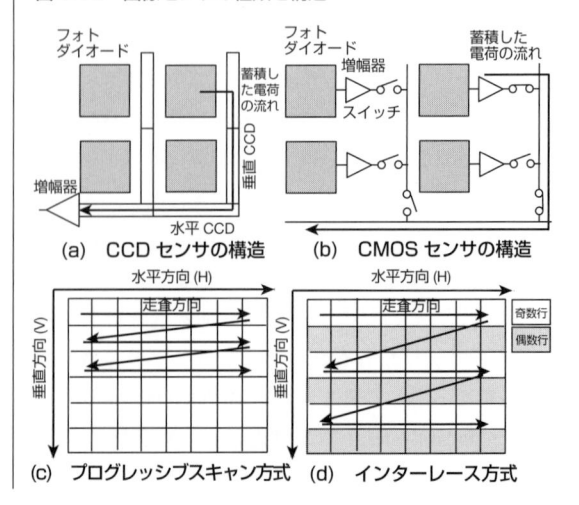

(a) CCD センサの構造
(b) CMOS センサの構造
(c) プログレッシブスキャン方式
(d) インターレース方式

はノンインターレース）**方式**と呼ばれる．一方，**インターレース方式**では，図 8.32(d) に示すように，取り込みの回ごとに奇数行と偶数行を変えて 1 行おきに走査する．高速な対象を撮像するのに向くが，画質が落ちるために産業用途ではあまり使われない．

画像の解像度は（H：水平方向画素数）×（V：垂直方向画素数）で表され，モニタなどと同様 VGA (680 × 480)，SXGA (1280 × 1024) のように表記される．画素数が多い方が画質はよいが，データ量が莫大になる．

画像センサのサイズは 1/2 型，1/3 型のように表記される．1/2 型とはセンサの対角線が 1/2 インチ相当（実際の長さは異なるが，カメラフィルムの表記法に合わせている）を意味する．解像度が同じでもセンササイズが大きい方が感度がよい場合が多い．近年はコスト削減のため，センササイズを小さくする傾向にある．

● **カラー画像**

カラー化の方法として**三板式**（☞図 8.33(a)）と**単板式**がある．三板式では，プリズムにより入射光を分け，赤（R），緑（G），青（B）のそれぞれについて専用の画像センサを用意する．画質はよいが，システムが大掛かりで高価になる．単板式では，画像センサの画素ごとに RGB のどれかのカラーフィルタを付ける．各画素は 1 色しか認識できないので，他の色は近くの画素の色情報から擬似的に計算する．カラーフィルタの配列には**ベイヤ配列**がよく使われる（☞図 8.33(b)）．

● **転送方式**

画像センサから処理装置へのデータ転送方式としては，USB2.0(480 Mbps, 5 m)，IEEE1394b(800 Mbps, 4.5 m)，ギガビットイーサネット / GigE (1000 Mbps,100 m)，カメラリンク (2200 Mbps,10 m) などがある．カッコ内に転送速度と最大ケーブル長を示す．bps は 1 秒間の転送ビット数を表す．それぞれ転送能力やコストなどで一長一短がある．USB やイーサネットはパソコンに標準装備されており使い勝手がよいが，画像転送専用のインターフェースではなく転送の遅れが生じることもある．カメラリンクでは，専用インターフェースを用意する必要があるが高速な転送が可能となる．接続ケーブルは通常 1 本 (Base configuration) だが，2 本使用して高速化 (Medium, Full configuration) もできる．

● **光学系**

産業用カメラでは，主に **C マウント**と **CS マウントのレンズ**が用いられる（☞図 8.34）．どちらも口径は同じだがマウント面から画像面までの距離（フランジバックと呼ばれる）が異なる．CS マウントカメラと C マウントレンズの接続は延長アダプタを挟めば可能だが，C マウントカメラに CS マウントレンズは接続できない．

レンズの選定には，焦点距離，F 値，センササイズ，レンズの材質などに注目するとよい．焦点距離の小さい広角レンズは広い範囲を計測するのに適するが，画像のゆがみは大きくなることが多い．焦点距離を大きくすると画像のゆがみは小さくなる．ただし，焦点の合う範囲（焦点深度）は狭くなる．

F 値は焦点距離をレンズの口径で割った値であり，レンズの明るさを示している．F 値が小さいほど明るいレンズとなる．また，レンズによって対応するセンササイズが異なる．例えば，1/2 型のセンサに，1/3 型用のレンズを付けると画像センサの中心付近にしか光が当たらないことになる．

レンズの材料はガラスやプラスチックが使われる．プラスチックレンズは軽く，安価であるが，温度によって変形しやすいので注意が必要である．

図 8.33　カラー画像

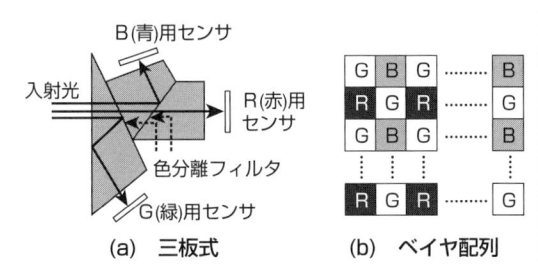

(a) 三板式　　(b) ベイヤ配列

図 8.34　レンズ

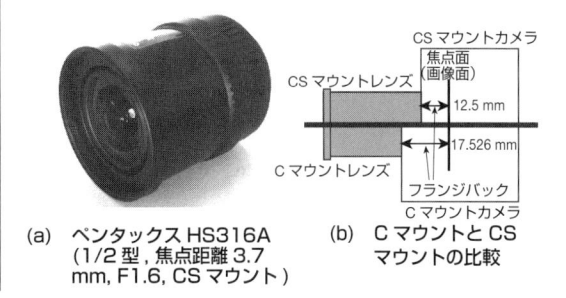

(a) ペンタックス HS316A (1/2 型，焦点距離 3.7 mm, F1.6, CS マウント)　(b) C マウントと CS マウントの比較

索引

欧文・数字

1次系　157
2次系　159
A/D 変換　35, 58
AC アダプタ　215
AC サーボドライバ　185
AC サーボモータ　138, 184
AWG　204
a 接点　74
b 接点　74
CCD センサ　228
CMOS センサ　228
COM 端子　132
c 接点　74, 78
C リング　201
D/A コンバータ素子　39
D/A 変換　38, 58
DC/DC コンバータ　217
DC モータ　44, 80
D サブコネクタ　51
D 制御　143
E リング　201
FET　23
H8　12, 20
H ブリッジ回路　44
I/O　18
I 制御　143
LCD モジュール　29
LED　25, 209
MEMS センサ　227
MPU　16
MR 素子　220
PD 制御系　161
PIC　12, 20
PID 制御　141
PLC　78, 127
PLC 出力接続法　133
PLC 入力接続法　132
PLC プログラミング　129
PSD センサ　221
PWM　38
PWM サーボドライバ　181
PWM 制御　49
P 制御　142
RS232C　51
RS422　52
RS485　52
RS ラッチ　32
SH　12, 20

SPI 規格　12
SQ　204
TTL 入力　28
UART　52
volatile 修飾子　64

あ行

アクチュエータ　138
圧着端子　210
圧電セラミックス　222
圧力センサ　226
アドレスバス　18
アドレスマップ　66
アブソリュートエンコーダ　219
アンギュラコンタクトベアリング　194
安定化電源　216
位相交差角周波数　164
位相差　162
位相余裕　164
インクリメンタルエンコーダ　219
インターバル　101
インターロック　72, 80, 183
インバータ　183
インピーダンスマッチング　40
ウェーブワッシャ　201
ウォームギヤ　197
エアシリンダ　187
エッジ検出　99
エンコーダ　43, 138, 184, 218
オートスイッチ　188
オーバーシュート　143
オープンコレクタ出力　43
オープンドレイン出力　22
オープンループ制御　47
オフディレイ　100
オペアンプ　36
折点　162
オルタネート回路　92, 125
オルタネート型　206
オンディレイ　100

か行

外乱オブザーバ　169
概略タイミングチャート　106
開ループ伝達関数　166
カウンタ　98, 103
カウンタ回路　104, 107
過減衰　160
かご型誘導電動機　182
画像センサ　228
加速度センサ　227
カップリング　198
カラーセンサ　223
カレンダ　135
機械的時定数　158

基準電圧発生素子　38
共振　163
許容電流　204
矩形波駆動　48
クランプ回路　29, 36
グレイコード　85
クロス開発環境　55
クロスローラベアリング　194
クロック　19
ゲイン　162
ゲイン交差角周波数　164
ゲイン余裕　164
ケーブル　204
限時接点　101
減衰振動　160
減衰比　159
コアレスモータ　180
コイル　74
公差　193, 199
高精度 PSD モジュール　222
高速カウンタ　134
光電センサ　224
コネクタ　211
固有角振動数　159
コンタクタ　183
コンタクト　211
コンディションコードレジスタ　17, 59
コントロールバス　18
コンパレータ IC　30

さ行

サージ吸収　34, 190
サーボドライバ　134, 139
サーボモータ　46, 134
サーマルリレー　183
サイクルタイム　134
差分近似　144, 173
算術論理演算ユニット　17
三端子レギュレータ　216
シーケンシャル・ファンクション・チャート　129
シールド線　205
磁気識別センサ　221
磁気センサ　220
自己保持回路　72, 80
姿勢センサ　227
時定数　157
しまりばめ　194, 200
周波数特性　162
出力ポート　22
シュミットトリガ入力　28, 33
瞬時接点　101
仕様　10
状態遷移表　85
状態遷移マップ　84

シリアル通信　50
真理値表　117
スイッチ　31, 205
数値微分　144
すきまばめ　194, 199, 200
スタック　59
スタックポインタ　17, 61
ステッピングモータ　47, 185
ステップ応答　147
ステップラダー図　128
スピードコントローラ　191
スプライン　195
スライドスイッチ　207
スラストベアリング　194
制御系の実装方法　172
正弦波応答　148
精密タイミングチャート　105
整流子電動機　185
絶縁　33
接点節約術　77
セット・リセット回路　73
セットカラー　202
双一次変換　173
ソリッドステートリレー　208
ソレノイドバルブ　188

た 行

ダーリントン接続　26
タイマ　61, 98, 99
タイマ回路　106
タイマコイル駆動方法　110
タイミングチャート　19, 99
タイミングプーリー　197
タイミングベルト　197
ダイレクトドライブ　166
多芯ケーブル　205
立ち上がり時間　143
チャタリング　31
中間ばめ　199, 200
チューブ　190
超音波センサ　42, 222
直動ガイド　195
ツイストペアケーブル　205
ディジタル入出力　12, 22, 58
定常偏差　143
ディップススイッチ　207
データディレクションレジスタ　61
データバス　18
データレジスタ　61
デコーダ・ドライバIC　25
デューティ比　39
電気的時定数　158
電源　214
電磁接触器　183
電磁弁　188
伝達関数　153

伝達効率　152
電池　215
電流増幅回路　26
同期モータ　183
トグルスイッチ　70, 206

な 行

ニードルベアリング　195
入力ポート　27
入力保護回路　36

は 行

ハイサイドドライブ　26
ハウジング　211
バグとり　66
歯車　196
バス　18
発光ダイオード　209
バッファ回路　37
波動歯車減速機　138
はめあい　199
パルストランス　35
パワーオン型ワンショットタイマ　101
半導体磁気抵抗素子　220
ハンドバルブ　192
汎用レジスタ　17, 59
ヒステリシス　31
ピッチ円直径　196
ピニオン　197
ヒューズ　213
ビルド　57
フィードバック　136
フーリエ変換　175
フォトインタラプタ　218
フォトカプラ　35
フォトダイオード　228
深溝玉軸受　193
プッシュスイッチ　70, 207
ブラシ付きDCモータ　180
ブラシレスDCモータ　48, 184
フラッシュメモリ　15
フラットケーブル　205
フリッカ　101
フリップフロップ　32
プルアップ　22, 29, 43
プルダウン回路　29
ブレーカ　212
プログラマブル・ロジック・コントローラ　78
プログラムカウンタ　17, 59
ブロック線図　153, 177
分圧回路　36
分割設計　120
ベアリング　193
閉ループ伝達関数　166

偏差　141
ボード線図　162, 166
ホールセンサ　48, 220
ホール素子　220
ボールねじ　196
ボールベアリング　193
ポテンショメータ　46, 64, 220
ポリスイッチ　214

ま 行

マイクロスイッチ　80, 207
マッチドバッテリ　215
むだ時間遅れ　156, 164
メカロック　199
メモリ　15, 18
モーションコントローラ　134
モータドライバIC　45
モジュール化　11
モデル化　149
モメンタリ型　70, 206

や・ら 行

誘導モータ　182
ライブラリ　57
ラインドライバ出力　43
ラインレシーバIC　44
ラダー図　74
ラック　197
ラッチングリレー　208
ラプラス変換　153, 176
リアルタイムOS　15
リアルタイム性　146
リードスイッチ　207
リセッタブルヒューズ　214
リニアブラシ　195
リニアホールIC　221
リミットスイッチ　80
リレー　34, 71, 207
リンカ　57
臨界減衰　159
レーザ距離センサ　225
レール・トゥ・レール　39
レギュレータ　192
レンズ　229
ローサイドドライブ　26
ロータリースイッチ　206
ローパスフィルタ　31, 38, 144
ロッカスイッチ　206

わ 行

ワーキングレジスタ　56
割り込み　19, 58
割り込みベクタ　65
ワンショットタイマ　102
ワンタッチ継手　190

著者紹介

米田　完　博士（工学）
　　1987 年　東京工業大学大学院理工学研究科物理学専攻修了
　　現　在　千葉工業大学先進工学部未来ロボティクス学科　教授
　　　　　　［第 0, 2, 4, 5, 6, 8 章を執筆］

中嶋秀朗　博士（情報科学）／技術士（機械）
　　1997 年　東北大学大学院情報科学研究科システム情報科学専攻修了
　　現　在　和歌山大学システム工学部システム工学科　教授
　　　　　　［第 0, 1, 7, 8 章を執筆］

並木明夫　博士（工学）
　　1996 年　東京大学大学院工学系研究科計数工学専攻修了
　　現　在　千葉大学工学研究院　教授
　　　　　　［第 3, 8 章を執筆］

NDC549　　239p　　26cm

はじめてのメカトロニクス実践設計

2011 年 11 月 10 日　第 1 刷発行
2023 年 8 月 18 日　第 6 刷発行

著　者　米田　完・中嶋秀朗・並木明夫
発行者　髙橋明男
発行所　株式会社　講談社
　　　　〒112-8001　東京都文京区音羽 2-12-21
　　　　　販　売　(03) 5395-4415
　　　　　業　務　(03) 5395-3615

KODANSHA

編　集　株式会社　講談社サイエンティフィク
　　　　代表　堀越俊一
　　　　〒162-0825　東京都新宿区神楽坂 2-14　ノービィビル
　　　　　編　集　(03) 3235-3701

印刷所　　　株式会社平河工業社
本文データ制作　株式会社エヌ・オフィス
製本所　　　株式会社国宝社

落丁本・乱丁本は，購入書店名を明記のうえ，講談社業務宛にお送りください．送料小社負担にてお取替えいたします．なお，この本の内容についてのお問い合わせは，講談社サイエンティフィク宛にお願いいたします．定価はカバーに表示してあります．

©K. Yoneda, S. Nakajima and A. Namiki, 2011

本書のコピー，スキャン，デジタル化等の無断複製は著作権法上での例外を除き禁じられています．本書を代行業者等の第三者に依頼してスキャンやデジタル化することはたとえ個人や家庭内の利用でも著作権法違反です．

JCOPY〈（社）出版者著作権管理機構委託出版物〉

複写される場合は，その都度事前に（社）出版者著作権管理機構（電話 03-5244-5088, FAX 03-5244-5089, e-mail: info@jcopy.or.jp）の許諾を得てください．

Printed in Japan
ISBN 978-4-06-155794-9